国家出版基金项目
NATIONAL PUBLICATION FOUNDATION

“十四五”时期
国家重点出版物出版专项规划项目·重大出版工程

空间科学与技术研究丛书

小天体附近轨道操作动力学与控制

DYNAMICS AND CONTROL OF ORBITAL OPERATIONS NEAR SMALL CELESTIAL BODIES

乔 栋 李翔宇 韩宏伟 著

北京理工大学出版社
BEIJING INSTITUTE OF TECHNOLOGY PRESS

内容简介

小天体探测是深空探测领域的重点方向之一，将为太阳系形成与演化、生命起源与进化等重大基础科学问题的研究和解决提供重要线索，同时也为未来小天体资源开发和利用及潜在撞击威胁的防御提供重要技术支撑。小天体附近的轨道动力学与控制问题是在小天体探测任务设计中亟待解决的关键性问题。本书以此为背景，结合作者近十年的研究工作，探讨了从飞行接近小天体到小天体附近的近轨操作与驻留，再到着陆在小天体表面全过程的操控动力学与控制问题，并对小天体接近制导与控制、受控周期运动、姿轨耦合的着陆动力学与运动控制等进行详细分析。

本书可作为从事深空探测领域研究的专业技术人员和飞行器设计相关专业研究生的参考用书。

图书在版编目(CIP)数据

小天体附近轨道操作动力学与控制 / 乔栋，李翔宇，韩宏伟著. -- 北京 : 北京理工大学出版社，2023.1

ISBN 978-7-5763-2098-5

Ⅰ. ①小… Ⅱ. ①乔… ②李… ③韩… Ⅲ. ①天体力学-轨道计算 Ⅳ. ①P135

中国国家版本馆CIP数据核字(2023)第027781号

责任编辑： 曾　仙　　**文案编辑：** 曾　仙
责任校对： 刘亚男　　**责任印制：** 李志强

出版发行 / 北京理工大学出版社有限责任公司
社　　址 / 北京市丰台区四合庄路6号
邮　　编 / 100070
电　　话 / (010) 68944439 (学术售后服务热线)
网　　址 / http://www.bitpress.com.cn

版 印 次 / 2023年1月第1版第1次印刷
印　　刷 / 三河市华骏印务包装有限公司
开　　本 / 710 mm×1000 mm　1/16
印　　张 / 20
彩　　插 / 32
字　　数 / 366千字
定　　价 / 98.00元

前 言

小天体探测是深空探测领域的重点方向之一，将为太阳系形成与演化、生命起源与进化等重大基础科学问题的研究和解决提供重要线索，也为未来小天体资源开发和利用及潜在撞击威胁的防御提供重要技术支撑。在小天体探测任务中，小天体附近的轨道动力学与控制问题是亟待解决的关键性问题。小天体的弱引力、强扰动环境和不确定的物理参数给小天体附近探测器的精细化操作与高精度控制带来了巨大挑战。本书以此为背景，结合笔者近十年的研究工作，从小天体引力场建模、接近轨道的设计与制导控制、附近的周期运动与稳定性分析、小天体表面操控动力学等方面，总结和梳理了该领域的最新进展与研究成果，期待能为我国未来小天体采样返回任务的设计提供参考和借鉴。

全书分为 9 章。第 1 章，介绍了小天体的物理特征和相关探测任务进展；第 2 章，分析并总结了不规则小天体多种引力场模型；第 3 章，系统研究了小天体探测转移与逼近轨道动力学与控制问题；第 4 章，系统研究了小天体近距离伴飞和悬停轨道设计与控制；第 5 章，重点研究了小天体附近多种类型的冻结轨道；第 6 章，分析了小天体不规则形状摄动产生的动力学平衡点，并研究了平衡点附近运动特性；第 7 章，重点研究了小天体系统中的特殊类型——双小天体系统内探测器的轨道动力学，包含周期运动与逃逸捕获轨道设计；第 8 章，研究了小天体着陆探测轨道设计与控制，分别提出受控着陆和弹道着陆轨道设计与控制方法；第 9 章，系统研究了小天体表面的弹跳动力学。

本书紧扣国家未来深空探测重大工程需求和国际前沿热点，探讨了从飞行接近小天体到小天体附近的近轨操作与驻留，再到着陆在小天体表面全过程的操控动力学与控制问题，并结合非线性动力学理论和现代控制方法，对小天体接近制导与控制、受控周期运动、姿轨耦合的着陆动力学与运动控制等进行了详细分析，并揭示了多种新的运动现象。本书的内容既体现了对小天体附近操控动力学与控制问题阐述的系统性、前沿性，又体现了对工程设计与工程应用良好的适用性，可作为从事深空探测领域研究的专业技术人员和飞行器设计相关专业研究生的参考用书。

本书的相关研究得到了国家重点基础研究发展计划（“973”计划）“行星表面精确着陆导航与指导控制问题研究”（编号：2012CB720000）及国家自然科学基金面上项目“弱引力双星体系统中探测器运动行为与轨道设计研究”（编号：11572038）、青年项目“小天体碎石表面建模与近表面受摄运动行为研究”（编号：12002028）的资助，本书的出版得到了“国家科学技术学术著作出版基金”的资助。为本书做出贡献的还有刘银雪、杜燕茹、杨雅迪、贾飞达，在此表示感谢。

由于作者水平有限，书中不尽完善之处在所难免，敬请广大读者批评指正。

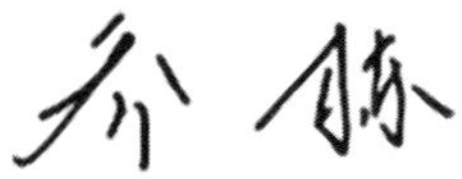

2022 年 12 月于北京

目　录

第1章 绪论

1.1 小天体探测的意义

小天体是指太阳系内类似行星环绕太阳运动，但体积和质量比行星小得多的天体，包括小行星和彗星。截至2022年7月，人类已观测发现约127万颗小天体，其中有编号的小行星超过75万颗、彗星3690颗。

小天体是太阳系的重要组成部分，它们通常被认为是太阳系形成之初的原始物质，包含了太阳系早期演化的重要信息。开展小天体探测可增进人类对太阳系形成、行星演化和生命起源的认识。近年来，小天体近距离飞越地球事件频发，小天体对地球的撞击威胁备受关注，了解小天体的物化组成与运动特性，为制定其撞击防御方案提供参考，也是小天体探测的重要使命之一。

与地面观测相比，小天体的近距离探测可使得探测器与小天体在较长时间保持较近距离（甚至直接接触），从而可对小天体的物质组成进行实地分析和高精度测量，由此得到小天体较为准确的物理参数、物质组成和形貌特征等信息。因此，对小天体的交会与着陆采样探测已成为目前小天体探测的主要方式。

开展小天体探测，将对行星科学、航天技术等领域的发展起到重要的促进作用，主要体现在以下三方面。

其一，小天体探测在探索太阳系的起源与演化机制、星体内部熔融机制、地球生命起源与进化机制等方面具有重要科学意义，可极大地促进行星科学、空间物理和空间材料等一系列基础科学的发展。据目前科学研究推断，小天体约在46亿年前形成，保留了太阳系形成初期的一些物理和化学特性，因而被称为太阳系的“化石”。

小天体可能蕴含恒星物质，可为我们认识恒星演化和恒星与行星形成的关系提供线索。目前同位素分析表明，有些陨石含有短寿期放射性同位素（如26Al、41Ca、53Mn、60Fe等），有些陨石含有前太阳系恒星尘埃（如金刚石、石墨、SiC、Si_3N_4、刚玉（Al_2O_3）、尖晶石（$MgAl_2O_4$）、黑铝钙矿（$CaAl_{12}O_{19}$）、TiO_2、$Mg(Cr,Al)_2O_4$和硅酸盐），这些都可能是由邻近的恒星向太阳系原始星云注入的物质，属于星际介质的分子或恒星大气中的尘埃，含有大量恒星形成和演化过程的信息。然而，在陨石中寻找恒星物质非常困难，目前只在少数原始球粒陨石中找到了类似恒星物质，但具有同样类型和特性的小天体较多。采集小天体样品返回地球，可为进一步认知恒星形成和演化历史，以及恒星对太阳系形成所起的作用提供重要线索。

其二，小天体可能富含重要的矿产资源，可为人类未来的星途征程提供重要的补给。随着人类社会飞速发展，地球上的矿产资源正在不断被消耗，部分资源的储量已经极其有限，而观测表明小天体上可能蕴含丰富的矿产资源。对小天体的资源开发和利用，将有助于缓解地球的能源危机。同时，通过小行星资源的原位利用，可为人类未来走向更遥远深空进行星际航行提供支持。

目前的研究表明，大多数小天体的密度明显偏低，特别是C类小天体，它们可能含有丰富的水，而水在生命起源和演化过程中起到非常重要的作用。此外，水是重要的自然资源，富含水的小天体可作为人类空间探测的能源补给站。除了水以外，小天体的光谱分析表明，其还可能蕴藏其他稀有金属和矿产资源。例如，M类小天体可能富含铁和镍元素，还可能含有铂、钴、铑、铱、锇等稀有金属。小天体丰富的矿藏资源可为人类建立空间设施及星际航行转移系统提供大量基础材料，包括萃取推进剂、开发防护材料、建造星际航行防辐射结构，甚至整个星际探测产业链所需的材料，为后续载人火星探测等深空探测任务提供重要的支撑和便利。

其三，部分小天体的轨道与地球相交或接近，受大天体引力摄动等因素的影响，小天体的轨道可能发生偏转，并存在与地球相撞的潜在危险。开展小天体探测，可深入了解小天体的形状尺寸与内部组成、认知小天体的运动行为，将促进高危小天体的发现、辨识与追踪，推动小天体操控等技术的发展，为小天体防御策略的制定与实施提供重要理论依据。

小天体撞击是较为常见的天体现象。月球表面布满了大大小小的陨击坑，其中月球南极的 Aitken 盆地直径为 2500 km、深达 15 km，是太阳系内最大、最深、最古老的陨击坑；地球上最著名的陨击坑是美国亚利桑那州的 Barringer 陨击坑。目前的研究表明，小天体撞击地球事件在历史上曾多次发生，6500 万年前地球上恐龙和其他生命的灭绝可能是一颗直径为 10 km 左右的小天体撞击地球而造成的。1908 年，在西伯利亚的通古斯卡地区，一颗直径在 50 ~ 70 m 的小天体发生爆炸，造成了大面积森林方向性的倒塌。2013 年 2 月，俄罗斯车尔里雅宾斯克（Chelyabinsk）发生了一次陨石雨事件，陨石进入大气层发生空爆并留下长约10 km 的轨迹。该事件造成约 1500 人受伤，1000 多座房屋受损[1-2]。据估计，像“通古斯卡事件”级别的撞击事件每百年发生一次，释放出的能量相当于 100 颗日本广岛原子弹爆炸的威力；美国亚利桑那州 Barringer 陨击坑级别的撞击事件每千年发生一次，而一颗 1 km 大小的小天体撞击地球时所释放出的能量将对全球文明造成毁灭性灾难。研究小天体的轨道演化机制，可对小天体撞击地球的威胁进行预测和评估。小天体的自转速率、自转轴指向、密度、形状、磁场强度等都是影响小天体轨道演化的重要因素。然而，地面的观测很难准确地测定这些物理参数，特别是对于直径小于 1 km 的小天体而言，地面观测更加困难，但这类小天体数目众多，且对地球的潜在危险很大。只有进行近距离探测，才能全面、准确地了解这些小天体的特征，并提出应对措施。

太阳系内的绝大多数小天体都属于小行星，本章接下来将重点介绍小行星的现状与分类，包括空间分布、尺寸分布和光谱类型等，并简要介绍目前各国已开展和即将实施的小天体探测任务，最后论述和总结小天体近距离探测中的轨道动力学与控制研究的现状和进展。

1.2　小行星现状与分类

1.2.1　小行星的空间分布

根据太阳系中的轨道分布情况，可将小行星分为近地小行星、火星穿越小行星、主带小行星、特洛伊小行星、半人马小行星、柯伊伯带小行星等主要群带[3]。

1. 近地小行星

近地小行星（near - Earth asteroid，NEA）的轨道与地球比较接近，或与地球轨道交叉。根据轨道半长轴的不同，近地小行星可分为四类——Aten 小行星、Apollo 小行星、Amor 小行星和 Atira 小行星，这四类近地小行星的轨道如图 1.1 所示。

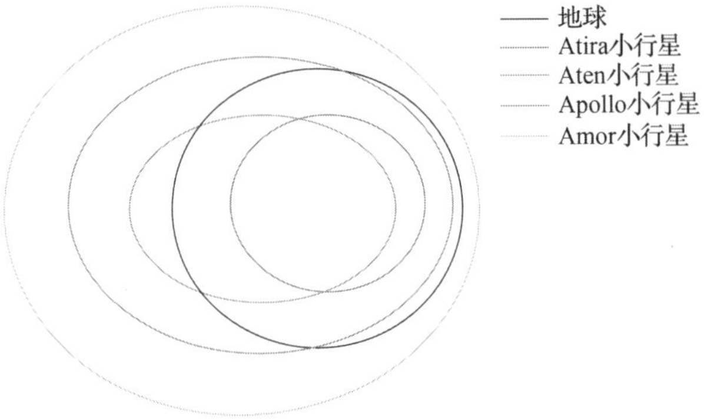

图 1.1　近地小行星轨道分布图（附彩图）

Aten 小行星的平均轨道半径大约为一个天文单位（AU，日地距离），其远日点大于地球的近日点（0.983 AU），它们经常位于地球轨道内。Apollo 小行星的半长轴大于 1 AU，近日点位于地球轨道内。Amor 小行星轨道位于地球和火星间，近日点位于地球轨道外（1.017 ~ 1.3 AU）。Amor 小行星经常穿越火星轨道，但不会穿越地球轨道。Atira 小行星轨道始终位于地球轨道内侧。

2. 火星穿越小行星

火星穿越小行星（Mars crossing asteroid）是指其轨道与火星轨道存在交集的小行星，即小行星的远日点大于 1.382 AU、近日点小于 1.666 AU。目前已发现约 2.3 万颗火星穿越小行星，约占已知小行星数量的 1.9%。

3. 主带小行星

主带小行星（main belt asteroid）是指其轨道界于火星与木星之间广阔区域的小行星，约 90% 已知的小行星位于该区域。该小行星带的质量中心位于轨道半径 2.8 AU 处，主带小行星的轨道偏心率小于 0.4，且黄道倾角小于 30°。典型的主带小行星轨道接近圆形，且在黄道面附近，仅有少数具有较大的偏心率和较高的倾角。

4. 特洛伊小行星

特洛伊小行星是指位于太阳 – 行星系统的拉格朗日 L4 点和 L5 点附近的小行星。该群带小行星的日心公转轨道与行星相同。目前太阳系八大行星中，木星、火星、海王星和地球已经先后被发现存在特洛伊小行星。据天文学家推测，许多特洛伊小行星可能是双小天体系统。

5. 半人马小行星

半人马小行星是指位于土星和天王星之间的部分小行星，它们的偏心率非常大，轨道不稳定。半人马小行星的运动行为一半类似于小行星，另一半类似于彗星，其轨道会穿越（或曾经穿越）一颗（或数颗）气体巨星的轨道。

6. 柯伊伯带小行星

柯伊伯带小行星是指位于冥王星外侧的小行星，距离太阳 20 ~ 60 AU。据推测，柯伊伯带小行星极有可能源自环绕太阳的原行星盘碎片，其相对黄道平面倾角约为 1.86°，直径小于 3000 km；短周期彗星可能源于柯伊伯带小行星。

1.2.2　小行星的自旋分布

2008 年，Pravec 等[4] 基于观测数据，绘制了直径在 3 ~ 15 km 间的 268 颗主带小行星及火星穿越小行星（MB/MC）的自旋速率分布直方图，如图 1.2 所示。MB/MC 小行星的自旋速率分布较为平坦，其中慢自旋的小行星占比较高。直径在 3 ~ 15 km 间的主带小行星及火星穿越小行星的自旋速率 f 在 1 ~ 9.5 d^{-1} 的范围内均匀分布，并且有大量 $f < 1\ d^{-1}$ 的慢自旋天体。该分布可能与雅尔科夫斯基 – 奥基夫 – 拉齐耶夫斯基 – 帕达克（YORP）效应有关，即不规则小天体由于各向不均的热辐射而获得微小的力矩，导致小天体自旋发生改变。

对于近地小行星，自旋速率分布存在较为明显的双峰特征，如图 1.3 所示，即快自旋和缓自旋的近地小行星较多，这同样与 YORP 效应演化作用密切相关。2011 年，Hanuš 等[5] 基于 221 颗小行星的形状数据，统计其自旋轴指向的分布，直径小于 30 km 的小行星自旋轴指向经纬度分布如图 1.4 所示。结果表明，小行星自旋矢量的黄道经度分布与直径无关，并且符合均匀分布特性，而纬度分布具有强烈的各向异性，主要集中在 11° ~90°和 –11° ~ –90° 范围内；自旋轴与公转轴同向和反向的小行星数量最多，而自旋轴与公转轴垂直的小行星几乎不存在，自旋轴夹角小于 –11°和大于 11°的数量接近。该现象反映出小行星自转轴指向在长期演化过程中有向纬度 ±90°变化的趋势。

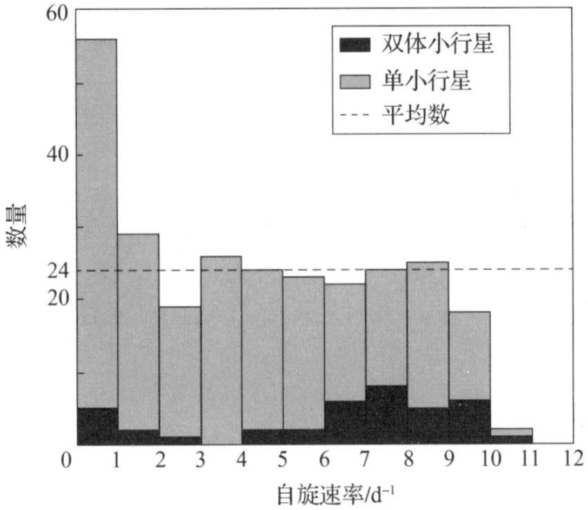

图 1.2　直径在 3 ~ 15 km 间的主带小行星及火星穿越小行星的自旋速率分布[4]

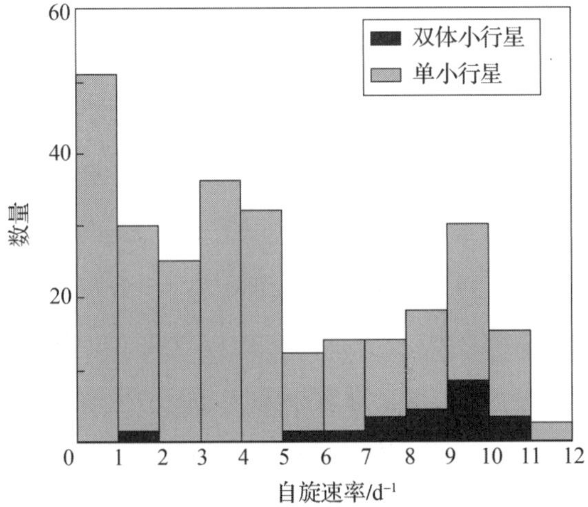

图 1.3　直径大于 200 m 的近地小行星的自旋速率分布[4]

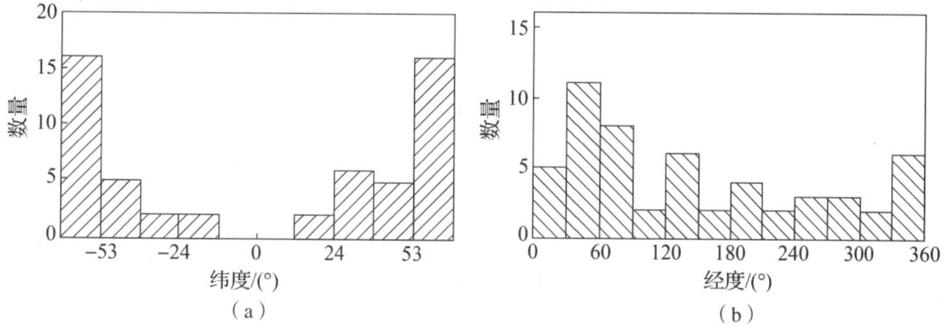

图 1.4 直径小于 30 km 的小行星自旋轴指向经纬度分布[5]

(a) 自旋轴指向纬度分布；(b) 自旋轴指向经度分布

1.2.3 小行星的光谱类型

不同的光谱类型对应于小行星不同的表面物质成分。目前常用的光谱类型分类方法有 Tholen 分类法和 SMASS 分类法。

1. Tholen 分类法

Tholen 分类法由 D. J. Tholen 在 1984 年提出，其源自 20 世纪 80 年代 ECAS 小行星巡天计划（Eight – Color Asteroid Survey，ECAS）探测到的 0.31 ~ 1.06 μm 的光谱，并结合反照率测量建立起来的分类方法。根据该分类方法，可将小行星分为 14 种类型，其中 C 类、S 类、X 类较广泛。

C 类是由最基本的 C 型和另外三种含碳的小行星（B 型、F 型和 G 型）组成的一个大类。C 类小行星广泛存在，约占小行星数量的 75%，在主带小行星中所占比例更高。C 类小行星的表面富含碳，光谱与碳质球粒陨石非常相似，其反照率非常低，通常在 0.03 ~ 0.10 之间。

S 类小行星约占小行星数量的 17%，是数量第二多的小行星。S 类小行星的成分以硅为主，还包括铁、镁等，其亮度中等，反照率在 0.10 ~ 0.22 之间。随着相角增大，S 类小行星的亮度衰减程度小于 C 型小行星，因此已探测并确定光谱的近地小行星中 S 类所占的比重较大。

X 类小行星由 E 型、M 型和 P 型小行星组成，其中 M 型小行星是除 C 型、S 型外，数量最多的一类小行星。该类小行星由铁 – 镍混合石质组成，其亮度中等，反照率在 0.1 ~ 0.2 之间。

2. SMASS 分类法

SMASS 分类法是一种较新的分类方法，由 Bus 等[6]于 2002 年依据主带小行星光谱巡天计划（Small Main – Belt Asteroid Spectroscopic Survey，SMASS）观测到的结果，以 1447 颗小行星的光谱为基础建立的。该统计调查得到比 ECAS 更高分辨率的光谱，可分析出更多不同的狭窄谱线特征，但该方法仅观测了波长在 0.44 ~ 0.92 μm 之间的光谱，且分类中没有考虑反照率。SMASS 分类法在尽可能保持 Tholen 分类法的基础上将小行星分成了 24 种类型，以 C 类、S 类、X 类为主体，并辅以 T 型、D 型、O 型、V 型等其他特殊的小行星类型。

C 类小行星为富含碳的小行星群体，其中包括：B 型（与 Tholen 分类法的 B 型小行星和 F 型小行星有很大程度上的重叠）；C 型（不属于 B 型的，且大部分含碳的小行星）；Cg、Ch、Cgh 型（与 Tholen 分类法的 G 型小行星相关）；Cb 型（C 型和 B 型之间的过渡类型）。

S 类小行星为富含硅的小行星群体，其中包括 A 型、Q 型、R 型、K 型、S 型和 Sa 型、Sq 型、Sr 型等过渡类型。

X 类小行星为富含金属的小行星群体，其中包括：X 型（与 Tholen 分类法中的 M 型、E 型或 P 型重叠）；Xe、Xc、Xk 等普通 X 型与其他类型间的过渡类型。

SMASS 分类法中的 24 种类型的平均光谱如图 1.5 所示。图中，光谱变化不显著的 C 类和 X 类小行星位于左侧；呈现不同波长特征的小行星位于右侧；L 型、K 型、A 型和 Sa 型位于光谱中心附近。这些光谱的数据对于比较和分析小行星的材质具有重要作用。

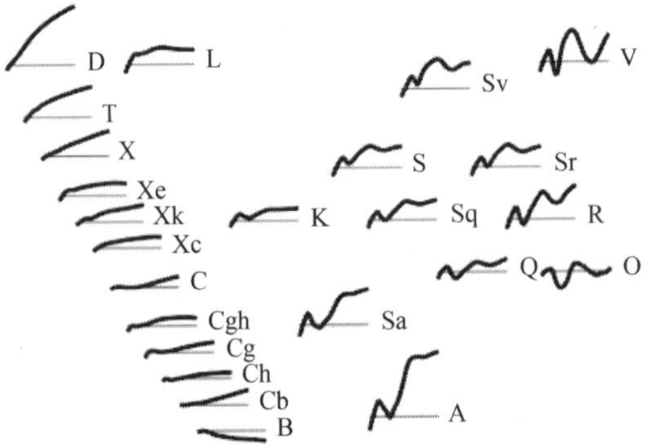

图 1.5 定义在 0.45 ~ 2.45 μm 范围内的所有 24 种类型的平均光谱[1]

1.2.4　双小天体系统及其物理特性

双小天体系统是一类特殊的小天体群体，两个小天体在围绕太阳公转的同时又相互绕共同的质心旋转，形成小型的行星－卫星系统。截至2022年12月，已知的多小天体系统总计479个，其中双小天体系统为463个。在这些双小天体系统中，有近地小行星88个、火星穿越小行星30个、主带小行星220个、木星特洛伊小行星6个、海王星外天体119个。在这些已知的双小天体系统中，大部分系统由一个自旋速率较快的近球形状主星和一个形状不规则的从星组成，主星直径均大于200 m，从星直径一般约为主星直径的20%~40%，它们之间的距离约为主星半径的3~5倍。

绝大部分双小天体系统的从主星形状比 R_s/R_p 在0.1~1之间，在近地双小天体系统中，主星的直径一般不超过10 km，从星体积约为主星体积的4%~58%。假设主从星密度一致，则主从星质量比约在 $6.4\times10^{-5}\sim2.0\times10^{-1}$ 之间；主星的自旋速率较快，自旋周期一般为2.2~4.5 h。目前近地小行星和主带小行星中的双小天体系统可按照如下标准分类：

L组：系统由一颗较大的主星（半径 $D_1>20$ km）和一颗相对较小的从星（从主星半径比 $D_2/D_1\leqslant0.2$）组成。

A组：系统由一颗较小的主星（半径 $D_1<20$ km）和一颗相对更小的从星（$0.1\leqslant D_2/D_1\leqslant0.6$）组成，且两星相距较近（$a\leqslant9R_p$）。$a$ 为从星绕主星运行的轨道半长轴，R_p 为主星半径。

B组：系统由一颗较小的主星（半径 $D_1<20$ km）和一颗相对较大的从星（$D_2/D_1\leqslant0.7$）组成，且两星相距较近（$a\leqslant9R_p$）。

W组：系统由一颗较小的主星（半径 $D_1<20$ km）和一颗相对较小的从星（$0.1\leqslant D_2/D_1\leqslant0.6$）组成，且两星相距较远（$a\geqslant9R_p$）。

一些具有代表性的双小天体系统如表1.1和表1.2所示。其中，表1.1给出了10个A组、5个B组、3个W组及7个L组双小天体系统的相关参数，表1.2给出了这25个双小天体系统中主星椭球模型的三轴长度（a_p、b_p、c_p）、从星椭球模型的三轴长度（a_s、b_s、c_s）、从主直径比 D_s/D_p，以及系统体密度。

表 1.1　不同类型的双小天体系统相关参数

双小天体系统	类型	轨道类型*	半长轴/AU	偏心率	轨道倾角/(°)	主星自旋周期/h	轨道周期/年	a/R_p
65803 Didymos	A	APO	1.644	0.384	3.408	2.259	2.109	2.8
1996 FG3	A	APO	1.054	0.350	1.990	3.595	1.082	3.0
3782 Celle	A	MB	2.417	0.093	5.250	3.839	3.756	6.6
1991 VH	A	APO	1.137	0.144	13.912	2.624	1.213	6.3
1999 KW4	A	ATE	0.64	0.69	38.887	2.765	17.421	3.9
939 Isberga	A	MB	2.247	0.177	2.588	2.917	3.368	5
2044 Wirt	A	MCA	2.380	0.344	23.974	3.690	3.673	3.7
2000 DP107	A	APO	1.365	0.377	8.669	2.774	1.596	6.6
2002 CE26	A	APO	2.234	0.559	47.288	3.293	3.339	2.7
1862 Apollo	A	APO	1.47	0.560	6.353	3.065	1.782	2.6
4492 Debussy	B	MB	2.766	0.180	8.025	26.606	4.600	4.2
1313 Berna	B	MB	2.656	0.208	12.535	25.464	4.328	2.23
3169 Ostro	B	MB	1.892	0.067	24.906	6.509	2.602	2.7
69230 Hermes	B	APO	1.655	0.620	6.068	13.894	2.129	3.7
809 Lundia	B	MB	2.282	0.193	7.149	15.418	3.448	4.6
4674 Pauling	W	MB	1.859	0.070	19.441	2.521	2.534	110
90 Antiope	W	MB	3.164	0.163	2.207	16.505	5.603	3.9
1994 CC	W	APO	1.638	0.417	4.684	2.389	2.096	19.8
87 Sylvia	L	MB	3.482	0.091	10.877	5.183	6.497	4.9
45 Eugenia	L	MB	2.720	0.083	6.603	5.699	4.487	5.9
22 Kalliope	L	MB	2.910	0.099	13.717	4.148	4.965	13
762 Pulcova	L	MB	3.156	0.103	13.089	5.839	5.607	9.9
379 Huenna	L	MB	3.137	0.186	1.669	7.022	5.556	76
243 Ida	L	MB	2.979	0.041	1.132	4.634	36.96	6.9
2001 QG298	L	TNO	39.363	0.192	6.497	13.774	246.373	2.55

注*：MB：主带小行星；MCA：火星穿越小行星；AMO：Amor 小行星；APO：Apollo 小行星；ATE：Aten 小行星；ATI：Atira 小行星；TNO：海王星外天体。

表 1.2　不同双小天体系统中主从星相关参数

双小天体系统	a_p/km	b_p/km	c_p/km	a_s/km	b_s/km	c_s/km	D_s/D_p	体密度 /(g·cm^{-3})
65803 Didymos	0.85	0.75	0.64	0.20	0.17	0.14	0.22	1.70
1996 FG3	1.91	1.69	1.47	0.57	0.49	0.41	0.28	1.30
3782 Celle	5.65	5.44	5.23	—	—	—	0.43	2.20
1991 VH	1.24	1.04	0.84	—	—	—	0.38	1.60
1999 KW4	1.53	1.49	1.35	0.57	0.46	0.35	0.341	1.97
939 Isberga	14.5	11.8	11.1	3.8	3.5	3.5	0.29	2.91
2044 Wirt	7.04	6.46	5.88	1.81	1.62	1.43	0.25	1.6
2000 DP107	0.96	0.80	0.64	0.45	0.30	0.15	0.41	1.8
2002 CE26	3.65	3.65	3.26	0.40	0.30	0.20	0.087	0.9
1862 Apollo	1.8	1.5	1.3	0.19	—	—	0.052	2.05
4492 Debussy	15.19	14.60	14.19	—	—	—	0.643	4.2
1313 Berna	10.84	10.60	10.44	—	—	—	0.79	1.22
3169 Ostro	4.40	3.40	3.20	4.80	2.60	2.40	0.87	2.60
69230 Hermes	0.72	0.61	0.48	0.66	0.54	0.42	0.90	1.60
809 Lundia	3.90	3.30	3.20	3.50	2.90	2.80	0.89	1.67
4674 Pauling	4.51	4.46	4.41	—	—	—	0.32	1.60
90 Antiope	93	87	83.6	89.4	82.8	79.6	0.954	1.25
1994 CC	0.69	0.67	0.64	0.117	0.112	0.109	0.182	2.1
87 Sylvia	384	264	232	—	—	—	0.038	1.20
45 Eugenia	280.71	206.14	147.44	—	—	—	0.034	1.10
22 Kalliope	231.4	175.3	146.1	—	—	—	0.168	3.35
762 Pulcova	142.26	141.72	140.16	—	—	—	0.134	0.90
379 Huenna	89.83	87.47	85.11	7.0	5.8	4.6	0.066	0.85
243 Ida	59.8	25.4	18.6	1.6	1.4	1.2	0.045	2.60
2001 QG298	164	130	116	168	160	150	0.867	0.56

1.2.4.1 L 组双小天体系统特性分析

L 组双小天体系统一般由一颗较大的主星（半径 $D_1 > 20$ km）和一颗相对较小的从星（从主星直径比 $D_2/D_1 \leqslant 0.2$）组成，主星直径 D_p 的范围为 90 ~ 270 km，从主星直径比范围为 0.02 ~ 0.21，平均值为 0.08 ± 0.06 (1σ)。除了 243 Ida 由 Galileo 木星探测器发现之外，这一类双小天体系统基本由地基光学雷达发现。目前已知属于 L 组的双小天体系统有 11 个，其中尺寸最大的为87 Sylvia，其主星直径约为 256 km；尺寸最小的为 243 Ida，其主星直径约为32 km；目前多数系统尺寸与 243 Ida 接近，暂未发现尺寸大于 87 Sylvia 的系统。L 组双小天体系统的自旋周期约在 4.1 ~ 7.0 h 范围，几何平均值约为（5.6 ± 0.8) h (1σ)。除了 22 Kalliope 外，所有 L 组双小天体系统的自旋周期均小于球体临界解体自旋周期（2.3 h）的一半，但大部分主星的自旋速率较其他尺寸相当的单体小行星较快。细长形状的主星可能表明系统在形成过程中经历了较为剧烈的分裂解体过程。

1.2.4.2 A 组、B 组及 W 组双小天体系统特性分析

多数尺寸较小的双小天体系统属于 A 组，即主星半径 $D_1 < 20$ km，这些系统广泛分布于近地小行星、主带小行星与火星穿越小行星群带。这些双小天体系统的主星半径约在 0.15 ~ 11 km 之间，主从星间的距离约为主星半径的 2.7 ~ 9.0 倍，平均距离为（4.8 ± 1.3) R_p，从主星尺寸比约为 0.09 ~ 0.58，平均比值为 0.3 ± 0.1。

若主从星源自同一颗单体小行星，临界角动量为可使得这颗小行星解体的最小值，那么 A 组双小天体系统的角动量与它们的临界角动量相当，这一现象很大程度上由系统内高速旋转的主星造成。主星的自旋周期范围约为 2.2 ~ 4.4 h，几何平均值约为（2.9 ± 0.8) h (1σ)，而相同尺寸的单体小行星自旋周期为（7.4 ± 0.3) h。双小天体系统轨道周期为 11.7 ~ 58.6 h。

根据双小天体系统轨道周期与较快的主星自旋周期是否一致，可将 A 组细分为 A1 组和 A2 组。若双小天体系统的轨道周期与从星自旋周期基本一致，则属于 A1 组，大约有 66% 的 A 组双小天体系统属于 A1 组；若从星的自旋周期与系统轨道周期不同步，且介于轨道周期与主星自旋周期之间，则将其划分为 A2 组，约有 34% 的 A 组双小天体系统属于这一组。

根据目前已知的观测数据，当从星自旋周期与系统轨道周期同步时，从星轨道的偏心率较小；当从星自旋周期与系统轨道周期不同步时，作用在细长形状从星上的额外力矩将使得从星出现无序混乱的自旋，从而影响轨道偏心率。近地小行星中非同步双小天体系统的动力学寿命（小天体可保持于其平运动共振轨道的时长）一般在 10^7 年左右，主带小行星中非同步双小天体系统的动力学寿命则一般在 10^8 年左右。

B 组双小天体系统由两颗大小基本相同的小天体组成，且主从星自旋同步，从星轨道周期与系统轨道周期同步，因此 B 组双小天体系统又称“双同步双小天体系统”。双同步双小天体系统因其稳定的轨道状态、形态特征与丰富的动力学特性而成为深空探测的重点目标。数据分析发现，大部分 B 组双同步双小天体系统中的主从星均可视为 Roche 椭球体，而 Roche 椭球体的性质与最小惯性主轴对齐的双椭球模型类似，属于稳定的刚性旋转自重力均质流体[7]。因此，对于 B 组双小天体系统（如 809 Lundia、3169 Ostro 及 90 Antiope）而言，可采用两个三轴椭球体模型对主从星的形状进行简化。

B 组双小天体系统中主星直径平均值为 (7 ± 3) km，从星与主星的平均直径比为 0.88 ± 0.09，其轨道周期为 13.9 ~ 49.1 h 不等，与 A 组双小天体系统的轨道周期大致相当。除了编号为 69230 的 Hermes 为近地小行星之外，B 组中其他双小天体系统均属于主带小行星。Hermes 为 B 组中尺寸最小的双小天体系统，其主星半径仅为 0.66 km，明显小于 B 组中第二小的编号为 7369 的 Gavrilin（其主星半径为 4.6 km）。编号为 4492 的 Debussy 主星半径为 12.6 km，其为 B 组中尺寸最大的双小天体系统。

W 组双小天体系统与 A、B 组双小天体系统的尺寸相似，主星半径平均值为 (4.8 ± 2.3) km，从主星尺寸比介于 A 组与 B 组之间，其平均比值为 0.4 ± 0.2。W 组双小天体系统分布较为分散，主从星间距约为主星半径的 9 ~ 116 倍，且与 A 组小天体系统类似，主星自旋速率较快，平均自旋周期为 (3.3 ± 0.8) h。大多数 W 组双小天体系统由哈勃望远镜或地基自适应光学望远镜观测发现，且性质与 A2 组类似，即从星自旋周期与系统轨道周期不同步，自旋周期介于轨道周期与主星自旋周期之间。

双小天体系统的尺寸、密度等特性可由光变曲线观测数据得到，根据光变曲线，若定义 a_p、b_p 和 c_p 为主星的三个惯性主轴，则 A 组、B 组、W 组中双小天体系统的 a_p/b_p 约在 1.01 ~ 1.35 范围，平均比值为 1.13 ±0.07，即主星的赤道横截面近似为圆形；若定义 a_s、b_s 和 c_s 为从星的三个惯性主轴，则 A 组、B 组、W 组中双小天体系统的 a_s/b_s 约在 1.06 ~2.5 范围，平均比值为 1.44 ±0.24，因此从星的赤道横截面近似为椭圆形。

A 组与 W 组中大部分主星具有独特的椭球“棱台”形状，如双小天体 (29075) 1950 DA、2008 EV5、(101955) Bennu、1994 CC、(153591) 2001 SN263 等，其中最具代表性的是 1999 KW4。根据地基雷达观测数据反演得到的 1999 KW4 系统中的主星形状及加速度分布如图 1.6 所示。可以看出，由于自旋速度较快，主星赤道受到明显偏移力作用而演化出“棱台”，而这一棱台形状使得主星 $a_p/b_p \approx 1$，即赤道横截面近似为圆形。

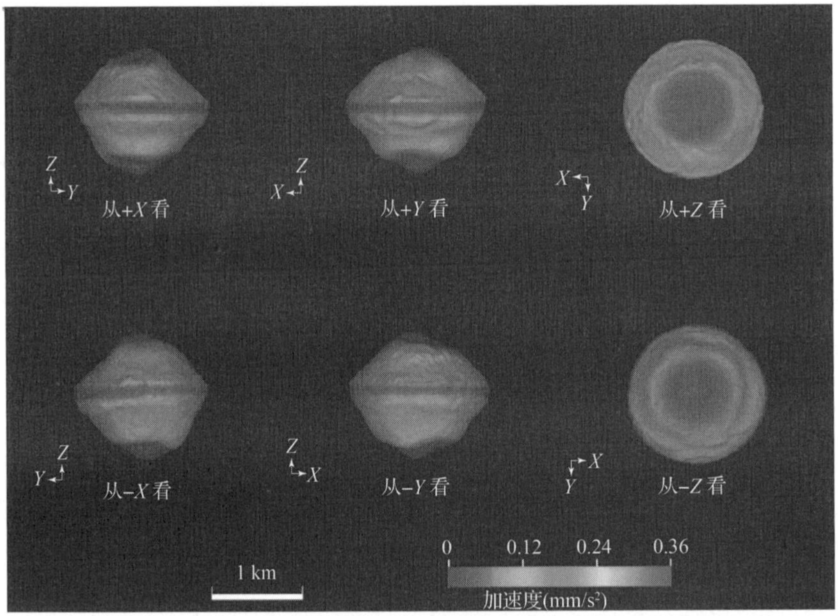

图 1.6 1999 KW4 系统中的主星形状及加速度分布[8]（附彩图）

1.3 小天体探测任务进展

针对小天体的探测已经历了飞越、环绕/伴飞、着陆/采样等阶段。首个实现小天体近距离飞越探测的是美国的 ISEE－3 探测器，其在完成既定探测任务后被重命名为国际彗星探测器（ICE），并于 1985 年成功飞越 21P/Giacobini－Zinner 彗星，距离彗核最近时仅 7 800 km[9]。

1989 年，美国发射的“伽利略”（Galileo）木星探测器[10]首次实现了小行星的近距离飞越探测。“伽利略”探测器在向木星转移的过程中，于 1991 年、1993 年分别对小行星 951 Gaspra 和 243 Ida 进行了多波段光谱的近距离观测，获得了其外形及表面陨石坑的分布，并发现 243 Ida 的卫星 Dactyl，首次证实了太阳系中双小天体系统的存在。

1996 年，美国发射了其“发现计划”（Discovery Program）的第一颗探测器，即近地小行星交会探测器（NEAR）[11]，成为首个近距离环绕探测小行星的探测器。NEAR 探测器在经历了一系列轨道机动后，其飞行高度逐渐降低，并于 2000 年实现了对小行星 433 Eros 的近距离环绕探测，2001 年 2 月成功软着陆于 Eros 表面，并拍摄了 Eros 表面的高清图像，得到了大量关于 Eros 的外形、磁场、自旋、质量分布及化学元素组成等信息。NEAR 任务成为人类首次成功着陆小行星的任务。

2003 年，日本发射了“隼鸟”（Hayabusa）探测器，开展人类首次小行星采样返回任务[12]，其以“悬停－下降－附着”方式于 2005 年对小行星 25143 Itokawa 进行了着陆及表层采样[13]，并于 2010 年返回地球。

2004 年，欧空局发射了“罗塞塔”（Rosetta）探测器，开展人类首次彗星环绕与着陆探测。“罗塞塔”探测器分别飞越主带小行星 2867 Steins 和 21 Lutetia，并于 2014 年实现对彗星 67P/Churyumov－Gerasimenko 的绕飞和着陆探测。

2005 年 7 月 4 日，美国“深度撞击号”探测器释放的撞击器以 10.2 km/s 的相对速度撞击了“坦普尔 1 号”彗星的彗核表面，这是人类首次实现与小天体成功撞击。撞击器由铜和铝构成，质量为 370 kg，撞击能量达到 4.7 t TNT 炸药当量，整个过程只用了 3.7 s。这次撞击在彗星表面产生了一个半径约30 m 的大坑，NASA 宣称撞击导致彗星的速度变化了 0.000 1 mm/s。此次撞击任务为研究彗星的形成和演变过程提供了重要信息。

2007 年，美国发射了“黎明”（Dawn）小行星探测器[14]，对位于主带小行星群带的谷神星（Vesta）和灶神星（Ceres）开展科学探测。2011 年 6 月，该探测器成功进入谷神星轨道，在进行 14 个月的观测绕飞后，于 2015 年 3 月飞抵灶神星，并对其进行绕飞探测。

2010 年，我国发射了“嫦娥二号”（ChangE－2）月球探测器，在顺利完成月球探测工程及科学任务后，首次实现了从月球轨道飞往日地 L2 点附近周期轨道的飞行试验[14]。2012 年 12 月，“嫦娥二号”在距离地球约 700 万 km 处成功飞越了小行星 4179 Toutatis，获得了高分辨率光学图像，使得我国成为第四个实现小行星探测的国家[17]。

2014 年，日本发射了“隼鸟 2 号”（Hayabusa 2）探测器[17]，对 C 类近地小行星 Ryugu 开展探测并进行采样返回。“隼鸟 2 号”探测器于 2018 年 6 月抵达小行星 Ryugu，先后部署了 Minerva－Ⅱ表面巡视器和 MASCOT 着陆器，通过弹射采样的方式完成了小天体表面样品的采集，并于 2019 年 11 月离开小行星 Ryugu，样品返回舱于 2020 年 12 月再入地球，其飞行轨迹如图 1.7 所示。

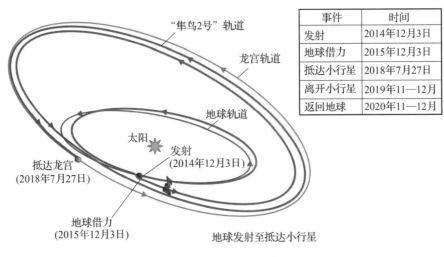

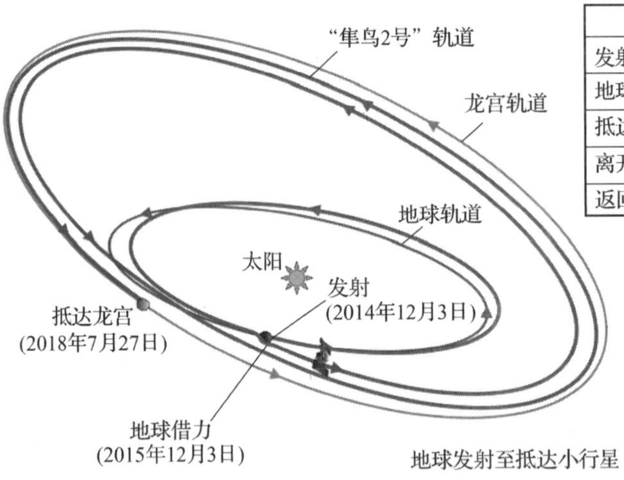

事件	时间
发射	2014年12月3日
地球借力	2015年12月3日
抵达小行星	2018年7月27日
离开小行星	2019年11—12月
返回地球	2020年11—12月

图 1.7 “隼鸟 2 号”探测器飞行轨迹（附彩图）

（来源：JAXA）

2016 年，美国发射了 OSIRIS－REx 探测器，对近地小行星 Bennu 开展探测并进行采样返回。OSIRIS－REx 探测器于 2018 年 12 月到达小行星 Bennu，目前已经完成探测与采样，在返回地球途中，其飞行轨迹如图 1.8 所示。

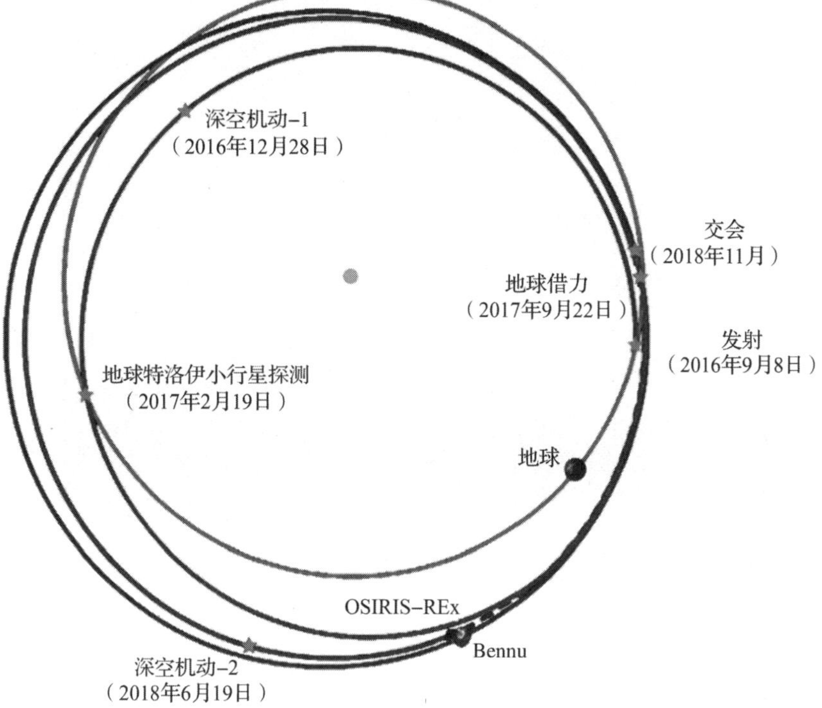

图 1.8　OSIRIS - REx 探测器飞行轨迹（附彩图）

（来源：NASA/亚利桑那大学）

2021 年 10 月，美国发射了 Lucy 探测器，对日 - 木系统的特洛伊带小行星开展探测，这也是人类首次探测特洛伊带小行星的任务。日 - 木系统的特洛伊带小行星主要分布在日 - 木系统的 L4 点和 L5 点附近。特洛伊带小行星被认为是早期太阳系的残留物。Lucy 探测器将通过 2 次地球借力抵达特洛伊带小行星，在途中将飞越主带小行星 52246 Donaldjohanson，计划在到达 L4 特洛伊带后飞越 4 颗小天体，分别为 3548 Eurybates 及其卫星 Queta、15094 Polymele、11351 Leucus 和 21900 Orus；之后，探测器将返回地球再次进行地球借力，随后飞向 L5 点特洛伊带小行星，将飞越双小行星系统 617 Patroclus 及其伴星 Menoetius，其飞行轨迹如图 1.9 所示。

2022 年 11 月 24 日，美国成功实施了双小行星重定向测试（Double Asteroid Redirection Test，DART）任务，这是人类首次成功实施的行星防御试验。DART 航天器以高速（约为 6.6 km/s）撞击 Didymos 双小行星系统中较小的卫星

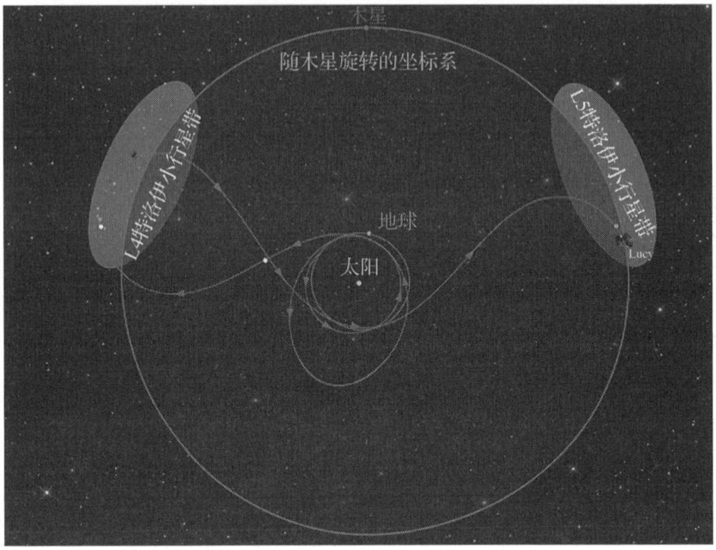

图 1.9 Lucy 探测器飞行轨迹（附彩图）

（来源：Southwest Research Institute）

Dimorphos，验证动能撞击防御小行星技术。DART 任务的目标有：改变 Dimorphos 的双星轨道周期，并利用地面望远镜测量撞击前后的轨道周期变化；测量撞击和由此产生的喷射物对 Dimorphos 的影响。结果表明，该撞击使得 Dimorphos 的轨道周期缩短 32 min。后续欧空局还将发射 Hera 探测器，对撞击细节展开近距离探测，为未来行星防御任务的实施提供重要参考。

未来还会开展多项小天体探测任务。例如，Psyche 任务旨在探测位于火星轨道和木星轨道之间的独特金属小行星（16）Psyche，期待认知形成类地行星的猛烈碰撞和吸积历史。该任务于 2023 年 10 月 13 日发射，预计 2026 年进行火星借力，于 2029 年 8 月抵达小行星 Psyche，开展约 26 个月的环绕探测，其飞行轨迹如图 1.10 所示。

MMX 任务即火星卫星探测计划（Martian Moons eXploration），旨在开展火卫一采样返回，期待阐明火卫的起源和太阳系行星形成，以及火星、火卫一、火卫二的演化。该任务计划在 2026 年发射，约在 2027 年抵达火星，之后进入火卫一环绕准静止轨道开展一系列科学观测，采样后返回地球，MMX 任务剖面如图 1.11 所示。

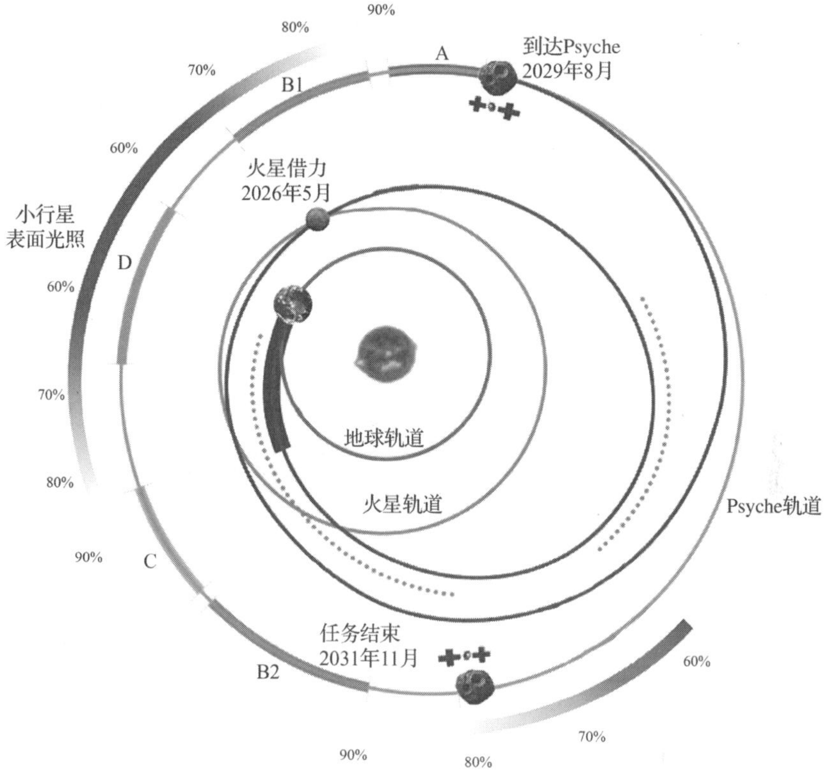

图 1.10　Psyche 任务飞行轨迹（附彩图）

（来源：NASA）

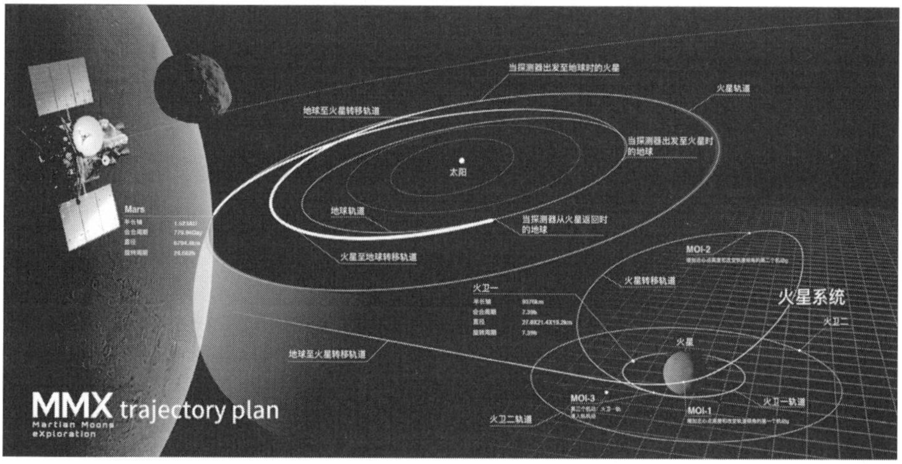

图 1.11　MMX 任务剖面

（来源：JAXA）

“天问 2 号”任务即近地小行星采样返回与主带彗星探测任务，旨在开展近地小行星和主带彗星的形貌、物质组分、内部结构、可能的喷发物等探测，计划对地球准卫星 2016 HO3 进行采样，样品返回地球后对主带彗星进行环绕探测，任务剖面如图 1.12 所示。

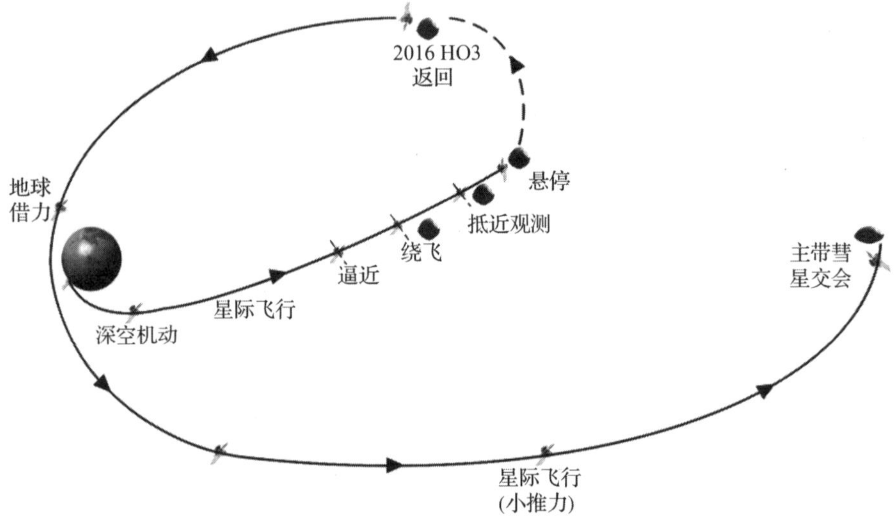

图 1.12 “天问 2 号”小天体探测任务剖面

综上，目前已开展和计划实施的小天体探测任务如表 1.3 所示。由表 1.3 可以看出，早期的探测方式以飞越探测为主，近期的探测任务倾向于采样返回、小天体操控等更加复杂的探测方式，而小天体附近的操控轨道动力学与控制将是成功实施精细探测任务的关键。

表 1.3 已开展和计划实施的小天体探测任务

任务	年份	探测目标	国家/组织	主要探测方式
ICE	1982	21P/Giacobini－Zinner，1P/Halley	美国	飞越
Vega 1/Vega 2	1984	1P/Halley	苏联	飞越
Giotto	1985	1P/Halley，26P/Grigg－Skjellerup，	欧空局	飞越

续表

任务	年份	探测目标	国家/组织	主要探测方式
Sakigake	1985	1P/Halley	日本	飞越
Suisei	1985	1P/Halley	日本	飞越
Galileo	1989	951 Gaspra, 243 Ida	美国	飞越
小天体 R	1996	253 Mathilde, 433 Eros	美国	飞越、环绕
Cassini – Huygens	1997	2685 Masursky	美国、欧空局	飞越
Deep Space 1	1998	9969 Braille, 19P/Borrelly	美国	飞越、伴飞
Stardust	1999	5535 AnneFrank, 81P/Wild, 9P/Tempel 1	美国	飞越
Hayabusa	2003	25143 Itokawa	日本	伴飞、着陆、采样返回
Rosetta	2004	2867 Steins, 21 Lutetia, 67P/Churyumov – Gerasimenko	欧空局	环绕、着陆、采样返回
DEEP Impact	2005	9P/Tempel 1	美国	撞击
EPOXI	2005	103P/Hartley	美国	飞越
New Horizons	2006	132524 APL	美国	飞越
Dawn	2007	1 Ceres, 4 Vesta	美国	环绕
ChangE – 2	2010	4179 Toutatis	中国	飞越
Hayabusa 2	2014	162173 Ryugu, 2001 CC21, 1998 KY26	日本	伴飞、着陆、采样返回
OSIRIS – REx/ OSIRIS – APEX	2016	101955 Bennu/ 99942 Aphophis	美国	环绕、着陆、采样返回
Lucy	2021	多颗日 – 木特洛伊带小行星	美国	飞越
DART	2022	65803 Didymos	NASA	撞击
Psyche	2023	16 Psyche	美国	环绕
Hera	2024（计划）	65803 Didymos	ESA	环绕、着陆

续表

任务	年份	探测目标	国家/组织	主要探测方式
天问二号	2025（计划）	2016 HO3，311P/Panstarrs	中国	伴飞、环绕、着陆、采样返回
MMX	2026（计划）	火卫一（Phobos）	日本	环绕、着陆、采样返回
DESTINY +	2025（计划）	3200 Phaethon	日本	飞越

参考文献

[1] STEVEN D M, WILLIAM C S III, SCOTT B A, et al. Earth – viewing satellite perspectives on the Chelyabinsk meteor event[J]. Proceedings of the National Academy of Sciences of the United States (Earth, Atmospheric, and Planetary Sciences), 2013, 110(45): 18092 – 18097.

[2] BROWN P G, ASSINK J D, ASTI L, et al. A 500 – kiloton airburst over Chelyabinsk and an enhanced hazard from small impactors[J]. Nature, 2013, 503: 238 – 241.

[3] DAVID W H, NATHAN W H. The distribution of asteroid sizes and its significance [J]. Planetary and space science, 1994, 42(4): 291 – 295.

[4] PRAVEC P, HARRIS A W, VOKROUHLICKÝ D, et al. Spin rate distribution of small asteroids[J]. Icarus, 2008, 197(2): 497 – 504.

[5] HANUŠ J, ĎURECH J, BROŽ M, et al. A study of asteroid pole – latitude distribution based on an extended set of shape models derived by the lightcurve inversion method[J]. Astronomy & astrophysics, 2011, 530: A134.

[6] BUS S J, BINZEL R P. Phase II of the small main – belt asteroid spectroscopic survey: the observations[J]. Icarus, 2002, 158(1): 106 – 145.

[7] NEUTSCH W. On the gravitational energy of ellipsoidal bodies and some related

functions[J]. Astronomy and Astrophysics, 1979, 72: 339 -347.
[8]FAHNESTOCK E G, SCHEERES D J. Simulation and analysis of the dynamics of binary near - Earth Asteroid (66391) 1999 KW4[J]. Icarus, 2008, 194(2): 410 -435.
[9]FAQUHAR R W. The flight of ISEE -3/ICE: origins, mission history, and a legacy[J]. Journal of the astronautical sciences, 2001, 49(1): 23 -73.
[10]SMITH E J, TSURUTANI B T, SLVAIN J A, et al. International Cometary Explorer encounter with Giacobini - Zinner: magnetic field observations[J]. Science, 1986, 232(4748): 382.
[11]JOHNSON T V. The Galileo mission to Jupiter and its moons[J]. Scientific American, 2000, 282(2): 40.
[12]YANO H, KUBOTA T, MIYAMOTO H, et al. Touchdown of the Hayabusa Spacecraft at the Muses Sea on Itokawa[J]. Science, 2006, 312(5778): 1350 - 1353.
[13]WATANABE S I, TSUDA Y, YOSHIKAWA M, et al. Hayabusa 2 mission overview[J]. Space science reviews, 2017, 208(1/2/3/4): 3 -16.
[14]吴伟仁, 崔平远, 乔栋, 等. 嫦娥二号日地拉格朗日L2点探测轨道设计与实施[J]. 科学通报, 2012, 57(21): 1987 1991.
[15]叶培建, 黄江川, 张廷新, 等. 嫦娥二号卫星技术成就与中国深空探测展望[J]. 中国科学:技术科学, 2013, 43(5): 467 -477.
[16]RAYMAN M D, FRASCHETTI T C, RAYMOND C A, et al. Dawn: a mission in development for exploration of main belt asteroids Vesta and Ceres[J]. Acta astronautica, 2006, 58(11): 605 -616.
[17]KAWAGUCHI J I, UESUGI K T, FUJIWARA A, et al. The MUSES - C, mission description and its status[J]. Acta astronautica, 1999, 45(4/5/6/7/8/9): 397 -405.

第2章 不规则小天体引力场与动力学建模

2.1 引 言

引力场建模是研究和分析小天体附近轨道运动特性的前提和基础。小天体形状不规则且形态各异，这为小天体精确引力场建模提出了挑战。对于小天体引力场的建模，通常采用微元法求解小天体附近检验点的引力势能，从而得到整个引力场的分布。

假设小天体附近的检验点 P 在小天体本体坐标系下的位置矢量为 $\boldsymbol{R}=(x,y,z)$，采用微元法求检验点 P 的引力势能。将小天体分解成若干个体积微元，设任一质量为 $\mathrm{d}m$ 的体积微元 S 在本体坐标系中的位置矢量为 $\boldsymbol{\rho}=(\xi,\eta,\zeta)$，由该体积微元到检验点的矢量为 $\boldsymbol{r}=(x-\xi,y-\eta,z-\zeta)$，则对小天体的所有微元求和，可得到检验点处小天体的引力势函数为

$$V(\boldsymbol{R})=-G\iiint_M \frac{1}{r}\mathrm{d}m \tag{2.1}$$

式中，G——引力常数。

由于小天体形状不规则，式（2.1）通常不可积，从而无法直接计算求解出小天体的引力势能。因此，对不规则形状小天体的引力场求解，常常采用近似方法。常用的引力场建模方法大致可分为以下两类：

（1）级数逼近法。此类方法主要采用无穷级数来逼近引力势能，进而完成

引力场建模。级数逼近法主要有球谐函数模型和椭球谐函数模型。

（2）形状逼近法（或三维模型逼近法）。此类方法主要采用简化的三维模型来逼近不规则形状体，采用数值计算得到引力势能，进而完成引力场建模。形状逼近法主要有三轴椭球体模型、多面体模型和质点群模型。

2.2　小天体引力场模型

2.2.1　球谐函数表征的引力场模型

采用球谐函数表征小天体引力场的方法源自对大天体的引力场建模。球谐函数形式简单、计算量小，便于进行定性分析和定量结论描述，因此广泛应用于轨道设计。由于勒让德函数具有较好的收敛性，所以在球谐函数建模中通常采用勒让德多项式来表征天体的引力势能[1]。通过求解高阶的球谐系数，就可得到高精度的引力场模型。接下来，介绍球谐函数引力场建模方法。

体积微元 S 与检验点 P 间的距离 r 可表示为

$$\begin{aligned} r &= \sqrt{(x-\xi)^2+(y-\eta)^2+(z-\zeta)^2} \\ &= \sqrt{R^2+\rho^2-2R\rho\cos\theta} \end{aligned} \tag{2.2}$$

式中，θ——体积微元 S 与检验点 P 位置矢量间的夹角；

$R=\|\boldsymbol{R}\|$；$\rho=\|\boldsymbol{\rho}\|$。

当 $\dfrac{\rho}{R}<1$ 时，式（2.1）中的 $\dfrac{1}{r}$ 可展开成勒让德多项式的形式：

$$\frac{1}{r}=\frac{1}{R}\sum_{n=0}^{\infty}\left(\frac{\rho}{R}\right)^n P_n(\cos\theta) \tag{2.3}$$

式中，$P_n(\cos\theta)$——n 阶勒让德多项式。

将式（2.3）代入式（2.1），可得

$$V(\boldsymbol{R})=-\frac{G}{R}\iiint_M\sum_{n=0}^{\infty}\left(\frac{\rho}{R}\right)^n P_n(\cos\theta)\,\mathrm{d}m \tag{2.4}$$

在小天体本体坐标系下，检验点 P 与体积微元 S 的球坐标可分别表示为

$$\boldsymbol{R}=\begin{pmatrix}R\cos\varphi\cos\lambda\\R\cos\varphi\sin\lambda\\R\sin\varphi\end{pmatrix},\ \boldsymbol{\rho}=\begin{pmatrix}\rho\cos\varphi'\cos\lambda'\\\rho\cos\varphi'\sin\lambda'\\\rho\sin\varphi'\end{pmatrix}\tag{2.5}$$

式中，φ,λ——本体坐标系下检验点 P 的质心纬度和经度；

φ',λ'——本体坐标系下体积微元 S 的质心纬度和经度。

根据球谐函数理论，勒让德多项式可以表示为

$$P_n(\cos\theta)=\sum_{m=0}^{n}2^{\delta}\frac{(l-m)!}{(l+m)!}[P_{lm}(\sin\varphi')\cos(m\lambda')P_{lm}(\sin\varphi)\cos(m\lambda)+P_{lm}(\sin\varphi')\sin(m\lambda')P_{lm}(\sin\varphi)\sin(m\lambda)]\tag{2.6}$$

式中，$P_{lm}(\sin\varphi)$——$\sin\varphi$ 的缔合勒让德多项式，当 $m=0$ 时，该式退化为一般的勒让德多项式；

δ——克罗内克符号，

$$\delta=\begin{cases}0, & m=0\\1, & m\neq0\end{cases}$$

将式（2.6）代入式（2.4），可得到检验点 P 处引力势的勒让德展开式为

$$V(\boldsymbol{R}')=-\frac{GM}{R}\left\{1+\frac{1}{M}\iiint_M\sum_{n=1}^{\infty}\left(\frac{R_a}{R}\right)^n\sum_{m=0}^{n}P_{nm}(\sin\varphi)P_{nm}(\sin\varphi')\cdot 2^{\delta}\frac{(n-m)!}{(n+m)!}[\cos(m\lambda')\cos(m\lambda)+\sin(m\lambda')\sin(m\lambda)]\mathrm{d}m\right\}\tag{2.7}$$

式中，R_a——小天体的平均半径。

若记：

$$\begin{cases}C_{nm}=2^{\delta}\dfrac{(n-m)!}{(n+m)!}\left(\dfrac{1}{MR_a^n}\right)\iiint_M P_{nm}(\sin\varphi')\cos(m\lambda')\rho^n\mathrm{d}m\\S_{nm}=2^{\delta}\dfrac{(n-m)!}{(n+m)!}\left(\dfrac{1}{MR_a^n}\right)\iiint_M P_{nm}(\sin\varphi')\sin(m\lambda')\rho^n\mathrm{d}m\end{cases}\tag{2.8}$$

则可得引力势函数的球谐函数形式为

$$V(\boldsymbol{R})=-\frac{GM}{R}\left\{1+\sum_{n=1}^{\infty}\sum_{m=0}^{n}\frac{R_a^n}{R^n}P_{nm}(\sin\varphi)[C_{nm}\cos(m\lambda)+S_{nm}\sin(m\lambda)]\right\}\tag{2.9}$$

采用球谐函数模型可较方便地表述引力场的分布，但存在一些局限性，主要

表现在以下两方面:

(1) 截断误差问题。理论上，中心天体的引力势能需要通过无穷级数来逼近，但实际计算中仅能取到有限项，这必然导致实际计算结果与理想值之间存在误差。Rossi 等[2]研究了在小天体引力场估算中的这种截断误差问题。结果表明，此截断误差随样本点与小天体间距离的减小而增大，该现象将导致采用球谐函数对小天体引力场建模时，在小天体附近区域存在较大误差。

(2) 收敛性问题。基于勒让德多项式的球谐函数只能在布里渊球（Brillouin sphere）之外收敛。该问题对近似球体的大行星引力场建模影响较小，而对形状不规则的小天体的影响较大。这是因为，形状不规则的小天体附近有相当一部分区域都可能位于布里渊球范围之内，如图 2.1 所示。

20 世纪中叶，Hobson[3]提出了采用 Lamé 多项式来逼近中心天体引力势函数的椭球谐函数模型。该模型可通过椭球谐系数来描述中心天体的不规则形状，进而建立相应的引力场模型。在前人研究的基础上，1973 年，Pick 等[4]创建了椭球谐函数理论。与球谐函数模型相比，椭球谐函数模型可使得小天体表面附近的收敛域显著增大。对于形状不规则的小天体，其布里渊椭球如图 2.2 所示。

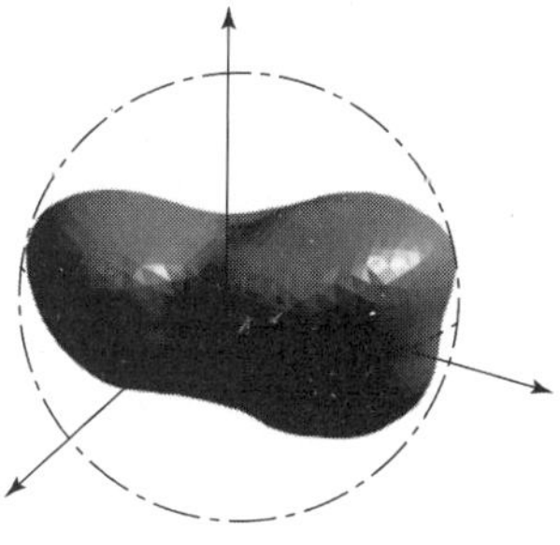

图 2.1　小天体球谐函数模型对应的布里渊球

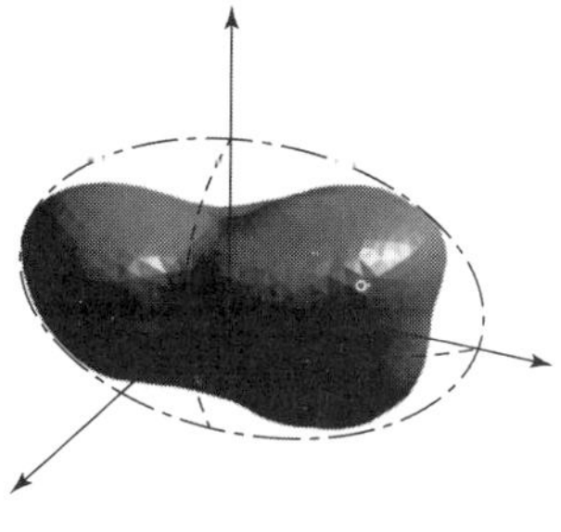

图 2.2　小天体椭球谐函数模型对应的布里渊椭球

由图 2.2 可以看出，小天体布里渊椭球可以逼近到小天体表面附近区域，从而可有效解决球谐函数在形状不规则小天体附近区域无法收敛的问题。2001 年，Romain 等[5]应用椭球谐函数模型设计了着陆 Wirtanen 彗星的轨道，并对该轨道进行了仿真分析。结果表明，椭球谐函数模型可用于形状复杂的小天体着陆轨道设计，但该模型算法复杂、计算量较大，因此椭球谐系数求解困难。为了简化算法，便于获得椭球谐系数，Dechambre 等[6]从比较容易求解的球谐系数出发，提出了一种球谐系数与椭球谐系数的转换方法。该方法使椭球谐系数的求解更加简单，为椭球谐函数模型的应用和推广奠定了基础。

2.2.2 多面体模型及引力场建模方法

为了获得更为精确的引力场模型，众多学者对此进行了研究，其中采用较为广泛的是多面体模型。多面体模型是指采用空间几何形体来逼近不规则天体的形状，利用高斯散度定理和格林公式，通过线积分和面积分求得引力势能，进而建立该天体的引力场模型。该模型于 1994 年由 Werner 等[7]提出，并发展完善。基于多面体模型的 101955 Bennu、4179 Toutatis 小天体模型如图 2.3 和图 2.4 所示。在此基础上，Mirtich 等[8]给出了一种计算均质多面体模型质心、惯性矩、惯性积等物理量的数值方法，并通过对投影方向的选择，提高了计算效率和精度。多面体模型可较为精确地描述小天体的引力场分布，但所需的计算量较大。通常多面体模型的计算量随多面体面数的增大而急速增长，且模型的建立需要较完备的观测数据。

图 2.3 小天体 101955 Bennu 的多面体模型

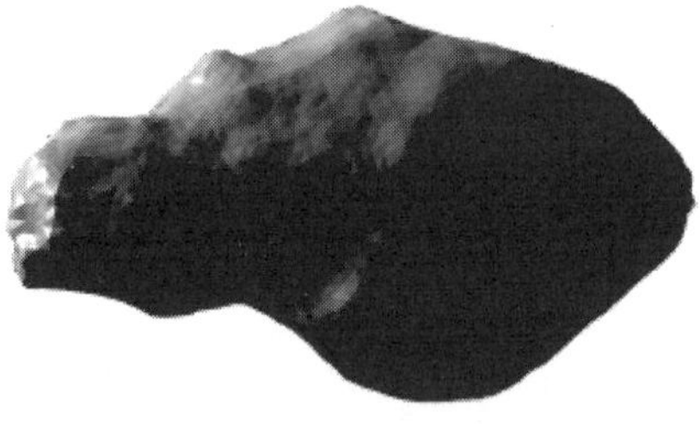

图 2.4 小天体 4179 Toutatis 的多面体模型

多面体模型可将小天体表面模拟成一系列小三角形，通过积分变换的方法求解引力势能和引力加速度。模拟小天体表面的小三角形和四面体，如图 2.5 所示。

图 2.5 中小三角形的四个顶点与小天体的形心 O 构成一个四面体 $OABC$，小天体模型即由这些四面体构成。记小天体引力场中的某点 P 到该小三角形顶点的

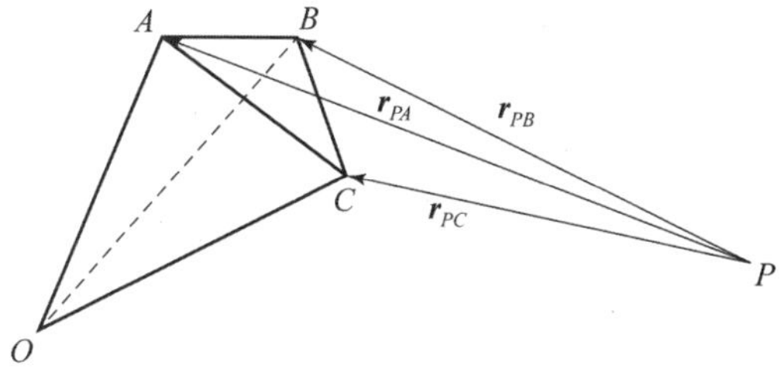

图 2.5　构成小天体的四面体示意图

三个坐标矢量分别为 $\boldsymbol{r}_{PA}$、$\boldsymbol{r}_{PB}$ 和 $\boldsymbol{r}_{PC}$，定义连接顶点 A、B 的棱 e_{AB} 所对应的系数 L 为

$$L=\ln\frac{\|\boldsymbol{r}_{PA}\|+\|\boldsymbol{r}_{PB}\|+e_{AB}}{\|\boldsymbol{r}_{PA}\|+\|\boldsymbol{r}_{PB}\|-e_{AB}} \tag{2.10}$$

对三角面 ABC，定义：

$$\omega=2\arctan\frac{\boldsymbol{r}_{PA}\cdot(\boldsymbol{r}_{PB}\times\boldsymbol{r}_{PC})}{\boldsymbol{r}_{PA}\boldsymbol{r}_{PB}\boldsymbol{r}_{PC}+\boldsymbol{r}_{PA}(\boldsymbol{r}_{PB}\cdot\boldsymbol{r}_{PC})+\boldsymbol{r}_{PB}(\boldsymbol{r}_{PA}\cdot\boldsymbol{r}_{PC})+\boldsymbol{r}_{PC}(\boldsymbol{r}_{PA}\cdot\boldsymbol{r}_{PB})} \tag{2.11}$$

则多面体模型的引力势的计算公式为

$$V=\frac{1}{2}G\sigma\sum_{e\in\text{edges}}\boldsymbol{r}_e\boldsymbol{E}_e\cdot\boldsymbol{r}_e\times L-\frac{1}{2}G\sigma\sum_{f\in\text{faces}}\boldsymbol{r}_f\boldsymbol{E}_f\cdot\boldsymbol{r}_f\times\omega \tag{2.12}$$

式中，σ——小天体的密度；

$\boldsymbol{r}_e$——引力场中任意一点到棱上任意一点 e 的矢量；

$\boldsymbol{r}_f$——引力场中任意一点到三角面 ABC 上任意一点 f 的矢量。

定义三角面 ABC 的法向矢量为 $\boldsymbol{n}_f$；对于每条棱，定义棱的法向向量为 $\boldsymbol{n}_e$，其位置垂直于 $\boldsymbol{n}_f$，指向平面外。定义 $\boldsymbol{E}_e$ 与 $\boldsymbol{F}_f$ 为

$$\boldsymbol{E}_e=\boldsymbol{n}_f\boldsymbol{n}_e^{\mathrm{T}},\ \boldsymbol{F}_f=\boldsymbol{n}_f\boldsymbol{n}_f^{\mathrm{T}} \tag{2.13}$$

引力场中的点位于小天体星体内部或外部，可通过引力势的二阶梯度判断，引力势对应的一阶梯度及二阶梯度的计算公式分别为

$$\nabla V=-G\sigma\sum_{e\in\text{edges}}\boldsymbol{E}_e\cdot\boldsymbol{r}_e\times L+G\sigma\sum_{f\in\text{faces}}\boldsymbol{E}_f\cdot\boldsymbol{r}_f\times\omega \tag{2.14}$$

$$\nabla^2 V=G\sigma\sum_{e\in\text{edges}}\boldsymbol{E}_e\times L-G\sigma\sum_{f\in\text{faces}}\boldsymbol{E}_f\times\omega \tag{2.15}$$

式中，$\nabla^2 V$——检验点处的拉普拉斯算子。当引力场中的检验点位于小天体外部

时，满足$\nabla^2 V=0$；当检验点位于小天体内部时，满足$\nabla^2 V=4\pi G\sigma$。通过拉普拉斯算子的取值，可判断检验点的位置。

2.2.3 偶极子模型及引力场建模方法

旋转质量偶极子由两个主体（m_1 和 m_2）组成，m_1 和 m_2 通过一个无质量的连杆保持着恒定的距离 d。系统总质量为 M，$M=m_1+m_2$。以系统质心为原点建立会合参考坐标系，偶极子模型示意图如图 2.6 所示。

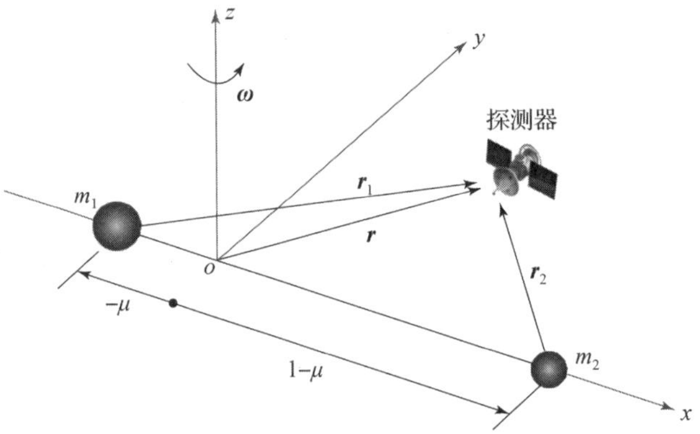

图 2.6 偶极子模型示意图（附彩图）

在偶极子模型中，oz 轴沿系统角速度 $\boldsymbol{\omega}=\omega z$ 方向，ox 轴由 m_1 指向 m_2（一般假设 $m_1 \geqslant m_2$），oy 轴满足右手坐标系规则，oxy 平面与小天体赤道面共面。假设航天器的质量可忽略，则在 $oxyz$ 坐标系中航天器的动力学方程可表示为

$$\ddot{\boldsymbol{r}}+2\boldsymbol{\omega}\times\dot{\boldsymbol{r}}+\boldsymbol{\omega}\times(\boldsymbol{\omega}\times\boldsymbol{r})+\dot{\boldsymbol{\omega}}\times\boldsymbol{r}=-\nabla U \tag{2.16}$$

式中，$\boldsymbol{r}$——由偶极子模型质心指向航天器的位置矢量，$\boldsymbol{r}=[x,y,z]^{\mathrm{T}}$；

∇U——中心天体引力势的梯度。

对于旋转质量偶极子，引力势可表示为

$$U=-G\cdot\left(\frac{m_1}{r_1}+\frac{m_2}{r_2}\right) \tag{2.17}$$

式中，G——引力常数，$6.674\times10^{-11}\ \mathrm{m^3/(kg\cdot s^2)}$；

r_1, r_2——航天器与两个质量主体之间的距离，如图 2.6 所示。

假设小天体围绕着它的最大转动惯量主轴转动，忽略系统的章动，则 $\dot{\boldsymbol{\omega}}=\boldsymbol{0}$，

且有

$$\ddot{\boldsymbol{r}}+2\boldsymbol{\omega}\times\dot{\boldsymbol{r}}+\boldsymbol{\omega}\times(\boldsymbol{\omega}\times\boldsymbol{r})=-\nabla U \tag{2.18}$$

若采用无量纲单位，长度单位为 d、时间单位为 ω^{-1}、质量单位为 M，则速度和加速度的单位分别为 ωd 和 ω^2d。

定义质量比 $\mu=m_2/M$ 且 $m_1\geqslant m_2$，则 m_1 和 m_2 的位置为 $[-\mu,0,0]^{\mathrm{T}}$ 和 $[1-\mu,0,0]^{\mathrm{T}}$，探测器相对于两个质量体的位置矢量可写为

$$\begin{cases}\boldsymbol{r}_1=[x+\mu,y,z]^{\mathrm{T}}\\ \boldsymbol{r}_2=[x+\mu-1,y,z]^{\mathrm{T}}\end{cases} \tag{2.19}$$

则可推导出无量纲的简化动力学方程[9]：

$$\ddot{\boldsymbol{r}}+2[-\dot{y}\quad \dot{x}\quad 0]^{\mathrm{T}}=-\nabla V \tag{2.20}$$

式中，V——新的联合旋转势，

$$V=-\frac{x^2+y^2}{2}-k\left(\frac{1-\mu}{r_1}+\frac{\mu}{r_2}\right) \tag{2.21}$$

式中，k——无量纲参数，为引力和离心力之比，即

$$k=\frac{GM}{\omega^2 d^3} \tag{2.22}$$

当 $k=1$ 时，则对应于经典的圆形限制性三体问题。

2.3 哑铃形状体对小天体不规则形状的拟合方法

2.3.1 哑铃形状体引力场建模方法

采用多面体法可实现对小天体引力场的精确建模，但多面体法也存在一些局限性。例如：多面体法对小天体的形状要求较高，而精确的形状模型需要通过长期观测来获得；多面体法的计算量与多面体的表面个数成正比，尽管分辨率较高的多面体模型对小天体表面地貌有较好的描述，但这些细节对于除表面运动外的附近运动影响相对较小，却极大地增加了计算量；多面体模型需要通过确定各个特征点进行建模，较难进行参数化，因而难以分析形状变化对探测器运动的影响；多面体法要求天体具有相同的密度，而对于由多个天体碰撞形成的小天体，

由于来源不同，可能对应的天体密度也不相同，此时采用多面体法较难直接反映密度的差异。

若忽略小天体表面的细节信息，对其形状进行抽象，可以发现部分小天体存在多个凸出部位，类似于由多个类球状的天体碰撞而成[10]，因此这里提出采用哑铃形状体模型对小天体的形状进行近似。该模型由两个不完整的球体和一个圆柱体组成，两个不完整球体通过圆柱体相连，如图 2.7 所示。

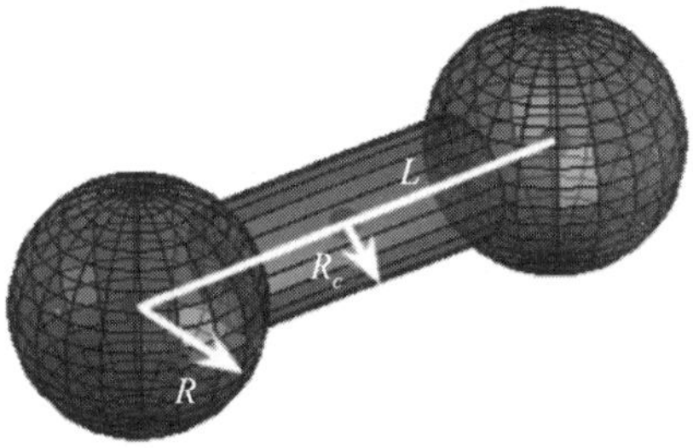

图 2.7 哑铃形状体模型示意图（附彩图）

对于哑铃形状体模型，可采用不同参数对小天体的不规则形状进行逼近和表征。这里假定两个不完整球体 A、B 的半径均为 R，且圆柱体 C 的半径 R_c 为球半径的一半（即 $R_c=0.5R$），两个球体的相对距离为 L，则圆柱体的高 H 可以表示为

$$H=L-2\sqrt{R^2-R_c^2},\ H\geqslant 0 \tag{2.23}$$

同时，定义模型的距离 - 直径比值（长径比）$m=L/(2R)$，即以球体的直径为单位长度进行归一化。通过改变两个球体的相对距离，可以构建不同形状近似的模型，例如，当 $m=0.866$ 时，圆柱体的高为 0，则两个圆球直接接触；若进一步减小 m，则两个球体逐渐合并为一个球体。因此，通过改变模型的长径比、利用哑铃形状体模型，可以对细长形状小天体、接触双体小天体等目标进行较好的拟合，几类典型长径比下的哑铃形状体模型如图 2.8 所示。

对哑铃形状体的引力势能和引力加速度可以采用多面体法或椭球积分得到。由于可分别对球体和圆柱建模，因此可分别计算球体和圆柱体相对检验点的引力势能和引力加速度，然后对组合体进行求和，得到整个哑铃形状体的引力场。

采用哑铃形状体模型将小天体建模由单个几何体形状模型拓展到多个几何体

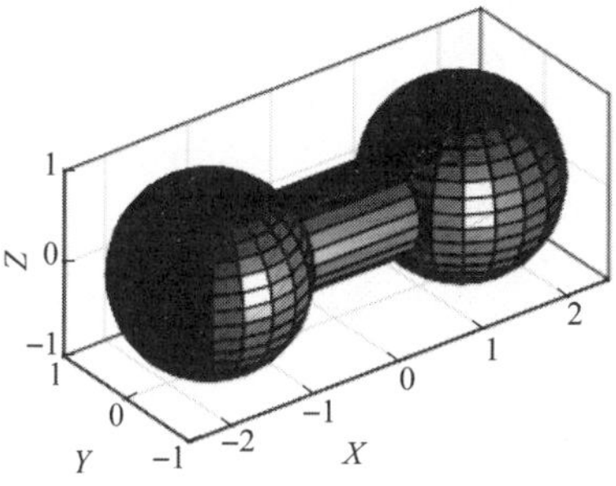

(a)

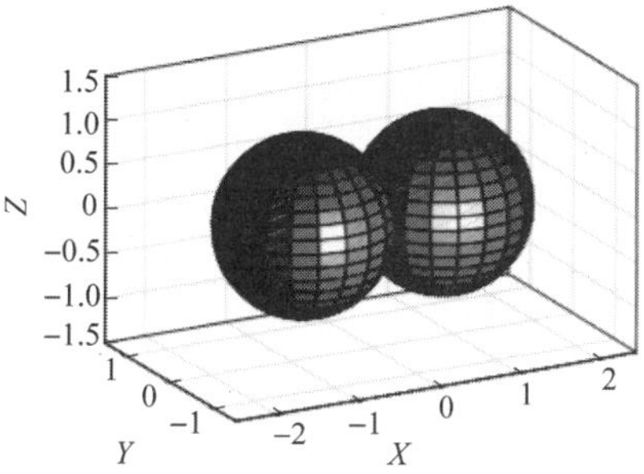

(b)

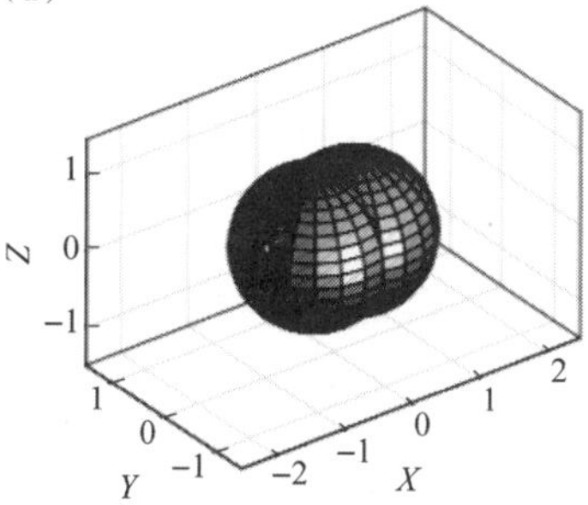

(c)

图 2.8　哑铃形状体模型示意图

(a) $m=1.5$；(b) $m=0.866$；(c) $m=0.3$

组合建模来拟合小天体形状，可以对更复杂的小天体形状进行表征。同时，在简单几何体的构建中可以忽略部分表面的特性，从而采用较少的表面数量近似不规则形状，能降低采用多面体法求解引力场时的计算量。若忽略密度的差异，由于哑铃形状体模型仅采用一个参数 m 来描述小天体的形状，因此可通过改变 m 来反映引力场随形状参数的变化，从而对不规则形状小天体附近动力学行为进行系统性分析。

为了增加模型对更多不规则形状小天体的拟合，可以对基础的哑铃形状体模型进行改进，增加系统参数的自由度。首先，可将模型中不完全的球体模型变为三轴椭球模型，进一步增加模型对不规则形状的近似；其次，采用一个旋转角表示每个椭球长轴的相对指向；再次，将中间圆柱的半径作为额外的变量。扩展的哑铃形状体模型可以通过 10 个形状参数表示（$\alpha_a,\beta_a,\gamma_a,\alpha_b,\beta_b,\gamma_b,L,R_c,\phi_a,\phi_b$），其中 6 个半长轴表示相对小天体的椭球体的相对形状、两个转角表示椭球体的相对姿态，扩展哑铃形状体模型如图 2.9 所示。

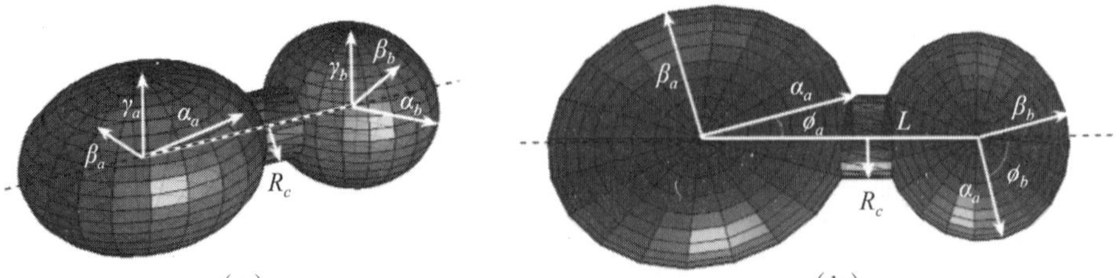

(a)　　　　　　　　　　(b)

图 2.9　扩展哑铃形状体模型示意图

(a) 扩展哑铃形状体模型参数 1；(b) 扩展哑铃形状体模型参数 2

根据椭球体的三轴长度，可以得到椭球 A、B 的平均半径 $r_a=\sqrt[3]{\alpha_a\beta_a\gamma_a}$，$r_b=\sqrt[3]{\alpha_b\beta_b\gamma_b}$，若选择较大的椭球平均半径作为长度单位，并假设 $r_a>r_b$，则可以对模型的参数进行归一化。归一化后的参数为 $k_{11},k_{12},r_a,\eta,k_{21},k_{22},r_b,m,\varepsilon$。其中，$\eta=r_b/r_a$，为两个椭球体的体积比；$k_{11}=\alpha_a/r_a$，$k_{12}=a/r_a$，$k_{21}=\alpha_b/r_b$，$k_{22}=b/r_b$，为描述两个椭球体形状的独立参数；第三个轴的长度分别表示为 $\beta_a=r_a^3/(k_{11}k_{12})$，$\beta_b=r_b^3/(k_{21}k_{22})$；圆柱体的半径比可表示为 $\varepsilon=R_c/r_a$，模型的长径比可表示为 $m=L/r_a$。此外，还可以针对各椭球体和圆柱体采用不同的密度求解引力场，从而实现对非均质小天体的引力场模拟。

2.3.2　哑铃形状体对小天体不规则形状的拟合方法

由于哑铃形状体的模型包含不完整的球体（椭球体）和圆柱体两部分，同时根据模型长径比的不同，球体（椭球体）和圆柱体存在不同情况的残缺，为了便于模型引力场的计算，就需要给出高效的形状模型确定方法，本节将详细给出哑铃形状体模型拟合小天体不规则形状的建模步骤。

由 2.3.1 节可以看出，哑铃形状体模型可根据是否包含中间圆柱体分为两种情况，即双球体和连杆体。当根据小天体的形状抽象得到两个椭球体间的相对距离 L、椭球体形状参数（α_a，β_a，γ_a 和 α_b，β_b，γ_b）、长轴的相对指向 ϕ_a 和 ϕ_b 后，需要判断两个椭球体之间是否存在相交关系。若存在，则模型无须通过中间的圆柱体连接；否则，需要通过圆柱体将两个椭球相连。

假设椭球体 A、B 的中心坐标分别为 $\boldsymbol{P}_1=[-x_a,0,0]^{\mathrm{T}}$ 和 $\boldsymbol{P}_2=[x_b,0,0]^{\mathrm{T}}$，其中 $L=x_a+x_b$。首先，根据椭球体参数生成椭球体 A、B 的形状，并得到模型

各参考点的坐标，定义为矩阵 $\boldsymbol{R}_a$ 和 $\boldsymbol{R}_b$。然后，根据椭球体的长轴指向对各参考点进行坐标旋转，并根据椭球中心坐标进行平移，从而得到旋转后的椭球体各参考点在固连坐标系下的坐标矩阵 $\boldsymbol{R}'_a$ 和 $\boldsymbol{R}'_b$。其次，对这两个椭球体的相交关系进行判别，根据转角的定义，可以得到两个椭球体间的相对转角 $\phi_{\mathrm{r}} = \phi_a - \phi_b$。假设椭球体 B 表面一点 P_{s} 的位置向量在自身固连坐标系下为 $\boldsymbol{P}_b = [x, y, z]^{\mathrm{T}}$，则在椭球体 A 的固连坐标系下的坐标 $\boldsymbol{P}_{12} = \boldsymbol{R}_z(\phi_{\mathrm{r}})(\boldsymbol{P}_b - \boldsymbol{P}_1)$，其中 $\boldsymbol{R}_z$ 表示绕 Z 轴的旋转矩阵。根据如下椭球体方程：

$$f(\boldsymbol{P}_{12}) = \frac{x_{12}^2}{\alpha_a^2} + \frac{y_{12}^2}{\beta_a^2} + \frac{z_{12}^2}{\gamma_a^2} \tag{2.24}$$

判断点 P_{s} 与椭球体 A 的位置关系。若 $f(\boldsymbol{P}_{12}) \geqslant 1$，则表明点 P_{s} 在椭球体 A 外部；否则，点 P_{s} 在椭球体 A 内部，两个椭球体存在相交关系。这里选择保持椭球体 A 的完整性，同时固定椭球体 B 表面一点 P_{s} 在 y 轴和 z 轴上的分量仅改变在 x 方向的位置 P_{bx}，使其满足下式：

$$g(\boldsymbol{P}'_b) = f(\boldsymbol{R}_z(\phi_{\mathrm{r}})(\boldsymbol{P}'_b - \boldsymbol{P}_1)) = 1 \tag{2.25}$$

式中，$\boldsymbol{P}'_b$——改变位置后的椭球体 B 的表面坐标。

从而使椭球体 B 表面原先与椭球体 A 相交的参考点位于椭球体 A 的表面。对椭球体 B 表面的点遍历并调整所有相交的参考点坐标，即可得到修改后的残缺椭球体 B'，可利用多面体法对椭球体 B' 进行引力场计算。由于椭球体 A 没有进行形状变化，因此可利用椭球积分直接求解引力加速度，提高模型计算效率。

相交哑铃形状体模型如图 2.10 所示。这里选择参数 $\alpha_a = 1.14$，$\beta_a = 0.93$，$\gamma_a = 0.73$，$\alpha_b = 0.758$，$\beta_b = 0.68$，$\gamma_b = 0.657$，$L = 1$，$\phi_a = \dfrac{\pi}{12}$，$\phi_b = \dfrac{5\pi}{6}$，此时两个椭球之间存在相交关系，如图 2.10（a）所示。通过处理椭球体 B，得到残缺椭球体 B'，如图 2.10（b）所示。椭球体 B 向内凹陷，而椭球体 A 保持完整。

经过判别，若椭球体 B 表面的点均不与椭球体 A 存在相交关系，则表明两个椭球体不存在相交关系，需要利用圆柱体 C 相连，构成完整的哑铃形状体模型。采用相同的思路，在保证椭球体 A 和 B 的完整性前提下，对圆柱体 C 进行形变。根据确定的半径 R_c 生成初始的圆柱体，调整圆柱体端点的坐标，使其与两个椭球体贴合，并满足各自的椭球体方程。经过调整后，仅圆柱体为不规则的形状

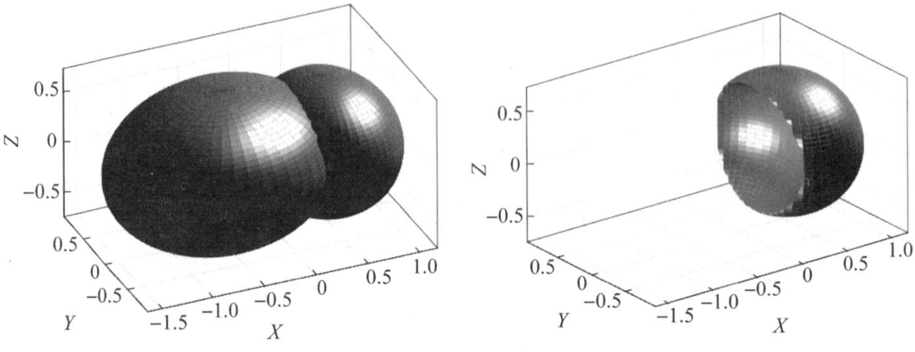

（a）　　　　　　　　　　　　（b）

图 2.10　相交哑铃形状体模型

（a）哑铃形状体模型整体；（b）残缺椭球体 B'

体，需要通过多面体模型求解，而椭球体 A 和 B 均可利用椭球积分快速求解引力场。

通过三个几何体的组合构成不同的哑铃形状体模型，对不规则形状小天体进行近似，从而解决单个几何体无法描述复杂形态小天体的问题。图 2.11 给出了采用圆柱体连接的哑铃形状体模型，椭球体的形状参数与上例一致，改变两个椭球体的相对距离 $L=2$，使两个椭球体不相互接触。选择圆柱体的半径 $R_c=0.3$，则得到的哑铃形状体模型如图 2.11（a）所示，其中调整后的圆柱体 C' 如图 2.11（b）所示。此时圆柱体的两个表面均向内凹陷，以贴合椭球体 A 和 B。

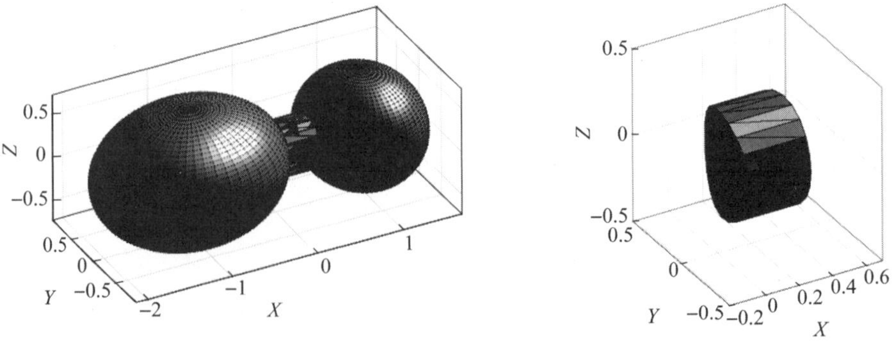

（a）　　　　　　　　　　　　（b）

图 2.11　考虑圆柱体的哑铃形状体模型

（a）哑铃形状体模型整体；（b）圆柱体 C'

以上模型调整仅考虑了椭球体的几何关系，确定了各几何体间的相对位置。最后，还需要分别计算每个组合体的质心与转动惯量，进而求解哑铃形状体模型整体的质心和转动惯量，并对模型进行整体的平移和旋转，以保证模型的质心在固连坐标系的原点、坐标轴为模型的惯量主轴。

2.3.3　哑铃形状体与多面体模型的比较与分析

为了验证哑铃形状体模型的可行性，这里选择 216 Kleopatra、1996 HW1 和 4769 Castalia 三颗小天体的多面体模型进行对比分析。根据已知多面体模型的特征点提取哑铃形状体模型的系统参数，并根据模型比较结果进行微调。

经过特征点选择和拓扑学比较，分别建立三颗小天体各自的哑铃形状体模型，参数见表 2.1，其与多面体模型的对比如图 2.12 和图 2.13 所示。图中所示的三颗小天体代表了几类不同的哑铃形状体模型：216 Kleopatra 为细长体小行星，两个椭球体由较长的圆柱体连接；接触式双体小行星 1996 HW1 模型中的两个椭球体相互接近但没有接触，中间的圆柱体距离较短且存在较大的形变；4769 Castalia 模型的双椭球体存在明显的交集，因此无须圆柱体进行连接。

表 2.1　哑铃形状体模型拟合参数

小天体	216 Kleopatra	1996 HW1	4769 Castalia
α_a/km	46.15	0.7460	0.4300
β_a/km	41.27	0.6740	0.3930
γ_a/km	38.70	0.7600	0.3210
α_b/km	45.39	1.240	0.4858
β_b/km	27.77	0.7560	0.3900
γ_b/km	40.00	0.7600	0.4120
L/km	136.3	1.900	0.7354
R_c/km	23.00	0.3600	—
ϕ_a/(°)	47.64	−85.23	76.12
ϕ_b/(°)	−78.60	−15.58	−66.00

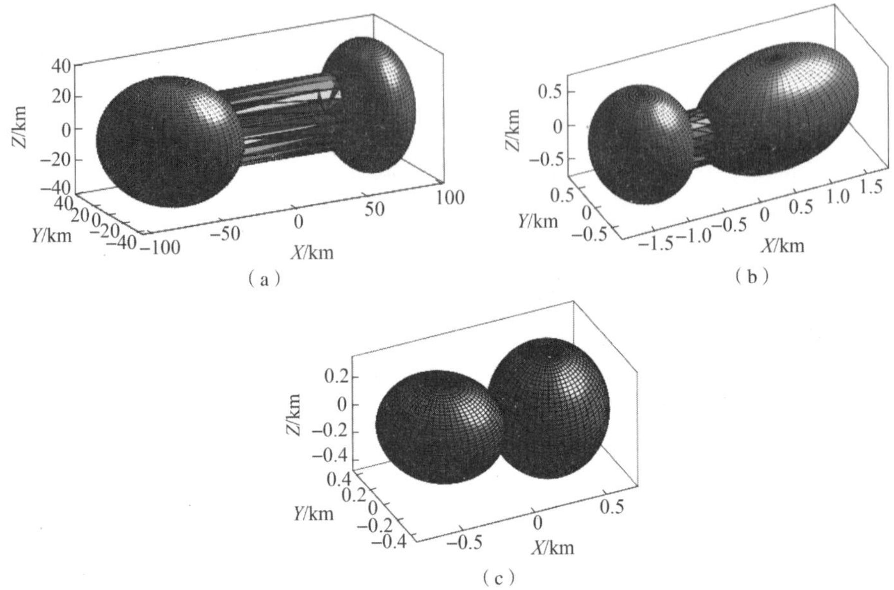

图 2.12　小天体哑铃形状体模型

(a) 216 Kleopatra; (b) 1996 HW1; (c) 4769 Castalia

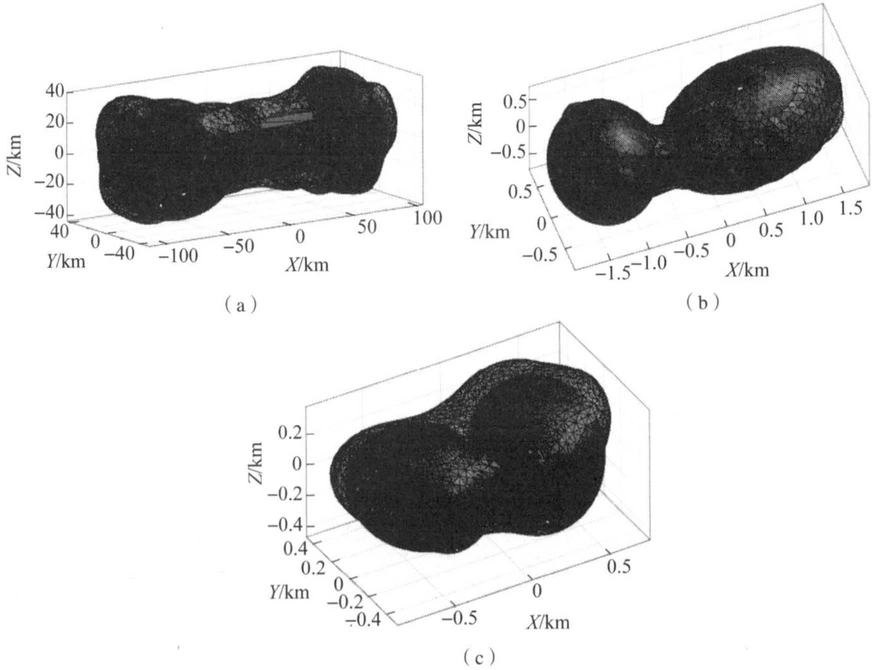

图 2.13　小天体哑铃形状体模型与多面体模型对比

(a) 216 Kleopatra; (b) 1996 HW1; (c) 4769 Castalia

由图 2. 12 和图 2. 13 可以看出，尽管在小天体表面附近区域哑铃形状体模型与多面体仍存在一定差异，但相比采用单个椭球体或立方体进行小天体形状建模，哑铃形状体模型可以更好地逼近不规则小天体的形状模型。由于采用了多面体或椭球谐函数计算引力场，哑铃形状体模型的收敛域更接近小天体表面，其收敛域远大于采用单个椭球体或采用球谐/椭球谐函数的收敛域。此外，模型仅需要定义几个系统参数，无须复杂的多面体点云数据，通过系统参数的变化可快速讨论形状模型变化对动力学环境的影响，其灵活性也优于多面体模型和球谐函数模型。

为了分析哑铃形状体模型的精确性，我们分别采用多面体模型和哑铃形状体模型求解 xy 平面内小天体附近的引力加速度和误差分布。由于多面体模型和哑铃形状体模型存在一定体积差异，这里选择保持小天体的质量不变。根据模型的体积选择不同的平均密度，进而求解引力加速度。小行星 1996 HW1 附近的引力加速度分布如图 2. 14 所示，其中图 2. 14（a）为采用多面体模型求解，图 2. 14（b）为采用哑铃形状体模型求解，图 2. 14（c）为采用椭球体模型求解。

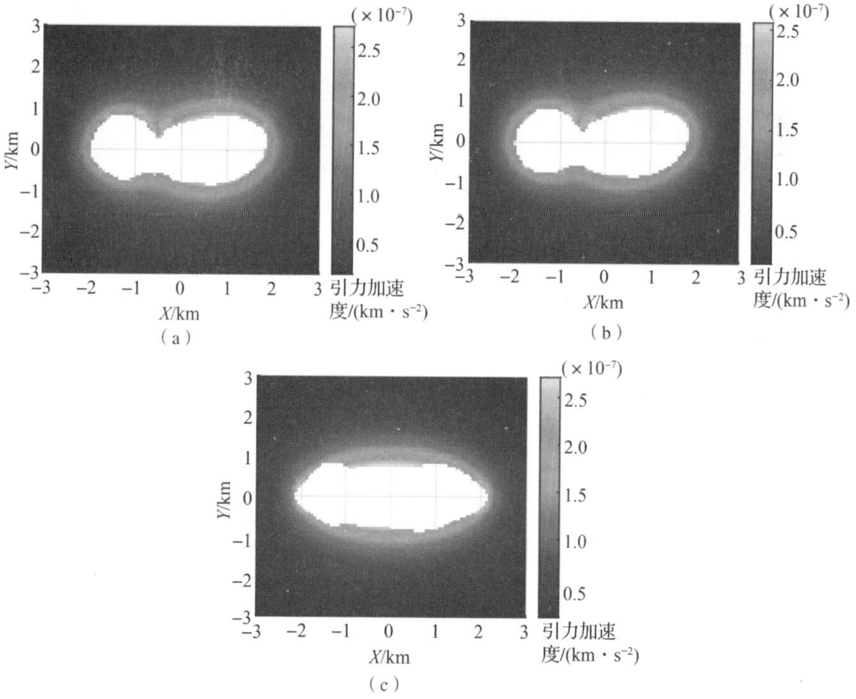

图 2. 14　1996 HW1 引力加速度分布（附彩图）

（a）多面体模型；（b）哑铃形状体模型；（c）椭球体模型

图 2. 15 给出了哑铃形状体模型和椭球体模型与多面体模型引力加速度的误差分布。由图 2. 15 可以看出，误差主要集中在两种模型的公共收敛域。由于模型的差异，哑铃形状体在小天体表面附近区域仍存在误差，但与椭球体相比，误差已显著降低。同时，随着检验点与小天体表面的距离增大，哑铃形状体模型的误差迅速减小，当距离表面 0. 2 km 时，引力加速度相对误差约为 5%，而椭球体模型的误差超过 18%。由图 2. 15 还可以看出，哑铃形状体模型的收敛域与多面体模型相似，远大于椭球体模型。此外，尽管采用哑铃形状体模型的加速度变化在数值上存在差异，但趋势与多面体模型相同，能较好地体现小天体不规则形状对引力势能分布的影响。

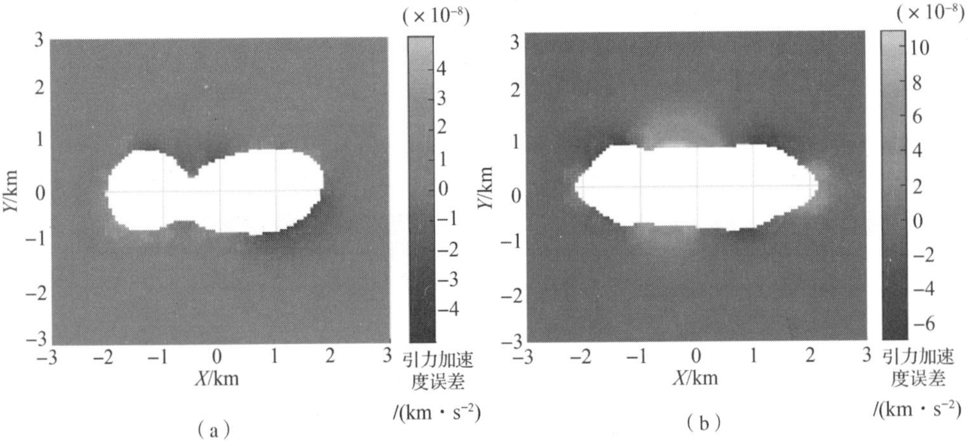

图 2. 15 不同模型与多面体模型引力加速度误差分布（附彩图）

（a）哑铃形状体模型；（b）椭球体模型

此外，哑铃形状体模型仅需较少表面的多面体拟合形状，相比直接采用多面体模型可大大缩短计算时间。例如，小行星 1996 HW1 的多面体模型共有 2780 个面，计算 1000 个检验点的引力加速度所需的时间为 3. 56 s，而对应的哑铃形状体模型仅需 80 个面，计算同样个检验点所需的时间仅为 0. 75 s，相比多面体模型消耗的时间仅占 21%。因此，采用哑铃形状体模型可对探测器在不规则小天体附近的运动开展定性研究，对稳定运动区域以及可能的运动形式进行高效分析。

2.4　双小天体系统运动动力学

双小天体系统是指由两个共同围绕质心旋转的小天体组成的系统，其共同质心绕太阳运动。双小天体系统在太阳系中广泛存在，仅在近地小行星中，双小天体系统的数量就超过 16%。双小天体系统的引力场建模不仅要考虑每个不规则小天体对应的引力场，还要考虑两个小天体在引力作用下的相对运动，即全二体问题。由于两个天体的形状不规则，在天体相互引力势的作用下会同时引起两者相对距离变化和相对姿态改变，且相互引力势能与天体所处的相对位置、相对姿态相关。每个天体的自身状态改变都将直接影响其对系统内运动的探测器的引力作用。因此，本节将介绍双小天体系统自身运动的动力学模型和相互引力势能求解方法。

2.4.1　基于全二体问题的双小天体系统建模

假设两个小天体 P_1 与 P_2，在仅考虑相互引力作用的情况下进行平动与转动。对双小天体系统分别构建相对坐标系，坐标系的原点分别位于两个小天体的质心且这两个小天体分别关于其最大惯性矩旋转，定义的坐标系如图 2.16 所示。其中，$\hat{x}_1-\hat{y}_1$ 和 $\hat{x}_2-\hat{y}_2$ 表示双体系统主从星的本体坐标系；$\hat{x}_{\text{iner}}-\hat{y}_{\text{iner}}$ 表示惯性坐标系；ϕ_1、ϕ_2 表示双小天体系统主从星的本体坐标系与惯性坐标系之间的夹角。

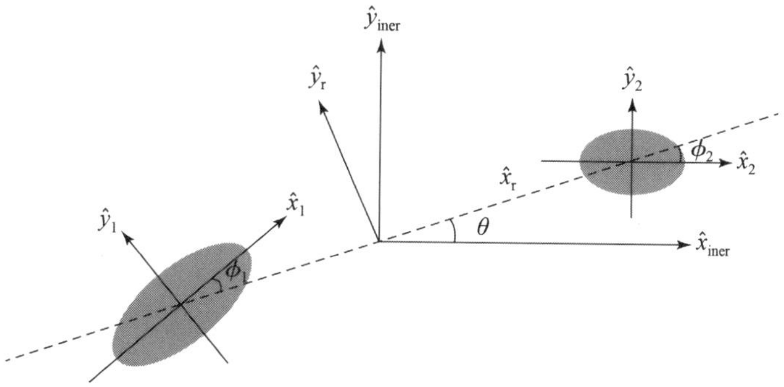

图 2.16　双小天体系统惯性坐标系和相对坐标系示意图

若仅考虑双星系统的自然平面运动，可由6个自由度表示，即系统质心在平面内的位置坐标、平面内由主天体 P_1 质心指向 P_2 质心的相对位置矢量 $\boldsymbol{r}$、两个小天体关于其最大惯性矩旋转所得的角度 $\theta_i(i=1,2)$，以及质心旋转坐标系相对于惯性坐标系旋转的角度 θ。系统的势能与动能可由这六个变量及其相对于时间的导数表示，其中惯性坐标系中展开至二阶项的系统势能为

$$V(\boldsymbol{r},\boldsymbol{A}_1,\boldsymbol{A}_2) = -\frac{GM_1M_2}{\|\boldsymbol{r}\|}\left[1+\frac{1}{2\|\boldsymbol{r}\|^2}(\mathrm{tr}\ \bar{\boldsymbol{I}}_1+\mathrm{tr}\ \bar{\boldsymbol{I}}_2)-\frac{3\boldsymbol{r}}{2\|\boldsymbol{r}\|^4}\cdot (\boldsymbol{A}_1^{\mathrm{T}}\cdot\bar{\boldsymbol{I}}_1\cdot\boldsymbol{A}_1+\boldsymbol{A}_2^{\mathrm{T}}\cdot\bar{\boldsymbol{I}}_2\cdot\boldsymbol{A}_2)\cdot\boldsymbol{r}\right] \tag{2.26}$$

式中，$M_i(i=1,2)$——小天体 i 的质量；

$\bar{\boldsymbol{I}}_i(i=1,2)$——单位化后的惯性矩阵，即 $\bar{\boldsymbol{I}}_i=\boldsymbol{I}_i/M_i$；

$\boldsymbol{A}_i(i=1,2)$——由惯性坐标系转换至体固连坐标系的姿态矩阵，即

$$\boldsymbol{A}_i=\begin{bmatrix}\cos\theta_i & \sin\theta_i & 0\\ -\sin\theta_i & \cos\theta_i & 0\\ 0 & 0 & 1\end{bmatrix} \tag{2.27}$$

将惯性坐标系中的势能表达式转换至旋转坐标系，$V(\boldsymbol{r},\phi_1,\phi_2)$ 可表示为

$$V(\boldsymbol{r},\phi_1,\phi_2) = -\frac{GM_1M_2}{\|\boldsymbol{r}\|}\left(1+\frac{1}{2\|\boldsymbol{r}\|^2}\left\{\mathrm{tr}\ \bar{\boldsymbol{I}}_1+\mathrm{tr}\ \bar{\boldsymbol{I}}_2-\frac{3}{2}[I_{1x}+I_{1y}-(I_{1y}-I_{1x})\cos(2\phi_1)+I_{2x}+I_{2y}-(I_{2y}-I_{2x})\cos(2\phi_2)]\right\}\right) \tag{2.28}$$

式中，ϕ_i——天体 i 的指向相对于矢量 $\hat{\boldsymbol{r}}$ 的角度。

系统在惯性坐标系中的动能为

$$T=\frac{1}{2}I_{1z}\dot{\theta}_1^2+\frac{1}{2}I_{2z}\dot{\theta}_2^2+\frac{1}{2}\frac{M_1M_2}{M_1+M_2}\boldsymbol{v}\cdot\boldsymbol{v} \tag{2.29}$$

式中，$\boldsymbol{v}$——两个小天体质心的相对速度。

选取相对位置矢量 $\boldsymbol{r}$ 作为 x 轴，y 轴在平面内与 x 轴垂直，建立新的参考坐标系 $\hat{x}_{\mathrm{r}}-\hat{y}_{\mathrm{r}}$，并假设小天体围绕主惯性矩自转，可得轨道角速度 $\dot{\theta}=\|\boldsymbol{r}\times\boldsymbol{v}\|/\|\boldsymbol{r}\|^2$；小天体相对于轨道角速度 $\dot{\theta}$ 的旋转角速度为 $\dot{\phi}_i=\dot{\theta}_i-\dot{\theta}$；该系统在惯性坐标系中的速度为 $\boldsymbol{v}=\dot{r}\hat{\boldsymbol{r}}+r\dot{\theta}\hat{\boldsymbol{\theta}}$。因此，在新坐标系下系统的动能为

$$\begin{aligned} T &= \frac{1}{2}I_{1z}(\dot{\phi}_1+\dot{\theta})^2+\frac{1}{2}I_{2z}(\dot{\phi}_2+\dot{\theta})^2+\frac{1}{2}m\dot{r}^2+\frac{1}{2}m(r\dot{\theta})^2 \\ &= \frac{1}{2}I_{1z}\dot{\phi}_1^2+\frac{1}{2}I_{2z}\dot{\phi}_2^2+\frac{1}{2}m\dot{r}^2+\frac{1}{2}(I_{1z}+I_{2z}+mr^2)\dot{\theta}^2+(I_{1z}\dot{\phi}_1+I_{2z}\dot{\phi}_2)\dot{\theta} \end{aligned} \tag{2.30}$$

根据拉格朗日定理，由式（2.28）和式（2.30）可得到双小天体系统的相对运动方程为[11]

$$\begin{cases} \ddot{r}=\dot{\theta}^2 r-\dfrac{1}{m}V_r \\ \ddot{\phi}_1=-\left(1+\dfrac{mr^2}{I_{1z}}\right)\dfrac{1}{mr^2}V_{\phi_1}-\dfrac{1}{mr^2}V_{\phi_2}+2\dfrac{\dot{r}\dot{\theta}}{r} \\ \ddot{\phi}_2=-\left(1+\dfrac{mr^2}{I_{2z}}\right)\dfrac{1}{mr^2}V_{\phi_2}-\dfrac{1}{mr^2}V_{\phi_1}+2\dfrac{\dot{r}\dot{\theta}}{r} \\ \ddot{\theta}=\dfrac{1}{mr^2}V_{\phi_1}+\dfrac{1}{mr^2}V_{\phi_2}-2\dfrac{\dot{r}\dot{\theta}}{r} \end{cases} \tag{2.31}$$

式中，m——系统的特征质量，$m=\dfrac{M_1M_2}{M_1+M_2}$。

由于系统总角动量守恒，因此可得

$$K=\frac{\partial L}{\partial\dot{\theta}}=(I_{1z}+I_{2z}+mr^2)\dot{\theta}+I_{1z}\dot{\phi}_1+I_{2z}\dot{\phi}_2 \tag{2.32}$$

式中，K——系统角动量；

L——系统的拉格朗日能量，$L=T-V$。

即可得 $\dot{\theta}=\dfrac{1}{I_z(r)}[K-(I_{1z}\dot{\phi}_1+I_{2z}\dot{\phi}_2)]$，将其代入式（2.30），可得

$$T=\frac{1}{2}\frac{K^2-(I_{1z}\dot{\phi}_1+I_{2z}\dot{\phi}_2)}{I_z}+\frac{1}{2}I_{1z}\dot{\phi}_1^2+\frac{1}{2}I_{2z}\dot{\phi}_2^2+\frac{1}{2}m\dot{r}^2 \tag{2.33}$$

式中，$I_z(r)=I_{1z}+I_{2z}+mr^2$。

从能量角度考虑双小天体系统运动的平衡状态，即假设在角动量为常量时，系统的能量变化保持固定的状态为平衡态。针对平面全二体模型，假设平衡状态存在于给定的 $\boldsymbol{r}$ 上且小天体 P_i 的指向可选择 $\phi_i=0,\pm\pi/2,\pi$，则平衡态需满足下式：

$$\begin{cases} E_{\boldsymbol{r}}=0=-mr\dfrac{K^2-(I_{1z}\dot{\phi}_1+I_{2z}\dot{\phi}_2)}{I_z^2}+V_{\boldsymbol{r}} \\ E_{\phi_i}=0=V_{\phi_i} \\ E_{\dot{r}}=0=m\dot{r} \\ E_{\dot{\phi}_i}=0=I_{iz}\dot{\phi}_i-\dfrac{I_{1z}\dot{\phi}_1+I_{2z}\dot{\phi}_2}{I_z} \end{cases} \tag{2.34}$$

式中，势能关于 $\boldsymbol{r}$、ϕ_i 的偏导分别为

$$V_{\boldsymbol{r}}=\frac{GM_1M_2}{\boldsymbol{r}^2}\left(1+\frac{3}{2\boldsymbol{r}^2}\left\{\mathrm{tr}\ \bar{\boldsymbol{I}}_1+\mathrm{tr}\ \bar{\boldsymbol{I}}_2-\frac{3}{2}[I_{1x}+I_{1y}-(I_{1y}-I_{1x})\cos(2\phi_1)+\right.\right.$$
$$\left.\left.I_{2x}+I_{2y}-(I_{2y}-I_{2x})\cos(2\phi_2)]\right\}\right) \tag{2.35}$$

$$V_{\phi_i}=\frac{3GM_1M_2}{2\|\boldsymbol{r}\|^3}(I_{iy}-I_{ix})\sin(2\phi_i) \tag{2.36}$$

对于 $E_{\phi_i}=0$，$E_{\dot{r}}=0$，可得 $\dot{r}^*=\dot{\phi}_i^*=0$。对于 $E_{\phi_i}=0$，在 $\phi_i^*=0,\pm\pi/2,\pi$ 时均成立。对于 $E_r=0$，则有

$$\frac{mrK^2}{I_z^2}=\frac{GM_1M_2}{r^2}\left(1+\frac{3}{2r^2}\left\{\mathrm{tr}\ \bar{\boldsymbol{I}}_1+\mathrm{tr}\ \bar{\boldsymbol{I}}_2-\frac{3}{2}[I_{1x}+I_{1y}-\pm_1(I_{1y}-I_{1x})+\right.\right.$$
$$\left.\left.I_{2x}+I_{2y}-\pm_2(I_{2y}-I_{2x})]\right\}\right) \tag{2.37}$$

式中，$+_i$ 对应于 $\phi_i^*=0$ 的情况，$-_i$ 对应于 $\phi_i^*=\dfrac{\pi}{2}$的情况，$i=1,2$。

将 $\dot{\theta}^*=K/I_z$ 代入式（2.37），则有平衡状态下的旋转角速度为

$$\dot{\theta}^{*2}=\frac{G(M_1+M_2)}{r^3}\left(1+\frac{3}{2r^2}\left\{\mathrm{tr}\ \bar{\boldsymbol{I}}_1+\mathrm{tr}\ \bar{\boldsymbol{I}}_2-\frac{3}{2}[I_{1x}+I_{1y}-\pm_1(I_{1y}-I_{1x})+\right.\right.$$
$$\left.\left.I_{2x}+I_{2y}-\pm_2(I_{2y}-I_{2x})]\right\}\right) \tag{2.38}$$

给定相对平衡状态下对应角动量的求解，可由式（2.37）整理得到，即

$$r^6-\frac{K^2}{m^2\mu}r^5+\left[2\frac{I_{1z}+I_{2z}}{m}+\frac{3}{2}(C_1+C_2)\right]r^4+$$
$$\frac{I_{1z}+I_{2z}}{m}\left[\frac{I_{1z}+I_{2z}}{m}+3(C_1+C_2)\right]r^2+\frac{3}{2}(C_1+C_2)\left(\frac{I_{1z}+I_{2z}}{m}\right)^2=0 \tag{2.39}$$

式中，$C_i = \begin{cases} \text{tr}\ \bar{\boldsymbol{I}}_i - 3\bar{I}_{ix}, & \phi_i^* = 0, \\ \text{tr}\ \bar{\boldsymbol{I}}_i - 3\bar{I}_{iy}, & \phi_i^* = \pi/2。\end{cases}$

式（2.39）的根即系统的相对平衡解。由劳斯－赫尔维茨判据可得该多项式对于给定的 $C_i^{\pm}$ 总有两个正实根。因此对于给定的角动量，总对应两个可能的平衡解，即两个小天体的长轴或短轴相互指向对方。

2.4.2　基于多面体的双小天体系统引力势能计算方法

采用多面体模型表示小天体的不规则形状，则根据高斯散度定理，双多面体的势能可以由体积分转化为面积分得到，即

$$
\begin{aligned}
U &= \iiint\limits_A \iiint\limits_B \frac{1}{r}\mathrm{d}B\mathrm{d}A = \iiint\limits_A \iiint\limits_B \nabla_B \cdot \frac{\boldsymbol{r}}{2r}\mathrm{d}B\mathrm{d}A = \frac{1}{2}\iiint\limits_A \iint\limits_{\partial B} \hat{\boldsymbol{n}}_{\partial B} \cdot \frac{\boldsymbol{r}}{r}\mathrm{d}B\mathrm{d}A \\
&= \frac{1}{2}\iint\limits_{\partial B} \hat{\boldsymbol{n}}_{\partial B} \iiint\limits_A \frac{\boldsymbol{r}}{r}\mathrm{d}B\mathrm{d}\partial B = \frac{1}{2}\iint\limits_{\partial B} \hat{\boldsymbol{n}}_{\partial B} \iiint\limits_A \nabla_A(-r)\mathrm{d}A\mathrm{d}\partial B \\
&= -\frac{1}{2}\iint\limits_{\partial B} \hat{\boldsymbol{n}}_{\partial B} \iint\limits_{\partial A} \hat{\boldsymbol{n}}_{\partial A} r\mathrm{d}\partial A\mathrm{d}\partial B = -\frac{1}{2}\iint\limits_{\partial B \partial A}\iint \hat{\boldsymbol{n}}_{\partial A}\,\hat{\boldsymbol{n}}_{\partial B} r\mathrm{d}\partial A\mathrm{d}\partial B
\end{aligned} \tag{2.40}
$$

式中，A,B——多面体的记号；

$\partial A, \partial B$——两个多面体的表面；

$\hat{\boldsymbol{n}}$——表面法向单位矢量；

r——表面微元 $\mathrm{d}\partial A$ 和 $\mathrm{d}\partial B$ 的距离。

对于多面体的面之间的积分，包括 a 和 b 两个具体的面之间的积分之和，即

$$
U = -\frac{1}{2}\sum_{a\in\partial A}\sum_{b\in\partial B} \hat{\boldsymbol{n}}_a \cdot \hat{\boldsymbol{n}}_b \iint\limits_a \iint\limits_b r\mathrm{d}b\mathrm{d}a = \sum_{a\in\partial A}\sum_{b\in\partial B} \iiint\limits_a \iiint\limits_b \frac{1}{r}\mathrm{d}b\mathrm{d}a \tag{2.41}
$$

式中，$r^2 = R^2 + h^2 + 2\boldsymbol{R}\cdot\boldsymbol{h}$，$\boldsymbol{R} = (x_A - x_B, y_A - y_B, z_A - z_B)$，$\boldsymbol{h} = (\Delta x_a - \Delta x_b, \Delta y_a - \Delta y_b, \Delta z_a - \Delta z_b)$。其中，$\boldsymbol{A} = (x_A, y_A, z_A)$，$\boldsymbol{B} = (x_B, y_B, z_B)$，分别表示多面体 A,B 的质心在惯性坐标系的位置；$\boldsymbol{a} = (x_a, y_a, z_a)$，表示微元 $\mathrm{d}A$ 在惯性坐标系的位置；$\boldsymbol{b} = (x_b, y_b, z_b)$，表示微元 $\mathrm{d}B$ 在惯性坐标系的位置。

对 $\dfrac{1}{r}$ 进行泰勒展开，可得

$$
\begin{aligned}
\frac{1}{r} &= (R^2 + h^2 + 2\boldsymbol{R}\cdot\boldsymbol{h})^{-\frac{1}{2}} = \frac{1}{R}\left[1 + \left(\frac{h}{R}\right)^2 - 2\left(\frac{h}{R}\right)\left(-\frac{\boldsymbol{R}\cdot\boldsymbol{h}}{Rh}\right)\right]^{-\frac{1}{2}} \\
&= \frac{1}{R}\sum_{n=0}^{\infty}\left(\frac{h}{R}\right)^n P_n\left(-\frac{\boldsymbol{R}\cdot\boldsymbol{h}}{Rh}\right) = \left[\frac{1}{R}\right] + \left[-\frac{(\boldsymbol{R}\cdot\boldsymbol{h})}{R^3}\right] + \\
&\left[-\frac{h^2}{2R^3} + \frac{3(\boldsymbol{R}\cdot\boldsymbol{h})^2}{2R^5}\right] + \left[\frac{3h^2(\boldsymbol{R}\cdot\boldsymbol{h})}{2R^5} - \frac{5(\boldsymbol{R}\cdot\boldsymbol{h})^3}{2R^7}\right] + \\
&\frac{1}{8}\left[\frac{3h^4}{R^5} - \frac{30h^2(\boldsymbol{R}\cdot\boldsymbol{h})^2}{R^7} + \frac{35(\boldsymbol{R}\cdot\boldsymbol{h})^4}{R^9}\right] + \\
&\frac{1}{8}\left[\frac{15h^4(\boldsymbol{R}\cdot\boldsymbol{h})}{R^7} - \frac{70h^2(\boldsymbol{R}\cdot\boldsymbol{h})^3}{R^9} + \frac{63(\boldsymbol{R}\cdot\boldsymbol{h})^5}{R^{11}}\right] + \cdots
\end{aligned} \tag{2.42}
$$

化简后，则有

$$
U = \sum_{a\in A}\sum_{b\in B} T_a T_b \iiint_{a'}\iiint_{b'} \frac{1}{r}\mathrm{d}b'\mathrm{d}a' \tag{2.43}
$$

式中，

$$
T_a = \frac{\partial(x_a, y_a, z_a)}{\partial(u_a, v_a, w_a)} = \det\begin{vmatrix} \Delta x_1^a & \Delta x_2^a & \Delta x_3^a \\ \Delta y_1^a & \Delta y_2^a & \Delta y_3^a \\ \Delta z_1^a & \Delta z_2^a & \Delta z_3^a \end{vmatrix} \tag{2.44}
$$

$$
T_b = \frac{\partial(x_b, y_b, z_b)}{\partial(u_b, v_b, w_b)} = \det\begin{vmatrix} \Delta x_1^b & \Delta x_2^b & \Delta x_3^b \\ \Delta y_1^b & \Delta y_2^b & \Delta y_3^b \\ \Delta z_1^b & \Delta z_2^b & \Delta z_3^b \end{vmatrix} \tag{2.45}
$$

采用张量形式 $\boldsymbol{w}, \boldsymbol{r}, \boldsymbol{Q}$ 表示，略去化简过程，设 ρ_a 和 ρ_b 分别为 A 上单形 a 和 B 上单形 b 的密度，G 为引力常数，可以将两个不规则小天体 A、B 的相互势能表示为

$$
\begin{aligned}
U = G\sum_{a\in A}\sum_{b\in B}\rho_a\rho_b T_a T_b\Bigg(&\left[\frac{\boldsymbol{Q}}{R}\right] + \left[-\frac{\boldsymbol{Q}_i\boldsymbol{w}^i}{R^3}\right] + \left[-\frac{\boldsymbol{Q}_{ij}\boldsymbol{r}^{ij}}{2R^3} + \frac{3\boldsymbol{Q}_{ij}\boldsymbol{w}^i\boldsymbol{w}^j}{2R^5}\right] + \\
&\left[\frac{3\boldsymbol{Q}_{ijk}\boldsymbol{r}^{ij}\boldsymbol{w}^k}{2R^5} - \frac{5\boldsymbol{Q}_{ijk}\boldsymbol{w}^i\boldsymbol{w}^j\boldsymbol{w}^k}{2R^7}\right] + \cdots\Bigg)
\end{aligned}
$$

假设 $\boldsymbol{P}$ 为小天体 A 的本体坐标系到惯性坐标系的姿态矩阵，$\boldsymbol{S}$ 为小天体 B 的本体坐标系到惯性坐标系的姿态矩阵。相互势能 U 可以写为 $U(\boldsymbol{B}-\boldsymbol{A}, \boldsymbol{P}, \boldsymbol{S})$ 或者 $U(\boldsymbol{R}, \boldsymbol{P}, \boldsymbol{S})$，每个小天体在惯性坐标系的受力分别为

$$\boldsymbol{F}_{\theta}^{A}=\frac{\partial U}{\partial \boldsymbol{A}_{\theta}},\ \boldsymbol{F}_{\theta}^{B}=\frac{\partial U}{\partial \boldsymbol{B}_{\theta}} \tag{2.46}$$

式中，A,B——小天体的记号；

θ——张量指标。

由式（2.46）可得

$$\boldsymbol{F}_{\theta}^{A}=G\sum_{a\in A}\sum_{b\in B}\rho_a\rho_b T_a T_b\left(\frac{\partial \hat{U}_0}{\partial \boldsymbol{A}_{\theta}}+\frac{\partial \hat{U}_1}{\partial \boldsymbol{A}_{\theta}}+\frac{\partial \hat{U}_2}{\partial \boldsymbol{A}_{\theta}}+\cdots\right) \tag{2.47}$$

$$\boldsymbol{F}_{\theta}^{B}=G\sum_{a\in A}\sum_{b\in B}\rho_a\rho_b T_a T_b\left(\frac{\partial \hat{U}_0}{\partial \boldsymbol{B}_{\theta}}+\frac{\partial \hat{U}_1}{\partial \boldsymbol{B}_{\theta}}+\frac{\partial \hat{U}_2}{\partial \boldsymbol{B}_{\theta}}+\cdots\right) \tag{2.48}$$

式中，$\hat{U}_0=\dfrac{\boldsymbol{Q}}{R}$，$\hat{U}_1=-\dfrac{\boldsymbol{Q}_i\boldsymbol{w}^i}{R^3}$，$\hat{U}_2=-\dfrac{\boldsymbol{Q}_{ij}\boldsymbol{r}^{ij}}{2R^3}+\dfrac{3\boldsymbol{Q}_{ij}\boldsymbol{w}^i\boldsymbol{w}^j}{2R^5}$。

如果将矢量 $\boldsymbol{R}=\boldsymbol{B}-\boldsymbol{A}$ 表示在小天体 A 的固连坐标系中，则

$$\boldsymbol{R}_{\mathrm{Abody}}=\boldsymbol{P}^{\mathrm{T}}(\boldsymbol{B}-\boldsymbol{A}) \tag{2.49}$$

其中 $\boldsymbol{B}$ 和 $\boldsymbol{A}$ 都表示在惯性坐标系，则在小天体 A 的固连坐标系中受力表示为

$$\boldsymbol{F}_{\mathrm{REL}}=\frac{\partial U}{\partial \boldsymbol{R}_{A\mathrm{body}}} \tag{2.50}$$

同理，受力也可表示在小天体 B 的固连坐标系中。

两个小天体所受的力矩在惯性坐标系中分别表示为 $\boldsymbol{m}_A$ 和 $\boldsymbol{m}_B$，在各自的固连坐标系中分别表示为 $\boldsymbol{M}_A$ 和 $\boldsymbol{M}_B$，则有

$$\boldsymbol{m}_A=\boldsymbol{P}\boldsymbol{M}_A,\ \boldsymbol{m}_B=\boldsymbol{S}\boldsymbol{M}_B \tag{2.51}$$

定义 $\boldsymbol{P}^{\mathrm{T}}$ 和 $\boldsymbol{S}^{\mathrm{T}}$ 的列分别为

$$\boldsymbol{P}^{\mathrm{T}}=[\alpha_{\boldsymbol{P}}\quad \beta_{\boldsymbol{P}}\quad \gamma_{\boldsymbol{P}}],\ \boldsymbol{S}^{\mathrm{T}}=[\alpha_{\boldsymbol{S}}\quad \beta_{\boldsymbol{S}}\quad \gamma_{\boldsymbol{S}}] \tag{2.52}$$

则作用在小天体 A 上的力矩表示在该小天体的固连坐标系中为

$$\boldsymbol{M}_A=-\alpha_{\boldsymbol{P}}\times\frac{\partial U}{\partial \alpha_{\boldsymbol{P}}}-\beta_{\boldsymbol{P}}\times\frac{\partial U}{\partial \beta_{\boldsymbol{P}}}-\gamma_{\boldsymbol{P}}\times\frac{\partial U}{\partial \gamma_{\boldsymbol{P}}} \tag{2.53}$$

作用在小天体 B 上的力矩表示在该小天体的固连坐标系中为

$$\boldsymbol{M}_B=-\alpha_{\boldsymbol{S}}\times\frac{\partial U}{\partial \alpha_{\boldsymbol{S}}}-\beta_{\boldsymbol{S}}\times\frac{\partial U}{\partial \beta_{\boldsymbol{S}}}-\gamma_{\boldsymbol{S}}\times\frac{\partial U}{\partial \gamma_{\boldsymbol{S}}} \tag{2.54}$$

令 $T=\boldsymbol{P}^{\mathrm{T}}\boldsymbol{S}$，$T$ 的张量形式记为 $\boldsymbol{T}_{jk}$ 或者 $\boldsymbol{T}_{\phi\theta}$，则可得力矩矩阵 $\boldsymbol{E}_{\phi\theta}$ 为

$$\boldsymbol{E}_{\phi\theta} = G\sum_{a\in A}\sum_{b\in B}\rho_a\rho_b T_a T_b\left(\frac{\partial \hat{U}_1}{\partial \boldsymbol{T}_{\phi\theta}} + \frac{\partial \hat{U}_2}{\partial \boldsymbol{T}_{\phi\theta}} + \frac{\partial \hat{U}_3}{\partial \boldsymbol{T}_{\phi\theta}} + \cdots\right) \tag{2.55}$$

将该矩阵记为列矢量的形式为

$$\boldsymbol{E} = [\boldsymbol{E}^{\alpha} \quad \boldsymbol{E}^{\beta} \quad \boldsymbol{E}^{\gamma}] \tag{2.56}$$

因此，双小天体系统中小天体 A 所受的惯性空间外力矩的合力矩在其自身的固连坐标系中可表示为

$$\boldsymbol{M}_A = -\boldsymbol{\alpha}_{\boldsymbol{P}} \times \boldsymbol{E}^{\alpha} - \boldsymbol{\beta}_{\boldsymbol{P}} \times \boldsymbol{E}^{\beta} - \boldsymbol{\gamma}_{\boldsymbol{P}} \times \boldsymbol{E}^{\gamma} \tag{2.57}$$

小天体 B 所受的惯性空间外力矩的合力矩在其自身的固连坐标系中可表示为

$$\boldsymbol{M}_B = -\boldsymbol{\alpha}_{\boldsymbol{S}} \times \boldsymbol{E}^{\alpha} - \boldsymbol{\beta}_{\boldsymbol{S}} \times \boldsymbol{E}^{\beta} - \boldsymbol{\gamma}_{\boldsymbol{S}} \times \boldsymbol{E}^{\gamma} \tag{2.58}$$

基于以上多面体法计算的引力和引力矩，可得到不规则双小天体系统的动力学方程表达形式，记小天体在惯性坐标系下动量和固连坐标系下角动量分别为 $m_i\boldsymbol{v}_i$ 和 $J_i\boldsymbol{\Omega}_i \in \mathbb{R}^3$，则系统的拉格朗日能量 $L = T - U$ 可表示为

$$L = \sum_{i=1}^{2} \frac{1}{2}m_i \|\boldsymbol{x}_i\|^2 + \frac{1}{2}\mathrm{tr}[\boldsymbol{S}(\boldsymbol{\Omega}_i)J_{d_i}\boldsymbol{S}(\boldsymbol{\Omega}_i)^{\mathrm{T}}] - U \tag{2.59}$$

式中，$\frac{1}{2}m_i \|\boldsymbol{x}_i\|^2$——小天体的平动动能；

$\frac{1}{2}\mathrm{tr}[\boldsymbol{S}(\boldsymbol{\Omega}_i)J_{d_i}\boldsymbol{S}(\boldsymbol{\Omega}_i)^{\mathrm{T}}]$——小天体的转动动能；

U——两个天体间的相对势能。

根据变分原理，全二体问题的运动方程可表示为[12]

$$m_i\ddot{\boldsymbol{x}}_i = -\frac{\partial \boldsymbol{U}}{\partial \boldsymbol{x}_i} \tag{2.60}$$

$$S(J_i\dot{\boldsymbol{\Omega}}_i + \boldsymbol{\Omega}_i \times J_i\boldsymbol{\Omega}_i) = \frac{\partial \boldsymbol{U}}{\partial \boldsymbol{R}_i}^{\mathrm{T}}\boldsymbol{R}_i - \boldsymbol{R}_i^{\mathrm{T}}\frac{\partial \boldsymbol{U}}{\partial \boldsymbol{R}_i} \tag{2.61}$$

式中，$\boldsymbol{R}_1 = \boldsymbol{P}$，$\boldsymbol{R}_2 = \boldsymbol{S}$。

因此，惯性坐标系下的动力学方程可表示为

$$\begin{cases} \ddot{\boldsymbol{x}}_i = -\dfrac{1}{m_i}\dfrac{\partial \boldsymbol{U}}{\partial \boldsymbol{x}_i} \\ J_i\dot{\boldsymbol{\Omega}}_i + \boldsymbol{\Omega}_i \times J_i\boldsymbol{\Omega}_i = \boldsymbol{M}_i \\ \dot{\boldsymbol{x}}_i = \boldsymbol{v}_i \\ \dot{\boldsymbol{R}}_i = \boldsymbol{R}_i\boldsymbol{S}(\boldsymbol{\Omega}_i) \end{cases} \tag{2.62}$$

式中，$\boldsymbol{S}(\cdot):\mathbb{R}^3 \mapsto so(3)$，表示角速度对应的矩阵变换，

$$\boldsymbol{S}(\boldsymbol{v}) = \begin{bmatrix} 0 & -v_3 & v_2 \\ v_3 & 0 & -v_1 \\ -v_2 & v_1 & 0 \end{bmatrix} \tag{2.63}$$

利用式（2.62）可对不规则双小天体系统的受扰运动进行数值积分，并分析系统的参数变化及稳定性。

参考文献

[1] MACMILLAN W D. The theory of the potential [M]. New York: McGraw – Hill Book Company, 1930.

[2] ROSSI A, MARZARI F, FARINELLA P. Orbital evolution around irregular bodies [J]. Earth planets and space, 1999, 51(11): 1173 – 1180.

[3] HOBSON E W. The theory of spherical and ellipsoidal harmonics [J]. Monatshefte für mathematik und physik, 1934, 41(1): 22.

[4] PICK M, PICHA J, VYSKOČIL V, et al. Theory of the Earth's gravity field [J]. Physics today, 1974, 27(5): 52 – 54.

[5] ROMAIN G, JEAN – PIERRE B. Ellipsoidal harmonic expansions of the gravitational potential: theory and application [J]. Celestial mechanics and dynamical astronomy, 2001, 79(4): 235 – 275.

[6] DECHAMBRE D, SCHEERES D J. Transformation of spherical harmonic coefficients to ellipsoidal harmonic coefficients [J]. Astronomy and astrophysics, 2002, 387(3): 1114 – 1122.

[7] WERNER R A, SCHEERES D J. Exterior gravitation of a polyhedron derived and compared with harmonic and mascon gravitation representations of asteroid 4769 Castalia [J]. Celestial mechanics and dynamical astronomy, 1996, 65(3): 313 – 344.

[8] MIRTICH B. Fast and accurate computation of polyhedral mass properties [J].

Journal of graphics tools, 1996, 1(2): 31 -50.

[9] ZENG X Y, JIANG F H, LI J F, et al. Study on the connection between the rotating mass dipole and natural elongated bodies [J]. Astrophysics and space science, 2014, 356(1): 1 -14.

[10] LI X Y, QIAO D, CUI P Y. The equilibria and periodic orbits around a dumbbell - shaped body[J]. Astrophysics and space science, 2013, 348(2):417 -426.

[11] SCHEERES D J. Stability in the full two - body problem [J]. Celestial mechanics and dynamical astronomy, 2002, 83(1/2/3/4):155 -169.

[12] MACIEJEWSKI A J. Reduction, relative equilibria and potential in the two rigid bodies problem [J]. Celestial mechanics and dynamical astronomy, 1995, 63(1): 1 -28.

第3章 小天体探测转移和逼近轨道动力学与控制

3.1 引言

转移与逼近轨道设计是小天体近距离探测任务轨道设计的第一步。通常探测器从地球出发经过星际转移段的飞行后到达目标小天体附近，借助地面雷达导引和星载光学敏感器可发现并锁定目标小天体，利用多次轨道机动逐渐降低探测器相对目标小天体的速度，并减小探测器相对目标小天体的距离，为小天体伴飞或环绕做准备。同时，探测器在逼近过程中也将开展小天体物理参数的初步测量和形状模型构建，为后续科学探测任务的规划奠定基础。

本章主要讨论小天体探测中的星际转移轨道。首先，介绍经典的两脉冲转移轨道设计方法和基于主矢量的多脉冲转移轨道优化方法。其次，给出大范围远距离逼近轨道设计方法，以及小天体引力影响球范围内的近距离逼近轨道设计方法，并给出轨道摄动修正与重构设计策略。最后，介绍基于对偶－内点法的最优近距离逼近策略，给出小天体影响球内慢飞越轨道的设计方法，并讨论其在小天体引力场测量中的应用。

3.2 小天体探测中的星际转移轨道设计

3.2.1 两脉冲转移轨道设计方法

深空飞行中的两脉冲转移通常可通过求解兰伯特问题（Lambert's problem）得到。兰伯特问题可描述为：椭圆弧上两点间的飞行时间只取决于椭圆轨道的半长轴、弧上两点到焦点的距离之和，以及连接弧上两点的弦长，其数学表达式为

$$t=f(a,r_1+r_2,c) \tag{3.1}$$

式中，t——椭圆弧上两点间的飞行时间；

a——椭圆轨道的半长轴；

r_1,r_2——弧上两点到焦点的距离；

c——连接弧上两点的弦长。

兰伯特给出了该定理的几何证明，随后拉格朗日和高斯给出了解析解，特别是高斯对于兰伯特问题的解法做出了重要的贡献。

对于给定 $\boldsymbol{r}_1$、$\boldsymbol{r}_2$ 及飞行时间 t 和运动方向，求解 $\boldsymbol{v}_1$ 和 $\boldsymbol{v}_2$。由共面矢量的基本定理：若 $\boldsymbol{A}$、$\boldsymbol{B}$ 和 $\boldsymbol{C}$ 为共面矢量，且 $\boldsymbol{A}$ 和 $\boldsymbol{B}$ 不共线，则 $\boldsymbol{C}$ 可以由 $\boldsymbol{A}$ 和 $\boldsymbol{B}$ 的线性组合表示。由于开普勒运动限制在一个平面内，则有

$$\boldsymbol{r}_2=f\boldsymbol{r}_1+g\boldsymbol{v}_1 \tag{3.2}$$

$$\boldsymbol{v}_2=\dot{f}\boldsymbol{r}_1+\dot{g}\boldsymbol{v}_1 \tag{3.3}$$

其中，

$$f=1-\frac{r_2}{p}(1-\cos\Delta v)=1-\frac{a}{r_1}(1-\cos\Delta E) \tag{3.4}$$

$$g=\frac{r_1r_2\sin\Delta v}{\sqrt{\mu p}}=t-\sqrt{\frac{a^3}{\mu}}(\Delta E-\sin\Delta E) \tag{3.5}$$

$$\dot{f}=\sqrt{\frac{\mu}{p}}\tan\frac{\Delta v}{2}\left(\frac{1-\cos\Delta v}{p}-\frac{1}{r_1}-\frac{1}{r_2}\right)=\frac{-\sqrt{\mu a}}{r_1r_2}\sin\Delta E \tag{3.6}$$

$$\dot{g}=1-\frac{r_1}{p}(1-\cos\Delta v)=1-\frac{a}{r_2}(1-\cos\Delta E) \tag{3.7}$$

则可得

$$\boldsymbol{v}_1=\frac{\boldsymbol{r}_2-f\boldsymbol{r}_1}{g} \tag{3.8}$$

由式（3.2）~式（3.8）可知，用$f,g,\dot{f},\dot{g}$以及两个已知向量$\boldsymbol{r}_1$和$\boldsymbol{r}_2$可表示$\boldsymbol{v}_1$和$\boldsymbol{v}_2$，所以兰伯特问题可以简化为计算这 4 个标量。式（3.4）~式（3.6）中共有 7 个变量，即$\boldsymbol{r}_1,\boldsymbol{r}_2,\Delta v,t,p,a$和$\Delta E$，前 4 个量是已知的，仅有$p,a$和$\Delta E$需要求解，实际上是 3 个方程 3 个未知数，唯一的困难是这些方程属于超越方程，需要用逐次逼近法来求解。研究中发现，设定p的初值为基础的逐次逼近法是可行的，设定ΔE的初值为基础的解法也是可行的，而直接用变量a来迭代是很困难的，因为a取某一初值后并不能唯一确定p或ΔE。

3.2.1.1　普适变量解兰伯特问题

以普适变量描述的$f,g,\dot{f}$和$\dot{g}$的表达式为

$$f=1-\frac{r_2}{p}(1-\cos\Delta v)=1-\frac{x^2}{r_1}C \tag{3.9}$$

$$g=\frac{r_1r_2\sin\Delta v}{\sqrt{\mu p}}=t-\frac{x^3}{\sqrt{\mu}}S \tag{3.10}$$

$$\dot{f}=\sqrt{\frac{\mu}{p}}\frac{(1-\cos\Delta v)}{\sin\Delta v}\left(\frac{1-\cos\Delta v}{p}-\frac{1}{r_1}-\frac{1}{r_2}\right)=-\frac{\sqrt{\mu}}{r_1r_2}x(1-zS) \tag{3.11}$$

$$\dot{g}=1-\frac{r_1}{p}(1-\cos\Delta v)=1-\frac{x^2}{r_2}C \tag{3.12}$$

由式（3.9）可以解出：$x=\sqrt{\dfrac{r_1r_2(1-\cos\Delta v)}{pC}}$。定义常数$A=\dfrac{\sqrt{r_1r_2}\sin\Delta v}{\sqrt{1-\cos\Delta v}}$，另定义辅助变量$y=\dfrac{r_1r_2(1-\cos\Delta v)}{p}$，则式（3.11）可化简为

$$y=r_1+r_2-A\frac{(1-zS)}{\sqrt{C}} \tag{3.13}$$

将x化简为$x=\sqrt{\dfrac{y}{C}}$，利用上面的假设，化简式（3.10）可得

$$\sqrt{\mu}t=x^3S+A\sqrt{y} \tag{3.14}$$

式（3.9）、式（3.10）和式（3.12）可以分别化简为

$$f=1-\frac{y}{r_1},\quad g=A\sqrt{\frac{y}{\mu}},\quad \dot{g}=1-\frac{y}{r_2}$$

两个速度矢量的表达式分别为

$$\boldsymbol{v}_1=\frac{\boldsymbol{r}_2-f\boldsymbol{r}_1}{g},\quad \boldsymbol{v}_2=\frac{\dot{g}\boldsymbol{r}_2-\boldsymbol{r}_1}{g}$$

在此引入几个辅助变量：$x=\frac{\sqrt{\mu}}{r}$，$z=\frac{x^2}{a}$，$C(z)=\sum_{k=0}^{\infty}\frac{(-z)^k}{(2k+2)!}$，$S(z)=\sum_{k=0}^{\infty}\frac{(-z)^k}{(2k+3)!}$。

普适变量求解的优越性：仅用一组方程就可求解出涉及两种不同圆锥曲线的问题。但应该注意，采用普适变量求解兰伯特问题时，都应该包含一个检查的部分，在计算 x 之前，应检查 y 是否为负值，特别是对于短程（$\Delta v<\pi$）的情况。

3.2.1.2 直接 p 迭代法求解兰伯特问题

该方法假定 p 的试探值，并由此值计算出另两个未知数——a 和 ΔE，然后解出 t，并把它与给定的飞行时间相比较，以此来检验试探值是否合适。

由式（3.6）可得

$$\frac{1-\cos\Delta v}{\sqrt{p}\sin\Delta v}\left(\frac{1-\cos\Delta v}{p}-\frac{1}{r_1}-\frac{1}{r_2}\right)=\frac{-\sqrt{a}\sin\Delta E}{r_1r_2}\tag{3.15}$$

由式（3.4）可解得

$$a=\frac{r_1r_2(1-\cos\Delta v)}{p(1-\cos\Delta E)}\tag{3.16}$$

把式（3.16）代入式（3.15），可得

$$p=\frac{r_1r_2(1-\cos\Delta v)}{r_1+r_2-2\sqrt{r_1r_2}\cos\frac{\Delta v}{2}\cos\frac{\Delta E}{2}}\tag{3.17}$$

定义 3 个常数：$k=r_1r_2(1-\cos\Delta v)$，$l=r_1+r_2$，$m=r_1r_2(1+\cos\Delta v)$，则式（3.16）可转化为

$$a=\frac{mkp}{(2m-l^2)p^2+2klp-k^2}\tag{3.18}$$

给定了 p 的试探值，由式（3.4）~式（3.6）可以确定 f,g 和 $\dot{f}$；若 a 为正值，则可由式（3.4）和式（3.6）来确定 ΔE：

$$\cos \Delta E = 1 - \frac{r_1}{a}(1 - f) \tag{3.19}$$

$$\sin \Delta E = \frac{-r_1 r_2 f}{\sqrt{\mu a}} \tag{3.20}$$

若 a 为负值，则由含有双曲线轨道偏近点角的变化 ΔF 的相应表达式可得

$$\cosh \Delta F = 1 - \frac{r_1}{a}(1 - f) \tag{3.21}$$

由式（3.5）可以得到相应的飞行时间：

$$t = \begin{cases} g + \sqrt{\dfrac{a^3}{\mu}}(\Delta E - \sin \Delta E), & a > 0 \quad (3.22) \\ g + \sqrt{\dfrac{(-a)^3}{\mu}}(\sinh \Delta F - \Delta F), & a < 0 \quad (3.23) \end{cases}$$

除了 $\boldsymbol{r}_1$ 和 $\boldsymbol{r}_2$ 共线的情况外，p 迭代法对各种情况都收敛，它的主要缺点是对椭圆和双曲线轨道要用不同的方程计算。

基于以上两种方法，只要给定发射时间和到达时间，并假定运动方向，就可求解得到出发和到达所需的速度矢量。

3.2.2　始末端约束固定的多脉冲转移轨道优化方法

本节将基于主矢量，探讨始末端约束固定的多脉冲转移轨道优化方法。在惯性坐标系中，探测器的动力学方程可表示为[1]

$$\begin{cases} \dot{\boldsymbol{r}} = \boldsymbol{v} \\ \dot{\boldsymbol{v}} = \boldsymbol{g}(\boldsymbol{r}) + \boldsymbol{T}\boldsymbol{u} \end{cases} \tag{3.24}$$

式中，$\boldsymbol{r}, \boldsymbol{v}$——探测器相对于原点的位置和速度矢量；

$\boldsymbol{g}(\boldsymbol{r})$——探测器受到的重力加速度；

$\boldsymbol{T}$——推力加速度；

$\boldsymbol{u}$——沿推力方向的单位矢量。

对于脉冲轨道而言，施加推力是瞬时完成的，即 $\|\boldsymbol{T}_{\max}\| \to \infty$。定义性能指标 J 为

$$J = \sum_k |\Delta v_k| \tag{3.25}$$

式中，Δv_k——速度增量。

探测器的最优转移轨道，即满足初始状态（$\boldsymbol{r}_{\mathrm{o}},\boldsymbol{v}_{\mathrm{o}}$）、终端状态（$\boldsymbol{r}_{\mathrm{f}},\boldsymbol{v}_{\mathrm{f}}$）和给定的转移时长 t_{f} 的情况下，指标 J 最小。

探测器动力学方程的 Hamiltonian 函数可以写成如下形式[2-3]：

$$H=\boldsymbol{T}+\boldsymbol{\lambda}_{\boldsymbol{r}}^{\mathrm{T}}\boldsymbol{v}+\boldsymbol{\lambda}_{\boldsymbol{v}}^{\mathrm{T}}(\boldsymbol{g}(\boldsymbol{r})+\boldsymbol{T}\boldsymbol{u}) \tag{3.26}$$

协状态方程为

$$\dot{\boldsymbol{\lambda}}_{\boldsymbol{r}}^{\mathrm{T}}=-\frac{\partial H}{\partial \boldsymbol{r}}=-\boldsymbol{\lambda}_{\boldsymbol{v}}^{\mathrm{T}}\boldsymbol{G}(\boldsymbol{r}) \tag{3.27}$$

$$\dot{\boldsymbol{\lambda}}_{\boldsymbol{v}}^{\mathrm{T}}=-\frac{\partial H}{\partial \boldsymbol{v}}=-\boldsymbol{\lambda}_{\boldsymbol{r}}^{\mathrm{T}} \tag{3.28}$$

式中，$\boldsymbol{G}(\boldsymbol{r})$——重力梯度矩阵，$\boldsymbol{G}(\boldsymbol{r})=\dfrac{\partial \boldsymbol{g}}{\partial \boldsymbol{r}}$。

Hamiltonian 函数可以改写为

$$H=\boldsymbol{\lambda}_{\boldsymbol{v}}^{\mathrm{T}}\boldsymbol{g}(\boldsymbol{r})-\dot{\boldsymbol{\lambda}}_{\boldsymbol{v}}^{\mathrm{T}}\boldsymbol{v}+(\boldsymbol{\lambda}_{\boldsymbol{v}}^{\mathrm{T}}\boldsymbol{u}+1)\boldsymbol{T} \tag{3.29}$$

为了满足 Pontryagin 极小值定理，以及最小化 H，应将单位矢量 $\boldsymbol{u}$ 的方向设置为与协状态向量方向相反，鉴于 $-\boldsymbol{\lambda}_{\boldsymbol{v}}^{\mathrm{T}}$ 的重要性，Lawden 将其定义为主矢量[4-5]。

假设一条轨道 Γ 对应的状态为 $\boldsymbol{r}(t)$ 和 $\boldsymbol{v}(t)$，其受摄轨道 Γ' 对应的状态为 $\boldsymbol{r}'(t)$ 和 $\boldsymbol{v}'(t)$，两者满足如下方程：

$$\begin{cases}\delta\boldsymbol{r}(t)=\boldsymbol{r}'(t)-\boldsymbol{r}(t)\\ \delta\boldsymbol{v}(t)=\boldsymbol{v}'(t)-\boldsymbol{v}(t)\end{cases} \tag{3.30}$$

动力学方程（式（3.24））对应的线性摄动方程可以描述为

$$\begin{bmatrix}\delta\dot{\boldsymbol{r}}\\ \delta\dot{\boldsymbol{v}}\end{bmatrix}=\begin{bmatrix}\boldsymbol{O} & \boldsymbol{I}\\ \boldsymbol{G} & \boldsymbol{O}\end{bmatrix}\begin{bmatrix}\delta\boldsymbol{r}\\ \delta\boldsymbol{v}\end{bmatrix} \tag{3.31}$$

式中，$\boldsymbol{I}$——3×3 的单位矩阵。

式（3.31）的解可以写成状态转移矩阵 $\boldsymbol{\Phi}(t,t_0)$ 的形式：

$$\begin{bmatrix}\delta\boldsymbol{r}(t)\\ \delta\boldsymbol{v}(t)\end{bmatrix}=\boldsymbol{\Phi}(t,t_0)\begin{bmatrix}\delta\boldsymbol{r}(t_0)\\ \delta\boldsymbol{v}(t_0)\end{bmatrix} \tag{3.32}$$

式中，状态转移矩阵 $\boldsymbol{\Phi}(t,t_0)$ 定义为

$$\boldsymbol{\Phi}(t,t_0)\triangleq\begin{bmatrix}\boldsymbol{M}(t,t_0) & \boldsymbol{N}(t,t_0)\\ \boldsymbol{S}(t,t_0) & \boldsymbol{T}(t,t_0)\end{bmatrix} \tag{3.33}$$

主矢量对应的状态转移矩阵解的形式与式（3.32）相似，即

$$\begin{bmatrix}\dot{\boldsymbol{\lambda}}_v(t)\\ \dot{\boldsymbol{\lambda}}_v(t)\end{bmatrix}=\boldsymbol{\Phi}_{tt_0}\begin{bmatrix}\boldsymbol{\lambda}_v(t_0)\\ \dot{\boldsymbol{\lambda}}_v(t_0)\end{bmatrix} \tag{3.34}$$

式中，$\boldsymbol{\Phi}_{tt_0}$——从 t_0 到 t 的状态转移矩阵。

从协状态系统的定义可知，其沿轨道 Γ 方向满足下式：

$$\boldsymbol{\lambda}_v\cdot\delta\boldsymbol{v}-\dot{\boldsymbol{\lambda}}_v\cdot\delta\boldsymbol{r}=\mathrm{const} \tag{3.35}$$

对于两脉冲转移轨道（即在 t_0 时刻施加速度增量 $\Delta\boldsymbol{v}_0$、在 t_f 时刻施加速度增量 $\Delta\boldsymbol{v}_\mathrm{f}$），其主矢量满足如下边界条件：

$$\begin{cases}\boldsymbol{\lambda}_v(t_0)=\boldsymbol{\lambda}_\mathrm{o}=\Delta\boldsymbol{v}_0/|\Delta\boldsymbol{v}_0|\\ \boldsymbol{\lambda}_v(t_\mathrm{f})=\boldsymbol{\lambda}_\mathrm{f}=\Delta\boldsymbol{v}_\mathrm{f}/|\Delta\boldsymbol{v}_\mathrm{f}|\end{cases} \tag{3.36}$$

式中，下标 o 表示轨道的初始状态，下标 f 表示轨道的终端状态。

根据式（3.34），主矢量的终端状态可以写成

$$\begin{cases}\boldsymbol{\lambda}_\mathrm{f}=\boldsymbol{M}_\mathrm{fo}\boldsymbol{\lambda}_\mathrm{o}+\boldsymbol{N}_\mathrm{fo}\dot{\boldsymbol{\lambda}}_\mathrm{o}\\ \dot{\boldsymbol{\lambda}}_\mathrm{f}=\boldsymbol{S}_\mathrm{fo}\boldsymbol{\lambda}_\mathrm{o}+\boldsymbol{T}_\mathrm{fo}\dot{\boldsymbol{\lambda}}_\mathrm{o}\end{cases} \tag{3.37}$$

式中，$\boldsymbol{M}_\mathrm{fo}\triangleq\boldsymbol{M}(t_\mathrm{f},t_0)$。

联立式（3.33）和式（3.34），可求解 $t_0\leqslant t\leqslant t_\mathrm{f}$ 之间沿轨道方向的主矢量，即

$$\boldsymbol{\lambda}(t)=\boldsymbol{N}_\mathrm{to}\boldsymbol{N}_\mathrm{fo}^{-1}\boldsymbol{\lambda}_\mathrm{f}+[\boldsymbol{M}_\mathrm{to}-\boldsymbol{N}_\mathrm{to}\boldsymbol{N}_\mathrm{fo}^{-1}\boldsymbol{M}_\mathrm{fo}]\boldsymbol{\lambda}_\mathrm{o} \tag{3.38}$$

主矢量法是用于评估转移轨道最优性的重要方法。对于性能指标 J 为式（3.25）形式的轨道拦截或轨道交会问题，如果沿转移轨道的主矢量绝对值 $|\boldsymbol{\lambda}_v|>1$，那么就可以通过施加额外的中间脉冲得到更优的解。通过主矢量还可求解出中间脉冲的次数和位置；若 $|\boldsymbol{\lambda}_v|$ 始终小于或等于 1，那么该转移轨道为最优转移。

3.3　小天体远距离逼近轨道设计

3.3.1　远距离逼近轨道设计与制导控制

对于小天体引力场范围内的逼近问题，需要考虑的动力学环境相对复杂。在

设计逼近轨道时，不仅要考虑小天体不规则形状和自旋等因素的影响，还要考虑太阳光压等摄动的影响。针对该问题，本节基于对偶-内点法对小天体引力影响范围内的多脉冲逼近轨道进行优化设计，并根据不同的机动策略对相关的指标参数进行对比分析。

近距离逼近过程中，由于探测器与小天体相对距离较近，因此需要考虑路径等约束。首先，探测器的运动路径和视线角需满足一定的工程约束，因此制导方法需能满足对任意方向、任意角度的逼近需求；其次，探测器相对于小天体的速度及其变化率应逐渐减小，防止产生碰撞等问题。基于以上约束，本节采用一种一阶线性制导律，即滑移制导律设计逼近轨道[6]。

假设 d 和 $\dot{d}$ 分别为探测器与小天体的相对距离及相对距离的变化率，即 $d = r - r_T$，$\dot{d} = \dot{r} - \dot{r}_T$。其中，$r$ 和 r_T 分别为探测器在逼近路径上某一点相对于小天体的初始位置大小和终端位置大小。滑移制导过程中，在路径脉冲点上，即多脉冲转移中每次脉冲作用的位置 $\boldsymbol{r}_i$ 及时间 t_i 分别为

$$\begin{cases} \boldsymbol{r}_i = \boldsymbol{r}_T + d_i D \\ t_i = (i-1)T/N, \quad i = 1,2,\cdots,N \end{cases} \tag{3.39}$$

式中，T——总逼近时间。

多脉冲滑移逼近制导策略的关键在于通过设计滑移制导律，从而确定探测器在整个逼近过程中相对位置的变化规律。滑移制导律中，接近距离 d 和相对距离变化率 $\dot{d}$ 呈线性关系。在指数滑移轨道中，$\dot{d}(t)$ 与 $d(t)$ 满足下式：

$$\dot{d} = ad + \dot{d}_T \tag{3.40}$$

将初值条件 d_0 及 $\dot{d}_0$ 代入式（3.40），可得 $a = (\dot{d}_0 - \dot{d}_T)/d_0 < 0$，从而可得到逼近过程中的位置信息 $d(t)$ 和总逼近时间 T 分别为

$$d(t) = d_0 e^{at} + \dot{d}_T (e^{at} - 1)/a \tag{3.41}$$

$$T = \ln \frac{\dot{d}_T/\dot{d}_0}{a} \tag{3.42}$$

多脉冲逼近过程如图 3.1 所示。在整个逼近过程中，共施加时间间隔相同的 N 次脉冲，将实际轨道分为 $N-1$ 段，每段轨迹的时长为 $T/(N-1)$；在最后一次脉冲施加之后，探测器到达满足速度和位置约束的目标点处。

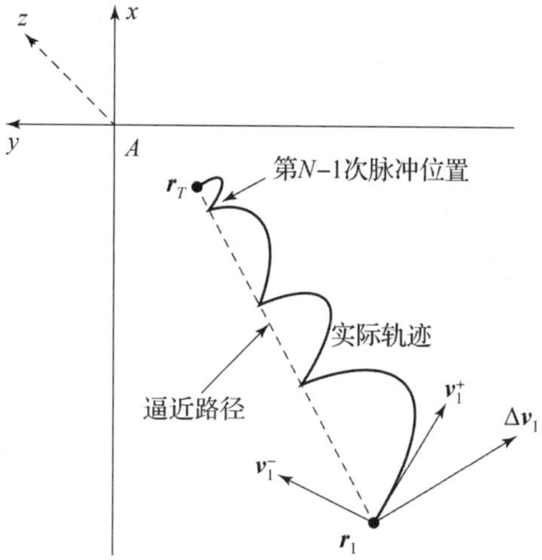

图3.1　多脉冲逼近制导策略示意图

小天体的初始和末端位置矢量分别为 $\boldsymbol{r}_1$ 和 $\boldsymbol{r}_T$，整个逼近过程中施加脉冲的位置点约束在相对位置连线上，则探测器前进方向的单位矢量为

$$\boldsymbol{D}=\frac{\boldsymbol{r}_1-\boldsymbol{r}_T}{|\boldsymbol{r}_1-\boldsymbol{r}_T|} \tag{3.43}$$

在探测器的近距离逼近过程中，每两次脉冲之间的转移轨道均由相对运动方程给出。每次机动点所对应的速度脉冲可通过末端约束和相对运动方程共同决定。假设在第 i 个脉冲点前后，$i=0,1,\cdots,N-1$，探测器的速度大小分别为 v_i^- 和 v_i^+，则对应的状态转移矩阵为

$$\boldsymbol{T}(t_\mathrm{f},t_0,\theta_0)=\boldsymbol{T}=\begin{bmatrix} T_{rr} & T_{rv} \\ T_{vr} & T_{vv} \end{bmatrix} \tag{3.44}$$

因此，每次施加脉冲时对应的位置和速度矢量分别为

$$\boldsymbol{r}_{i+1}=T_{rr}(t)\boldsymbol{r}_i+T_{rv}(t)\boldsymbol{v}_i^+ \tag{3.45}$$

$$\boldsymbol{v}_{i+1}^-=T_{vr}(t)\boldsymbol{r}_i+T_{vv}(t)\boldsymbol{v}_i^+ \tag{3.46}$$

从式（3.45）、式（3.46）可得每次脉冲机动前后探测器的速度矢量：

$$\begin{cases} \boldsymbol{v}_i^+=\boldsymbol{T}_{rv}^{-1}(t)(\boldsymbol{r}_{i+1}-\boldsymbol{T}_{rr}(t)\boldsymbol{r}_i) \\ \boldsymbol{v}_i^-=\boldsymbol{T}_{vr}(t)\boldsymbol{r}_{i-1}+\boldsymbol{T}_{vv}(t)\boldsymbol{v}_{i-1}^+ \end{cases} \tag{3.47}$$

通过脉冲前后速度矢量之差可以得到每次施加的脉冲矢量：

$$\Delta v_i = \begin{cases} |\boldsymbol{v}_i^+ - \boldsymbol{v}_i^-|, & i=0,1,\cdots,N-1 \\ |\boldsymbol{v}_T - \boldsymbol{v}_{i-1}|, & i=N \end{cases} \tag{3.48}$$

则 N 次脉冲值的总和为

$$\Delta V = \sum_{i=1}^{N} \Delta v_i \tag{3.49}$$

3.3.2 逼近过程中的摄动分析与轨道修正

本节主要分析摄动力对远距离逼近过程中转移轨迹的影响。由于探测器在逼近小天体的过程中历时较长，摄动力同时作用于探测器和小天体上，因此探测器相对于小天体的位置会出现偏差；并且，在摄动力的作用下，很可能探测器无法逼近到理想的目标终端位置。因此，分析摄动力对整个逼近过程中所造成的影响，可直观地给出定量偏差，为后续轨道修正或者逼近过程的重构设计提供参考。

本节针对摄动力作用下的多脉冲逼近轨道，首先通过无摄动模型给出理想（标称）逼近轨道，然后加入摄动影响并分析其偏差。选取小天体 6489 Golevka 为目标小天体，通过发射窗口搜索，可给出逼近该小天体时的初始时间和初始相对状态，即选取 2018 年 12 月 2 日为逼近过程的初始时间，从距离小天体约 100 万 km 开始逼近，到约 30 km 结束，逼近过程中采用 6 次脉冲机动。逼近过程的始末状态设置如下：

初始位置：$\boldsymbol{x}_0 = [-9.4761, 0.41988, -3.24562] \times 10^5$ km；

终端位置：$\boldsymbol{x}_T = [-24.365, 6.17, -0.97]$ km；

初始速度：$\boldsymbol{v}_0 = [0.3542, 0.0207, 0.1157]$ km/s；

终端速度：$\boldsymbol{v}_T = [-0.001, -0.001, 0]$ km/s。

此外，假设逼近过程的时间为 60 天，终端相对位置变化率 $\dot{d}_T = -10$ m/s；考虑的摄动力包括地球、金星、火星、木星和土星的引力；假设探测器的表面漫反射系数 C_s 为 1.21、表面积为 2 m^2、质量为 1000 kg。摄动影响下的逼近轨道如图 3.2 所示。

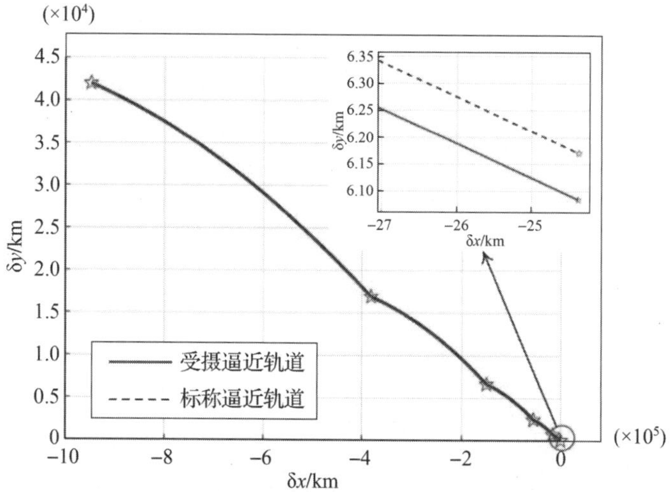

图 3.2　受摄逼近轨道与标称逼近轨道对比（xy 平面内）（附彩图）

逼近轨道的尺度较大，通过局部放大可以看出受摄逼近轨道与标称逼近轨道终端的位置差异。远距离逼近过程中，标称转移轨道和受摄转移轨道对应的机动位置如表 3.1 所示。通过对比可以看出，随着逼近过程的进行，摄动力作用的累积效应导致位置偏差越来越大，且 z 轴的位置偏差较为显著，其主要原因是小天体轨道面法向上探测器所受摄动加速度和小天体所受摄动加速度的差异较大，并且加速度的作用累积呈现“单边发散”现象，从而导致位置误差累积较大。

表 3.1　受摄逼近轨道机动位置偏差量

机动点位置		$\boldsymbol{r}_0$	$\boldsymbol{r}_1$	$\boldsymbol{r}_2$	$\boldsymbol{r}_3$	$\boldsymbol{r}_4$	$\boldsymbol{r}_5$
x/km	标称点	−947 614.2	−381 027.8	−149 343.7	−54 605.23	−15 865.51	−24.365
	实际点	−947 614.2	−381 028.6	−149 345.5	−54 607.34	−15 867.02	−24.374
y/km	标称点	41 987.652	16 885.931	6 621.530	2 424.291	707.988	6.170
	实际点	41 987.652	16 885.892	6 621.472	2 424.239	707.938	6.084
z/km	标称点	−324 562.6	−130 499.5	−51 144.75	−18 695.61	−5 426.767	−0.971
	实际点	−324 562.6	−130 499.0	−51 143.47	−18 693.46	−5 423.739	2.933
位置误差/km		0	0.979	2.241	3.013	3.386	3.906

从以上算例也可看出，对于远距离逼近，探测器从距离小天体约 100 万 km，最终逼近到约 30 km，位置误差仅约 3 km。对于末端位置精度要求不是非常严苛的情况，本节提出的多脉冲远距离滑移制导逼近策略在工程实践上有巨大的应用价值。同理，如果逼近总距离较短且逼近时间相对较小，则该过程摄动加速度所造成的位置误差会缩小。

由于多脉冲逼近过程中脉冲机动次数的选择对整个逼近过程影响较大，因此在分析摄动加速度对逼近过程的影响时，十分有必要分析不同脉冲次数所对应的偏差。通过分析该偏差，不仅可以给出最佳的机动脉冲次数，还可以为多脉冲逼近轨道的设计给出合理的设计依据，即以尽可能小的机动脉冲次数实现位置受摄偏差最小的转移。考虑到远距离逼近过程的时间长、距离远的特点，这里主要分析 3 次及以上机动脉冲所对应的终端位置偏差，其受摄终端位置和速度偏差如图 3. 3和图 3. 4 所示。

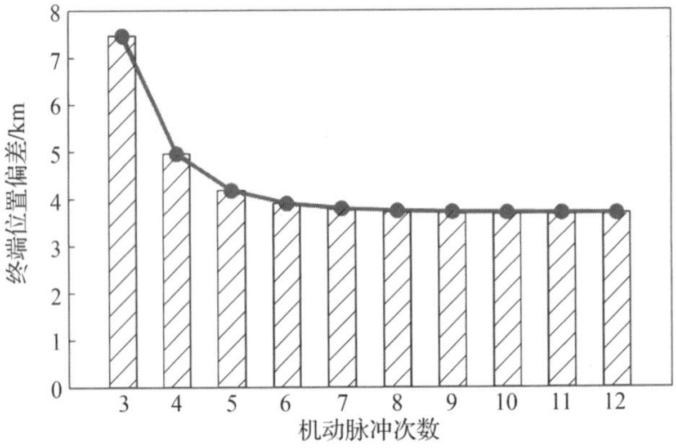

图 3. 3　不同机动脉冲次数对应的终端位置偏差

由图 3. 3 可以看出，终端位置偏差随着机动脉冲次数的增加而减小，机动脉冲次数超过 6 次之后，终端位置偏差与机动脉冲次数变化相关不大。因此，对于远距离逼近过程，选取 6 次脉冲较为合理，因为继续增加机动次数并不能显著减小终端位置偏差，反而由于机动次数增加使得探测器发动机工作频次增加，从而影响可靠性。如果减小机动脉冲次数，则在一定程度上会放大终端位置偏差。

由图 3. 4 可以看出，机动脉冲次数增加将会导致终端速度偏差增加，但由于探测器相对速度较小，所以偏差量级约为 10^{-6} km/s。因此，在设计机动脉冲次

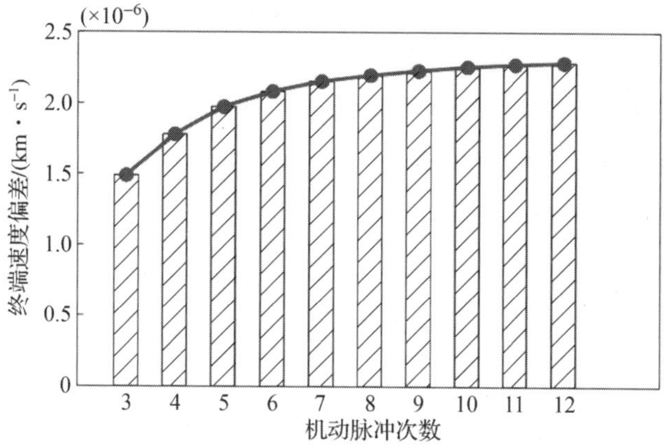

图 3.4　不同机动脉冲次数对应的终端速度偏差

数时，可不考虑相对速度受摄偏差。不同机动脉冲次数下终端位置受摄偏差的变化如表 3.2 所示。

表 3.2　不同机动脉冲次数下终端位置受摄偏差

脉冲次数	x/km	y/km	z/km	总偏差/km
3	4.8283	0.5672	5.6647	7.4648
4	1.8665	0.2634	4.5869	4.9591
5	0.6273	0.0544	4.1330	4.1807
6	0.0087	0.0862	3.9049	3.9058
7	0.3397	0.1855	3.7754	3.7952
8	0.5536	0.2588	3.6953	3.7455
9	0.6936	0.3150	3.6425	3.7213
10	0.7898	0.3594	3.6059	3.7088
11	0.8586	0.3952	3.5795	3.7022
12	0.9094	0.4249	3.5598	3.6986

由表 3.2 可以看出，终端位置偏差主要来自 z 方向，而随着机动脉冲次数的增加，x 和 y 方向的偏差并非严格减小，甚至出现先减后增的趋势，但 z 方向的

偏差单调递减，这也使得位置偏差呈现递减的趋势。此外，还可以看出x和y方向的偏差在机动脉冲次数为6时均最小，而之后z方向偏差的变化较小。

通过以上分析可以看出，远距离多脉冲逼近不仅可以实现大范围减速逼近，而且受摄情形下的位置偏差相对较小；对于终端位置偏差要求严苛的探测任务，只需对逼近过程施加小修正量即可。

由于远距离逼近时间长，根据以上分析可以看出其终端位置偏差在千米（km）量级，因此对于位置精度要求更高的逼近过程，有必要进行轨道修正。下面根据多脉冲逼近策略的特点，分别提出分段两脉冲修正策略和整体重构设计策略。其目的是尽可能减少终端位置偏差，满足终端位置精度需求。

3.3.2.1 分段两脉冲修正策略

分段两脉冲修正策略的基本思路：先设计无摄动多脉冲逼近轨道，在此基础上加入摄动力，重新设计逼近轨道，如图3.5所示。受摄动力的作用，实际终端点相对于理想终端点将发生偏移，其修正方法是：以实际终端点n为起点，以下次理想终端点$n+1$为终点，转移时间为$T/(N-1)$，给出相对运动的两脉冲转移轨迹，从而得到修正后的实际转移轨迹；待到下一次终端点时，重复采用同样的设计思路，给出下一段的实际转移轨迹。对于N次脉冲逼近轨道，其轨迹包括$N-1$段，考虑到第一段无须修正，则需修正段为$N-2$段，直至修正到最后终端点。

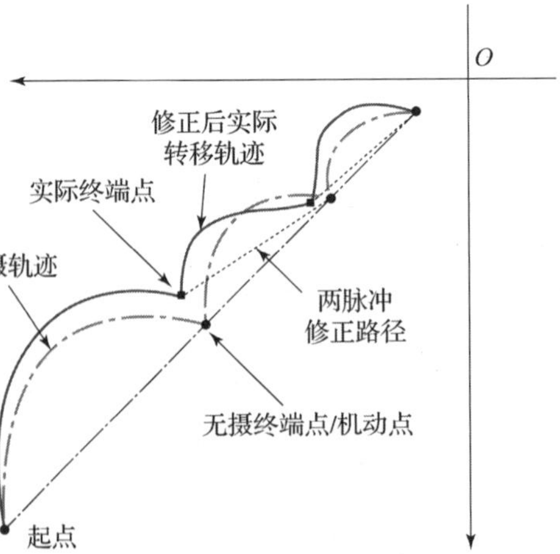

图3.5 分段两脉冲修正策略示意图

本节同样选取小天体 6489 Golevka 为目标小天体，脉冲次数为 6 次，远程逼近过程从约 100 万 km 开始到约 30 km 的位置，总逼近时间为 60 天，实际转移轨道计算时考虑第三体引力摄动、太阳光压摄动和小天体引力摄动等。两脉冲修正前后的位置偏差如图 3.6 所示。

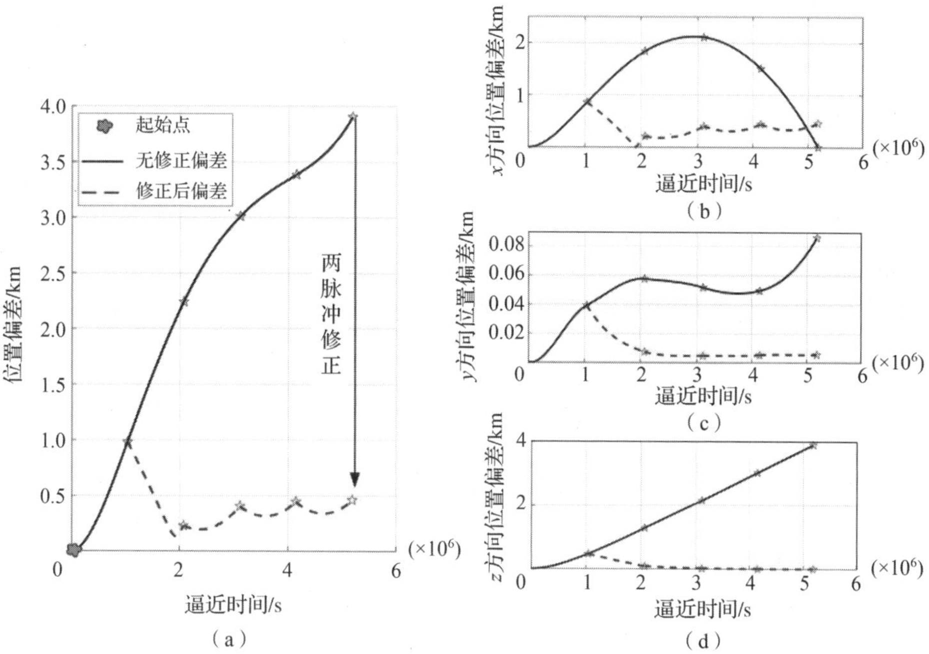

图 3.6　两脉冲修正位置偏差（附彩图）

（a）位置偏差随逼近时间的变化；（b）x 方向位置偏差随逼近时间的变化；（c）y 方向位置偏差随逼近时间的变化；（d）z 方向位置偏差随逼近时间的变化

从图 3.6 所示的仿真结果可以看出，两脉冲修正之后，探测器的终端受摄位置偏差从约 3.9 km 降到约 0.5 km，修正效果显著，且修正过程中位置偏差整体不超过 1 km，其中位置偏差最大时位于第二次脉冲机动点（即重构修正的起点），这是第一段轨迹未经修正造成的。两脉冲修正与无修正下的机动脉冲对比结果如表 3.3 所示。

由表 3.3 可以看出，机动脉冲的大小差异较小，对于 6 次机动的逼近过程而言，采取修正策略的逼近过程其速度增量 Δv 略大于无修正情况，与实际任务总速度脉冲消耗相比可忽略不计。因此，对于任务精度要求高的逼近过程，施加修正不仅必要而且不会显著增加燃料消耗。

表 3.3 两脉冲修正与无修正下的机动脉冲对比

施加位置	r_0	r_1	r_2	r_3	r_4	r_5
修正下 Δv /(km · s^{-1})	0. 209 063	0. 341 235	0. 139 544	0. 057 071	0. 023 349	0. 016 248
无修正下 Δv /(km · s^{-1})	0. 209 063	0. 341 236	0. 139 542	0. 057 070	0. 023 348	0. 016 248
Δv 差值 /(m · s^{-1})	0	-0. 001 47	0. 001 363	0. 000 915	0. 000 852	-0. 000 40

3. 3. 2. 2 整体重构设计策略

整体重构设计策略的基本思路：先设计无摄多脉冲逼近轨道，在加入摄动的情况下对轨迹进行重新设计，如图 3. 7 所示。以实际终端点 n 为起点，以整段逼近轨道终端点为末端点重新设计多段逼近轨迹。假设理想逼近轨迹还剩余 $N-1-n$ 段，那么以该点为起点，以任务要求的末端点为终点，设计 $N-1-n$ 段逼近轨迹，其中需施加机动脉冲 $N-n$ 次，剩余总转移时间为 $T(N-n)/(N-1)$；待到下一次终端点时，重复采用同样的设计思路给出下一段之后剩余部分的实际转移轨迹，直至修正到最后终端点。

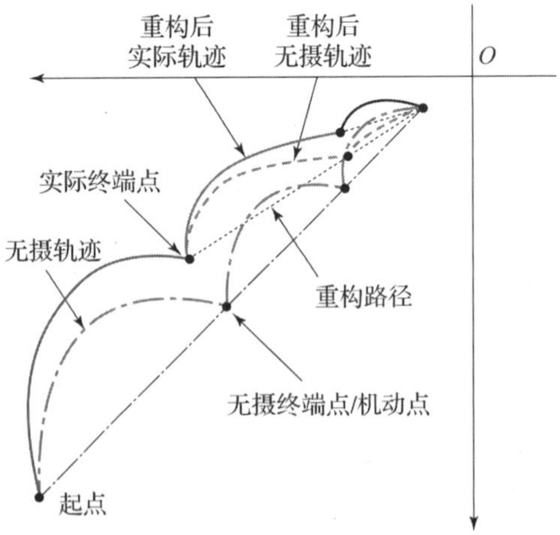

图 3.7 整体重构设计策略示意图

本节选取小天体 6489 Golevka 为目标小天体，脉冲次数为 6 次，无摄情况下的设计参数均相同，根据修正原理可知两种摄动修正策略所对应的修正次数均相同。整体重构修正前后的位置偏差如图 3.8 所示。

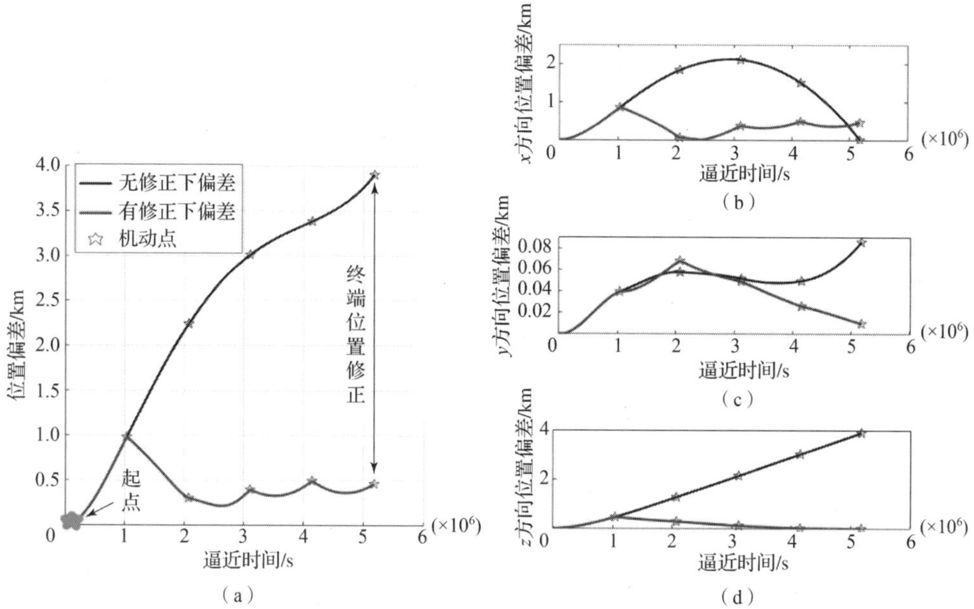

图 3.8　整体重构修正位置偏差（附彩图）

（a）位置偏差随逼近时间的变化；（b）x 方向位置偏差随逼近时间的变化；（c）y 方向位置偏差随逼近时间的变化；（d）z 方向位置偏差随逼近时间的变化

由图 3.8 可以看出，进行重构偏差修正之后，探测器的终端受摄位置偏差从约 3.9 km 降到约 0.5 km，修正效果显著，且修正过程中位置误差整体不超过 1 km，其中位置误差最大时出现在第二次脉冲机动点（即重构修正的起点）。整体重构修正与无修正下的机动脉冲对比如表 3.4 所示。

表 3.4　整体重构修正与无修正下的机动脉冲对比

施加位置	$\boldsymbol{r}_0$	$\boldsymbol{r}_1$	$\boldsymbol{r}_2$	$\boldsymbol{r}_3$	$\boldsymbol{r}_4$	$\boldsymbol{r}_5$
修正下 Δv /(km · s^{-1})	0. 209 063 6	0. 341 235 1	0. 139 543 3	0. 057 071 6	0. 023 349 5	0. 016 248 4

续表

施加位置	r_0	r_1	r_2	r_3	r_4	r_5
无修正下 Δv /(km·s^{-1})	0.209 063 6	0.341 236 4	0.139 542 3	0.057 070 5	0.023 348 6	0.016 248 8
Δv 差值 /(m·s^{-1})	0	−0.001 306	0.001 005 0	0.001 060 3	0.000 942 2	−0.000 456

由表3.4可以看出，两种情形下机动脉冲的大小差异较小。对于采用6次机动的逼近过程，整体重构修正下的速度增量略大于无修正情况，这与两脉冲修正相同。对于实际任务总的速度脉冲消耗而言，可以忽略不计。

3.4 小天体近距离逼近的轨道设计与优化

3.4.1 近距离逼近的转移轨道设计

小天体引力弱、引力场范围小，而且引力场内动力学环境复杂，无法直接采用类似远距离逼近的滑移制导策略，为了满足实际任务需求，本节给出一种可考虑多种误差因素的最优逼近策略，即对偶内点法。对偶内点法是在20世纪80年代提出的一种优化方法，它的基本思路是通过设定惩罚函数来遍历所有可行域，从而寻求最优解。

假设逼近轨道机动脉冲施加点在一条直线上，逼近过程的起点和目标点分别对应始末端点，即逼近路径约束在一条直线上。给定逼近的初始条件 $\boldsymbol{X}_0'$ 和末端条件 $\boldsymbol{X}_T'$ 如下：

$$\begin{cases} \boldsymbol{X}_0' = [\boldsymbol{r}_0' \quad \boldsymbol{v}_0'] = [x_0' \quad y_0' \quad z_0' \quad v_{x0}' \quad v_{y0}' \quad v_{z0}'] \\ \boldsymbol{X}_T' = [\boldsymbol{r}_T' \quad \boldsymbol{v}_T'] = [x_T' \quad y_T' \quad z_T' \quad v_{xT}' \quad v_{yT}' \quad v_{zT}'] \end{cases} \tag{3.50}$$

给定转移时间 T，采用等时间间隔的 N 次机动脉冲实现逼近过程，每次时间间隔均为 $\Delta t = T/N$，N 次机动脉冲将逼近轨迹分为 $N-1$ 段，设每次施加的机动脉冲为 $\Delta \boldsymbol{v}_i (i=1,2,\cdots,N)$，施加机动脉冲点 i 所在的位置为 $\boldsymbol{r}_i (i=2,3,\cdots,N-1)$，因

此优化变量只有 $\boldsymbol{v}_i$ 和 $\boldsymbol{r}_i$。

假设对于轨道上任意一个机动脉冲点，以上标“+”表示施加机动脉冲前的状态、“-”表示机动脉冲后的状态，则对于此逼近过程，初始点和末端点的位置、速度应满足如下约束条件：

$$\begin{cases} \boldsymbol{v}_1^+ = \boldsymbol{v}_0', \ \boldsymbol{r}_1 = \boldsymbol{r}_0' \\ \boldsymbol{v}_N^- = \boldsymbol{v}_T', \ \boldsymbol{r}_N = \boldsymbol{r}_T' \end{cases} \tag{3.51}$$

逼近路径为连接起点和末端点的直线。因此，每个机动脉冲施加点的位置坐标 $\boldsymbol{r}_i(i=2,3,\cdots,N-1)$ 均在该约束直线上，且满足初始点和末端点的直线方程。该直线方程的具体形式如下：

$$\frac{x - x_0'}{x_T' - x_0'} = \frac{y - y_0'}{y_T' - y_0'} = \frac{z - z_0'}{z_T' - z_0'} \tag{3.52}$$

式中，x,y,z——相对坐标系下的位置分量。在每个施加机动脉冲点 i 上，x_i, y_i, z_i 必须满足该式约束，也即如果中间施加机动脉冲位置有 $N-2$ 个，则中间机动脉冲位置约束共有 $2(N-2)$ 个。

由于发动机推力存在限制，即推力不能无限大，因此每次机动脉冲的大小存在限制。取每个方向上速度分量上界为 $v_{\max}$，即存在下式：

$$|v_{xi}| \leqslant v_{\max}, \ |v_{yi}| \leqslant v_{\max}, \ |v_{zi}| \leqslant v_{\max}, \quad i=1,2,\cdots,N \tag{3.53}$$

对于式（3.53），如果总机动脉冲次数为 N，则速度脉冲边界约束为 $6N$ 个。

在轨迹优化过程中，选取的性能指标为燃料消耗最优，即 N 次机动脉冲大小之和最小。性能指标的具体形式可表示为

$$J = \sum_{i=1}^{N} \| \Delta \boldsymbol{v}_i \| \tag{3.54}$$

优化问题的约束包括式（3.51）~式（3.53），约束数量共为 $7N+10$ 个，优化的目标如式（3.54）所示。

这里仍以小天体 6489 Golevka 为目标小天体，以探测器从距小天体约 13 km 的位置逼近到约 540 m 的悬停位置为例，给出近距离逼近轨道设计策略。假设共 4 次机动脉冲，对应的优化变量为 4 次机动脉冲分量，以及 2 次中间机动脉冲的位置。假设探测器的初始状态和末端状态如下：初始位置 $\boldsymbol{x}_0' = [3.574, -12.402, -2.858]$ km，末端速度 $\boldsymbol{v}_0' = [-1, -1, 0]$ m/s；末端位置 $\boldsymbol{x}_T' = [0.538, -0.0021,$

−0.0008] km，末端速度 $\boldsymbol{v}_T' = [0.3, 0.2, 0.3]$ m/s。逼近时间为3600 s，假定逼近时间在三段内平均分配，最优逼近轨迹如图 3.9 所示。

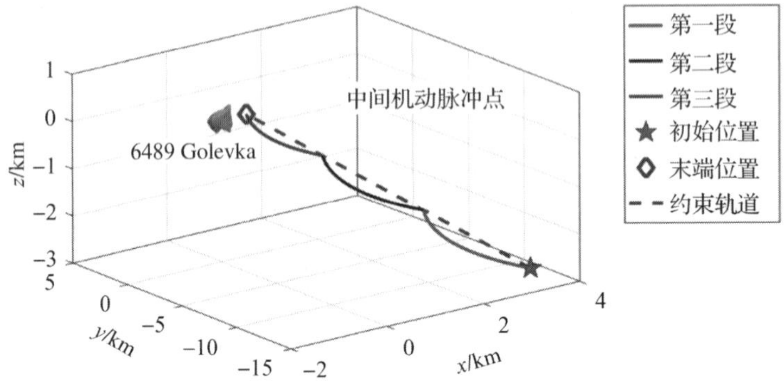

图 3.9 小天体引力场范围内的最优逼近轨迹（附彩图）

由图 3.9 可以看出，在小天体引力影响球内逼近轨道各分段距离的差异较小，这明显区别于远距离逼近。小天体近距离逼近过程中的速度脉冲消耗情况如表 3.5 所示。

表 3.5 小天体近距离逼近过程中的速度脉冲消耗量 $(\mathrm{m \cdot s^{-1}})$

机动脉冲	x 方向分量	y 方向分量	z 方向分量	Δv
第一次脉冲	−1.47	4.93	0.90	5.23
第二次脉冲	−2.77	−0.067	−0.05	2.77
第三次脉冲	−2.12	−1.06	−0.21	2.37
第四次脉冲	−0.024	−0.26	−0.34	2.65
总脉冲	13.03			

从表 3.5 可以看出，第一次机动脉冲的大小显著大于其他三次机动脉冲，这主要是因为第一次脉冲需要将探测器从初始状态调整到最优逼近轨道，后三次机动脉冲大小相近。在该仿真过程中，四次机动速度增量约 13.03 m/s。

3.4.2 近距离逼近的慢飞越轨道设计

探测器经过逼近轨道后可到达小天体附近，采用双曲线轨道飞越小天体的引力场，通过测量探测器轨道的变化可确定小天体的质量甚至低阶的球谐引力系数。首次飞越小天体通常不考虑其自转轴方向，仅考虑小天体与地球的相对位置关系，进行双曲线飞越轨道设计。这主要是考虑到在飞越过程中，可通过地球的多普勒测量探测器在地球 - 探测器连线方向的速度变化，同时通过探测器的光学测量和激光雷达获得探测器相对小天体的位置信息。当探测器相对小天体的双曲线速度方向与地球 - 探测器连线垂直且轨道近心点位于地球 - 小天体之间时，对速度变化的测量最准确。以双曲线轨道为基础的慢飞越轨道如图 3.10（a）所示。

针对小天体球谐系数测量的慢飞越轨道，需要确定小天体的自转轴，根据球谐方程可知，由小天体二阶带谐项 C_{20} 产生的加速度摄动大小 a_{c20} 为[7]

$$a_{c20} = \frac{3\mu_a R_b}{2r} |C_{20}| \sqrt{5\sin^4\phi - 2\sin^2\phi + 1} \tag{3.55}$$

式中，ϕ——小天体固连坐标系下的纬度；

μ_a——小天体质量系数；

R_b——参考半径。

a_{c20} 在 $\phi = 0°$ 和 $\phi = \pm 90°$ 时取极大值，即在小天体的赤道和两极附近，C_{20} 项产生的引力摄动作用最明显。因此，在慢飞越轨道设计中，双曲线弧段应尽可能飞越小天体的南北极和赤道区域，实现对球谐系数的测量。针对小天体球谐系数测量的慢飞越轨道示意如图 3.10（b）所示。

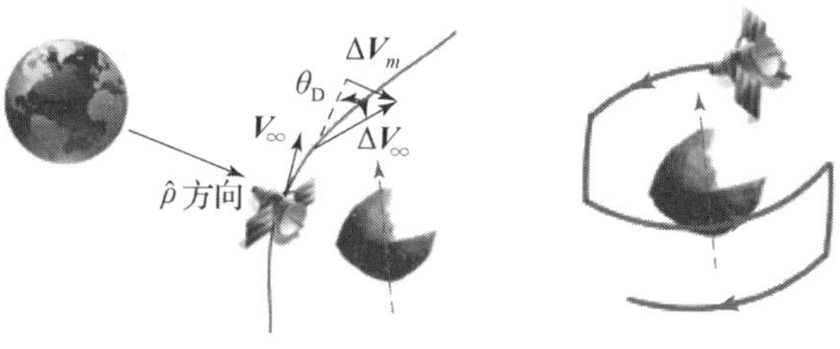

（a）　　（b）

图 3.10　不同类型的慢飞越轨道（附彩图）

（a）用于质量系数测量；（b）用于球谐系数测量

此外，对于质量较小的小天体，自身难以形成环绕轨道，可通过多次双曲线飞越对小天体进行表面成像和数据测量，达到科学探测的目的。忽略小天体非球型对飞越时间的影响，根据二体轨道动力学，可知每次飞越弧段对应的时长 t_∞ 为

$$t_{\infty}=2\frac{\mu_a}{V_{\infty}^3}(e\sinh F-F) \tag{3.56}$$

$$e=1-\frac{b_{\infty}V_{\infty}^2}{\mu_a} \tag{3.57}$$

$$\sinh F=\frac{\sqrt{e^2-1}\sin\theta}{1+e\cos\theta} \tag{3.58}$$

式中，e——双曲线轨道偏心率；

V_{∞}——双曲线速度大小；

θ——双曲线轨道的真近点角；

F——双曲线轨道的偏近点角；

b_{∞}——探测器相对小天体的近心点距离。

双曲线轨道可由飞越速度、近心点距离、飞越时间和飞越近心角范围四个量中的三个完全确定。因此，可根据任务约束对每个双曲线轨道弧段进行设计。

3.4.3 基于慢飞越的小天体引力场测量

基于慢飞越轨道的小天体引力系数测量如图 3.11 所示。小天体引力场的测量基于双曲线飞越的几何形状以及小天体质点近似[8-9]，不考虑其他摄动。

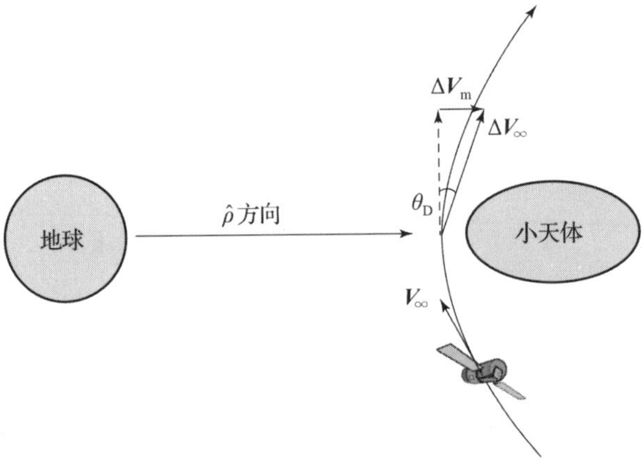

图 3.11 单次双曲飞越小天体质量测量

根据能量守恒原理，探测器相对小天体飞越前后的双曲线速度不变。利用多普勒雷达，可测得双曲线速度沿 $\hat{\rho}$ 方向的变化 $\Delta\boldsymbol{V}_{\mathrm{m}}$，则可得到双曲线轨道偏心率

e 和双曲线的速度变化 $\Delta\boldsymbol{V}_\infty$ 的大小为

$$e=\sqrt{1+\frac{V_\infty^2 h^2}{\mu^2}}=\left(\sin\frac{\delta}{2}\right)^2 \tag{3.59}$$

$$\Delta V_\infty = 2V_\infty \sin\frac{\delta}{2}=\frac{2V_\infty}{e} \tag{3.60}$$

式中，δ——双曲线飞越的偏转角。

进而求得双曲线的速度变化 $\Delta\boldsymbol{V}_\infty$ 和 $\Delta\boldsymbol{V}_\infty$ 与其垂直于 $\hat{\rho}$ 方向分量的夹角 θ_{D}，三者满足下式：

$$\Delta V_\infty=\frac{\Delta V_{\mathrm{m}}}{\sin\theta_{\mathrm{D}}} \tag{3.61}$$

结合以上 3 式并替换角动量 h，可得小天体质量系数 μ_a 为

$$\mu_a=\frac{V_\infty^2\, b_\infty\, \Delta V_\infty}{\sin\theta_{\mathrm{D}}\ \sqrt{4V_\infty^2-\Delta V_\infty^2}} \tag{3.62}$$

即小天体质量系数 μ_a 只与 4 个参数（$b_\infty, V_\infty, \Delta V_\infty, \theta_{\mathrm{D}}$）有关。

进一步对质量测量的不确定性进行分析，小天体质量系数变化 $\delta\mu_a$ 可用自变量表示为

$$\delta\mu_a=\frac{\partial\mu_a}{\partial b_\infty}\delta b_\infty+\frac{\partial\mu_a}{\partial V_\infty}\delta V_\infty+\frac{\partial\mu_a}{\partial \Delta V_\infty}\delta\Delta V_\infty \tag{3.63}$$

则小天体质量方差可表示为

$$\begin{aligned}\sigma_{\mu_a}^2&=\left(\frac{\partial\mu_a}{\partial b_\infty}\right)^2\sigma_{b_\infty}^2+\left(\frac{\partial\mu_a}{\partial V_\infty}\right)^2\sigma_{V_\infty}^2+\left(\frac{\partial\mu_a}{\partial \Delta V_\infty}\right)^2\sigma_{\Delta V_\infty}^2\\&=\frac{1}{\sin^2\theta_{\mathrm{D}}}\left[\frac{V_\infty^4\Delta V_\infty^2}{4V_\infty^2-\Delta V_\infty^2}\sigma_{b_\infty}^2+\frac{4b_\infty^2\, V_\infty^2\, \Delta V_\infty^2(2V_\infty^2-\Delta V_\infty^2)^2}{(4V_\infty^2-\Delta V_\infty^2)^3}\sigma_{V_\infty}^2+\frac{16V_\infty^8 b_\infty^2}{(4V_\infty^2-\Delta V_\infty^2)^3}\sigma_{\Delta V_\infty}^2\right]\end{aligned} \tag{3.64}$$

为了对式（3.63）进行简化，假设 $\sigma_{b_\infty}^2$ 和 $\sigma_{V_\infty}^2$ 是小量，并且 $V_\infty \gg \Delta V_\infty$，则可得到简化后的小天体质量不确定性为

$$\sigma_{\mu_a}=\frac{V_\infty\, b_\infty\, \sigma_{\Delta V_\infty}}{2\sin\theta_{\mathrm{D}}} \tag{3.65}$$

由式（3.64）可知，小天体的质量测量不确定性与探测器的飞越距离、飞越速度正相关，降低飞越距离和飞越速度可提高测量精度。

参考文献

[1] KIRK D E. Optimal control theory: an introduction [M]. North Chelmsford: Courier Corporation, 2012.

[2] JEZEWSKI D J, ROZENDAAL H L. An efficient method for calculating optimal free - space N - impulse trajectories[J]. AIAA journal, 1968, 6(11): 2160 - 2165.

[3] LUO Y Z, ZHANG J, LI H Y, et al. Interactive optimization approach for optimal impulsive rendezvous using primer vector and evolutionary algorithms [J]. Acta astronautica, 2010, 67(3/4): 396 - 405.

[4] CONWAY B A. Spacecraft trajectory optimization[M]. New York: Cambridge University Press, 2010.

[5] LI X Y, QIAO D, CHEN H B. Interplanetary transfer optimization using cost function with variable coefficients[J]. Astrodynamics,2019, 3(2):173 - 188.

[6] 李翔宇, 乔栋, 黄江川,等. 小行星探测近轨操作的轨道动力学与控制[J]. 中国科学:物理学、力学、天文学,2019, 49(8):69 - 80.

[7] YU T, SCHEERES D. Small - body postrendezvous characterization via slow hyperbolic flybys[J]. Journal of guidance, control, and dynamics, 2011,34(6): 1815 - 1827.

[8] ANDERSON J D. Feasibility of determining the mass of an asteroid from a spacecraft flyby[C]//International Astronomical Union Colloquium,Tucson, AZ, 1971: 577 - 583.

[9] TAKAHASHI Y, BROSCHART S, LANTOINE G. Flyby characterization of lower - degree spherical harmonics around small bodies[C]//AIAA/AAS Astrodynamics Specialist Conference,2014.

第4章 小天体近距离伴飞和悬停轨道动力学与控制

4.1 引 言

悬停探测是小天体探测任务中的重要阶段。悬停轨道是指探测器与目标小天体的相对位置保持不变或仅在极小范围内运动的相对运动轨道。根据选取的坐标系不同，悬停方式可分为相对于目标质心的悬停和相对目标表面的悬停。相对质心的悬停是指在相对坐标系下通过探测器的悬停控制实现相对小天体质心的位置保持不变，此时依靠小天体的自旋即可实现对小天体全貌观测等探测活动；相对表面的悬停是指在本体坐标系下通过悬停控制实现探测器的环绕角速度和小天体的自旋角速度保持一致，此时可获得小天体表面指定区域的高精度图像，甚至获取小天体表面的物质样本。

根据不同的任务需求，可采用不同的悬停方式。本章分别针对相对坐标系悬停和固连坐标系悬停采用不同控制方法设计定点悬停轨道。此外，对于大范围的区域勘察或观测任务，给出了一种基于脉冲控制的区域悬停控制设计方法。

4.2 小天体近距离探测中的相对运动

小天体绕太阳运动的轨道通常为椭圆轨道，因此可采用 T - H 方程建立探测器相对于小天体的运动模型[1]。假设探测器和小天体在日心惯性坐标系的位置坐标分别为 $\boldsymbol{r}_c$ 和 $\boldsymbol{r}_t$，则日心惯性坐标系中探测器和小天体的运动方程分别为

$$\ddot{\boldsymbol{r}}_c = -\frac{\mu \boldsymbol{r}_c}{r_c^3} + \boldsymbol{f}_{dc} + \frac{\boldsymbol{F}_c}{m_c} \tag{4.1}$$

$$\ddot{\boldsymbol{r}}_t = -\frac{\mu \boldsymbol{r}_t}{r_t^3} + \boldsymbol{f}_{dt} \tag{4.2}$$

式中，μ——太阳引力常数；

$\boldsymbol{f}_{dc}$,$\boldsymbol{f}_{dt}$——探测器和小天体受到的各种摄动力引起的摄动加速度；

$\boldsymbol{F}_c$——作用在探测器上的控制力；

m_c——探测器的质量。

易知探测器的相对位置矢量 $\boldsymbol{\rho} = \boldsymbol{r}_c - \boldsymbol{r}_t$，则

$$\begin{aligned}\ddot{\boldsymbol{\rho}} &= \ddot{\boldsymbol{r}}_c - \ddot{\boldsymbol{r}}_t = -\left(\frac{\mu}{r_c^3}\boldsymbol{r}_c - \frac{\mu}{r_t^3}\boldsymbol{r}_t\right) + \Delta\boldsymbol{f}_d + \frac{\boldsymbol{F}_c}{m_c} \\ &= \frac{\mu}{r_t^3}\left[\boldsymbol{r}_t - \left(\frac{r_t}{r_c}\right)^3 \boldsymbol{r}_c\right] + \Delta\boldsymbol{f}_d + \frac{\boldsymbol{F}_c}{m_c}\end{aligned} \tag{4.3}$$

式中，$\Delta\boldsymbol{f}_d$——相对摄动加速度，该摄动加速度有界，$\Delta\boldsymbol{f}_d = \boldsymbol{f}_{dc} - \boldsymbol{f}_{dt}$。

式（4.3）即相对运动动力学方程在惯性坐标系中的表征。将其转换到相对坐标系中，可得

$$\ddot{\boldsymbol{\rho}} = -\dot{\boldsymbol{\omega}}_t \times \boldsymbol{\rho} - 2\boldsymbol{\omega}_t \times \dot{\boldsymbol{\rho}} - \boldsymbol{\omega}_t \times (\boldsymbol{\omega}_t \times \boldsymbol{\rho}) + \frac{\mu}{r_t^3}\left[\boldsymbol{r}_t - \left(\frac{r_t}{r_c}\right)^3 \boldsymbol{r}_c\right] + \Delta\boldsymbol{f}_d + \frac{\boldsymbol{F}_c}{m_c} \tag{4.4}$$

式中，$\boldsymbol{\omega}_t$——小天体的轨道角速度。

记小天体的轨道半长轴、偏心率、真近点角和平均角速度分别为 a,e,θ,n，可知

$$\begin{cases} r_t = \dfrac{a(1-e^2)}{1+e\cos\theta}, \quad n = \sqrt{\dfrac{\mu}{a^3}} \\ \dot{\theta} = \dfrac{n(1+e\cos\theta)^2}{(1-e^2)^{3/2}}, \quad \ddot{\theta} = \dfrac{-2n^2 e\sin\theta(1+e\cos\theta)^3}{(1-e^2)^3} \end{cases} \tag{4.5}$$

在相对运动坐标系中，将 $\boldsymbol{\rho} = [x,y,z]^T$，$\dot{\boldsymbol{\rho}} = [\dot{x},\dot{y},\dot{z}]^T$，$\boldsymbol{\omega}_t = [0,0,\dot{\theta}]^T$，$\dot{\boldsymbol{\omega}}_t =$

$[0,0,\ddot{\theta}]^{\mathrm{T}}$，$\boldsymbol{r}_{\mathrm{t}}=[r_{\mathrm{t}},0,0]^{\mathrm{T}}$ 代入式（4.4），可得

$$\begin{cases}\ddot{x}=\dot{\theta}^2x+\ddot{\theta}y+2\dot{\theta}\dot{y}+\mu/r_{\mathrm{t}}^2-\mu(r_{\mathrm{t}}+x)/r_{\mathrm{c}}^3+f_x\\ \ddot{y}=-\ddot{\theta}x+\dot{\theta}^2y-2\dot{\theta}\dot{x}-\mu y/r_{\mathrm{c}}^3+f_y\\ \ddot{z}=-\mu z/r_{\mathrm{c}}^3+f_z\end{cases}\tag{4.6}$$

式中，$[f_x,f_y,f_z]=\boldsymbol{f}=\Delta\boldsymbol{f}_{\mathrm{d}}+\boldsymbol{F}_{\mathrm{c}}/m_{\mathrm{c}}$，$r_{\mathrm{c}}=\sqrt{(r_{\mathrm{t}}+x)^2+y^2+z^2}$。

假设探测器与小天体间的距离远小于探测器与日心的距离，则可对式（4.6）进行线性化，线性化后的近似表达式为

$$\begin{cases}\ddot{x}-2\dot{\theta}\dot{y}-\dot{\theta}^2x-\ddot{\theta}y-2\mu x/r_{\mathrm{t}}^3=f_x\\ \ddot{y}+2\dot{\theta}\dot{x}-\dot{\theta}^2y+\ddot{\theta}x+\mu y/r_{\mathrm{t}}^3=f_y\\ \ddot{z}+\mu z/r_{\mathrm{t}}^3=f_z\end{cases}\tag{4.7}$$

式中，

$$\mu/r_{\mathrm{t}}^3=n^2(1+e\cos\theta)^3/(1-e^2)^3\tag{4.8}$$

为了便于计算，采取以真近点角 θ 为自变量的动力学方程。时间 t 与真近点角 θ 的变换关系为

$$\frac{\mathrm{d}}{\mathrm{d}t}=\dot{\theta}\frac{\mathrm{d}}{\mathrm{d}\theta},\ \frac{\mathrm{d}^2}{\mathrm{d}t^2}=\dot{\theta}^2\frac{\mathrm{d}^2}{\mathrm{d}\theta^2}+\ddot{\theta}\frac{\mathrm{d}}{\mathrm{d}\theta}\tag{4.9}$$

对真近点角求导，则

$$\dot{x}=\dot{\theta}x',\ \dot{y}=\dot{\theta}y',\ \dot{z}=\dot{\theta}z',\ \ddot{x}=\dot{\theta}^2x''+\ddot{\theta}x',\ \ddot{y}=\dot{\theta}^2y''+\ddot{\theta}y',\ \ddot{z}=\dot{\theta}^2z''+\ddot{\theta}z'\tag{4.10}$$

将其代入式（4.7），可得

$$\begin{cases}x''-\dfrac{2e\sin\theta}{1+e\cos\theta}x'-2y'-\dfrac{3+e\cos\theta}{1+e\cos\theta}x+\dfrac{2e\sin\theta}{1+e\cos\theta}y=\dfrac{(1-e^2)^3}{n^2(1+e\cos\theta)^4}f_x\\ y''+2x'-\dfrac{2e\sin\theta}{1+e\cos\theta}y'-\dfrac{2e\sin\theta}{1+e\cos\theta}x-\dfrac{e\cos\theta}{1+e\cos\theta}y=\dfrac{(1-e^2)^3}{n^2(1+e\cos\theta)^4}f_y\\ z''-\dfrac{2e\sin\theta}{1+e\cos\theta}z'+\dfrac{1}{1+e\cos\theta}z=\dfrac{(1-e^2)^3}{n^2(1+e\cos\theta)^4}f_z\end{cases}\tag{4.11}$$

式（4.11）即以 θ 为自变量的相对运动学方程，称为 T－H 方程。

一般情况下，T－H 方程没有解析解。为了方便求解，假设探测器不受控制力作用，并且忽略各种摄动的影响，可得 T－H 方程以 θ 为自变量的解析解，其中相对位置矢量的解析表达式为

$$\begin{cases} x(\theta)=\sin\theta[d_1 e+2d_2e^2H(\theta)]-\cos\theta[d_2e/(1+e\cos\theta)^2+d_3] \\ y(\theta)=[d_1+2d_2eH(\theta)+d_4/(1+e\cos\theta)]+ \\ \qquad \sin\theta[d_3/(1+e\cos\theta)+d_3]+\cos\theta[d_1e+2d_2e^2H(\theta)] \\ z(\theta)=\sin\theta[d_5/(1+e\cos\theta)]+\cos\theta[d_6/(1+e\cos\theta)] \end{cases} \tag{4.12}$$

相对速度矢量的解析表达式为

$$\begin{cases} x'(\theta)=\cos\theta[d_1e+2d_2e^2H(\theta)]+\sin\theta[2d_2e^2H'(\theta)]+ \\ \qquad \sin\theta[d_2e/(1+e\cos\theta)^2+d_3]-\cos\theta[2d_2e^2\sin\theta/(1+e\cos\theta)^3] \\ y'(\theta)=[2d_2eH'(\theta)+d_4e\sin\theta/(1+e\cos\theta)^2]+\cos\theta[d_3/(1+e\cos\theta)+d_3]+ \\ \qquad \sin\theta[d_3e\sin\theta/(1+e\cos\theta)^2]-\sin\theta[d_1e+2d_2e^2H(\theta)]+ \\ \qquad \cos\theta[2d_2e^2H'(\theta)] \\ z'(\theta)=\cos\theta[d_5/(1+e\cos\theta)]+\sin\theta[d_5e\sin\theta/(1+e\cos\theta)^2]- \\ \qquad \sin\theta[d_6/(1+e\cos\theta)]+\cos\theta[d_6e\sin\theta/(1+e\cos\theta)^2] \end{cases} \tag{4.13}$$

式中，d_i——积分常数，$i=1,2,\cdots,6$，可通过初始条件计算得出，即

$$\begin{bmatrix} d_1 \\ d_2 \\ d_3 \\ d_4 \end{bmatrix}=\begin{bmatrix} c_{11} & 0 & c_{13} & 0 \\ c_{21} & c_{22} & c_{23} & c_{24} \\ c_{31} & c_{32} & 0 & c_{34} \\ c_{41} & c_{42} & c_{43} & c_{44} \end{bmatrix}\begin{bmatrix} x(\theta_0) \\ y(\theta_0) \\ x'(\theta_0) \\ y'(\theta_0) \end{bmatrix}$$

$$\begin{bmatrix} d_5 \\ d_6 \end{bmatrix}=\begin{bmatrix} \sin\theta_0 & (1+e\cos\theta_0)\cos\theta_0 \\ e+\cos\theta_0 & -(1+e\cos\theta_0)\sin\theta_0 \end{bmatrix}\begin{bmatrix} z(\theta_0) \\ z'(\theta_0) \end{bmatrix} \tag{4.14}$$

式中，积分常数对应的系数矩阵中的系数为

$$
\begin{cases}
c_{11}=\sin\theta_0/e,\ c_{13}=\cos\theta_0/e,\\
c_{21}=(2+e\cos\theta_0)(1+e\cos\theta_0)^2/e^2,\\
c_{22}=-\sin\theta_0(1+e\cos\theta_0)^2/e,\\
c_{23}=\sin\theta_0(1+e\cos\theta_0)^2/e,\ c_{24}=(1+e\cos\theta_0)^3/e^2,\\
c_{31}=-2(1+e\cos\theta_0)/e,\ c_{32}=\sin\theta_0,\ c_{34}=-(1+e\cos\theta_0)/e,\\
c_{41}=\sin\theta_0(1+e\cos\theta_0)(3+e\cos\theta_0)/e,\ c_{42}=\cos^2\theta_0-\sin^2\theta_0+e\cos^3\theta_0,\\
c_{43}=-\cos\theta_0(1+e\cos\theta_0)^2/e,\ c_{44}=\sin\theta_0(1+e\cos\theta_0)(2+e\cos\theta_0)/e
\end{cases}
\tag{4.15}
$$

式中，$H(\theta)$——相对运动长期项所对应的变量，

$$
\begin{aligned}
H(\theta)&=\int_{\theta_0}^{\theta}\frac{\cos\theta}{(1+e\cos\theta)^3}\mathrm{d}\theta\\
&=-(1-e^2)^{-5/2}\left[\frac{3eE}{2}-(1+e^2)\sin E+\frac{e\sin E\cos E}{2}+C\right]
\end{aligned}
\tag{4.16}
$$

式中，E——偏近点角，$\cos E=\dfrac{e+\cos\theta}{1+e\cos\theta}$，$\sin E=\dfrac{\sqrt{1-e^2}\sin\theta}{1+e\cos\theta}$；常数 C 使得 $H(\theta_0)=0$；$H'(\theta)=\cos\theta/(1+e\cos\theta)^3$。

设探测器初始相对状态为 $\boldsymbol{X}(t_0)=[x_0\quad y_0\quad z_0\quad \dot{x}_0\quad \dot{y}_0\quad \dot{z}_0]$，终端相对状态为 $\boldsymbol{X}(t_f)=[x_f\quad y_f\quad z_f\quad \dot{x}_f\quad \dot{y}_f\quad \dot{z}_f]$，则相对状态转移方程为

$$
\boldsymbol{X}(t_f)=\boldsymbol{T}(t_f,t_0,\theta_0)\boldsymbol{X}(t_0)
\tag{4.17}
$$

式中，$\boldsymbol{T}(t_f,t_0,\theta_0)$——状态转移矩阵，其分块形式见式（3.44）。

4.3　小天体近距离伴飞轨道设计与控制

4.3.1　相对运动方程的周期解与伴飞轨道设计

小天体及探测器绕日心的运动轨道为大椭圆轨道，在相对运动坐标系 $o-xyz$ 中，线性化相对运动模型为 T－H 方程，采用 T－H 方程的解析解可设计其自然绕飞周期轨道，在 4.2 节中已经给出了忽略摄动影响下的 T－H 方程的解

析表达。自然绕飞周期轨道设计的实质是在周期解的条件下消除长期项，保留周期项和常值项，从而得到稳定的周期轨道[2-3]。对上述运动方程，xy 平面内的运动与 xy 平面外的运动相互独立，可单独设计。为了便于绕飞任务轨道设计，定义如下参数，以便建立轨道设计参数与轨道形状的直观联系：

$$\begin{cases} p_1 = d_1 + d_4 = x(\theta_0)\sin\theta_0(1+\rho(\theta_0))^2/e + y(\theta_0)(\rho(\theta_0)\cos^2\theta_0 - \sin^2\theta_0) - \\ \qquad x'(\theta_0)\cos^2\theta_0(1+\rho(\theta_0)) + y'(\theta_0)\rho(\theta_0)(1+\rho(\theta_0))\sin\theta_0/e \\ p_2 = d_1 e = x(\theta_0)\sin\theta_0 + x'(\theta_0)\cos\theta_0 \\ p_3 = d_3 = -2x(\theta_0)\rho(\theta_0)/e + y(\theta_0)\sin\theta_0 - y'(\theta_0)\rho(\theta_0)/e \\ p_4 = d_2 = \rho(\theta_0)^2 x(\theta_0)/e^2 + \rho(\theta_0)^3(x(\theta_0) + y'(\theta_0))/e^2 + \\ \qquad \rho(\theta_0)^2\sin\theta_0(x'(\theta_0) - y(\theta_0))/e \\ p_5 = d_5 = z(\theta_0)\sin\theta_0 + z'(\theta_0)\rho(\theta_0)\cos\theta_0 \\ p_6 = d_6 = z(\theta_0)(e+\cos\theta_0) - z'(\theta_0)\rho(\theta_0)\sin\theta_0 \end{cases} \tag{4.18}$$

参数 $p_1 \sim p_6$ 完全表征了自然绕飞周期轨道的轨道特性，只需给定以上参数和小天体的初始真近点角 θ_0，即可确定绕飞任务轨道。其中，参数 $p_1 \sim p_3$ 决定了 xy 平面内的运动，p_4 反映了周期运动的初始相位，p_5 和 p_6 决定了 xy 平面外的运动。绕飞轨道的中心点在 y 轴方向上的偏移程度由参数 p_1 表征，该偏移距离的范围为

$$\left[\frac{p_1}{1+e}, \frac{p_1}{1-e}\right] \tag{4.19}$$

绕飞轨道在 xy 平面内的大小由其基准圆决定，其半径 $R = \sqrt{p_2^2 + p_3^2}$。轨道在 z 轴方向上的偏移程度由参数 p_5 和 p_6 表征，度量该距离的基准 Z 可定义为

$$Z = \sqrt{p_5^2 + p_6^2} \tag{4.20}$$

选取不同的参数，其偏移程度依据此基准增大或减小。将上述参数代入 T－H 方程解析解，可求得周期运动方程：

$$\begin{cases} x(\theta)=p_2\sin\theta-p_3\cos\theta \\ y(\theta)=\dfrac{p_1}{\rho(\theta)}+\left(\dfrac{1}{\rho(\theta)}+1\right)(p_2\cos\theta+p_3\sin\theta) \\ z(\theta)=p_5\dfrac{\sin\theta}{\rho(\theta)}+p_6\dfrac{\cos\theta}{\rho(\theta)} \\ x'(\theta)=p_2\cos\theta+p_3\sin\theta \\ y'(\theta)=p_1\dfrac{e\sin\theta}{\rho(\theta)^2}-p_2\dfrac{\sin\theta}{\rho(\theta)^2}+p_3\dfrac{e\sin^2\theta}{\rho(\theta)^2}+p_3\cos\theta\left(\dfrac{1}{\rho(\theta)}+1\right) \\ z'(\theta)=p_5\dfrac{e+\cos\theta}{\rho(\theta)^2}-p_6\dfrac{\sin\theta}{\rho(\theta)^2} \end{cases} \tag{4.21}$$

4.3.2　小天体近距离伴飞轨道特性分析

首先分析小天体公转轨道面内的相对绕飞轨道。对于平面内的绕飞轨道，需要考虑的参数为中心偏移量 p_1，中心偏移量决定了小天体所处绕飞轨道中心的偏移位置。本节选取小天体 6489 Golevka 为目标小天体，分别分析参数 $p_1\sim p_6$①对轨道的影响。

选定 $p_2=6$ km，$p_3=8$ km 且 $p_5=p_6=0$ km，改变 p_1 的取值，获得一组自然绕飞轨道如图 4.1 所示。

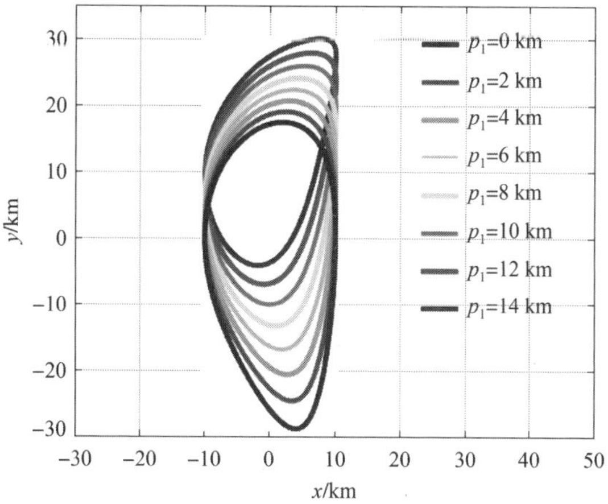

图 4.1　不同中心偏移量所对应的绕飞轨道（附彩图）

① 注：不分析参数 p_4，本节中不再赘述。

由图 4.1 可知，在仅改变 p_1 的过程中，自然绕飞轨道在 xy 平面内随着参数 p_1 的增大，有沿 y 轴偏移的趋势，即相对于中心天体偏移距离逐渐增大。通过分析式（4.21）可知，由于参数 p_1 对自然绕飞轨道纵坐标的影响为 $1/\rho(\theta)$ 的倍数，即对不同真近点角 θ 的取值，纵坐标所获得偏移量不同，故该系列轨道的形状有所改变，虽然在 x 方向上的最大坐标值始终为 10 km 左右，但 y 方向的取值范围发生明显改变。

选定 $p_1=0\ \mathrm{km}$，$p_5=p_6=0\ \mathrm{km}$，改变 p_2 与 p_3 的取值，即改变 xy 平面内的基准圆半径 $R=\sqrt{p_2^2+p_3^2}$ 的取值，获得一组自然绕飞周期轨道，如图 4.2 所示。

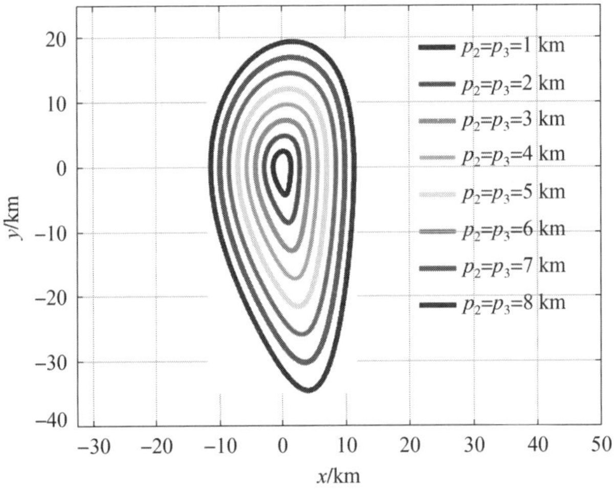

图 4.2 不同尺寸的相对绕飞轨道（附彩图）

由图 4.2 可知，在仅改变基准圆半径 R 的过程中，自然绕飞轨道在 xy 平面内随着参数 R 的增大而轨道尺寸逐渐增大，该系列轨道在 x 轴上的最大取值分别为 1.4142 km、2.8284 km、4.2426 km、5.6568 km、7.0710 km、8.4852 km、9.8994 km 与 11.3136 km。

分析式（4.21）可知，由于取参数 $p_1=0\ \mathrm{km}$ 且令 p_2 与 p_3 成比例变化，故在该系列自然绕飞轨道中，p_2 与 p_3 的取值的变化倍数与使横纵坐标产生变化的倍数一致，即对于 $p_2=p_3=i\ \mathrm{km}(i=1,2,\cdots,8)$ 的自然绕飞周期轨道，其横纵坐标均为相同真近点角下 $p_2=p_3=1\ \mathrm{km}$ 时横纵坐标的 i 倍。

参数 p_5 和 p_6 表征了绕飞轨道空间位置特性。选定 $p_1=0$ km，$p_2=6$ km，$p_3=8$ km，改变 p_5 与 p_6 的取值，即改变轨道在 z 方向上的度量基准 $Z=\sqrt{p_5^2+p_6^2}$ 取值，获得一组自然绕飞周期轨道，如图 4.3 和图 4.4 所示。

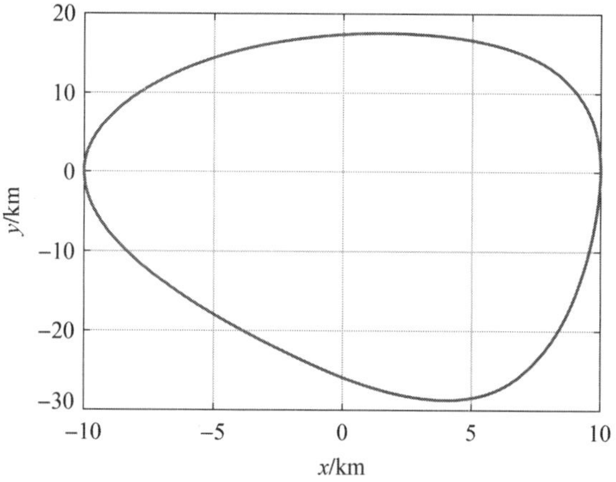

图 4.3　空间绕飞轨道 xy 平面内的投影

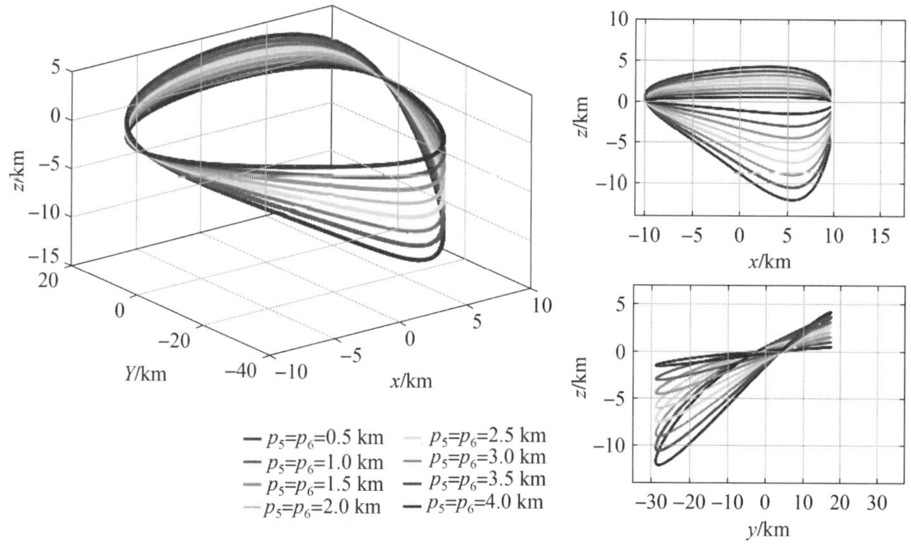

图 4.4　z 方向不同振幅对应的绕飞轨道（附彩图）

由图 4.3 可知，在仅改变 z 方向偏离程度度量基准 Z 的过程中，自然绕飞轨道在 xy 平面内的轨道形状没有发生改变。但是从图 4.4 可以明显看出，在 z 方向

随着参数的 R 增大而轨道尺寸逐渐增大，且在改变参数 p_5 与 p_6 取值的过程中，轨道始终通过空间内的点。结合式（4.19）分析可知，自然绕飞周期轨道在 xy 平面内和平面外的运动是相互独立的；而由于选取参数 $p_1=0\,\text{km}$，并令参数 p_5 与 p_6 相同且成比例变化，故在该系列自然绕飞轨道中 z 方向取值范围的变化倍数与参数 p_5 与 p_6 的变化倍数一致，即对于 $p_5=p_6=i\ \text{km}(i=0.5,1.0,\cdots,4.0)$ 的自然绕飞周期轨道，其 z 方向坐标为在相同真近点角下 $p_5=p_6=0.5\,\text{km}$ 时 z 方向坐标的 $2i$ 倍，且该参数变化条件下的一系列轨道始终通过真近点角为 135°与 225°处的空间内一点。

从式（4.18）与式（4.21）和参数 $p_1\sim p_6$ 的相关分析图可以看出，在实际的绕飞任务轨道设计中，其自然周期相对轨道为不规则的环形轨迹，但该自然绕飞周期轨道的轨道特性可由参数 $p_1\sim p_6$ 完全表征，故可根据探测目标的大小及探测任务的需求选取合适的 $p_1\sim p_6$，对绕飞任务轨道在不考虑摄动的情况下进行合理的初步设计。

4.3.3 小天体近距离伴飞轨道受摄分析与保持控制

探测器在小天体附近的绕飞轨道上运动，受到各种摄动力的作用，可能偏离标称轨道。为了对自然绕飞轨道的相关运动特性有进一步认知，就需要考虑摄动力对轨道的影响。本节仍以小天体 6489 Golevka 为例，分析探测器在其附近的受摄情况（如太阳光压摄动和第三体引力摄动等），进而研究各项摄动力在选取不同轨道特性参数的情况下对探测器自然绕飞周期轨道的影响程度。

4.3.3.1 小天体近距离伴飞轨道的受摄分析

本节选取自然绕飞周期轨道的参数为：绕飞轨道在 xy 平面内的基准圆半径 $R=\sqrt{p_2^2+p_3^2}$，该基准圆半径由参数 p_2 与 p_3 决定。选取 $p_1=0\,\text{km}$，$p_5=p_6=0\,\text{km}$，R 的范围为 10 ~ 70 km，即令自然绕飞轨道的中心偏移量为 0 km 且无 z 方向振幅，改变 xy 平面内的基准圆半径 $R=\sqrt{p_2^2+p_3^2}$ 的取值，可获得一类自然绕飞周期轨道，然后分析其受到的摄动影响。

假设初始时刻为 2017 年 1 月 1 日，考虑的第三体引力摄动包括地球、金星、火星、木星和土星的引力摄动。假设探测器表面漫反射系数与小天体表面漫反射系数均为 1.21，探测器的表面积为 2 m^2、质量为 1000 kg。在分析过程中，一个周期的不同时间通过目标小天体所对应的真近点角来刻画，这样更能直观地反映小天体所处不同方位时探测器在相对绕飞轨道上所受到的摄动加速度分布，结果如图 4.5 ~ 图 4.10 所示。

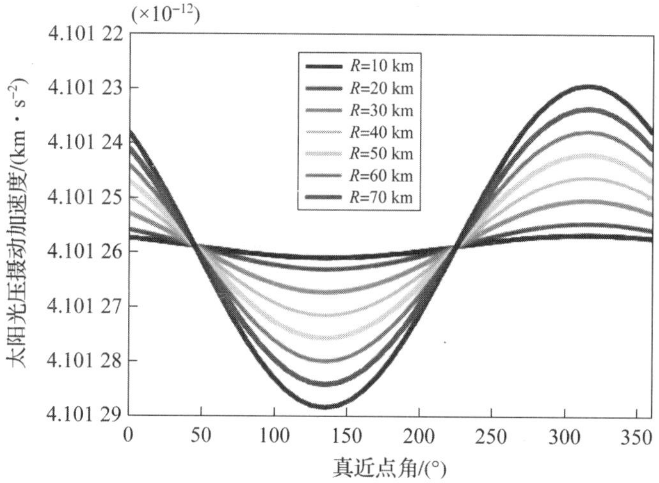

图 4.5　太阳光压摄动加速度（附彩图）

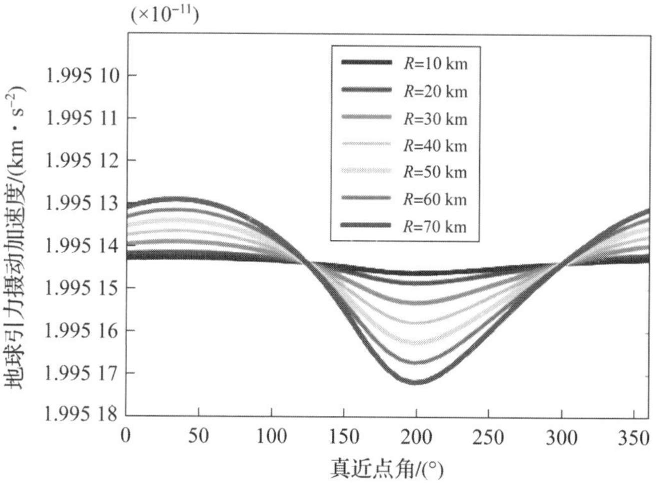

图 4.6　地球引力摄动加速度（附彩图）

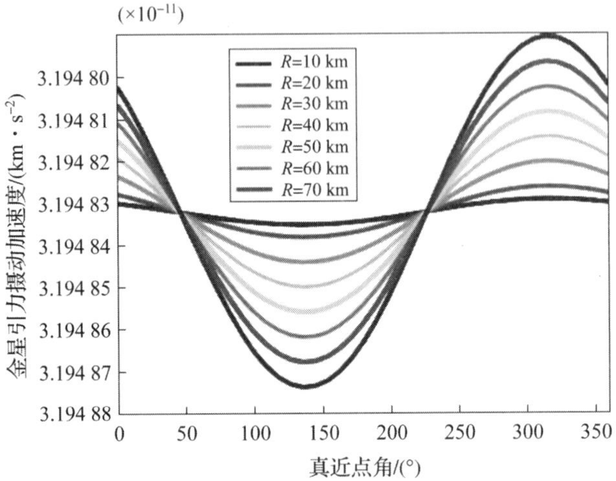

图 4.7　金星引力摄动加速度（附彩图）

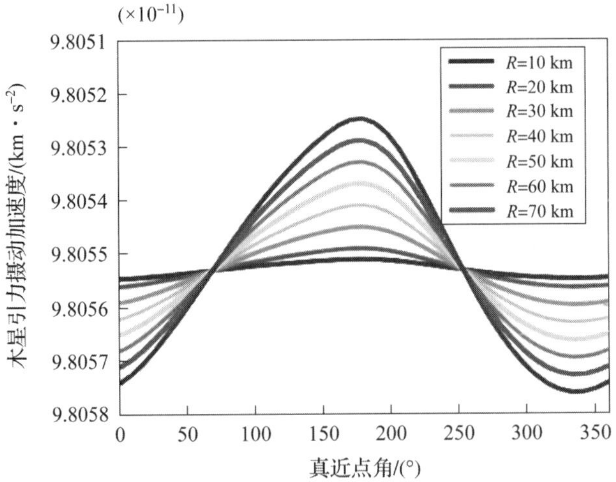

图 4.8　木星引力摄动加速度（附彩图）

由第三体引力摄动与太阳光压加速度在 R 为 10～70 km 的范围内变化趋势可以看出，由于自然绕飞轨道与小天体 6489 Golevka 的轨道具有相同周期，故第三体引力摄动加速度与太阳光压加速度的变化具有周期性。而且，随着基准圆半径 R 的增加，周期性波动的幅值加大，即 R 越大则探测器在小天体附近所受的第三体引力摄动加速度与太阳光压摄动加速度在一个绕飞周期内的最小值更小、最大

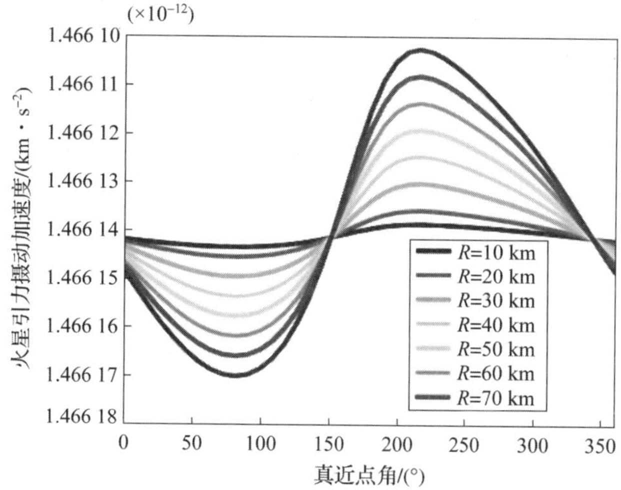

图 4.9　火星引力摄动加速度（附彩图）

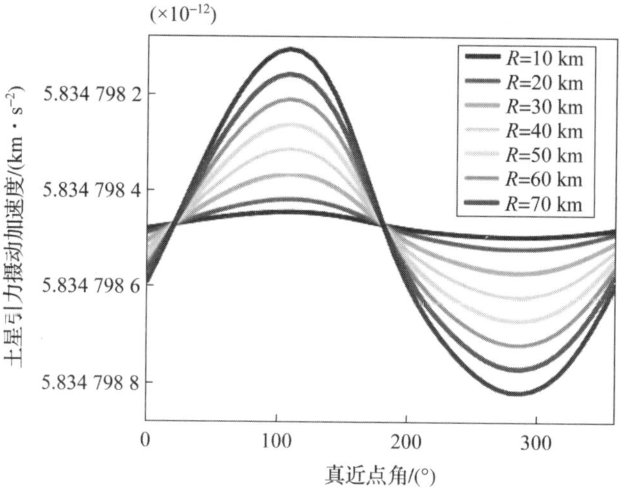

图 4.10　土星引力摄动加速度（附彩图）

值更大。由图4.5～图4.10 可以看出，不同的基准圆半径 R 对应的第三体引力摄动及太阳光压摄动变化趋势相同，但具有相应的最大摄动加速度幅值所处的时刻不同。第三体引力摄动加速度与太阳光压加速度的量级分布于 10^{-10} ~ 10^{-12} km/s^2 之间，其中木星的引力摄动加速度最大，金星与地球的引力摄动加速度次之。探测器在小天体 6489 Golevka 附近所受的小天体引力摄动加速度在一个自然绕飞周期内的变化趋势如图 4.11 所示。

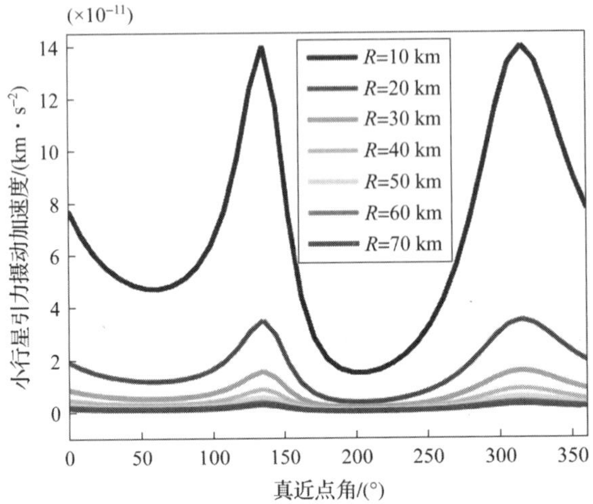

图 4.11　小天体引力摄动加速度（附彩图）

在考虑小天体引力摄动的过程中，因为所选取的 xy 平面内的基准圆半径 $R=\sqrt{p_2^2+p_3^2}$ 的取值大于或远大于小天体 6489 Golevka 的引力影响球半径，故将小天体当作质点考虑。由于自然绕飞轨道与小天体 6489 Golevka 的轨道具有相同周期，故小天体引力摄动加速度呈现周期性变化。从图 4.11 可以看出，不同的基准圆半径 R 对应的小天体引力摄动变化趋势相同，但随着基准圆半径的增加，小天体对探测器的摄动加速度逐渐降低。当基准圆半径 $R<20$ km 时，所产生摄动加速度的量级大于 10^{-10} km/s^2，大于第三体引力摄动加速度与太阳光压加速度的量级；而当基准圆半径 $R>20$ km 时，小天体产生的引力摄动加速度与第三体引力摄动加速度与太阳光压摄动加速度的量级基本一致。

下面具体分析摄动加速度在一定时间内对探测器相对绕飞轨道的影响。选定自然绕飞轨道参数为 $p_1=0$ km，$p_5=p_6=0$ km，$R=30$ km，从绕飞轨道上一点出发，经过 24 h 后，太阳光压摄动、第三体引力摄动和小天体引力摄动对自然绕飞周期轨道的影响如图 4.12 ~ 图 4.14 所示。

从图 4.12 ~ 图 4.14 可以看出探测器绕飞轨道分别受三类摄动影响的偏离情况。其中，小天体引力摄动对绕飞轨道的影响最大，第三体引力摄动对绕飞轨道的影响最小。其原因是：绕飞轨道高度较低，且第三体引力摄动同时作用在探测器和小天体上。计算实际轨道终端位置与标称轨道终端位置的距离差，可得到不同摄动对相对绕飞轨道位置偏差的影响情况，如表 4.1 所示。

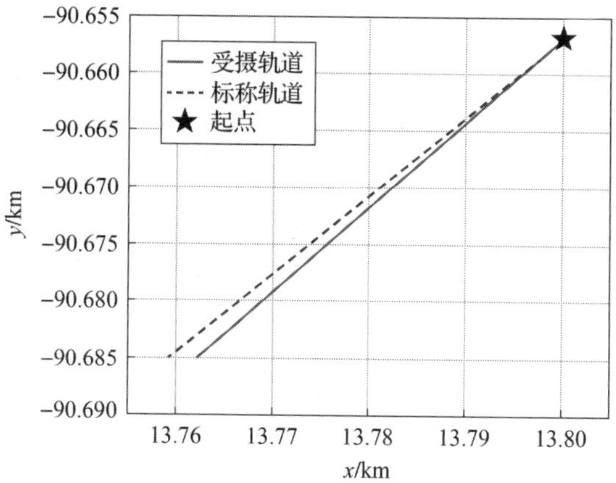

图 4.12　太阳光压摄动对探测器相对绕飞轨道的影响（24 h）（附彩图）

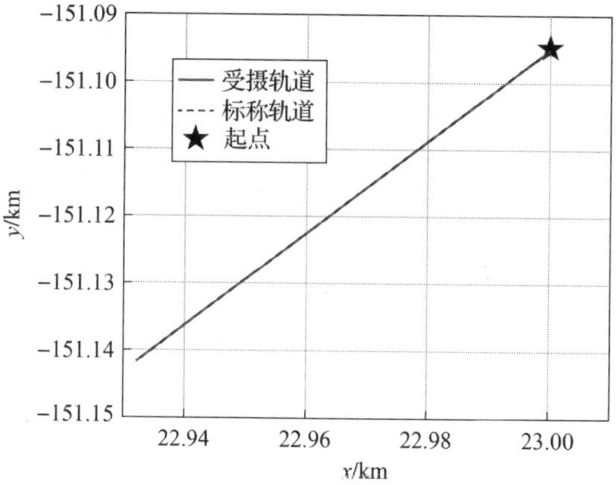

图 4.13　第三体引力摄动对探测器相对绕飞轨道的影响（24 h）（附彩图）

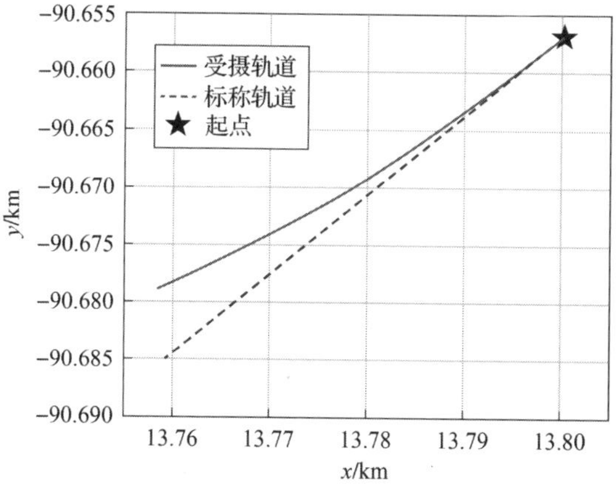

图 4.14　小天体引力摄动对探测器相对绕飞轨道的影响（24 h）

表 4.1　三类摄动影响下相对绕飞轨道的位置偏差对比

摄动力	小天体引力摄动	太阳光压摄动	第三体引力摄动
位置偏差/m	6.220	2.960	4.132×10^{-4}

由表 4.1 可以看出，小天体引力摄动、太阳光压摄动对自然绕飞轨道的影响较为显著，递推 24 h 后所得位置偏差的量级为 10^{-3} km，故在该初值情况下摄动力对探测器相对绕飞轨道的影响是不可忽略的；而第三体引力对绕飞轨道的影响可忽略，其递推 24 h 后所得位置偏差的量级为 10^{-7} km。

由探测器在小天体 6489 Golevka 附近所受的小天体引力摄动加速度在一个自然绕飞周期内的变化趋势可知，自然绕飞轨道的基准圆半径 R 会对探测器受到的小天体引力摄动加速度产生较为显著的影响。这里选取参数为 $p_1=0$ km，$p_5=p_6=0$ km 的绕飞轨道，针对基准圆半径 R 在 5 ~ 60 km 范围内的情况进行仿真分析。在该过程中，综合考虑了第三体引力摄动、太阳光压摄动和小天体引力摄动的影响，递推 24 h，位置偏差影响分布如图 4.15 所示。不同基准圆半径对应的 24 h 内的轨道位置偏差如表 4.2 所示。

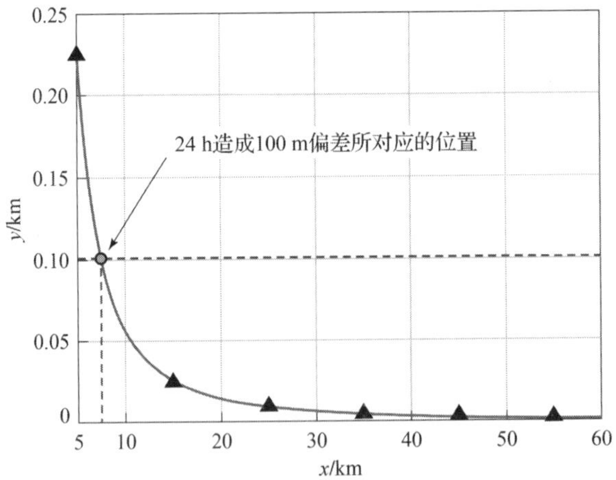

图 4.15　总摄动力对不同绕飞轨道位置偏差影响分布（24 h）

表 4.2　不同绕飞轨道所对应的位置偏差

基准圆半径/km	5	10	15	20	25	30	35	40
位置偏差/m	225.03	56.015	24.885	13.996	8.957	6.220	4.570	3.499

根据图 4. 15 及表 4. 2 的结果，在对探测器受到的小天体引力摄动加速度所产生的与标称轨道之间的偏差进行讨论时，选取 24 h 内产生 100 m 偏差为分界线，将小天体引力摄动的影响分为两类。第一类为当绕飞轨道 xy 平面内基准圆半径 $R \leqslant 8$ km，且绕飞轨道位于小天体 6489 Golevka 的引力影响球外，小天体对其附近的探测器施加的引力摄动可使得探测器在 24 h 后偏移标称轨道 100 m 及以上的距离；第二类为 $R > 8$ km 时，探测器在小天体的引力摄动作用下 24 h 后的偏移距离小于 100 m。

综合以上对各种摄动力的分析可得，在对小天体自然绕飞周期轨道的相关特性进行分析时，需要考虑的摄动力类型主要为小天体引力摄动和太阳光压摄动。

由动力学特性可知，小天体自然绕飞周期轨道的周期与小天体绕太阳的公转轨道周期相同。因此，绕飞轨道上每一点处的相对速度很小，探测器在短时间内相对小天体的位置变化也很小。由于小天体存在自旋，因此在该绕飞轨道飞行的探测器可实现对小天体全貌的观测。同时，由于该绕飞轨道上探测器的相对速度很小，因此可将其作为过渡轨道，探测器结束绕飞任务后，可直接从该轨道进入小天体的近距离悬停（或绕飞）轨道，实现更高精度的探测。根据探测器在 24 h 内所产生的偏差是否超过 100 m，接下来将受摄情况分为两种，并分别针对这两种情形设计了轨道保持方法。

4. 3. 3. 2　基于脉冲控制的近距离伴飞轨道保持控制

基于脉冲控制的绕飞保持策略基本思路：假设一定的判断时长及相应的容许偏差量，在满足修正条件下采用两脉冲修正方法对误差进行修正，修正时长可根据任务轨道需求进行选取。首先，设定绕飞保持控制的判断时长为 T_{p}，相应的容许位置偏差为 ΔR。在考虑和不考虑摄动影响下，分别对目标小天体与探测器初始状态进行递推，至判断时长 T_{p}，从而得到对应的相对坐标系中的位置矢量。然后，将在考虑摄动影响与不考虑摄动影响下分别求得的相对坐标系中的位置矢量之差的大小 ΔR_x 与设定的容许位置偏差 ΔR 进行对比。若 $\Delta R_x \leqslant \Delta R$，则无须修正，即该阶段的递推终值可作为下一次递推的初值；若 $\Delta R_x > \Delta R$，则需对结果进行两脉冲修正。

若需要进入修正阶段，则选取修正时长 T_{x}。具体过程：首先，根据轨道递推结果确定相对坐标系中修正段理想始末端的位置矢量 $\boldsymbol{r}_1$ 与 $\boldsymbol{r}_2$，以及修正段初始端未施加第一次脉冲的速度矢量 $\boldsymbol{v}_1^-$ 与修正段终端已施加第二次脉冲的速度矢量 $\boldsymbol{v}_2^+$；然后，在无摄动的条件下确定修正段初始端已施加第一次脉冲的速度矢量 $\boldsymbol{v}_1^+$ 与修正段终端未施加第二次脉冲的速度矢量 $\boldsymbol{v}_2^-$。由此可求得两次施加的脉冲矢量分别为 $\Delta\boldsymbol{v}_1=\boldsymbol{v}_1^+-\boldsymbol{v}_1^-$ 与 $\Delta\boldsymbol{v}_2=\boldsymbol{v}_2^+-\boldsymbol{v}_2^-$。将求得的修正初始端施加脉冲后的速度矢量作为考虑摄动情况下的递推初值进行积分，求得真实修正后的位置矢量，并对积分结果施加第二次脉冲矢量 $\Delta\boldsymbol{v}_2$，从而得到下一阶段轨道递推的初值。脉冲保持控制策略下的绕飞轨道保持控制设计流程图如图 4.16 所示。

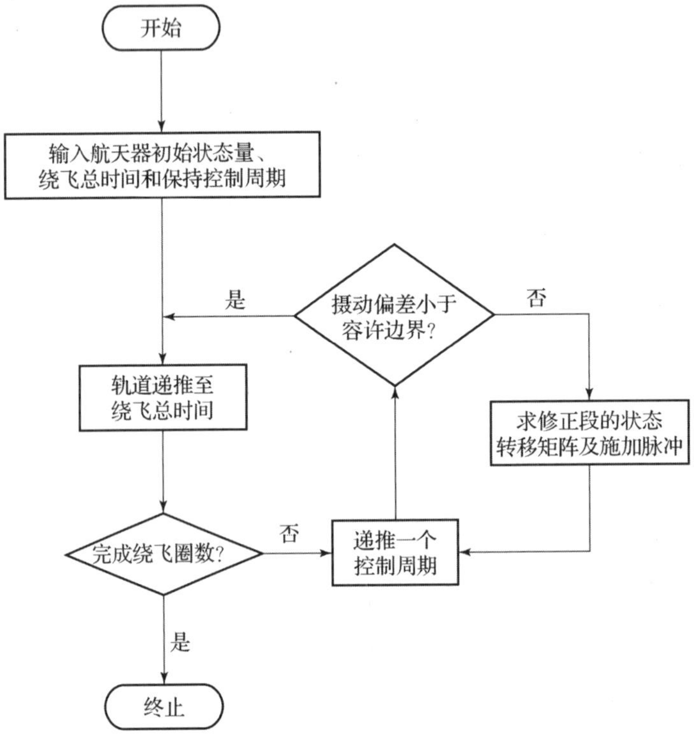

图 4.16　脉冲保持控制策略下的绕飞轨道保持控制设计流程图

接下来，根据图 4.16 所示的流程，针对考虑引力摄动和太阳光压摄动的情况，在 xy 平面内参考圆半径 $R>8$ km 的约束下采用脉冲保持控制策略，分析脉冲绕飞轨道保持控制策略。

选取的绕飞轨道参数为 $p_1=0$ km，$p_5=p_6=1$ km，$R=30$ km，取其上一点作为初始点，初始点在相对坐标系中的位置矢量 $\boldsymbol{r}_0=[13.8,-90.7,-3.0]$ km，速

度矢量为 $v_0=[-4.7\times10^{-4}, -3.3\times10^{-4}, -3.9\times10^{-5}]$ m/s。设定时长 $T_p=5$ h，且假定 $T_p=T_x$，容许位置偏差 $\Delta R=500$ m。由于绕飞任务周期一般较短，因此可选取绕飞轨道上一段轨迹作为绕飞任务轨迹。在此选取总绕飞保持控制过程时长为 30 天，该绕飞保持策略下的绕飞轨道保持控制结果如图 4.17 所示。

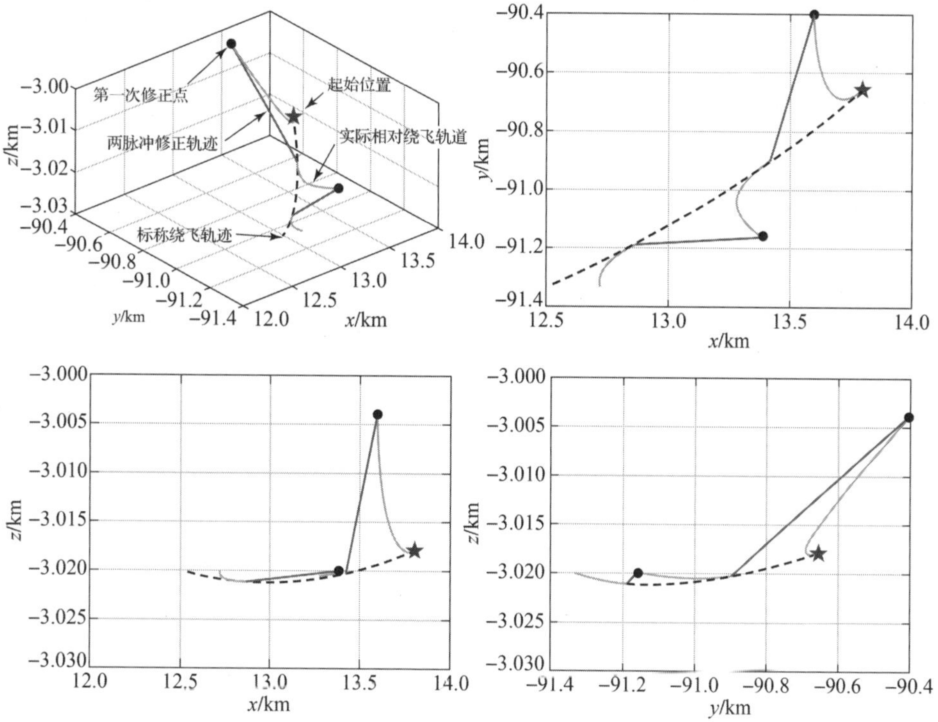

图 4.17　绕飞轨道脉冲修正图（30 天）（附彩图）

图 4.17 中的虚线为标称绕飞轨道，即不考虑各项摄动因素下所得到的自然绕飞轨道，实线为受到摄动影响下的飞行轨道；当偏移距离超出容许范围后，进行两脉冲修正。在整个绕飞保持控制过程中，共施加修正次数为 2 次，两次修正中具体的脉冲施加情况如表 4.3 所示。

表 4.3　30 天脉冲保持对应的脉冲消耗及修正时间

修正	$\Delta v_1/(\mathrm{m\cdot s^{-1}})$	$\Delta v_2/(\mathrm{m\cdot s^{-1}})$	$\Delta v_T/(\mathrm{m\cdot s^{-1}})$	起始时间
第一次修正	0.030 22	0.028 87	0.059 09	第 215 小时
第二次修正	0.029 57	0.028 66	0.058 23	第 525 小时

由表 4.3 可看出，在整个修正过程中，约每 10 天需要对探测器的状态进行一次修正。每段修正过程施加的总脉冲大小相近，约为 0.06 m/s；单次修正过程中先后施加的两次脉冲的大小相近，约为 0.03 m/s。

4.3.3.3 基于闭环连续控制的近距离伴飞轨道保持策略

根据 T－H 方程，探测器在相对运动坐标系 $o-xyz$ 中的运动方程可表示为

$$\dot{\boldsymbol{X}}=\boldsymbol{AX}+\boldsymbol{Bu} \tag{4.22}$$

根据逼近轨道控制的要求，在给定时间范围内，探测器应沿标称轨道飞行。此外，相对于同一时刻标称轨道的状态应保持不变。因此，探测器的相对位置和速度应满足：

$$\boldsymbol{X}=\boldsymbol{X}_t=[x_t,y_t,z_t,v_{xt},v_{yt},v_{zt}]$$

式中，$\boldsymbol{X}_t$——在时刻 t 标称轨迹上对应点的位置和速度。

取探测器当前位置与期望位置的偏差 $\boldsymbol{e}=\boldsymbol{X}-\boldsymbol{X}_t$，可得

$$\dot{\boldsymbol{e}}=\dot{\boldsymbol{X}}-\dot{\boldsymbol{X}}_t=\boldsymbol{AX}+\boldsymbol{Bu}=\boldsymbol{Ae}+\boldsymbol{Bu}+\boldsymbol{AX}_t \tag{4.23}$$

这里采用 LQR 控制策略，可直接给出整个过程的保持控制律，即控制输入为

$$\begin{aligned}\boldsymbol{u}&=\hat{\boldsymbol{u}}-\boldsymbol{u}_T=-\boldsymbol{Ke}-\boldsymbol{u}_T\\&=-\boldsymbol{K}(\boldsymbol{X}-\boldsymbol{X}_T)-[(\dot{\theta}^2+2k)x_T+\ddot{\theta}y_T,(\dot{\theta}^2-k)y_T-\ddot{\theta}x_T,-kz_T]^{\mathrm{T}}\end{aligned} \tag{4.24}$$

为验证上述控制律的有效性，本节针对考虑小天体引力摄动和太阳光压摄动的情况，在 xy 平面内基准圆半径 $R<8$ km 的约束下，采用闭环控制方法研究在近距离情况下，绕飞轨道保持控制问题。

选取决定轨道形状的设计参数 $p_1=0$ km，$p_5=p_6=1$ km，$R=5$ km，取绕飞轨道上一点作为起点，起点在相对坐标系中的位置矢量为[2.300，－15.109，－3.018] km，速度矢量为[-7.9142×10^{-8}，-5.480×10^{-8}，-3.904×10^{-9}] km/s。选取绕飞轨道上的一段轨迹作为绕飞任务轨道，绕飞保持控制时长为30 天，则该绕飞保持策略下的控制结果如图 4.18 所示。

图 4.18 中给出采用闭环控制策略实现绕飞轨道控制的轨道。由于绕飞轨道控制策略为实时控制，因此施加控制的绕飞轨道与标称绕飞轨道几乎重合。受控轨迹与标称轨迹的偏差以及控制加速度的变化如图 4.19 与图 4.20 所示，特别是绕飞保持控制过程中前 200 s 的控制过程，如图 4.21 与图 4.22 所示。

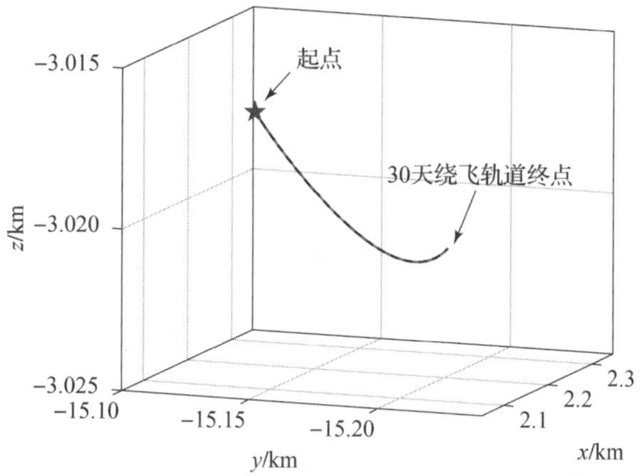

图 4.18　连续闭环控制轨迹图（30 天）（附彩图）

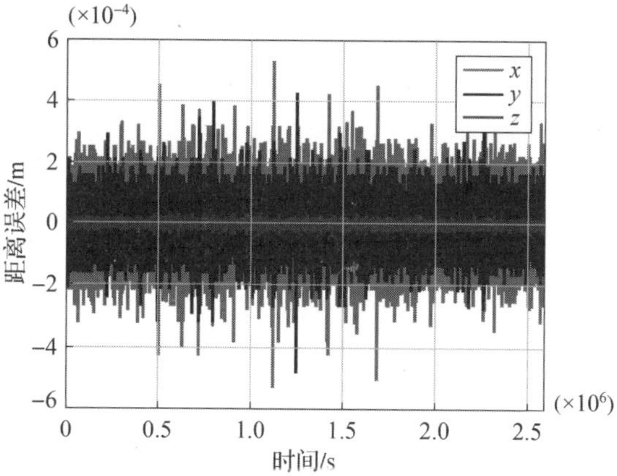

图 4.19　闭环控制位置误差（附彩图）

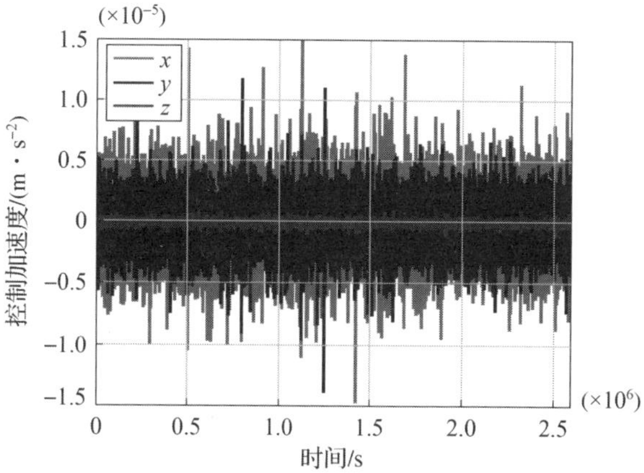

图 4.20　控制加速度的变化（附彩图）

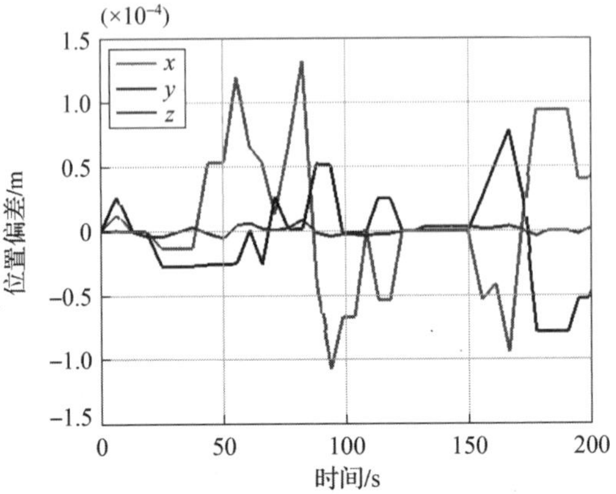

图 4.21 前 200 s 内的位置偏差（附彩图）

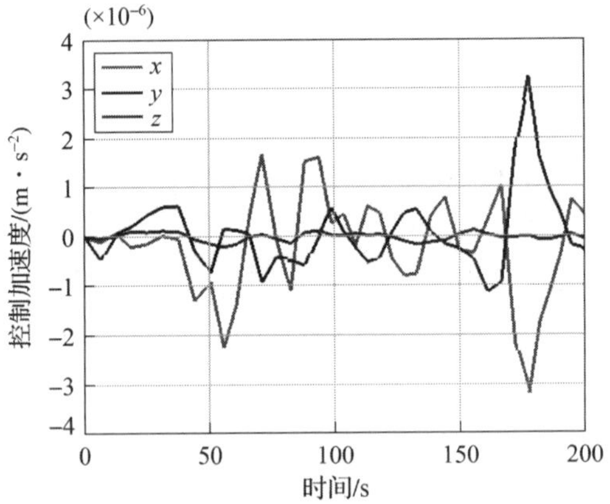

图 4.22 前 200 s 内的控制加速度（附彩图）

从图 4.19 可看出，x 方向上的距离偏差与 y 方向上的距离偏差大小基本相近，但均远大于 z 方向的距离偏差。相应地，图 4.20 中所示 x 方向上的控制加速度与 y 方向上的控制加速度大小基本相近，但均远大于 z 方向的控制加速度。由 4.3.3.1 节的分析可知，在基准圆半径 $R \leqslant 8$ km 的约束下，24 h 的轨道偏移量可达百米及以上，但从图 4.19 与图 4.21 可看出，该轨道保持控制策略可将受到各种摄动影响下的绕飞轨道有效地维持在标称绕飞轨道附近，且距离偏差保持在 10^{-4} m 量级；虽然在各方向上控制加速度分量的量级基本为 10^{-6} m/s^2，但由于该控制策略始终对探测器施加控制力，故 30 天所消耗的总速度增量 Δv 约为 2.753 m/s。

4.4　小天体悬停轨道设计与控制

4.4.1　小天体相对坐标系中定点悬停轨道设计与控制

由于探测器在小天体相对坐标系下的运动方程为线性方程，因此这里考虑采用 LQR 控制实现任意位置的定点闭环悬停。LQR 问题为线性二次型最优控制问题，其中性能泛函是状态变量和控制变量的二次型函数的积分。由于其求解出的控制规律是状态变量的线性函数，通过反馈便可实现闭环最优控制且鲁棒性好，因此在工程上得到了广泛应用。

探测器相对于小天体的运动可描述为[4]

$$\begin{cases}\ddot{x}-(\dot{\theta}^2+2k)x-\ddot{\theta}y-2\dot{\theta}\dot{y}=a_x\\ \ddot{y}+\ddot{\theta}x-(\dot{\theta}^2-k)y+2\dot{\theta}\dot{x}=a_y\\ \ddot{z}+kz=a_z\end{cases} \tag{4.25}$$

式中，

$$\dot{\theta}=\frac{n\ (1+e\cos\theta)^2}{(1-e^2)^{3/2}},\ \ddot{\theta}=-2ek\sin\theta,\ k=\frac{\mu}{\|\boldsymbol{r}_{\mathrm{t}}\|^3}=\frac{n^2\ (1+e\cos\theta)^3}{(1-e^2)^3}$$

$$n=\sqrt{\frac{\mu}{\|\boldsymbol{a}\|^3}},\ \boldsymbol{r}_{\mathrm{t}}=\frac{\boldsymbol{a}(1-e^2)}{1+e\cos\theta} \tag{4.26}$$

式中，$\dot{\theta}$——小天体的瞬时角速度；

$\ddot{\theta}$——小天体的瞬时角加速度；

n——小天体的平均角速度；

$\boldsymbol{r}_{\mathrm{t}}$——小天体的日心位置矢量；

x,y,z——相对位置矢量在相对坐标系中的投影；

a_x,a_y,a_z——悬停探测器各轴上的控制加速度。

令 $\boldsymbol{X}=[x,y,z,\dot{x},\dot{y},\dot{z}]^{\mathrm{T}}$，$\boldsymbol{u}=[a_x,a_y,a_z]^{\mathrm{T}}$，则相对运动方程可写为

$$\dot{\boldsymbol{X}}=\boldsymbol{A}\boldsymbol{X}+\boldsymbol{B}\boldsymbol{u} \tag{4.27}$$

式中，

$$A=\begin{bmatrix}0&0&0&1&0&0\\0&0&0&0&1&0\\0&0&0&0&0&1\\2k+\dot{\theta}^2&\ddot{\theta}&0&0&2\dot{\theta}&0\\-\ddot{\theta}&\dot{\theta}^2-k&0&-2\dot{\theta}&0&0\\0&0&-k&0&0&0\end{bmatrix},\quad B=\begin{bmatrix}0&0&0\\0&0&0\\0&0&0\\1&0&0\\0&1&0\\0&0&1\end{bmatrix} \tag{4.28}$$

根据悬停轨道的设计要求，在给定的时间内，探测器相对于小天体质心的位置保持不变，即探测器在相对运动坐标系中的位置坐标保持不变，则探测器的状态应满足 $\boldsymbol{X}=\boldsymbol{X}_{\mathrm{T}}=[x_{\mathrm{T}},y_{\mathrm{T}},z_{\mathrm{T}},0,0,0]^{\mathrm{T}}$，其中位置分量 $\boldsymbol{r}_{\mathrm{T}}=[x_{\mathrm{T}},y_{\mathrm{T}},z_{\mathrm{T}}]^{\mathrm{T}}$ 为探测器在相对运动坐标系中期望满足的悬停位置。

取探测器当前位置与期望位置的偏差 $\boldsymbol{e}=\boldsymbol{X}-\boldsymbol{X}_{\mathrm{T}}$，可得

$$\dot{\boldsymbol{e}}=\dot{\boldsymbol{X}}-\dot{\boldsymbol{X}}_{\mathrm{T}}=\boldsymbol{AX}+\boldsymbol{Bu}=\boldsymbol{Ae}+\boldsymbol{Bu}+\boldsymbol{AX}_{\mathrm{T}} \tag{4.29}$$

系统的误差方程可写为

$$\dot{\boldsymbol{e}}=\boldsymbol{Ae}+\boldsymbol{B}\hat{\boldsymbol{u}} \tag{4.30}$$

式中，$\hat{\boldsymbol{u}}=\boldsymbol{u}+\boldsymbol{u}_{\mathrm{T}}=\boldsymbol{u}+[(\dot{\theta}^2+2k)x_{\mathrm{T}}+\ddot{\theta}y_{\mathrm{T}},(\dot{\theta}^2-k)y_{\mathrm{T}}-\ddot{\theta}x_{\mathrm{T}},-kz_{\mathrm{T}}]$。

此时的悬停问题可转化为通过控制实际位置与标称位置的偏差，使其趋近于零的过程。对于该控制问题，其二次性能泛函可取为

$$J=\frac{1}{2}\int_{t_0}^{t_f}(\boldsymbol{e}^{\mathrm{T}}\boldsymbol{Qe}+\hat{\boldsymbol{u}}^{\mathrm{T}}\boldsymbol{R}\hat{\boldsymbol{u}})\,\mathrm{d}t \tag{4.31}$$

式中，$\boldsymbol{Q}$——6×6 正定常矩阵；

$\boldsymbol{R}$——3×3 正定常矩阵，在实际应用中常取对角阵。

在式（4.31）中，$\boldsymbol{e}^{\mathrm{T}}\boldsymbol{Qe}$ 为衡量误差大小的代价函数，主要决定控制精度和动态效果；$\boldsymbol{u}^{\mathrm{T}}\boldsymbol{Ru}$ 为衡量控制功率大小的代价函数，主要决定燃料消耗。线性二次型调节器（LQR）控制的性能依赖于加权矩阵 $\boldsymbol{Q}$ 和 $\boldsymbol{R}$ 的选择，实际工程中应根据任务需求合理选取 $\boldsymbol{Q}$ 和 $\boldsymbol{R}$ 的值。

对于线性二次型问题，最优控制可由全部状态变量构成的最优线性反馈来实现，反馈增益矩阵为

$$\boldsymbol{K}=\boldsymbol{R}^{-1}\boldsymbol{B}^{\mathrm{T}}\boldsymbol{P} \tag{4.32}$$

式中，$\boldsymbol{P}$ 可通过求解 Ricaati（里卡蒂）矩阵微分方程得到，

$$\dot{\boldsymbol{P}}(t) = -\boldsymbol{P}(t)\boldsymbol{A}(t) - \boldsymbol{A}^{\mathrm{T}}(t)\boldsymbol{P}(t) + \boldsymbol{P}(t)\boldsymbol{B}(t)\boldsymbol{Q}_2^{-1}(t)\boldsymbol{B}^{\mathrm{T}}(t) \times \boldsymbol{P}(t) - \boldsymbol{Q}_1(t) \tag{4.33}$$

式（4.33）的边界条件为 $\boldsymbol{P}(t_{\mathrm{f}}) = \boldsymbol{0}$。对于上述调节器，由于控制区间有限，因此该系统为时变系统，系统结构较为复杂。为了方便计算，考虑如下简化：由于系统可控，可知其最优控制存在且唯一。因此，将有限时间调节问题转化为无限时间调节器，$\boldsymbol{P}$ 满足里卡蒂矩阵代数方程：

$$\boldsymbol{PA} + \boldsymbol{A}^{\mathrm{T}}\boldsymbol{P} - \boldsymbol{PBR}^{-1}\boldsymbol{B}^{\mathrm{T}}\boldsymbol{P} + \boldsymbol{Q} = \boldsymbol{0} \tag{4.34}$$

可知最优控制律如下：

$$\boldsymbol{u} = \hat{\boldsymbol{u}} - \boldsymbol{u}_{\mathrm{T}} = -\boldsymbol{Ke} - \boldsymbol{u}_{\mathrm{T}} = -\boldsymbol{K}(\boldsymbol{X} - \boldsymbol{X}_{\mathrm{T}}) - [(\dot{\theta}^2 + 2k)x_{\mathrm{T}} + \ddot{\theta}y_{\mathrm{T}}, (\dot{\theta}^2 - k)y_{\mathrm{T}} - \ddot{\theta}x_{\mathrm{T}}, -kz_{\mathrm{T}}]^{\mathrm{T}} \tag{4.35}$$

由式（4.35）可以看出，在无误差（即 $\boldsymbol{e} = \boldsymbol{0}$）的情况下，控制律 $\boldsymbol{u} = -\boldsymbol{u}_{\mathrm{T}}$，相当于开环控制律。而前一项 $\hat{\boldsymbol{u}}$ 是由 LQR 方法得到的反馈控制律，在存在误差的情况下，$\hat{\boldsymbol{u}}$ 可以消除误差，从而可以实现对任意相对位置的悬停控制。

选取小天体 6489 Golevka 为目标小天体，其参数见表 4.5，选取 2018 年 12 月 2 日为悬停轨道设计初始时间，初始期望悬停位置为［1,0.8,0.6］km，存在初始相对速度误差［−2.5,2,−1］m/s，悬停仿真时间 T 为 2 h。整个悬停过程中考虑太阳光压摄动，小天体引力场采用多面体模型，加权控制系数 $\boldsymbol{Q} = \mathrm{diag}(1,1,1,1,1,1)$，$\boldsymbol{R} = \mathrm{diag}(10^{10},10^{10},10^{10})$。期望悬停距离偏差和控制加速度分别如图 4.23 和图 4.24 所示。

由图 4.23 和图 4.24 可知，由于初始相对速度误差的存在，相对悬停距离在初始阶段将产生较大的偏差；大约经过 40 min 的修正控制，可实现定点悬停保持，2 h 内累计消耗速度增量 4.813 m/s。由于在 x 方向初始相对速度误差最大，因此修正过程中 x 方向的悬停距离偏差也最大。在 x 方向和 z 方向由于初始相对速度为负，因此其相对距离均有所减小，考虑到小天体的尺寸形状，在修正过程中要避免与小天体发生碰撞。整个过程中探测器在 z 方向与小天体距离最近，但也可保证 400 m 以上的相对安全距离。

此外，考虑实际工程中系统推力大小有限，需要对推力加速度设定边界约

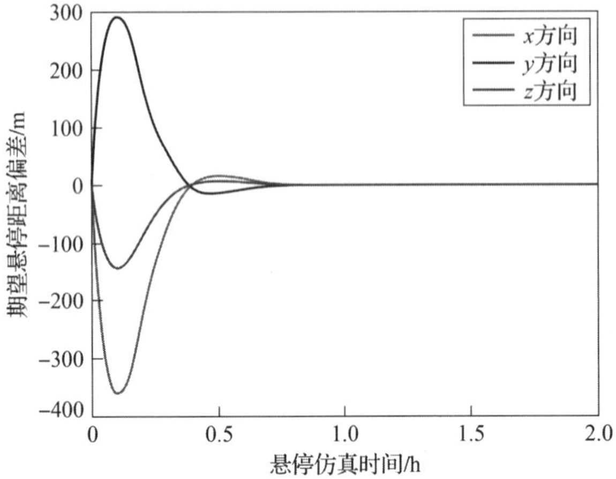

图 4.23　期望悬停距离偏差（附彩图）

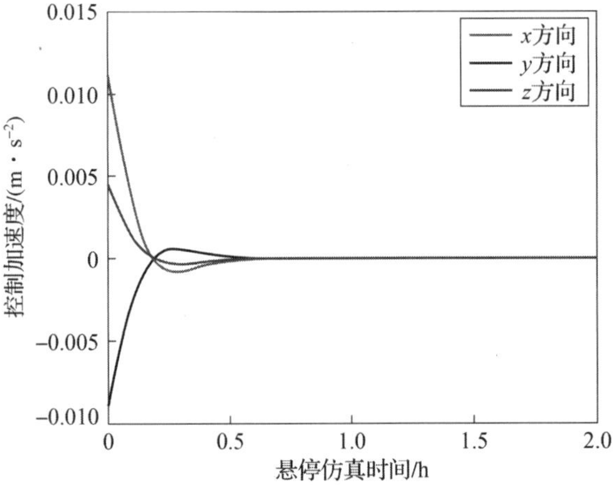

图 4.24　控制加速度变化曲线（附彩图）

束。此处假设悬停探测器最大推力加速度为 $a_{max}=0.01\ m/s^2$，当控制加速度分量大于 a_{max}时，控制加速度取 $\boldsymbol{u}\cdot a_{max}/\|\boldsymbol{u}\|$。考虑该约束条件下的期望悬停距离偏差和控制加速度分别如图 4.25 和图 4.26 所示。

对比这两组结果可以看出，由于加速度边界约束的存在，控制加速度在刚开始大约 4 min 内一直处于峰值状态。相比无约束条件的悬停轨道修正，其进入定点悬停保持状态的时间有所延后。同时，考虑饱和约束的期望悬停距离偏差峰值也有所增加，但仍能满足避免与小天体发生碰撞的安全距离条件。

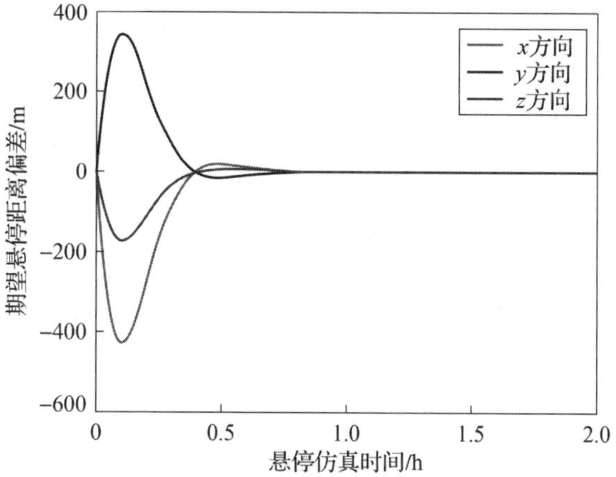

图 4.25　期望悬停距离偏差（附彩图）

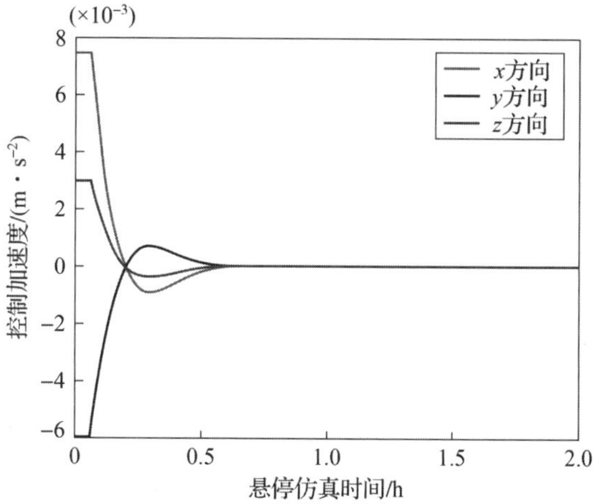

图 4.26　控制加速度变化曲线（附彩图）

4.4.2　小天体固连坐标系中定点悬停轨道设计与控制

假设探测器在小天体固连坐标系下的位置矢量为 $\boldsymbol{r}_{\mathrm{L}}=[x,y,z]^{\mathrm{T}}$，速度矢量为 $\boldsymbol{v}_{\mathrm{L}}=[v_x,v_y,v_z]^{\mathrm{T}}$，小天体固连坐标系下的探测器运动方程为

$$\dot{\boldsymbol{r}}_{\mathrm{L}}=\boldsymbol{v}_{\mathrm{L}} \tag{4.36}$$

$$\dot{\boldsymbol{v}}_{\mathrm{L}}=-2\boldsymbol{\omega}\times\boldsymbol{v}_{\mathrm{L}}-\boldsymbol{\omega}\times\boldsymbol{\omega}\times\boldsymbol{r}_{\mathrm{L}}+\boldsymbol{g}(\boldsymbol{r}_{\mathrm{L}})+\boldsymbol{a}_{\mathrm{c}}+\boldsymbol{a}_{\mathrm{p}} \tag{4.37}$$

式中，$\boldsymbol{g}(\boldsymbol{r}_{\mathrm{L}})$——该位置的引力加速度；

$\boldsymbol{a}_{\rm c}$——控制加速度，$\boldsymbol{a}_{\rm c}=[a_{\rm cx},a_{\rm cy},a_{\rm cz}]^{\rm T}$，控制加速度由推力质量比 $\boldsymbol{a}_{\rm c}=\boldsymbol{T}/m$ 得到，$\boldsymbol{T}$ 为推力矢量，m 为探测器质量；

$\boldsymbol{a}_{\rm p}$——探测器受到的摄动加速度，$\boldsymbol{a}_{\rm p}=[a_{\rm px},a_{\rm py},a_{\rm pz}]^{\rm T}$。

采用多面体模型建立小天体的引力场，则有 $\boldsymbol{g}(\boldsymbol{r}_{\rm L})=\partial V/\partial \boldsymbol{r}_{\rm L}^{\rm T}$，将运动方程表示为标量形式可得

$$\begin{cases}\dot{x}=v_x\\ \dot{y}=v_y\\ \dot{z}=v_z\\ \dot{v}_x=2\omega v_y+\omega^2 x+\partial V/\partial x+a_{\rm cx}+a_{\rm px}\\ \dot{v}_y=-2\omega v_x+\omega^2 y+\partial V/\partial y+a_{\rm cy}+a_{\rm py}\\ \dot{v}_z=\partial V/\partial z+a_{\rm cz}+a_{\rm pz}\end{cases} \tag{4.38}$$

在控制律推导中，将探测器的质量假设为常值。该控制律也适用于更精确的模型，质量变化模型为

$$\dot{m}=-\frac{\|\boldsymbol{T}\|}{I_{\rm sp}g_{\rm c}} \tag{4.39}$$

式中，$I_{\rm sp}$——探测器的比冲；

$g_{\rm c}$——参考引力加速度，其值为 9.81 m/s^2。

这里采用滑模控制实现小天体的悬停控制。滑模控制是一种可用于不确定动力学系统的反馈控制方法[5-6]，该方法具有较强鲁棒性、较高精确性和高效等特点。针对小天体影响球内复杂的动力学环境，本节采用一种全局收敛的滑模控制方法。小天体悬停系统动力学决定了滑模面是二阶的。

第一滑模面定义如下：

$$\boldsymbol{s}=\boldsymbol{r}-\boldsymbol{r}_{\rm d} \tag{4.40}$$

式中，$\boldsymbol{r}_{\rm d}$——期望的悬停点位置。

对 $\boldsymbol{s}$ 取导数，可得

$$\dot{\boldsymbol{s}}=\dot{\boldsymbol{r}}-\dot{\boldsymbol{r}}_{\rm d}=\boldsymbol{v}-\boldsymbol{v}_{\rm d} \tag{4.41}$$

式中，$\boldsymbol{v}_{\rm d}$——期望的悬停点速度，$\boldsymbol{v}_{\rm d}=\boldsymbol{0}$。

悬停控制问题可转化为：设计反馈控制加速度，使得在有限时间 $t_{\rm f}$ 内 $\boldsymbol{s}=\boldsymbol{0}$，

$\dot{\boldsymbol{s}}=\boldsymbol{0}$，并在之后的时间内一直保持。对 $\dot{\boldsymbol{s}}$ 求导，可得

$$\ddot{\boldsymbol{s}}=\dot{\boldsymbol{v}}=-2\boldsymbol{\omega}\times\boldsymbol{v}-\boldsymbol{\omega}\times\boldsymbol{\omega}\times\boldsymbol{r}+\partial V^{\mathrm{T}}/\partial\boldsymbol{r}+\boldsymbol{a}_{\mathrm{c}}+\boldsymbol{a}_{\mathrm{p}}=\boldsymbol{h}(\boldsymbol{r},\boldsymbol{v})+\boldsymbol{a}_{\mathrm{c}} \tag{4.42}$$

假设函数 $\boldsymbol{h}(\boldsymbol{r},\boldsymbol{v})$ 是有界的，且 $|h_i(\boldsymbol{r},\boldsymbol{v})|\leqslant D_i, i=1,2,3$。其中，$D_i$ 为作用在探测器上的总的不确定动力学加速度的上边界，此边界依赖于探测器的速度，在实际的控制系统中，假设速度保持在一个合理的范围内。因此可以定义如下表达式：

$$\ddot{\boldsymbol{s}}\in[-\boldsymbol{D},\boldsymbol{D}]+\boldsymbol{a}_{\mathrm{c}}\quad\text{或}\quad\ddot{s}_i\in[-D_i,D_i]+a_{\mathrm{c}i},\quad i=1,2,3 \tag{4.43}$$

为了保证鲁棒性和有限时间稳定性，可以设计一个二阶滑模齐次收缩控制器。在本节中，广义的二阶滑模控制器由下式给出：

$$\boldsymbol{a}_{\mathrm{c}}=-\boldsymbol{A}_1\mathrm{sign}[\boldsymbol{M}_1\dot{\boldsymbol{s}}+\boldsymbol{\Lambda}_1\|\boldsymbol{s}\|^{1/2}\mathrm{sign}(\boldsymbol{s})]-\boldsymbol{A}_2\mathrm{sign}[\boldsymbol{M}_2\dot{\boldsymbol{s}}+\boldsymbol{\Lambda}_2\|\boldsymbol{s}\|^{1/2}\mathrm{sign}(\boldsymbol{s})] \tag{4.44}$$

式中，

$$\begin{cases}\boldsymbol{A}_1=\mathrm{diag}(A_{11},A_{12},A_{13}), & \boldsymbol{A}_2=\mathrm{diag}(A_{21},A_{22},A_{23})\\ \boldsymbol{M}_1=\mathrm{diag}(M_{11},M_{12},M_{13}), & \boldsymbol{M}_2=\mathrm{diag}(M_{21},M_{22},M_{23})\\ \boldsymbol{\Lambda}_1=\mathrm{diag}(\Lambda_{11},\Lambda_{12},\Lambda_{13}), & \boldsymbol{\Lambda}_2=\mathrm{diag}(\Lambda_{21},\Lambda_{22},\Lambda_{23})\end{cases} \tag{4.45}$$

控制加速度也可以表示为分量的形式：

$$a_{\mathrm{c}i}=-A_{1i}\mathrm{sign}[M_{1i}\dot{s}_i+\Lambda_{1i}|s_i|^{1/2}\mathrm{sign}(s_i)]-A_{2i}\mathrm{sign}[M_{2i}\dot{s}_i+\Lambda_{2i}|s_i|^{1/2}\mathrm{sign}(s_i)] \tag{4.46}$$

式（4.44）中的控制参数（$\boldsymbol{A}_1$、$\boldsymbol{A}_2$、$\boldsymbol{M}_1$、$\boldsymbol{M}_2$、$\boldsymbol{\Lambda}_1$ 和 $\boldsymbol{\Lambda}_2$）需要根据设计要求进行选择。此处为简化计算，可选取为

$$\begin{cases}\boldsymbol{A}_1=\boldsymbol{A}_2=\mathrm{diag}(\tilde{A}_i), & i=1,2,3\\ \boldsymbol{M}_1=\boldsymbol{M}_2=\mathrm{diag}(\tilde{M}_i), & i=1,2,3\\ \boldsymbol{\Lambda}_1=\boldsymbol{\Lambda}_2=\mathrm{diag}(\tilde{\Lambda}_i), & i=1,2,3\end{cases} \tag{4.47}$$

定义 $\boldsymbol{B}=\mathrm{diag}(B_i=\boldsymbol{M}_i/\boldsymbol{\Lambda}_i)$，$\boldsymbol{C}=\mathrm{diag}(C_i=2\tilde{\boldsymbol{A}}_i), i=1,2,3$，可以得到如下形式的广义控制器：

$$\boldsymbol{a}_{\mathrm{c}}=-\boldsymbol{C}\mathrm{sign}[\dot{\boldsymbol{s}}+\boldsymbol{B}\|\boldsymbol{s}\|^{1/2}\mathrm{sign}(\boldsymbol{s})] \tag{4.48}$$

写成分量的形式：

$$a_{ci} = -C_i \text{sign}[\dot{s}_i + B_i |s_i|^{1/2} \text{sign}(s_i)], \quad i=1,2,3 \tag{4.49}$$

滑模面的动力学可以表示为

$$\ddot{s}_i \in [-D_i, D_i] + a_{ci} = [-D_i, D_i] - C_i \text{sign}[\dot{s}_i + B_i |s_i|^{1/2} \text{sign}(s_i)], \ i=1,2,3 \tag{4.50}$$

由于该控制器存在收缩性，因此该控制器是有限时间稳定的。

定义一阶滑模面 $\sigma_i (i=1,2,3)$ 为

$$\sigma_i = \dot{s}_i + B_i |s_i|^{1/2} \text{sign}(s_i), \text{ 即 } a_{ci} = -C_i \text{sign}(\sigma_i) \tag{4.51}$$

为了确保一阶滑模面 $\sigma_i = 0$，需要满足以下条件：

$$\frac{1}{2} \frac{\text{d}}{\text{d}t} \sigma_i^2 \leqslant -\eta |\sigma_i| \text{或} \ \dot{\sigma}_i \text{sign}(\sigma_i) \leqslant -\eta < 0$$

因此可得

$$\dot{\sigma}_i \text{sign}(\sigma_i) = \left(\ddot{s}_i + \frac{1}{2} B_i |s_i|^{-1/2} \dot{s}_i \right) \text{sign}(s_i) \tag{4.52}$$

由 $\sigma_i = 0$ 得到 $\dot{s}_i = -B_i |s_i|^{1/2} \text{sign}(s_i)$，再结合式（4.42），可得

$$\dot{\sigma}_i \text{sign}(\sigma_i) \in [-D_i, D_i] - C_i + \frac{1}{2} B_i^2 \text{sign}(\sigma_i) \leqslant -\eta < 0 \tag{4.53}$$

因此可以得到如下关系：

$$\sigma_i > 0 \Rightarrow \begin{cases} -D_i - C_i + 0.5 B_i^2 \leqslant -\eta < 0 \\ D_i - C_i + 0.5 B_i^2 \leqslant -\eta < 0 \end{cases} \tag{4.54}$$

$$\sigma_i < 0 \Rightarrow \begin{cases} -D_i - C_i - 0.5 B_i^2 \leqslant -\eta < 0 \\ D_i - C_i + 0.5 B_i^2 \leqslant -\eta < 0 \end{cases} \tag{4.55}$$

最严格的情况发生在 $D_i - C_i + 0.5 B_i^2 \leqslant -\eta < 0$。因此，当且仅当 $C_i - D_i \geqslant 0.5 B_i^2$ 时满足条件 $\dot{\sigma}_i \text{sign}(\sigma_i) < 0$。

取 $\eta = -D_i + C_i - \frac{1}{2} B_i^2$，趋近段所需的时间 t_r 可以简单地估计为

$$t_r \leqslant \frac{|\sigma_i(0)|}{\eta} = \frac{|\sigma_i(0)|}{-D_i + C_i - \frac{1}{2} B_i^2} \tag{4.56}$$

采用上述的二阶滑模控制方法对小天体附近的悬停进行仿真并分析。目标小

天体为 6489 Golevka，其轨道参数已在第 2 章给出。探测器初始点与目标悬停点的位置和速度如表 4.4 所示。假设探测器初始质量为 1000 kg，比冲为 1500 s，最大推力分量为 1 N。由于探测器质量在悬停过程中发生变化，因此此处的控制参数 C_1,C_2,C_3 均取为 1，又有 B_1,B_2,B_3 均取为 1×10^{-5}，故将 D_1,D_2,D_3 均取为 1×10^{-3}。

表 4.4　探测器初始点与目标悬停点的位置和速度

定点	x/km	y/km	z/km	$\dot{x}/(\mathrm{km\cdot s^{-1}})$	$\dot{y}/(\mathrm{km\cdot s^{-1}})$	$\dot{z}/(\mathrm{km\cdot s^{-1}})$
初始点	-2.5	0.5	-0.3	5×10^{-5}	-1×10^{-4}	-5×10^{-5}
悬停点	-3.0	-0.2	-0.1	0	0	0

探测器在小天体 6489 Golevka 附近的受控轨迹如图 4.27 所示，初始点与目标悬停点之间的距离随时间的变化情况如图 4.28 所示。

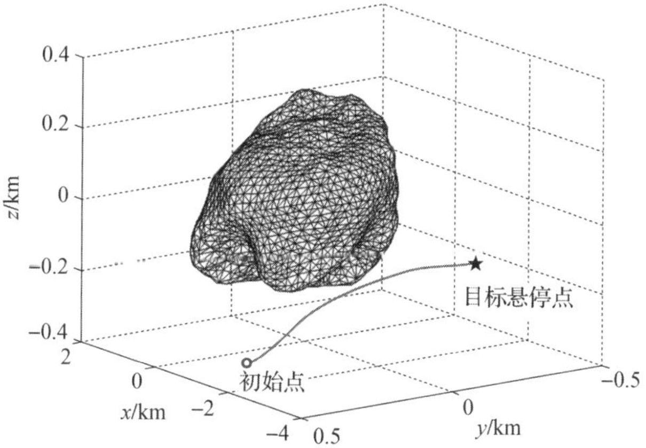

图 4.27　小天体 6489 Golevka 附近定点悬停轨迹（附彩图）

从图 4.28 中可以看出，随着时间的增大，悬停初始点和终端点之间距离在三轴方向分量最终都趋于 0。初始距离最大的 x 方向分量趋于 0 所需的时间最长，初始距离最小的 z 方向分量趋于 0 所需的时间最短。约 2200 s 后探测器到达目标悬停点，并且在之后的时间内一直保持在悬停点处。探测器推力在三轴上的分量随时间的变化如图 4.29 ~ 图 4.31 所示，控制律的特性决定了推力的各分量呈现 bang - bang 控制的特征。探测器的质量随时间的变化情况如图 4.32 所示。

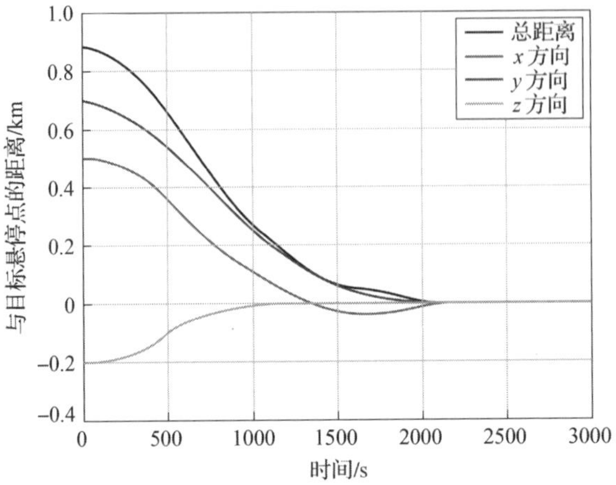

图 4.28　初始点与目标悬停点之间的距离随时间的变化情况（附彩图）

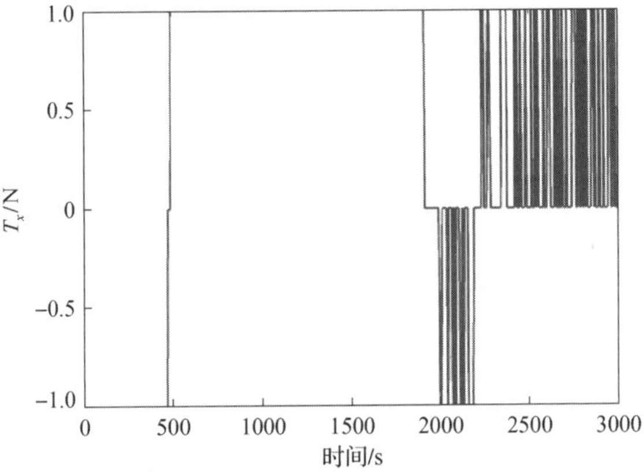

图 4.29　推力在 x 方向的分量随时间的变化情况

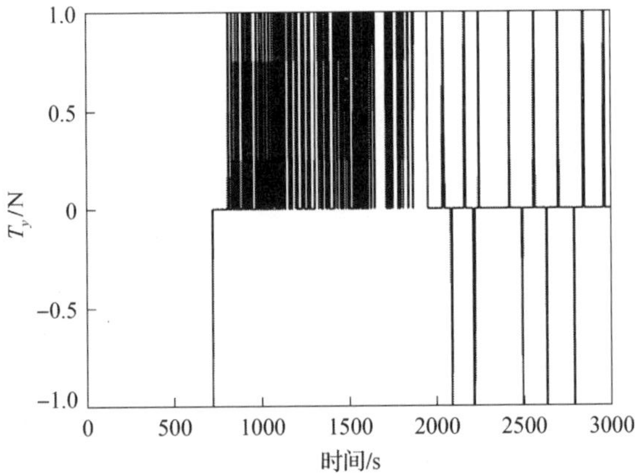

图 4.30　推力在 y 方向的分量随时间的变化情况

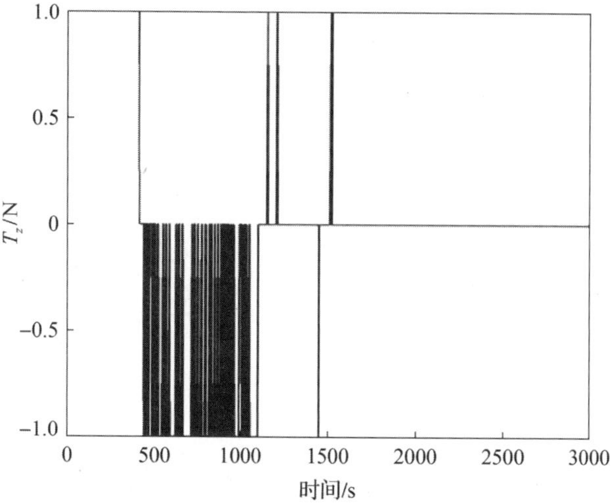

图 4.31　推力在 z 轴的分量随时间的变化情况

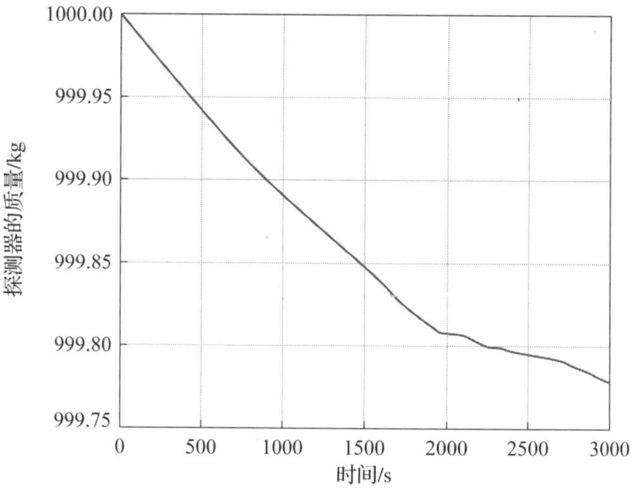

图 4.32　探测器的质量随时间的变化情况

从推力分量图可以看出，由于初始阶段的控制策略是尽快趋近于滑模面，因此初始阶段推力保持稳定在最大值或最小值处，且维持一定时间，当到达滑模面后，推力大小出现振荡，在整个过程中保持该特性直到探测器到达并稳定于悬停位置。由于推力分量的幅值较小，且到达悬停点的时间较短，因此探测器推进剂消耗的质量较小，3000 s 的消耗不到 0.25 kg。

4.4.3 小天体区域悬停轨道设计与控制策略

由前述两小节的定点悬停轨道设计可知，探测器在消除悬停点初始速度误差之后进行定点悬停轨道保持所需施加的控制加速度较小，受悬停相对距离的影响，最小控制加速度量级为 $10^{-6} \sim 10^{-8}$ km/s^2，而在实际工程应用中发动机推力的幅值受限，无法达到 10^{-8} km/s^2 量级。同时，对于实际观测任务，并非需要严格的定点观测，可能会考虑一定范围约束的区域悬停同样可达到相应的观测效果。基于上述问题，本节考虑采用基于脉冲控制方法的小天体附近的区域悬停轨道。

若悬停在小天体附近的探测器未施加连续控制，则受悬停初始点状态误差和小天体不规则引力场的影响，探测器会逐渐偏离目标悬停点。此时设计悬停区域范围，当探测器偏离悬停区域范围后，施加脉冲控制，使探测器回到目标悬停点。当探测器到达目标悬停点后，由于仍存在相对速度，会继续偏离目标悬停点，待再次到达悬停区域边界时，施加下一次修正脉冲。对于上述控制方法得到的区域悬停轨道，每次脉冲控制均在悬停区域边界施加，每次脉冲修正后的悬停轨道均经过目标悬停点。脉冲控制的区域悬停轨道设计示意图如图 4.33 所示。

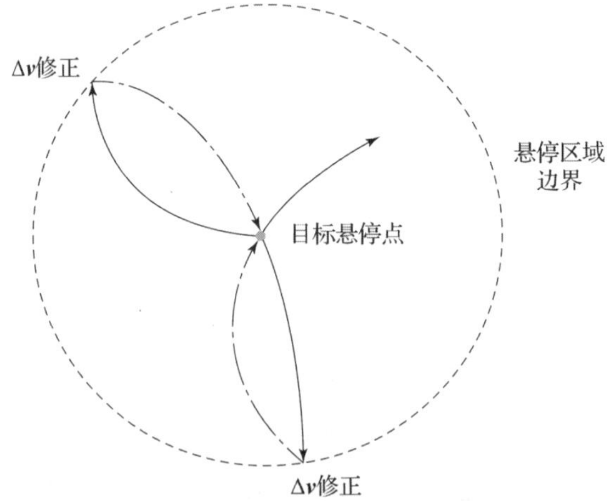

图 4.33 脉冲控制的区域悬停轨道设计示意图

由于小天体附近的引力场存在较强的非线性，因此采用解析法分析设计悬停修正轨道存在较大困难，这里选取打靶法设计脉冲修正轨道[7-8]。打靶修正的判别条件为到达悬停区域边界，选取以目标悬停点为球心、半径为 ρ 的球形区域作为悬停区域，即悬停控制使得探测器与目标悬停点的距离 $r \leqslant \rho$。在到达悬停区域边界时，已知探测器的状态 $\boldsymbol{r}_0$，给定修正转移时间 t 和修正机动脉冲 $\Delta\boldsymbol{v}$，则可得到修正后的终端状态 $\boldsymbol{r}_{\mathrm{f}}$。记目标悬停点的坐标为 $\boldsymbol{r}_{\mathrm{s}}$，可建立以下打靶方程[9]：

$$\boldsymbol{\Phi} = \boldsymbol{r}_{\mathrm{f}} - \boldsymbol{r}_{\mathrm{s}} \tag{4.57}$$

此时，该修正问题可转化为非线性方程组求解问题，其中位置状态的计算方式取决于悬停坐标系的选取。同时，考虑到探测器推进剂有限，这里选取燃料最优为性能指标，即在打靶次数充足的条件下，选取速度增量最小的机动脉冲作为控制修正量。

对于小天体的近距离悬停，为方便考虑小天体的不规则引力场，在此选取小天体本体坐标系下的运动方程进行设计。此时若考虑相对坐标系下的区域悬停，则需在计算位置状态时进行坐标转换。以相对坐标系下的区域悬停为例，目标悬停点位置 $\boldsymbol{r}_{\mathrm{s}} = [1.5, 1.8, 1.2]$ km，考虑初始相对速度误差 $[0.05, 0.02, -0.03]$ m/s，悬停区域半径 $\rho = 0.6$ km，单次修正转移时间 $t = 1000$ s。区域悬停轨道及其在 xy 平面上的投影分别如图 4.34 和图 4.35 所示。在相对坐标系下悬停相对距离的变化曲线如图 4.36 所示，具体脉冲修正参数如表 4.5 所示。

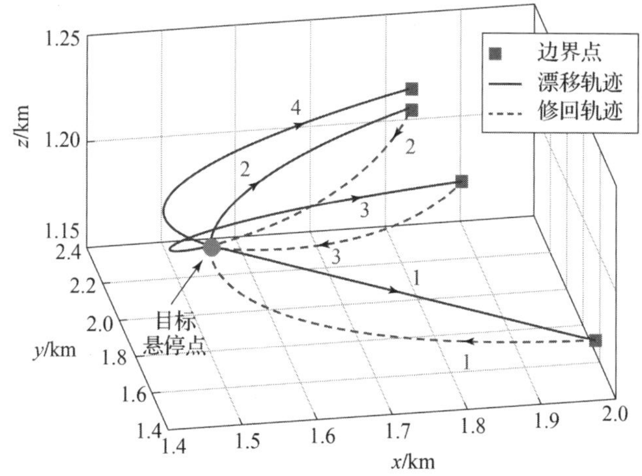

图 4.34　区域悬停轨道图（附彩图）

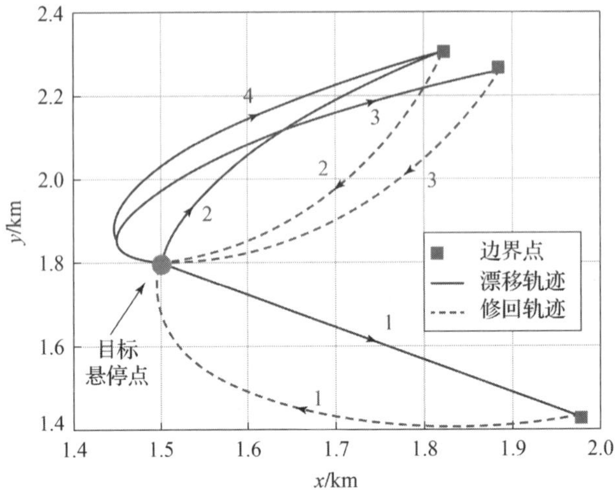

图 4.35 区域悬停轨道在 *xy* 平面的投影（附彩图）

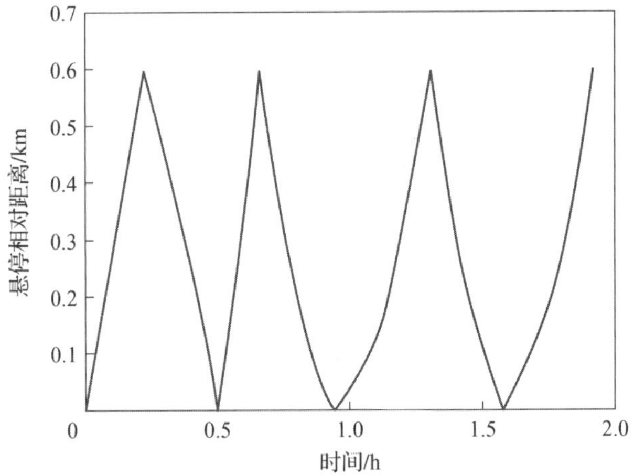

图 4.36 相对坐标系下悬停相对距离的变化曲线

表 4.5 相对坐标系下脉冲修正参数

机动脉冲次数	$x/(\mathrm{m\cdot s^{-1}})$	$y/(\mathrm{m\cdot s^{-1}})$	$z/(\mathrm{m\cdot s^{-1}})$	机动大小/$(\mathrm{m\cdot s^{-1}})$
1	−0. 510	−0. 024	0. 019	0. 511
2	0. 139	−1. 231	−0. 020	1. 239
3	0. 553	−0. 748	0. 017	0. 930

本体坐标系下的区域悬停轨道及其在 xy 平面上的投影分别如图 4.37 和图 4.38 所示。其中，悬停区域半径 $\rho = 0.2\ \text{km}$，其余设计参数与相对坐标系下的悬停轨道参数相同。在本体坐标系下悬停相对距离的变化曲线如图 4.39 所示，具体脉冲修正参数如表 4.6 所示。

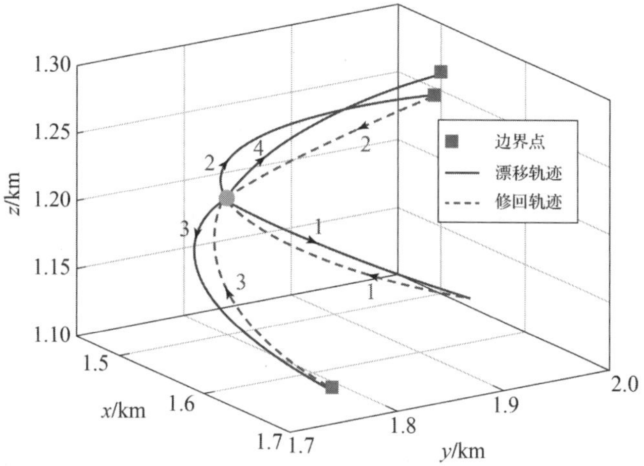

图 4.37　区域悬停轨道图（附彩图）

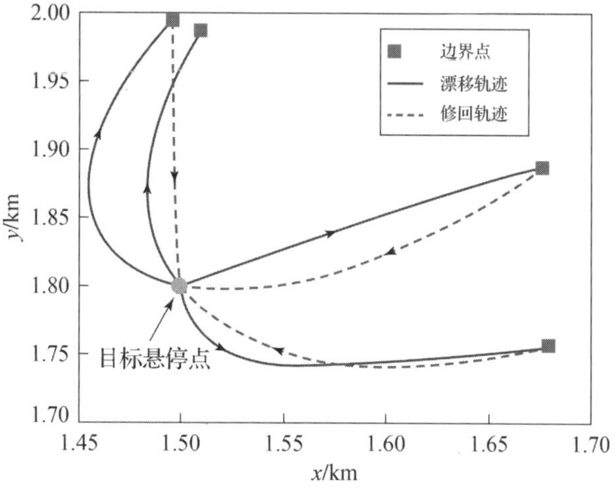

图 4.38　区域悬停轨道在 xy 平面的投影（附彩图）

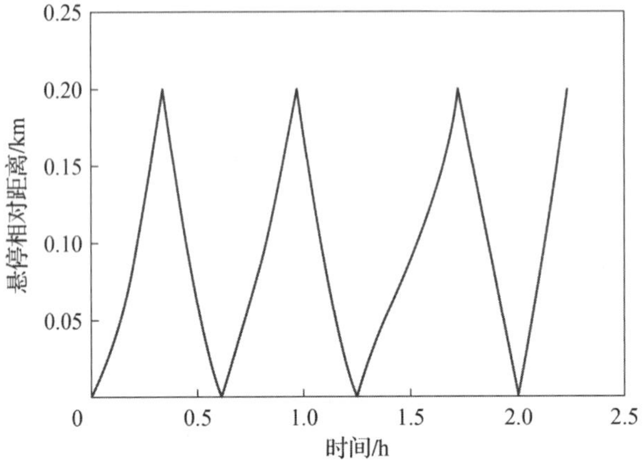

图 4.39 本体坐标系下悬停相对距离的变化曲线

表 4.6 本体坐标系下脉冲修正参数

机动脉冲次数	$x/(\mathrm{m \cdot s^{-1}})$	$y/(\mathrm{m \cdot s^{-1}})$	$z/(\mathrm{m \cdot s^{-1}})$	机动大小/$(\mathrm{m \cdot s^{-1}})$
1	-0.463	-0.319	0.068	0.566
2	-0.139	-0.512	-0.080	0.537
3	-0.461	-0.118	0.130	0.493

对比两种坐标系下的控制结果可以看出，相同条件下本体坐标系的悬停相比相对坐标系的悬停漂移速率较慢。因此在相同控制成本条件下，本体坐标系下悬停相比相对坐标系下悬停可保持更长时间或满足更小范围。同时，受初始相对速度和小天体离心加速度的影响，在到达目标悬停点后均表现为远离小天体漂移的趋势。这里给出的悬停脉冲控制策略不仅在工程上较易实现，而且当定义了悬停区域后无须实施控制，仅判断探测器何时到达边界即可。

参 考 文 献

[1] HABLANI H B, TAPPER M L, DANA - BASHIAN D J. Guidance and relative navigation for autonomous rendezvous in a circular orbit [J]. Journal of guidance control and dynamics, 2012, 25(3): 553 -562.

[2] ZHOU B, LIN Z, DUAN G R. Lyapunov differential equation approach to elliptical orbital rendezvous with constrained controls[J]. Journal of guidance control and dynamics, 2012, 34(2): 345 - 358.

[3] 李翔宇，乔栋，黄江川，等.小行星探测近轨操作的轨道动力学与控制[J]. 中国科学:物理学、力学、天文学，2019，49(8):69 - 80.

[4] 朱彦伟. 探测器近距离相对运动轨迹规划与控制研究[D]. 长沙：国防科学技术大学，2009.

[5] SAWAI S, SCHEERES D J, BROSCHART S B. Control of hovering spacecraft using altimetry[J]. Journal of guidance, control, and dynamics, 2002, 25(4): 786 - 795.

[6] NAZARI M, WAUSON R, CRITZ T, et al. Observer - based body - frame hovering control over a tumbling asteroid[J]. Acta astronautica, 2014, 102: 124 - 139.

[7] SCHEERES D J, BROSCHART S B. Control of hovering spacecraft near small bodies: application to asteroid 25143 Itokawa[J]. Journal of guidance control and dynamics, 2015, 28(2): 343 - 354.

[8] CHAPPAZ L, HOWELL K C. Trajectory design for bounded motion near uncertain binary systems comprised of small irregular bodies exploiting sliding control modes [J]. Acta astronautica, 2015, 115: 226 - 240.

[9] WOO P, MISRA A K. Bounded trajectories of a spacecraft near an equilibrium point of a binary asteroid system[J]. Acta astronautica, 2015, 110: 313 - 323.

第5章
小天体附近环绕冻结轨道设计

5.1 引　言

冻结轨道是一类特殊的任务轨道，它是在摄动作用下某些轨道根数保持不变或以一定规律变化的一类轨道。由于冻结轨道具有这一良好特性，因此适合作为小天体探测的任务轨道。根据轨道半径和目标小天体的尺寸进行分类，小天体附近存在多种冻结轨道。本节将分别针对不同的冻结轨道，给出相应的轨道设计方法。首先，建立小天体附近的精确轨道动力学模型，评估不同尺寸小天体附近的摄动力量级，进而给出环绕轨道选择。其次，针对尺寸较大的小天体，设计非球形引力摄动的冻结轨道，提出基于勒让德（Legendre）加法定理的冻结轨道设计方法。再次，针对较小尺寸的小天体，研究考虑太阳光压摄动的冻结轨道，分析冻结轨道运动特性。最后，进一步考虑不规则小天体摄动与光压摄动的联合最优，设计准周期冻结轨道，并分析自转轴指向对冻结轨道的影响。

5.2 小天体附近精确轨道动力学建模

5.2.1 小天体附近摄动力模型

除小天体自身的不规则引力场外（已在第2章给出），小行星附近还存在太阳引力摄动、太阳光压摄动、第三体引力摄动等环境干扰因素，其中太阳光压摄动加速度 $\boldsymbol{a}_{\mathrm{SRP}}$ 可以表示为

$$\boldsymbol{a}_{\mathrm{SRP}} = \kappa P_{\mathrm{SR}} a_{\mathrm{U}}^{2} C_{\mathrm{R}} \frac{A_{\mathrm{R}}}{m} \frac{\boldsymbol{r} - \boldsymbol{r}_{\mathrm{s}}}{\| \boldsymbol{r} - \boldsymbol{r}_{\mathrm{s}} \|^{3}} \tag{5.1}$$

式中，$\boldsymbol{r}$——探测器相对于小天体的位置矢量；

P_{SR}——作用在离太阳一个天文单位处黑体上的光压，取 4.560×10^{-6} N/m^2；

a_{U}——小天体与太阳的距离与 AU（天文单位）的比值；

C_{R}——探测器表面反射系数；

$\boldsymbol{r}_{\mathrm{s}}$——小天体指向太阳的位置矢量；

m——探测器的质量；

A_{R}——垂直于太阳光方向的探测器横截面积；

κ——阴影因子，当探测器与太阳之间存在遮挡时 κ 取 0，否则 κ 取 1。

定义 $\sigma = m/A_{\mathrm{R}}$ 为探测器的质量面积比，这是影响光压摄动大小的关键探测器参数。

太阳（或第三体）的加速度模型可表示为

$$\boldsymbol{a}_{n\mathrm{th}} = \frac{\partial R_{n\mathrm{th}}}{\partial \boldsymbol{r}} = \frac{3\mu_{\mathrm{th}}}{d_{\mathrm{th}}^{3}} (\boldsymbol{d}_{\mathrm{th}} \cdot \boldsymbol{r}) \boldsymbol{d}_{\mathrm{th}} - \frac{\mu_{\mathrm{th}}}{d_{\mathrm{th}}^{3}} \boldsymbol{r} \tag{5.2}$$

$$R_{n\mathrm{th}} = \frac{\mu_{\mathrm{th}}}{2 d_{\mathrm{th}}^{3}} [3(\boldsymbol{d}_{\mathrm{th}} \cdot \boldsymbol{r})^{2} - \boldsymbol{r}^{2}] \tag{5.3}$$

式中，μ_{th}——太阳（或第三体）的引力常数；

$\boldsymbol{d}_{\mathrm{th}}$——小天体至太阳（或第三体）的位置矢量。

考虑以上摄动力，探测器在小天体质心惯性坐标系下的轨道动力学模型可表示为

$$\begin{cases} \dot{\boldsymbol{r}}_{\mathrm{i}} = \boldsymbol{v}_{\mathrm{i}} \\ \dot{\boldsymbol{v}}_{\mathrm{i}} = \boldsymbol{a}_{\mathrm{g}}(\boldsymbol{r}_{\mathrm{f}}) + \boldsymbol{a}_{\mathrm{c}} + \boldsymbol{a}_{\mathrm{SRP}} + \sum_{n=1}^{k} \boldsymbol{a}_{n\mathrm{th}} \end{cases} \tag{5.4}$$

式中，$\boldsymbol{r}_{\mathrm{i}}, \boldsymbol{v}_{\mathrm{i}}$——惯性坐标系下探测器相对小天体的位置矢量、速度矢量；

$\boldsymbol{r}_{\mathrm{f}}$——小天体在本体坐标系下的位置矢量，用于描述小天体的非球形引力加速度；

$\boldsymbol{a}_{\mathrm{g}}$——小天体的引力加速度；

$\boldsymbol{a}_{\mathrm{c}}$——控制加速度矢量。

5.2.2 摄动力量级分析与环绕轨道选择

小天体附近的摄动力较多且量级变化范围广，不同的摄动力会影响小天体附近轨道的选择。本节以轨道半长轴 1AU 的近地小天体为对象，分析不同半径小天体附近各种摄动力加速度的量级。考虑的摄动力包括非球形引力摄动、太阳光压摄动力、太阳引力和各大行星的引力。为了便于分析，这里采用三轴半径比为 2∶1∶1 的椭球体模拟小天体的形状，密度取为 2700 kg/m^3。假设探测器的质量为 200 kg，探测器相对太阳光的横截面积为 2 m^2，且表面反射系数取 $C_R=1$。探测器与小天体在不同距离下，各摄动力与中心引力的量级分布如图 5.1 所示，其中小天体半径分别为 10 m、100 m、1 km 和 10 km，探测器与小天体距离为 1.1 ~6 倍半径。

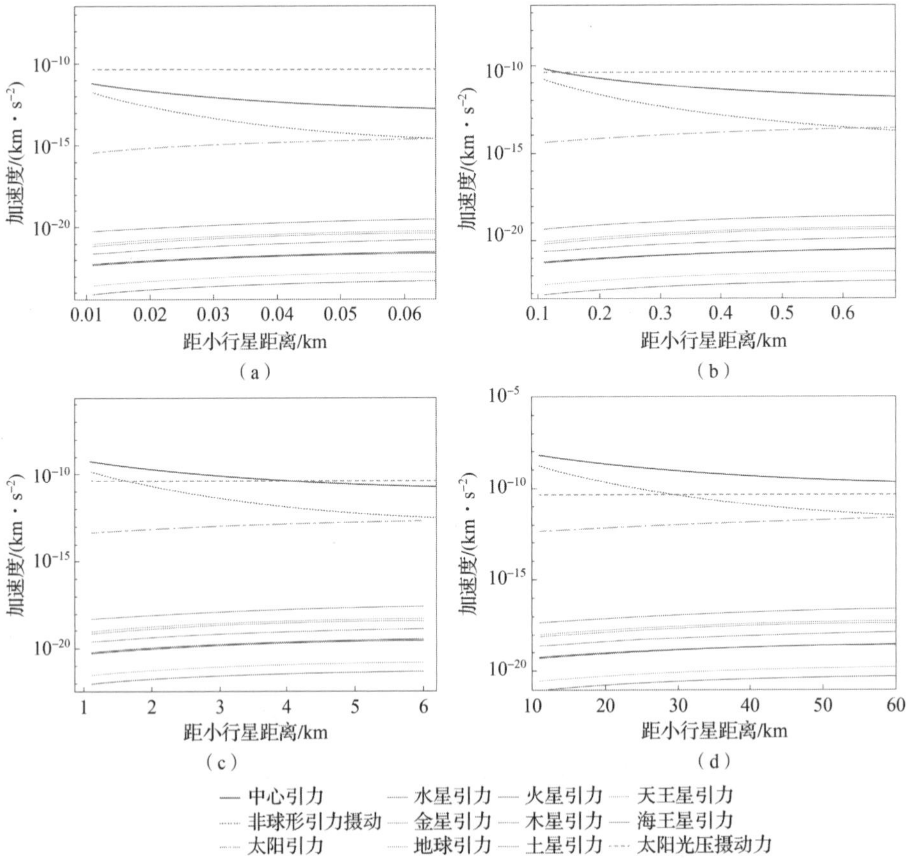

图 5.1 不同半径近地小天体附近摄动力与中心引力的量级变化（附彩图）

(a) 10 m；(b) 100 m；(c) 1 km；(d) 10 km

从图 5.1 可以看出，探测器在近地小天体附近除了受到中心天体引力的作用外，主要受到太阳引力、非球形引力摄动和太阳光压摄动力的影响，其他天体的引力摄动均较小，在轨道设计中可以忽略。对于主要摄动因素，若目标小天体的偏心率较小，则太阳引力摄动变化相对较小，且摄动力不超过中心天体引力的 0.1%。非球形引力摄动与小天体的不规则形状程度相关，太阳光压摄动与探测器的面质比相关，因此它们的摄动力量级会存在一定范围的波动。

分析不同尺寸小天体对应的摄动力量级可以看出，对于半径在 10 ~ 100 m 的小尺寸小天体，太阳光压摄动是主导摄动因素，在一定参数下甚至超过中心引力的影响。在半径为 0.1 ~ 1.0 km 的小天体附近区域，太阳光压摄动与非球形引力摄动的量级相似，两者均对探测器运动产生较大影响。对于半径在 1 km 以上的小天体，非球形引力摄动逐渐成为主要摄动因素。

若小天体位于主带或特洛伊族，则木星、火星和土星等天体的引力摄动影响会增加，但仍属于次要摄动因素。随着半长轴的增大，太阳引力和太阳光压摄动力的影响也逐渐减弱，图 5.2 给出了位于主带的 10 km 量级小天体附近的摄动力量级分布，此时在小天体附近非球形引力摄动是核心摄动因素。

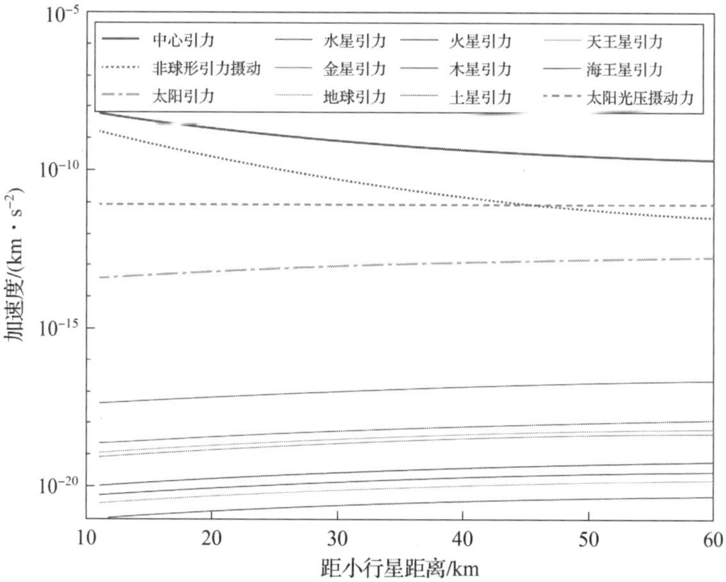

图 5.2　主带小天体附近摄动力的量级变化（r = 10 km）（附彩图）

从以上摄动力量级分布可以看出，对于不同的小天体探测目标，需要根据其附近的动力学环境设计不同类型的任务轨道。对于大尺寸小天体，可以基于惯性坐标系设计考虑非球形引力摄动影响下的冻结轨道，或在小天体固连坐标系下设计周期运动；对于小尺寸小天体，需考虑太阳光压摄动和非球形引力摄动的影响，在惯性坐标系（或日－星旋转坐标系）下设计运动，在日－星旋转坐标系下太阳引力和太阳光压摄动力的作用方向相对固定，便于简化计算。根据摄动力的强弱关系，分别存在太阳光压驱动的冻结轨道和太阳指向轨道，其中太阳指向轨道被广泛讨论与应用研究。5.3 节将重点讨论非球形引力摄动影响下的冻结轨道和太阳光压驱动的冻结轨道设计方法，并分析其轨道特性。

5.3 非球形引力摄动主导的冻结轨道设计

探测器在尺寸较大的小天体附近运动，不规则形状引起的摄动力要远大于其他摄动因素，因此需重点研究以非球形引力摄动为主导的冻结轨道。这类冻结轨道与传统意义的冻结轨道相同，轨道的平均偏心率、轨道倾角和近地点辐角长期保持不变。然而，设计围绕一颗不规则形状小天体的冻结轨道存在一个核心问题：由于小天体的形状偏离球形程度较大，因此仅采用球谐引力场模型中系数 J_2 和 J_3 项得到的冻结轨道偏差较大，在设计过程中需要增加阶次，但传统设计方法在涉及高阶系数时的表达式比较复杂。因此，本节基于勒让德（Legendre）加法定理，提出一种求解冻结轨道的解析方法，可以给出任意阶带谐模型中的冻结轨道特征参数的简洁表达形式，从而实现冻结轨道高效迭代求解。

5.3.1 基于勒让德加法定理的冻结轨道设计

本节采用德洛奈（Delaunay）变量（L,G,H,l,g,h）代换传统轨道根数。Delaunay 变量可以更好地描述轨道参数在摄动下的长周期和短周期变化，其与传统轨道根数之间的关系可以描述为[1]

$$\begin{cases} L=\sqrt{\mu_a a}, & l=f \\ G=\sqrt{\mu_a a(1-e^2)}, & g=\omega \\ H=\sqrt{\mu_a a(1-e^2)}\cos i, & h=\Omega \end{cases} \tag{5.5}$$

则惯性坐标系下探测器的动力学方程用 Delaunay 变量可以描述为

$$\begin{cases}\dfrac{\mathrm{d}L}{\mathrm{d}t}=\dfrac{\partial F}{\partial l},\ \dfrac{\mathrm{d}l}{\mathrm{d}t}=-\dfrac{\partial F}{\partial L}\\ \dfrac{\mathrm{d}G}{\mathrm{d}t}=\dfrac{\partial F}{\partial g},\ \dfrac{\mathrm{d}g}{\mathrm{d}t}=-\dfrac{\partial F}{\partial G}\\ \dfrac{\mathrm{d}H}{\mathrm{d}t}=\dfrac{\partial F}{\partial h},\ \dfrac{\mathrm{d}h}{\mathrm{d}t}=-\dfrac{\partial F}{\partial H}\end{cases} \tag{5.6}$$

式中，哈密顿（Hamilton）函数 F 可表示为

$$F=U-\frac{1}{2}v^2=\frac{\mu}{r}-\frac{1}{2}v^2+W_{\mathrm{r}}=\frac{\mu^2}{2L^2}+W_{\mathrm{r}} \tag{5.7}$$

式中，v——探测器的速度大小；

W_{r}——摄动势。

假设小天体绕其主轴旋转，建立小天体固连坐标系。根据固连坐标系与轨道坐标系之间的变换，纬度 ϕ 与轨道根数间存在如下等式关系：

$$\sin\phi=\sin i\sin(\omega+f) \tag{5.8}$$

基于 Legendre 加法定理[2]，相应的 Legendre 多项式展开式满足下式：

$$P_n(\sin\phi)=P_n(0)P_n(d)+2\sum_{m=1}^{n}\frac{(n-m)!}{(n+m)!}\times P_n^m(0)P_n^m(d)\cos\left[m\left(l+g-\frac{\pi}{2}\right)\right] \tag{5.9}$$

式中，$d=\cos i$，$P_n(d)$是 d 的 n 阶 Legendre 多项式。

在冻结轨道设计中，将小天体沿经度的引力摄动影响做平均化处理，重点研究引力场带谐函数项对轨道的影响。根据 $p=a(1-e^2)$，$\gamma_n=J_n\left(\dfrac{R_b}{p}\right)^n$ 和 $r=\dfrac{p}{1+e\cos l}$，其中 R_b 表示小天体平均半径，J_n 表示带谐项系数，摄动势 W_{r} 可以简化为

$$W_{\mathrm{r}}=-\frac{G^2}{r^2}\sum_{n=2}^{\infty}\gamma_n(1+e\cos l)^{n-1}P_n(\sin\phi) \tag{5.10}$$

对 $(1+e\cos l)^{n-1}$进行级数展开，可得

$$(1+e\cos l)^{n-1}=\sum_{m=0}^{n-1}\frac{(n-1)!}{m!(n-m-1)!}(e\cos l)^m \tag{5.11}$$

式中，三角函数项 $\cos^m l$ 可通过降幂扩角表示为

$$\cos^m l = \frac{1}{2^m}\sum_{k=0}^{m}\frac{m!}{k!(m-k)!}\cos[(2k-m)l] \tag{5.12}$$

同时，将 Legendre 多项式表示为

$$P_n^m = \begin{cases} P_n(0)P_n(d), & m=0 \\ 2\dfrac{(n-m)!}{(n+m)!}P_n^m(0)P_n^m(d), & m>0 \end{cases} \tag{5.13}$$

联立式（5.10）~式（5.13），可将摄动势写为

$$W_r = -\frac{G^2}{r^2}\sum_{n=2}^{\infty}\gamma_n\sum_{k=0}^{n-1}\sum_{w=0}^{k}\frac{e^k}{2^k}\frac{(n-1)!}{w!(n-k-1)!(k-w)!}\cdot$$

$$\cos[(2w-k)l]\sum_{m=0}^{n}P_n^m\cos\left[m\left(l+g-\frac{\pi}{2}\right)\right] \tag{5.14}$$

冻结轨道是平均运动方程的平衡解。因此，对动力学方程使用正则变换，并将 Hamilton 函数做平均化处理，以消除包含变量 l 的短周期项，得到新的约化正则方程为

$$\begin{cases} \dfrac{dL'}{dt}=0, & \dfrac{dl'}{dt}=-\dfrac{\partial F^*}{\partial L'} \\ \dfrac{dG'}{dt}=\dfrac{\partial F^*}{\partial g'}, & \dfrac{dg'}{dt}=-\dfrac{\partial F^*}{\partial G'} \\ \dfrac{dH'}{dt}=0, & \dfrac{dh'}{dt}=-\dfrac{\partial F^*}{\partial H'} \end{cases} \tag{5.15}$$

式中，L',l',G',H',g',h' 是新的变量。

Hamilton 函数可以重新表示为

$$F^* = \frac{\mu^2}{2L'^2}+F_1^* \tag{5.16}$$

$$F_1^* = F_{1s}^* + F_{1p}^* \tag{5.17}$$

$$F_{1s}^* = -G'n'\sum_{n=2}^{\infty}\sum_{k=0}^{(n-1)/2}\gamma_n P_n^0\frac{e^{2k}}{2^{2k}}\frac{(n-1)!}{k!(n-2k-1)!k!} \tag{5.18}$$

$$F_{1p}^* = -G'n'\sum_{n=2}^{\infty}\sum_{m=1}^{n-1}\sum_{k=m}^{n-1}\gamma_n P_n^m\frac{e^k}{2^k}\delta(m,k,n-1)\cos\left[m\left(g'-\frac{\pi}{2}\right)\right] \tag{5.19}$$

式中，n'——平均轨道角速度；

$$\delta(m,k,n)=\begin{cases}\dfrac{n!}{\left(\dfrac{k+m}{2}\right)!\cdot(n-k)!\cdot\left(\dfrac{k-m}{2}\right)!}, & m+k\text{ 为偶数}\\ 0, & m+k\text{ 为奇数}\end{cases}$$

此时，新的 Hamilton 函数不包含 l' 和 h'，所以 $L'=L^*$，$H'=H^*$ 是常数。根据定义，冻结轨道要求 $\omega^*=g^*$，$e^*=\sqrt{1-\dfrac{G^{*2}}{L^{*2}}}$ 是常数，即

$$\begin{cases}\dfrac{\mathrm{d}G'}{\mathrm{d}t}=\dfrac{\partial F_1^*}{\partial g'}=0\\ \dfrac{\mathrm{d}g'}{\mathrm{d}t}=-\dfrac{\partial F_1^*}{\partial G'}=0\end{cases} \tag{5.20}$$

将式（5.17）~式（5.19）代入式（5.20），可得

$$\frac{\partial F_1^*}{\partial g'}=G'n'\sum_{n=2}^{\infty}\gamma_n\sum_{m=1}^{n-1}\sum_{k=m}^{n-1}P_n^m\frac{e^k}{2^k}m\delta(m,k,n)\sin\left[m\left(g'-\frac{\pi}{2}\right)\right]=0 \tag{5.21}$$

$$\frac{\partial F_1^*}{\partial G'}=\frac{\partial F_{1s}^*}{\partial G'}+\frac{\partial F_{1p}^*}{\partial G'}=0 \tag{5.22}$$

式中，

$$\frac{\partial F_{1s}^*}{\partial G'}=-n'\sum_{n=2}^{\infty}\sum_{k=0}^{(n-1)/2}\gamma_n\frac{(n-1)!}{k!(n-2k-1)!k!}\cdot\left[(1-2n)P_n^0\frac{e^{2k}}{2^{2k}}-P_n^0\frac{2ke^{2k-2}(1-e^2)}{2^{2k}}-\frac{e^{2k}}{2^{2k}}\frac{\partial P_n^0}{\partial d}d\right]$$

$$\begin{aligned}\frac{\partial F_{1p}^*}{\partial G'}=&-n'\sum_{n=2}^{\infty}\gamma_n\sum_{m=1}^{n-1}\sum_{k=m}^{n-1}\left\{\delta(m,k,n-1)\cos\left[m\left(g'-\frac{\pi}{2}\right)\right]\cdot(1-2n)P_n^m\frac{e^k}{2^k}-P_n^m\frac{ke^{k-2}(1-e^2)}{2^k}\right\}\\&+n'\sum_{n=2}^{\infty}\gamma_n\sum_{m=1}^{n-1}\sum_{k=m}^{n-1}\left\{\delta(m,k,n-1)\times\cos\left[m\left(g'-\frac{\pi}{2}\right)\right]\frac{\partial P_n^m}{\partial d}\frac{e^k}{2^k}d\right\}\end{aligned}$$

显然，式（5.21）的解为 $g^*=\pm\pi/2$，表明冻结轨道的近拱点参数应该是 $\pi/2$ 或 $-\pi/2$。将 $g^*=\pm\pi/2$ 代入式（5.21），得到一个关于半长轴、倾角和偏心率的函数，通过选取半长轴和轨道倾角数值，可以求解偏心率。如果忽略 e 的高阶项，则式（5.22）可以简化为

$$(A_1+A_2)e^{*3}+Be^{*2}+(C_1+C_2)e^*+D=0 \tag{5.23}$$

式中，

$$A_1=\sum_{n=2}^{\infty}\gamma_{2n}(2n-1)(2n-2)\left(\frac{3-4n}{4}P_{2n}^2-\frac{1}{4}\frac{\partial P_{2n}^2}{\partial d}d\right)$$

$$A_2 = -\sum_{n=2}^{\infty}\gamma_{2n}(2n-1)(2n-2)\left(\frac{3-4n}{4}P_{2n}^0 - \frac{1}{4}\frac{\partial P_{2n}^0}{\partial d}d\right)$$

$$B = -\sin g^* \sum_{n=1}^{\infty}\gamma_{2n+1}n\left(-4nP_{2n+1}^1 - \frac{\partial P_{2n+1}^1}{\partial d}d\right)$$

$$C_1 = \sum_{n=1}^{\infty}\gamma_{2n}\left[(2n+1)nP_{2n}^0 + \frac{\partial P_{2n}^0}{\partial d}d\right]$$

$$C_2 = -\sum_{n=2}^{\infty}(2n-1)(n-1)\gamma_{2n}\frac{P_{2n}^2}{2}$$

$$D = \sin g^* \sum_{n=1}^{\infty}\gamma_{2n+1}2nP_{2n+1}^1$$

式（5.23）适用于任意阶的带谐函数引力场。与传统方法相比，该方法对高阶球面项的解具有简洁的形式，即只需要通过迭代法即可获得 Legendre 多项式 P_n^m。特别地，当偏心率较小时，可忽略高阶项（A_1, A_2, B），提高计算效率。

5.3.2 小天体冻结的轨道设计与分析

基于5.3.1节所提出的方法，本节对灶神星附近的冻结轨道进行研究。灶神星整体呈梨形，南北存在较大的不对称性，具体形状如图5.3所示。根据观测数据，灶神星的球谐引力模型部分系数如表5.1所示，其带谐系数均在 10^{-2} ~ 10^{-4}之间。因此，设计冻结轨道时需考虑的高阶系数为20阶。根据以上参数，设计得到半径约为350 km、倾角为85°、偏心率为0.005 45的冻结轨道，如

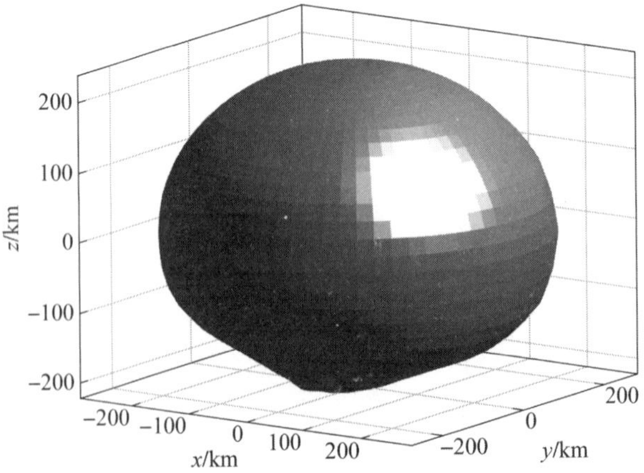

图5.3 灶神星形状示意图

图 5. 4 所示。该冻结轨道具有较好的稳定性，即使考虑高精度星历模型下扰动项，仍可保证轨道倾角和偏心率近似不变。

表 5. 1　灶神星球谐引力模型部分系数

带谐项	系数	带谐项	系数
J_2	0. 0711	J_9	8.3650×10^{-6}
J_3	− 0. 0088	J_{10}	-6.3129×10^{-4}
J_4	− 0. 0098	J_{11}	2.7796×10^{-4}
J_5	0. 0040	J_{12}	4.2110×10^{-4}
J_6	3.5953×10^{-4}	J_{13}	-4.8114×10^{-4}
J_7	-7.1532×10^{-4}	J_{14}	7.1886×10^{-5}
J_8	3.5944×10^{-4}	J_{15}	2.9287×10^{-4}

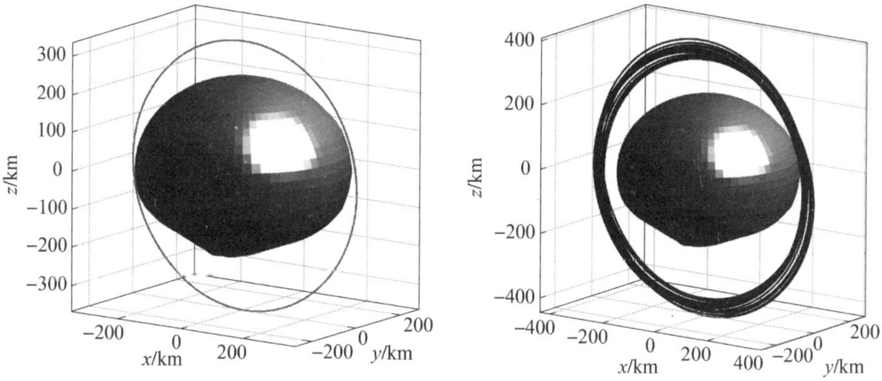

（a）　　　　　　　　　　　（b）

图 5. 4　灶神星附近冻结轨道

（a）理想模型下的轨道；（b）高精度星历模型下的轨道

通过改变轨道半长轴 a 和倾角 i，可以得到灶神星可能的冻结轨道偏心率分布，如图 5. 5 所示。由于近心点幅角 $\omega = \pi/2$ 和 $\omega = -\pi/2$ 的冻结轨道无法同时存在，因此用正偏心率表示 $\omega = \pi/2$ 的冻结轨道，用负偏心率表示 $\omega = -\pi/2$ 的冻结轨道。从图 5. 5 可以看出，灶神星的冻结轨道偏心率沿倾角 $i = 90°$ 几乎呈对称分布。与地球轨道相比，灶神星的冻结轨道偏心率明显更大，对于大倾角轨道的情况更加显著。冻结轨道的近心点幅角将偏心率划分为 5 个区域。只有倾角处于［58.5°,62.5°］和［117.5°,121.5°］范围内时，$\omega=-\pi/2$ 才存在。此外，临界倾角 $i_c=62.5°$ 和 121.5°处存在两个间隙，接近临界倾角的冻结轨道偏心率相对较大，且近心点幅角 ω 从 $\pi/2$ 变为 $-\pi/2$。如图 5.5（b）所示，冻结轨道的偏心率随倾角的增大呈现先增大、后减小为零的趋势。偏心率也随倾角从临界值 i_c 到 $i=\pi/2$ 而逐渐减小。此外，偏心率还随半长轴的增大而减小。

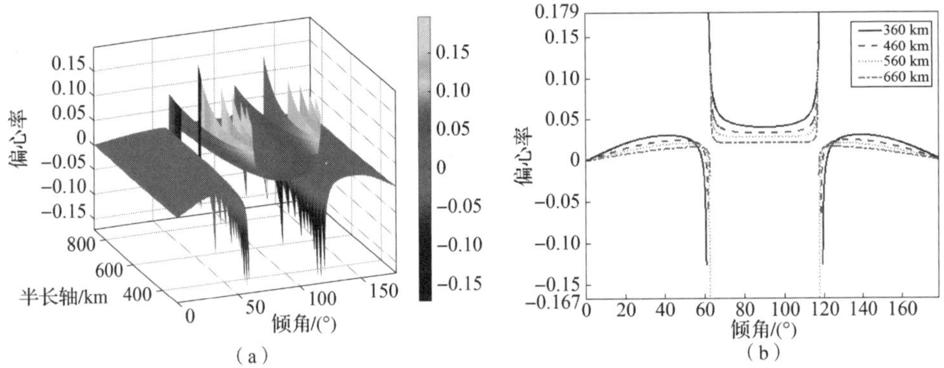

图 5.5　灶神星冻结轨道偏心率与半长轴的关系（附彩图）

（a）偏心率分布；（b）不同半长轴和倾角下的偏心率

由于灶神星各阶次的带谐系数较大，冻结轨道的瞬时轨道要素将在一个周期内发生变化。这里选择以 $a=360$ km，$i=48.23°$ 的冻结轨道为例，相应的平均偏心率 $e=0.0262$。探测器轨道倾角、偏心率和近心点幅角的变化如图 5.6 所示。在一个轨道周期内，倾角在 47.73° ~ 48.72°之间变化，偏心率在 0.012 ~ 0.037 之间变化。近心点幅角在 42.7° ~ 137.2°之间周期性波动。这些变化反映出灶神星周围的动力学环境复杂。但这些轨道要素的平均值几乎都保持不变。增大轨道的半长轴可减小振动幅度，提高冻结轨道的稳定性。

进一步讨论图 5.5（b）中无冻结轨道解析解的临界倾角 $i=62.5°$ 时的轨道演化，发现临界倾角下任意偏心率的轨道均可长时间保持稳定，如图 5.7 所示。对于 $e=0.05$，$e=0.08$，$e=0.125$，$e=0.18$，平均偏心率超 20 个周期仍变化很小。（$e\sin\omega$，$e\cos\omega$）的演化近似周期性，表明该倾角下任意 $\omega=\pi/2$ 或 $-\pi/2$ 的轨道都可以实现参数冻结。由于非球形引力摄动主导的冻结轨道可以选择轨道倾角，从而实现对小天体不同区域的探测，因此相对于其他类型的轨道，具有设计灵活、覆盖范围广等优势。

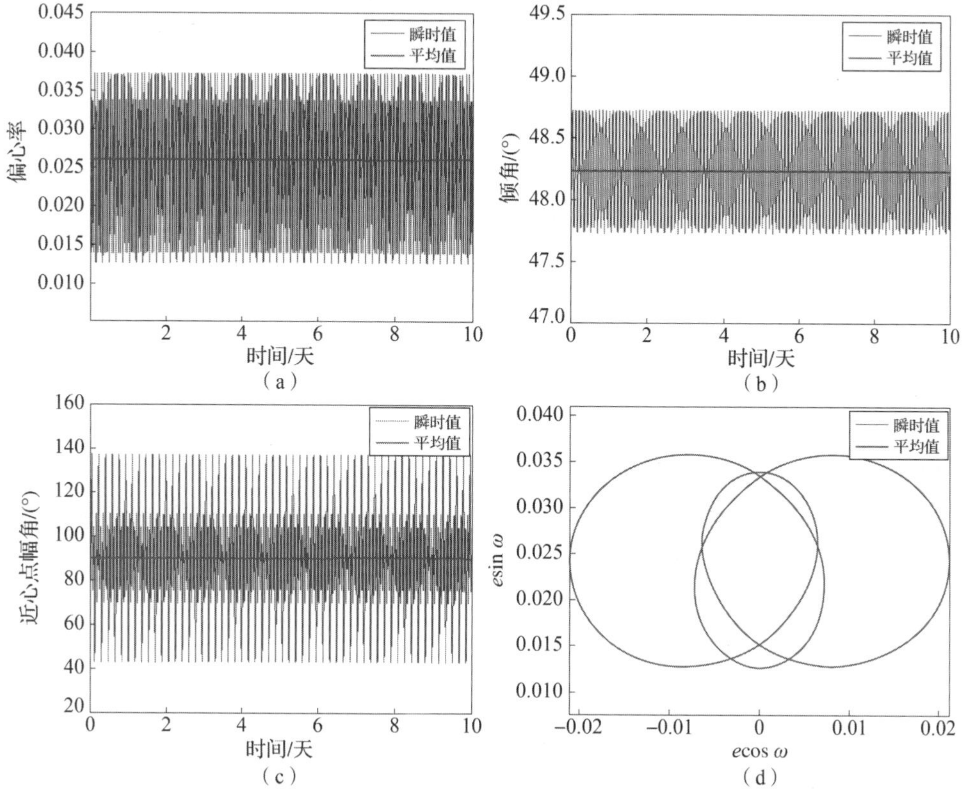

图 5.6　灶神星冻结轨道各轨道元素的平均值和瞬时值（附彩图）

（a）偏心率；（b）倾角；（c）近心点幅角；（d）$(e\sin\omega, e\cos\omega)$演化

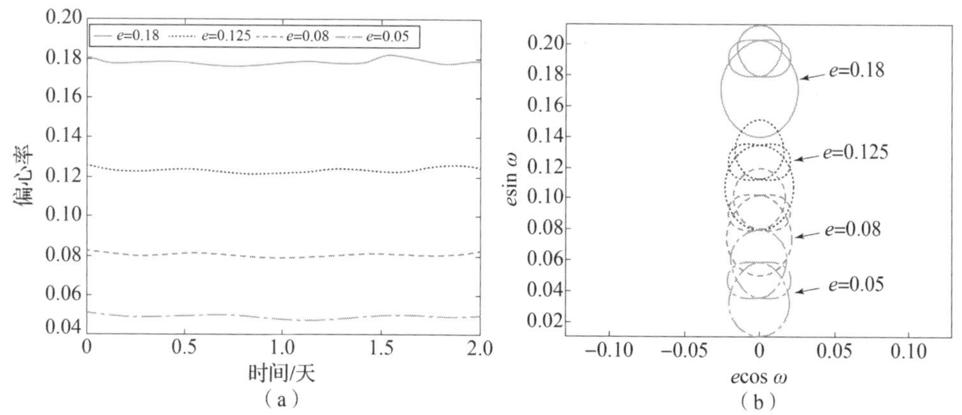

图 5.7　$i=62.5°$的轨道特性（附彩图）

（a）偏心率；（b）$(e\sin\omega, e\cos\omega)$演化

5.4 小天体附近太阳光压驱动的冻结轨道

5.4.1 扩展 Hill 动力学方程

对于尺寸在百米量级（甚至更小）的小天体，太阳光压摄动成为不可忽略的因素，因此本节在太阳－小天体旋转坐标系下研究小天体附近的运动，同时考虑太阳引力、小天体引力和太阳光压摄动力对探测器运动的影响。在太阳－小天体旋转坐标系下，太阳光压摄动加速度 $\boldsymbol{a}_{\mathrm{SRP}}$ 始终沿坐标系 x 轴方向。而且，由于小天体的质量远小于太阳，因此可以将坐标系的原点移至小天体质心，以希尔（Hill）三体动力学模型为基准，建立动力学方程。假设小天体轨道为圆轨道，忽略其非球形引力摄动，建立扩展 Hill 三体动力学方程[3-5]：

$$
\begin{cases}
\ddot{x} = 2\omega_{\mathrm{a}}\dot{y} + 3\omega_{\mathrm{a}}^{2}x - \dfrac{\mu_{\mathrm{a}}x}{r^{3}} + a_{\mathrm{SRP}} \\
\ddot{y} = -2\omega_{\mathrm{a}}\dot{x} - \dfrac{\mu_{\mathrm{a}}y}{r^{3}} \\
\ddot{z} = -\omega_{\mathrm{a}}^{2}z - \dfrac{\mu_{\mathrm{a}}z}{r^{3}}
\end{cases}
\tag{5.24}
$$

式中，$\boldsymbol{r}_{\mathrm{f}} = [x \quad y \quad z]$；

$\omega_{\mathrm{a}}, \mu_{\mathrm{a}}$——小天体公转轨道角速度和引力系数。

定义归一化长度和时间单位：

$$
\begin{cases}
[\mathrm{L}] = \left(\dfrac{\mu_{\mathrm{a}}}{\mu_{\mathrm{s}}}\right)^{\frac{1}{3}} R_{\mathrm{a}} = \left(\dfrac{\mu_{\mathrm{a}}}{\omega_{\mathrm{a}}^{2}}\right)^{\frac{1}{3}} \\
[\mathrm{T}] = \sqrt{\dfrac{R_{\mathrm{a}}^{3}}{\mu_{\mathrm{s}}}} = \dfrac{1}{\omega_{\mathrm{a}}}
\end{cases}
\tag{5.25}
$$

式中，μ_{s}——太阳引力系数；

R_{a}——小天体的公转轨道半径。

将式（5.25）改写为归一化形式，即归一化扩展 Hill 三体动力学（augmented normalized Hill three-body problem，ANH3BP）方程：

$$\begin{cases}\ddot{x}=2\dot{y}+3x-\dfrac{x}{r^3}+\beta\\ \ddot{y}=-2\dot{x}-\dfrac{y}{r^3}\\ \ddot{z}=-z-\dfrac{z}{r^3}\end{cases}\tag{5.26}$$

式中，β——无量纲太阳光压加速度，称为光压参数，其表达式为

$$\beta=a_{\mathrm{SRP}}\frac{[\mathrm{T}]^2}{[\mathrm{L}]}=\frac{C_{\mathrm{r}}P_{\mathrm{SRP}}\cdot 1\,\mathrm{AU}^2}{\sigma\mu_{\mathrm{s}}^{2/3}\mu_{\mathrm{a}}^{1/3}}\tag{5.27}$$

式中，P_{SRP}——太阳光压力。

β 是 ANH3BP 动力学中的唯一参数，可用于衡量太阳光压摄动作用的强弱，β 越大，摄动作用越强。由式（5.27）可知，β 由目标小天体物理特性和探测器参数决定。若目标小天体确定，则 β 仅与探测器自身参数 C_{r} 和 σ 有关。相同 β 值的小天体探测任务具有相同的归一化动力学，因此采用归一化方程对未来探测任务规划具有指导意义。

由式（5.26）可以看出，ANH3BP 是时不变的，因此定义 ANH3BP 的雅可比常数为

$$C(\boldsymbol{X})=\frac{1}{2}\|\boldsymbol{v}\|^2-1/\|\boldsymbol{r}\|-\frac{3}{2}x^2+\frac{1}{2}z^2-\beta x\tag{5.28}$$

式中，$\boldsymbol{X}$——探测器状态，$\boldsymbol{X}=[\boldsymbol{r},\boldsymbol{v}]$。

同时，ANH3BP 也具有动力学对称性，系统内存在关于 xy 平面对称的解，即 z 和 $\dot{z}$ 分量存在一个符号相反的镜像解。同时，$x=a(\tau)$，$y=-b(\tau)$，$z=c(\tau)$，$t=-\tau$ 代入方程，因为时间导数是 $\dot{x}=-a'$，$\dot{y}=b'$，$\dot{z}=-c'$，$\ddot{x}=a''$，$\ddot{y}=-b''$，$\ddot{z}=c''$，因此系统内也存在关于 xz 平面对称的解，即若存在从点 A 到点 B 的解，则存在一个从点 B' 出发到点 A' 结束的解，其中 A' 与 A 和 B' 与 B 在 y、$\dot{x}$ 和 $\dot{z}$ 分量上的符号相反，其他变量均相同。

5.4.2 小天体归一化光压参数分析

光压参数 β 是 ANH3BP 动力学中的唯一变量。具有相同 β 的系统，在归一化系统下的运动也相同。一些小行星探测任务中探测器不同质量面积比 σ 和小行星

引力系数 μ_a 下光压参数 β 的对比情况如图 5.8 和表 5.2 所示。由图 5.8 可知，β 在不同尺寸小行星下的量级差异巨大。由于 σ 和 μ_a 相互独立，因此不同任务可能具有相似的 β，如 Hayabusa 2 探测 1999 JU3 Ryugu 任务与 OSIRIS – REx 探测 101955 Bennu 任务中的光压扰动影响接近，但由于各小天体的单位长度和单位时间差异较大，因此真实量纲下的轨道尺寸也不相同。从表 5.2 可以看出，小天体 2016 HO3 具有较大的光压系数，表明在这类小尺寸小天体附近，太阳光压摄动起到显著的影响作用。

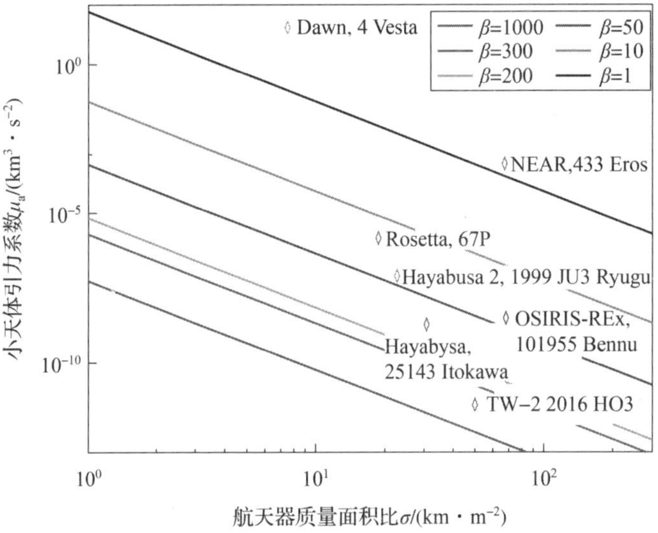

图 5.8　光压参数 β 与质量面积比和小行星引力系数的关系（附彩图）

表 5.2　小天体探测任务对应的光压参数

探测任务名称	目标小天体	μ_a/(km^3 · s^{-2})	σ/(km · m^{-2})	β
NEAR	433 Eros	4.5×10^{-4}	84	0.6
Hayabusa	25143 Itokawa	2.1×10^{-9}	31	97
Rosetta	P/67 Churyumov – Gerasimenko	1.3×10^{-6}	19	19
Dawn	4 Vesta	17.8	7	0.21
OSIRIS – REx	101955 Bennu	4.0×10^{-9}	74	33
Hayabusa 2	1999 JU3 Ryugu	4.6×10^{-8}	31	35
TW – 2*	2016 HO3	约 4.1×10^{-12}	约 24 ~ 80	约 300 ~ 1000

注：* TW – 2 指“天问二号”，中国未来计划的小天体探测任务，参数为估计值。

5.4.3　扩展 Hill 三体动力学下运动特性分析

与传统的三体动力学相似，扩展 Hill 三体动力学下也存动力学平衡点和周期轨道。但由于太阳光压摄动的方向始终沿 $+X$ 方向，因此在太阳 - 小天体连线中间不存在平衡点的解（即圆形限制性三体问题中的 L1 点），仅在 X 方向小天体外侧存在 L2 点。令式（5.26）中左式等于零，可得平衡点的位置，如图 5.9 所示。平衡点的位置与 β 相关，β 越大，平衡点就越接近小天体。β 与平衡点位置的关系如图 5.10 所示。

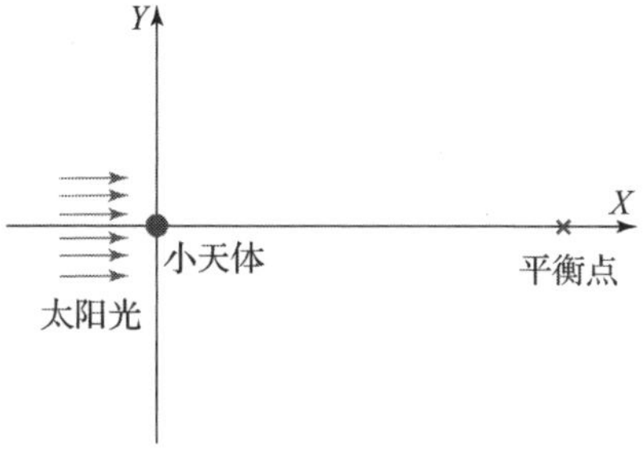

图 5.9　扩展 Hill 三体动力学下的平衡点

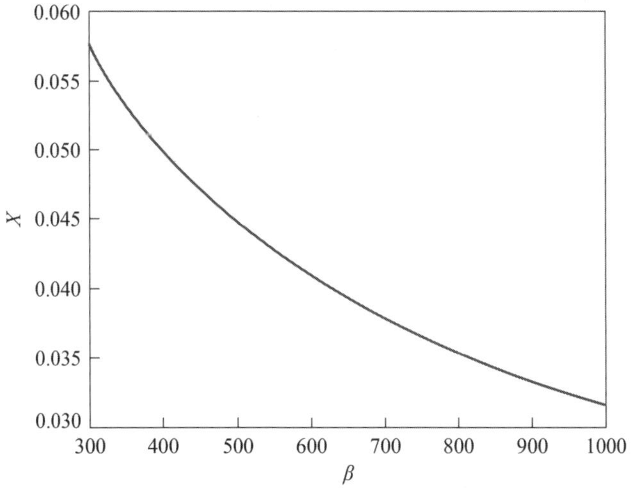

图 5.10　平衡点位置随 β 的变化关系

周期轨道是一个一维不变的状态族，如

$$\boldsymbol{X}(t)-\boldsymbol{F}_T(\boldsymbol{X}(t))=\boldsymbol{0} \tag{5.29}$$

式中，T——轨道周期；

$\boldsymbol{F}_T(\cdot)$——时间 T 后的运动状态。

对于 ANH3BP 中的任何轨迹，状态转移矩阵 $\boldsymbol{\Phi}$ 可以通过变分方程与动力学方程同步积分。周期轨道一个周期下的状态转移矩阵 $\boldsymbol{\Phi}$ 被定义为单值矩阵 $\boldsymbol{M}$。由于动力学属于哈密顿系统，$\boldsymbol{M}$ 具有辛结构，即其特征值满足 $1,1,\lambda_1,1/\lambda_1,\lambda_2$ 和 $1/\lambda_2$ 的形式，其中 λ_i 可以是复数。此外，轨道的稳定性与 $\boldsymbol{M}$ 的特征值有关，只有当 $\boldsymbol{M}$ 的每个特征值的大小均小于等于 1 时，周期轨道才是稳定的。一般来说，特征值有实部和虚部，因此所有的特征值必须在复平面的单位圆内。可以定义稳定性指数 k_1 和 k_2，其中 $k_i=\lambda_i+1/\lambda_i$，$i=1,2$。当 $|k_1|<2$ 和 $|k_2|<2$ 时，轨道稳定。k_1 和 k_2 的值越大，运动的稳定性越差。$\boldsymbol{M}$ 存在两个单位特征值，这表明在满足式（5.29）的周期轨道初始状态附近存在其他周期轨道对应的二维初始状态空间，但它们通常具有不同的 C 值或其他参数，可利用连续法生成轨道族。而且，根据轨道特征根的变化情况，判断是否出现分岔现象（即一对特征根变为重根后，再次分离，且特征根的实虚类型发生变化）。特征根分岔现象可能对应出现新的轨道族。常见分岔包括 1∶1 分岔和 $m:n$ 周期分岔。1∶1 分岔会产生新的轨道类型或改变轨道的稳定性，而 $m:n$ 周期分岔会生成多圈周期轨道。

5.4.4 太阳光压驱动的冻结轨道设计

5.4.4.1 周期轨道计算

利用 ANH3BP 的动力学对称性，可以简化周期轨道族的设计，选择轨道的初始状态在 xz 平面上且初始速度垂直该平面，同时选择相同的约束作为终端条件。通过网格搜索的方法，可以对小天体附近的空间进行遍历搜索，获得较好的初值，然后采用微分修正法得到精确的周期解。

微分修正法本质上是一种迭代的打靶法。对于一个优化问题，可通过状态关系矩阵描述约束变量相对控制变量微小改变的敏感性，并通过迭代调整控制变量，使约束变量达到期望值。

假设约束变量为 m 维向量 $\bar{\boldsymbol{\alpha}}$，控制变量为 n 维向量 $\bar{\boldsymbol{\beta}}$，状态变量为 $\bar{\boldsymbol{x}}$，初始状态为 $\bar{\boldsymbol{x}}_0$，终端状态为 $\bar{\boldsymbol{x}}_{\mathrm{f}}$，轨道递推时间为 t。根据复合函数求导法，可得

$$\delta\bar{\boldsymbol{\alpha}}=\frac{\partial\bar{\boldsymbol{\alpha}}}{\partial\bar{\boldsymbol{\beta}}}\delta\bar{\boldsymbol{\beta}}+\frac{\partial\bar{\boldsymbol{\alpha}}}{\partial t}\delta t=\frac{\partial\bar{\boldsymbol{\alpha}}}{\partial\bar{\boldsymbol{x}}_{\mathrm{f}}}\frac{\partial\bar{\boldsymbol{x}}_{\mathrm{f}}}{\partial\bar{\boldsymbol{x}}_{0}}\frac{\partial\bar{\boldsymbol{x}}_{0}}{\partial\bar{\boldsymbol{\beta}}}\delta\bar{\boldsymbol{\beta}}+\frac{\partial\bar{\boldsymbol{\alpha}}}{\partial t}\delta t \tag{5.30}$$

式中，$\dfrac{\partial\bar{\boldsymbol{x}}_{\mathrm{f}}}{\partial\bar{\boldsymbol{x}}_{0}}$可通过状态转移矩阵求得。

当轨道积分达到终止条件 $\bar{\theta}(t)=0$ 时终止，进一步分析可得

$$\delta\bar{\theta}=\frac{\partial\bar{\theta}}{\partial\bar{\boldsymbol{\beta}}}\delta\bar{\boldsymbol{\beta}}+\frac{\partial\bar{\theta}}{\partial t}\delta t=\frac{\partial\bar{\theta}}{\partial\bar{\boldsymbol{x}}_{\mathrm{f}}}\frac{\partial\bar{\boldsymbol{x}}_{\mathrm{f}}}{\partial\bar{\boldsymbol{x}}_{0}}\frac{\partial\bar{\boldsymbol{x}}_{0}}{\partial\bar{\boldsymbol{\beta}}}\delta\bar{\boldsymbol{\beta}}+\frac{\partial\bar{\theta}}{\partial t}\delta t=0 \tag{5.31}$$

式（5.31）建立了 δt 与 $\delta\bar{\boldsymbol{\beta}}$ 之间的联系，代入式（5.30）可得约束变量偏量 $\delta\bar{\boldsymbol{\alpha}}$ 与控制变量偏量 $\delta\bar{\boldsymbol{\beta}}$ 之间的关系式。假设该关系式为

$$\delta\bar{\boldsymbol{\alpha}}=\boldsymbol{M}\delta\bar{\boldsymbol{\beta}} \tag{5.32}$$

式中，$\boldsymbol{M}$——$m\times n$ 维矩阵。一般来说 $m\neq n$，该式可能有无穷多个解。此时可以采用两种解决方法。其一，固定部分控制变量，从而使控制变量数目与约束标量数目相等；其二，采用最小二乘法，可给出控制变量改变量最小的解，如下式：

$$\delta\bar{\boldsymbol{\beta}}=\boldsymbol{M}^{\mathrm{T}}(\boldsymbol{M}\boldsymbol{M}^{\mathrm{T}})^{-1}\delta\bar{\boldsymbol{\alpha}} \tag{5.33}$$

记 $\boldsymbol{x}_0$ 为标称轨道在初始时刻 t_0 时的状态，根据对称性，选择初始位置位于 xz 平面，且速度沿 y 轴方向，则对应的初值位置矢量为 $\boldsymbol{r}_0=[x_0,0,z_0]^{\mathrm{T}}$，速度矢量为 $\boldsymbol{v}_0=[0,\dot{y}_0,0]^{\mathrm{T}}$，积分的终止条件为 $y_{\mathrm{f}}=0$。$\boldsymbol{x}_0$ 经过积分时间 T，到达时刻 $t=t_0+T$，对应终端状态 $\boldsymbol{r}_{\mathrm{f}}=[x_{\mathrm{f}},0,z_{\mathrm{f}}]^{\mathrm{T}}$，$\boldsymbol{v}_{\mathrm{f}}=[\dot{x}_{\mathrm{f}},\dot{y}_{\mathrm{f}},\dot{z}_{\mathrm{f}}]^{\mathrm{T}}$。终端的目标状态满足 $\dot{x}_{\mathrm{d}}-0$，$\dot{z}_{\mathrm{d}}=0$，则偏差可以表示为 $\delta\dot{x}_{\mathrm{f}}=\dot{x}_{\mathrm{f}}-\dot{x}_{\mathrm{d}}$，$\delta\dot{z}_{\mathrm{f}}=\dot{z}_{\mathrm{f}}-\dot{z}_{\mathrm{d}}$。同时，假设固定初始 z_0 不变，仅改变 x_0 和 z_0 使轨道满足终端状态。

由式（5.30）可得

$$\begin{bmatrix}\delta\dot{x}_{\mathrm{f}}\\ \delta\dot{z}_{\mathrm{f}}\end{bmatrix}=\begin{bmatrix}\dfrac{\partial\dot{x}_{\mathrm{f}}}{\partial x_0} & \dfrac{\partial\dot{x}_{\mathrm{f}}}{\partial\dot{y}_0}\\ \dfrac{\partial\dot{z}_{\mathrm{f}}}{\partial x_0} & \dfrac{\partial\dot{z}_{\mathrm{f}}}{\partial\dot{y}_0}\end{bmatrix}\begin{bmatrix}\delta x_0\\ \delta\dot{y}_0\end{bmatrix}+\begin{bmatrix}\dfrac{\partial\dot{x}_{\mathrm{f}}}{\partial t}\\ \dfrac{\partial\dot{z}_{\mathrm{f}}}{\partial t}\end{bmatrix}\delta t \tag{5.34}$$

同时根据终止条件和式（5.31）可得

$$\delta y_{\mathrm{f}}=\begin{bmatrix}\dfrac{\partial y_{\mathrm{f}}}{\partial x_0} & \dfrac{\partial y_{\mathrm{f}}}{\partial\dot{y}_0}\end{bmatrix}\begin{bmatrix}\delta x_0\\ \delta\dot{y}_0\end{bmatrix}+\begin{bmatrix}\dfrac{\partial y_{\mathrm{f}}}{\partial t}\end{bmatrix}\delta t=0 \tag{5.35}$$

联立式（5.34）和式（5.35），即可得到周期轨道的微分修正关系式：

$$\begin{bmatrix} \delta\dot{x}_{\mathrm{f}} \\ \delta\dot{z}_{\mathrm{f}} \end{bmatrix} = \begin{bmatrix} \dfrac{\partial\dot{x}_{\mathrm{f}}}{\partial x_0} - \dfrac{\partial\dot{x}_{\mathrm{f}}}{\partial t}\dfrac{\dfrac{\partial y_{\mathrm{f}}}{\partial x_0}}{\dfrac{\partial y_{\mathrm{f}}}{\partial t}} & \dfrac{\partial\dot{x}_{\mathrm{f}}}{\partial\dot{y}_0} - \dfrac{\partial\dot{x}_{\mathrm{f}}}{\partial t}\dfrac{\dfrac{\partial y_{\mathrm{f}}}{\partial\dot{y}_0}}{\dfrac{\partial y_{\mathrm{f}}}{\partial y_{\mathrm{f}}}} \\ \dfrac{\partial t}{\partial x_0} - \dfrac{\partial\dot{z}_{\mathrm{f}}}{\partial t}\dfrac{\dfrac{\partial y_{\mathrm{f}}}{\partial x_0}}{\dfrac{\partial y_{\mathrm{f}}}{\partial t}} & \dfrac{\partial\dot{z}_{\mathrm{f}}}{\partial\dot{y}_0} - \dfrac{\partial\dot{z}_{\mathrm{f}}}{\partial t}\dfrac{\dfrac{\partial y_{\mathrm{f}}}{\partial\dot{y}_0}}{\dfrac{\partial y_{\mathrm{f}}}{\partial t}} \end{bmatrix} \begin{bmatrix} \delta x_0 \\ \delta\dot{y}_0 \end{bmatrix} \tag{5.36}$$

通过对轨道积分多次迭代求解，即可得到满足约束的周期解。遍历初始状态，利用微分修正法可以得到 ANH3BP 中的多族周期轨道，包括平衡点附近的周期轨道，如图 5.11 所示，轨道呈月牙形，与传统的近椭圆轨道差别较大，同时周期轨道的稳定性指数较大（通常 $k>1000$），这表明小天体 ANH3BP 平衡点附近的轨道高度不稳定，受扰动容易发散，因此不适合作为小天体探测的任务轨道。除平衡点周期轨道外，小天体附近还存在多族周期轨道，其中一类稳定的周期轨道法线指向或背离太阳，轨道中心向太阳 - 小天体方向偏移（即 $\phi>90°$），该轨道即太阳光压驱动的冻结轨道（SRP frozen orbit），或晨昏线轨道（terminator orbit），接下来将详细介绍太阳光压驱动的冻结轨道。

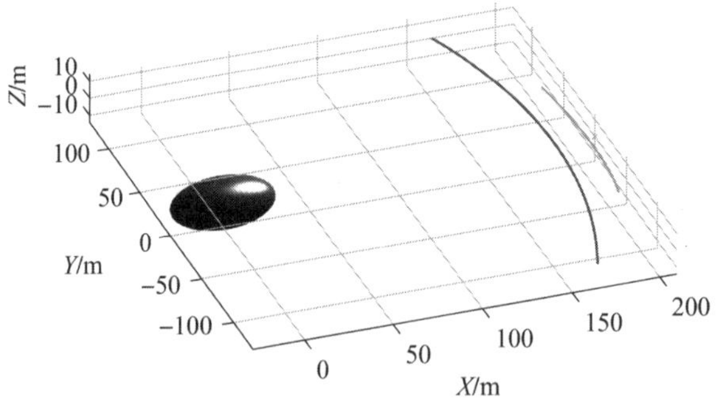

图 5.11　ANH3BP 模型下平衡点附近周期轨道（附彩图）

5.4.4.2　太阳光压冻结轨道设计

光压轨道在 ANH3BP 系下为近圆轨道，且轨道面接近与 x 轴垂直。选定太阳光压参数，通过微分修正可以得到任意一条光压冻结轨道。此后，利用连续法分别对 x/z 轴位置和光压参数进行延拓，可以得到不同轨道面偏移和不同太阳光压摄动下的冻结轨道。同时，可以利用周期轨道的单值矩阵计算轨道的稳定性，部分光压系数下的冻结轨道如图 5. 12 所示。其中，蓝色表示稳定轨道，红色表示不稳定轨道。

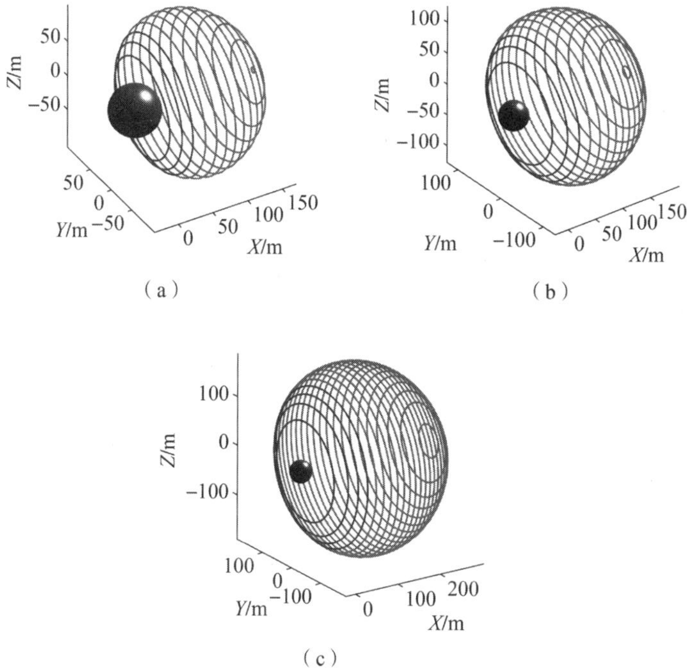

图 5. 12　不同光压系数下的冻结轨道族（附彩图）

（a）$\beta=960$；（b）$\beta=680$；（c）$\beta=300$

从图 5. 12 可以看出，当冻结轨道的中心偏移量较小时，轨道属于稳定轨道。随着偏移量增大，轨道将变得不稳定，轨道的稳定性指标与偏移量的关系如图 5. 13 所示。

从图 5. 13 可以看出，在归一化参数偏移量小于 0. 1 的情况下，轨道的稳定性指数为 1，此后稳定性指数逐渐增大，不同光压参数的临界值略有差别，且光压参数越大，相同偏移量下的稳定性越差。而且，从轨道的尺寸看，不同光压参数下的轨道随着偏移量的增大均呈现先增大后减小的变化规律，同时轨道最终将收敛到相应的平衡点。不同光压系数下轨道周期与偏移量的关系如图 5. 14 所示。冻结轨道的周期也随着偏移量的增大而增大。在小天体附近的稳定冻结轨道周期仅为 0.5 天，而靠近平衡点附近的不稳定冻结轨道的周期将增大 6 ~ 7 倍，最大可达 5 天。在相同偏移量下，光压参数越小，对应的轨道周期越大。

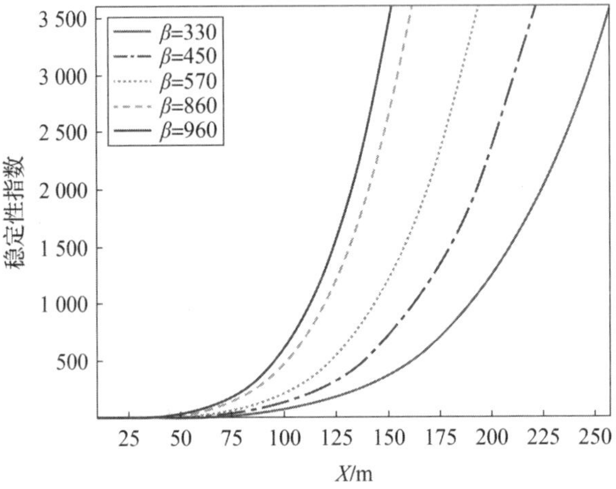

图 5.13 不同冻结轨道族的稳定性变化（附彩图）

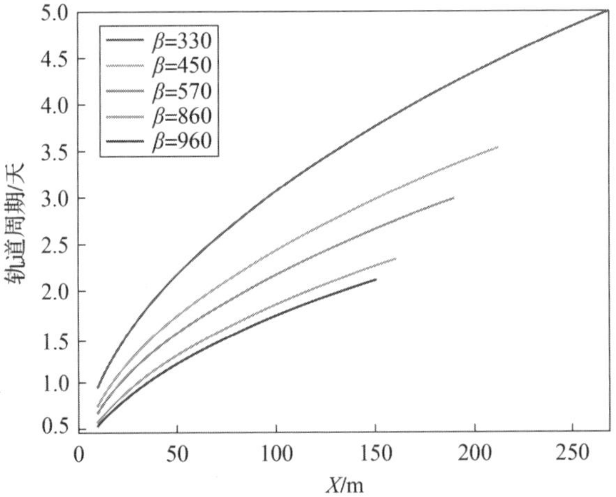

图 5.14 不同冻结轨道族的轨道周期变化（附彩图）

进一步固定轨道沿 x 轴的偏移量，给出不同光压参数下的冻结轨道族的变化情况，如图 5.15 所示。随着光压影响的增强，在相同 x 偏移量下，轨道将更接近小天体。

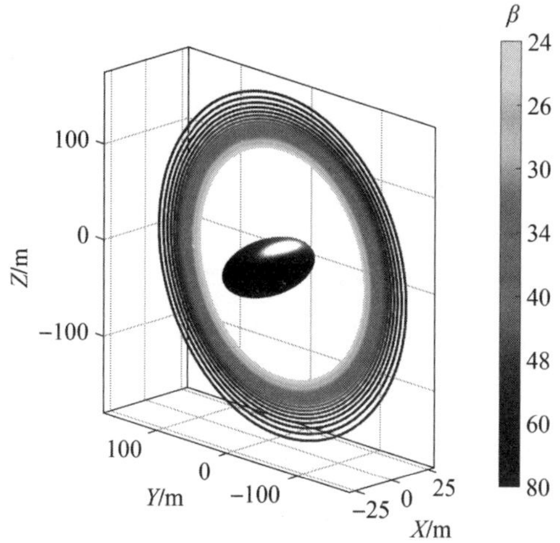

图 5.15　光压系数对轨道尺寸的影响（附彩图）

此外，利用轨道族延拓中的分岔现象，可得到多圈的冻结轨道或拟冻结轨道，其中单值矩阵 $\boldsymbol{M}$ 中的一对特征值由正实根变成复数根。通过选取不同的特征值和特征向量，可得两类拟冻结轨道——向太阳方向弯曲的向日拟周期光压冻结轨道、向小天体一侧弯曲的背日拟周期光压冻结轨道，如图 5.16 所示。与冻结轨道相比，拟冻结轨道具有更大的空间覆盖性。

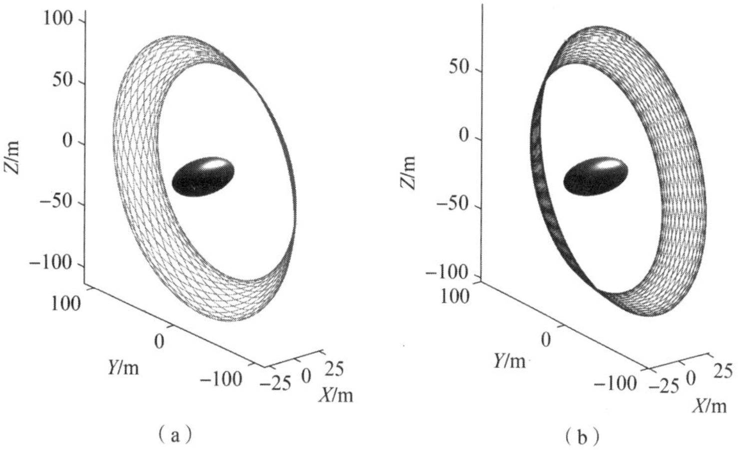

图 5.16　拟周期光压冻结轨道族（附彩图）

(a) 向日拟周期光压冻结轨道；(b) 背日拟周期光压冻结轨道

5.5 考虑小天体非球形摄动的太阳光压驱动冻结轨道设计

5.5.1 准周期光压冻结轨道设计

从 5.4 节分析可以看出，光压冻结轨道的尺寸与太阳 - 小天体系统的单位长度有关，若单位长度较小，则对应的轨道半径也越小。同时，在 ANH3BP 中设计的轨道仅考虑了质点作用力的影响，若小天体形状近圆形或冻结轨道的尺寸相比小天体大得多，则由 ANH3BP 模型设计的光压驱动冻结轨道可直接应用于任务轨道设计。然而，对于部分单位长度较小的小天体，对应的光压冻结轨道尺寸也很小，可能与小天体的尺寸接近，例如，表 5.2 中的 2016 HO3 小天体，其特征长度仅 100 m，而小行星自身的半径可能仅数十米。此时，小天体的不规则形状摄动需要被进一步考虑，形状摄动将改变冻结轨道的运动形式，甚至影响轨道的稳定性。因此，本节以小天体 2016 HO3 为例，给出考虑非球形引力摄动的太阳光压驱动冻结轨道设计。

小天体 2016 HO3 是一颗近地小行星，也是一颗地球准卫星，是我国小行星探测计划的备选目标，2016 HO3 具有小尺寸和快自旋的特点，直径约为 36 m，自旋周期仅 28 min[6]；根据光谱曲线推测，其具有细长体结构[7]，与近球形的小天体存在较大的差异，因此其附近不规则形状引力摄动较为明显。将小天体的特征轨道参数（表 5.3）代入式（5 - 26），可得稳定冻结轨道的半径在 50 ~ 100 m 范围内，与小天体的表面十分接近，因此在 ANH3BP 中进一步引入形状信息。由于小天体的自转轴与公转轨道的角动量方向可能不重合，因此除特殊情况外，其自转轴在 ANH3BP 中并不固定，小天体既存在绕自转轴的自旋运动，其自转轴也存在类似进动的现象。

表 5.3 各种原始天体的相关参数

目标小天体	R_a/AU	影响球半径/km	单位长度/km	单位时间/天
433 Eros	1. 46	17. 7	3. 28	103
25143 Itokawa	1. 32	0. 27	49. 60	88. 2

续表

目标小天体	R_a/AU	影响球半径/km	单位长度/km	单位时间/天
P/67 Churyumov – Gerasimenko	3.46	2.0	1.11	374
4 Vesta	17.8	289	81.00	211
101955 Bennu	1.13	0.29	52.60	69.8
1999 JU3 Ryugu	1.19	0.46	125.00	75.5
2016 HO3	1.00	≈0.15	4.69	58.2

将小天体的自转轴指向用角度 α 和 γ 描述，其中，α 是自转轴在太阳 – 小天体坐标系 xy 平面内的投影与 x 轴的夹角，γ 表示自转轴与 xy 平面的夹角。由于 2016 HO3 绕太阳旋转，因此自转轴在旋转坐标系中绕 z 轴顺时针旋转。自转轴的方向矢量可以表示为 $\boldsymbol{l}=[\cos\alpha(t)\cos\gamma,\sin\alpha(t)\cos\gamma,\sin\gamma]$，从太阳 – 小天体坐标系到小天体固连坐标系的旋转矩阵 $\boldsymbol{R}_{\mathrm{M}}$ 可表示为

$$\boldsymbol{R}_{\mathrm{M}}=\boldsymbol{R}_z(\theta)\boldsymbol{R}_y\left(\frac{\pi}{2}-\gamma\right)\boldsymbol{R}_z(\alpha) \tag{5.37}$$

式中，$\boldsymbol{R}_y,\boldsymbol{R}_z$——沿 y 轴和 z 轴的旋转矩阵；

θ——小天体绕自转轴的旋转角度，$\theta=\theta_0+\omega t$，θ_0 表示初始旋转角，ω 表示小天体的自旋速率，t 表示时间。

根据光谱曲线，假设 2016 HO3 的椭球体模型具有长宽比为 2∶1∶1，自转轴的指向选择为 $\alpha_0=0$，$\gamma=\pi/2$，$\theta_0=0$，探测器质量面积比 $\sigma=50\ \mathrm{kg/m^2}$，用椭球模型的引力场代替方程中的质点引力场，对光压冻结轨道数值积分，发现考虑非球形引力摄动后，不稳定的冻结轨道将发散，在系统附近逃逸，而稳定的冻结轨道尽管仍保持在小天体附近，但轨道波动较大，如图 5.17 所示。

在此考虑非球形摄动影响，对光压冻结轨道进行精确设计。由于受小天体自旋的影响，无法找到严格的周期冻结轨道，因此本节提出一种不同于拟周期冻结轨道的准周期冻结轨道设计方法。通过轨道设计，将光压冻结轨道维持在较小的空间范围内。准周期冻结轨道基于以下假设：

（1）冻结轨道的周期远小于小天体的公转轨道周期。因此，旋转坐标系下旋转轴在短时间内（若干个冻结轨道周期）不会改变方向。

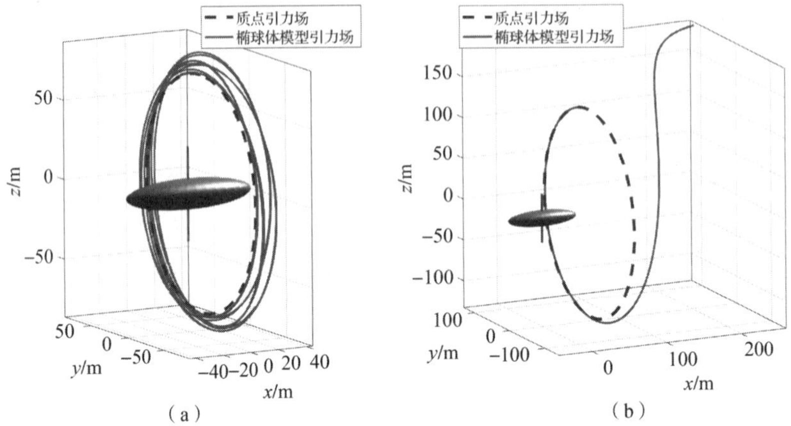

图 5.17 考虑非球型摄动下冻结轨道（附彩图）

（a）稳定轨道；（b）不稳定轨道

（2）小天体的自旋周期远小于冻结轨道的周期。因此在轨道设计中可忽略自旋角度的差别，若某一轨道在太阳 – 小天体坐标系下闭合，则认为它是准周期的。

由于非球形引力摄动的存在，即使基于以上假设，冻结轨道也将不满足对称性，因此本节采用非对称修正算法求解准周期轨道[8]。

假设轨道从 yz 平面出发，以 $y=0$ 作为终止条件修正轨道。轨道的初始状态为 $\boldsymbol{X}_0=[x_0,0,z_0,\dot{x}_0,\dot{y}_0,\dot{z}_0]$。小天体的自旋方向固定为 $[\alpha_0,\gamma]$，初始旋转角任意选择为 θ_0。当 $y=0$，$y_0\cdot y_{\mathrm{f}}>0$ 时，轨道终止于 $\boldsymbol{X}_{\mathrm{f}}=[x_{\mathrm{f}},0,z_{\mathrm{f}},\dot{x}_{\mathrm{f}},\dot{y}_{\mathrm{f}},\dot{z}_{\mathrm{f}}]$。准周期条件为 $x_0=x_{\mathrm{f}},z_0=z_{\mathrm{f}},\dot{x}_0=\dot{x}_{\mathrm{f}},\dot{y}_0=\dot{y}_{\mathrm{f}},\dot{z}_0=\dot{z}_{\mathrm{f}}$。只需要为任意 4 个变量建立方程，最后一个变量将自动受到轨道能量积分的约束，轨道偏差表示为 $\delta\boldsymbol{X}=[\delta x,\delta y,\delta z,\delta\dot{x},\delta\dot{y},\delta\dot{z}]$。选择变量 $x,z,\dot{x},\dot{z}$，通过迭代消除终端误差 $\delta x,\delta z,\delta\dot{x},\delta\dot{z}$，获得准周期轨道。其方程为

$$\begin{cases}F(x_0+\delta x_0,z_0+\delta z_0,\dot{x}_0+\delta\dot{x}_0,\dot{z}_0+\delta\dot{z}_0,\dot{y}_0+\delta\dot{y}_0)=x_0+\delta x_0\\ G(x_0+\delta x_0,z_0+\delta z_0,\dot{x}_0+\delta\dot{x}_0,\dot{z}_0+\delta\dot{z}_0,\dot{y}_0+\delta\dot{y}_0)=z_0+\delta z_0\\ H(x_0+\delta x_0,z_0+\delta z_0,\dot{x}_0+\delta\dot{x}_0,\dot{z}_0+\delta\dot{z}_0,\dot{y}_0+\delta\dot{y}_0)=\dot{x}_0+\delta\dot{x}_0\\ I(x_0+\delta x_0,z_0+\delta z_0,\dot{x}_0+\delta\dot{x}_0,\dot{z}_0+\delta\dot{z}_0,\dot{y}_0+\delta\dot{y}_0)=\dot{z}_0+\delta\dot{z}_0\end{cases}\tag{5.38}$$

利用泰勒展开式至一阶形式，可得

$$
\begin{bmatrix} \delta x \\ \delta z \\ \delta \dot{x} \\ \delta \dot{z} \end{bmatrix} = (\boldsymbol{Q} - \boldsymbol{P}) \begin{bmatrix} \delta x_0 \\ \delta z_0 \\ \delta \dot{x}_0 \\ \delta \dot{y}_0 \\ \delta \dot{z}_0 \end{bmatrix} \tag{5.39}
$$

式中,

$$
\boldsymbol{Q} = \begin{bmatrix} \frac{\partial F}{\partial x_0} & \frac{\partial F}{\partial z_0} & \frac{\partial F}{\partial \dot{x}_0} & \frac{\partial F}{\partial \dot{y}_0} & \frac{\partial F}{\partial \dot{z}_0} \\ \frac{\partial G}{\partial x_0} & \frac{\partial G}{\partial z_0} & \frac{\partial G}{\partial \dot{x}_0} & \frac{\partial G}{\partial \dot{y}_0} & \frac{\partial G}{\partial \dot{z}_0} \\ \frac{\partial H}{\partial x_0} & \frac{\partial H}{\partial z_0} & \frac{\partial H}{\partial \dot{x}_0} & \frac{\partial H}{\partial \dot{y}_0} & \frac{\partial H}{\partial \dot{z}_0} \\ \frac{\partial I}{\partial x_0} & \frac{\partial I}{\partial z_0} & \frac{\partial I}{\partial \dot{x}_0} & \frac{\partial I}{\partial \dot{y}_0} & \frac{\partial I}{\partial \dot{z}_0} \end{bmatrix}, \quad \boldsymbol{P} = \begin{bmatrix} 1 & 0 & 0 & 0 & 0 \\ 0 & 1 & 0 & 0 & 0 \\ 0 & 0 & 1 & 0 & 0 \\ 0 & 0 & 0 & 0 & 1 \end{bmatrix}
$$

根据 $\delta \boldsymbol{X}$ 的一阶近似值 $\delta \boldsymbol{X} = \boldsymbol{\Phi} \delta \boldsymbol{X}_0 + \dot{\boldsymbol{X}} \delta t$，$\boldsymbol{Q}$ 可表示为

$$
\boldsymbol{Q} = \begin{bmatrix} \frac{\partial x}{\partial x_0} & \frac{\partial x}{\partial z_0} & \frac{\partial x}{\partial \dot{x}_0} & \frac{\partial x}{\partial \dot{y}_0} & \frac{\partial x}{\partial \dot{z}_0} \\ \frac{\partial y}{\partial x_0} & \frac{\partial y}{\partial z_0} & \frac{\partial y}{\partial \dot{x}_0} & \frac{\partial y}{\partial \dot{y}_0} & \frac{\partial y}{\partial \dot{z}_0} \\ \frac{\partial \dot{x}}{\partial x_0} & \frac{\partial \dot{x}}{\partial z_0} & \frac{\partial \dot{x}}{\partial \dot{x}_0} & \frac{\partial \dot{x}}{\partial \dot{y}_0} & \frac{\partial \dot{x}}{\partial \dot{z}_0} \\ \frac{\partial \dot{z}}{\partial x_0} & \frac{\partial \dot{z}}{\partial z_0} & \frac{\partial \dot{z}}{\partial \dot{x}_0} & \frac{\partial \dot{z}}{\partial \dot{y}_0} & \frac{\partial \dot{z}}{\partial \dot{z}_0} \end{bmatrix} - \frac{1}{\dot{y}} \begin{bmatrix} \dot{x} \\ \dot{z} \\ \ddot{x} \\ \ddot{z} \end{bmatrix} \begin{bmatrix} \frac{\partial y}{\partial x_0} & \frac{\partial y}{\partial z_0} & \frac{\partial y}{\partial \dot{x}_0} & \frac{\partial y}{\partial \dot{y}_0} & \frac{\partial y}{\partial \dot{z}_0} \end{bmatrix} \tag{5.40}
$$

以 ANH3BP 模型中冻结轨道的初始状态作为初始猜测值，通过迭代更新 $\delta x_0, \delta z_0, \delta \dot{x}_0, \delta \dot{y}_0, \delta \dot{z}_0$，直到 $\delta x_0, \delta z_0, \delta \dot{x}_0, \delta \dot{z}_0 < \varepsilon$，得到形状模型下的准周期轨道。

通过微分修正，准周期轨道在首个轨道周期完全闭合；由于旋转角 θ 在每个周期均不相同，因此在随后的轨道周期中存在小的偏差，但小天体的自旋周期短，故 θ 的偏差带来的摄动影响较小。稳定性分析表明，准周期轨道仍然是稳定

轨道。因此，小偏差不会在多个周期内发散。数值结果如图 5.18 所示。选择初始状态 $\alpha_0 = \pi/3$，$\gamma = \pi/3$，$\theta_0 = 0$，积分 10 个轨道周期，轨道演化始终在准周期轨道附近。与未修正的轨道相比，修正后的轨道与质点模型下的冻结轨道可保持在同一平面上，收敛性较好。

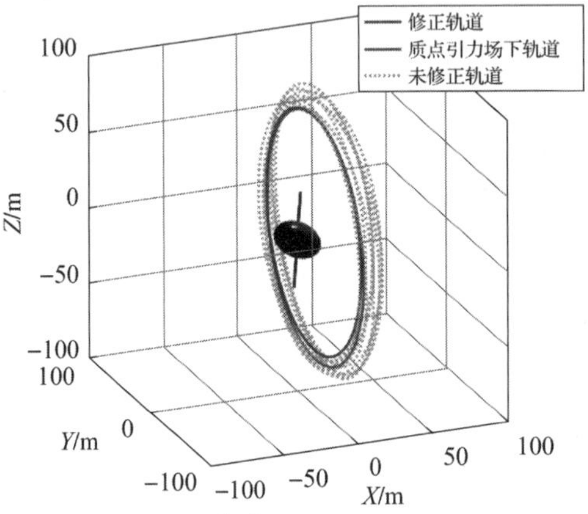

(a)

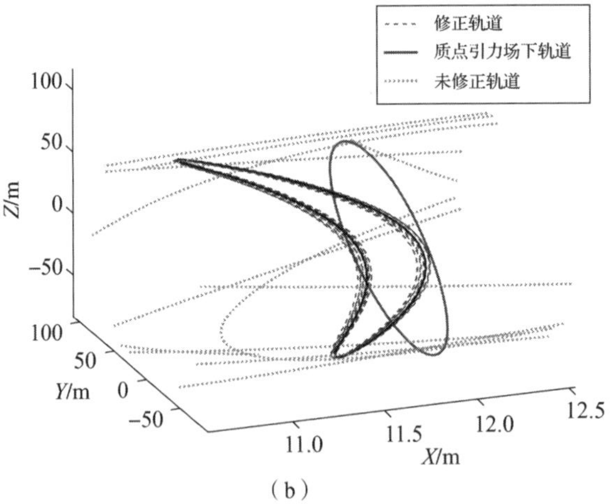

(b)

图 5.18 修正后的准周期冻结轨道及其演化（附彩图）

(a) 全局图；(b) 局部图

准周期轨道在不同初始旋转角 θ_0 下的轨道演化如图 5.19 所示。准周期轨道的初值在 $\theta_0 = 0$ 时修正，初始旋转角 θ_0 对准周期轨道的影响较小。小天体 2016 HO3 的短自旋周期导致探测器一个自旋周期内在轨道上的运动距离有限。因此，在相同轨道段内一个自旋周期的平均摄动力相似。最大位置偏差小于 0.5 m，这与约为 80 m 的轨道半径相比可以忽略不计。

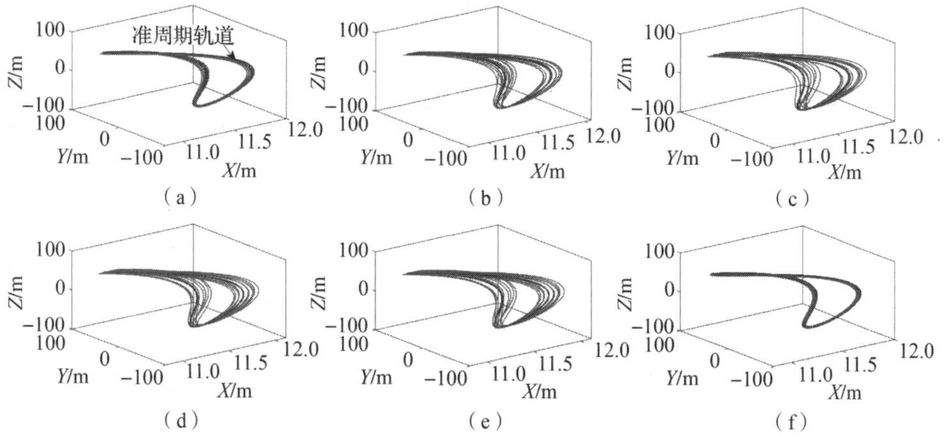

图 5.19　不同初始旋转角下的准周期冻结轨道演化（附彩图）

（a）$\theta_0=0$；（b）$\theta_0=\dfrac{\pi}{6}$；（c）$\theta_0=\dfrac{\pi}{3}$；（d）$\theta_0=\dfrac{\pi}{2}$；（e）$\theta_0=\dfrac{2\pi}{3}$；（f）$\theta_0=\dfrac{5\pi}{6}$

5.5.2　自转轴指向对冻结轨道的影响分析

由于旋转角 θ 的影响有限，在此假设初始旋转角 $\theta_0=0$。选择太阳 - 小天体坐标系下三轴椭球模型的不同自转轴方向，通过非对称修正得到准周期冻结轨道，并与 ANH3BP 模型中的冻结轨道进行对比，如图 5.20 所示。图中的实线表示准周期冻结轨道，虚线表示质点模型中的周期冻结轨道，自转轴标注在每个图中。

由图 5.20 可以看出，与旋转角相比，自转轴的方向对冻结轨道的影响更大，其影响主要体现在两个方面——轨道尺寸变化、轨道中心偏移。这里定义两种平均摄动加速度：自旋平均摄动加速度、轨道平均摄动加速度。

自旋平均摄动加速度即小天体附近某点 P 在一个自旋周期内的平均摄动加速度：

$$\Delta \boldsymbol{a}_{\mathrm{s}}(\boldsymbol{r})=\frac{1}{2\pi}\int_0^{2\pi}\left[\frac{\partial U(\theta)}{\partial \boldsymbol{r}}-\frac{\mu_{\mathrm{a}}}{\|\boldsymbol{r}\|^3}\boldsymbol{r}\right]\mathrm{d}\theta \tag{5.41}$$

式中，$U(\theta)$——旋转角 θ 时的引力势函数。

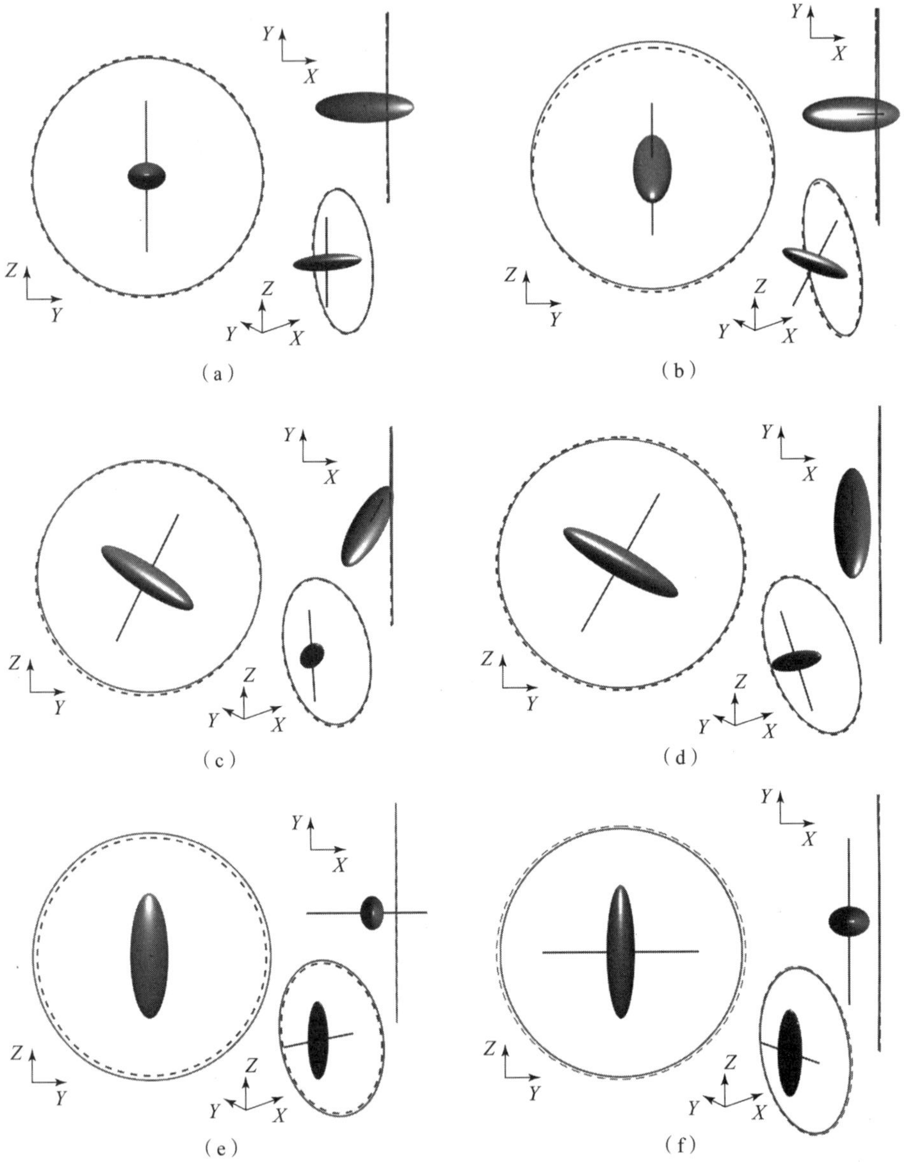

图 5.20 自转轴指向对准周期冻结轨道的影响（附彩图）

(a) $\gamma=\pi/2$, $\alpha=0$; (b) $\gamma=\pi/3$, $\alpha=0$; (c) $\gamma=\pi/3$, $\alpha=\pi/3$;
(d) $\gamma=\pi/3$, $\alpha=\pi/2$; (e) $\gamma=0$, $\alpha=0$; (f) $\gamma=0$, $\alpha=\pi/2$

在一个轨道周期 T 内对沿冻结轨道 Γ 的自旋平均摄动积分，可得轨道平均摄动加速度，即

$$\Delta \boldsymbol{a}_{\mathrm{o}} = \frac{1}{T}\int_0^T \Delta \boldsymbol{a}_{\mathrm{s}}(\boldsymbol{r}(t))\mathrm{d}t, \boldsymbol{r}(t) \in \Gamma \tag{5.42}$$

从图 5.20 中可以看出，准周期轨道在 $\gamma = 0$、$\alpha = 0$ 和 $\gamma = 0$、$\alpha = \pi/2$ 时的变化较显著。此时旋转轴平行于 X 轴或 Y 轴，自旋平均摄动加速度 $\Delta \boldsymbol{a}_{\mathrm{s}}$ 沿 XY 和 XZ 平面对称。因此，Δa_{oy} 和 Δa_{oz} 接近 0，轨道中心在 yz 平面中几乎不变。然而，细长体形状会改变小天体沿 X、Y、Z 方向的平均加速度。对于自转轴指向为 $\gamma = 0$、$\alpha = 0$ 的情况，有 $\Delta a_{ox} > 0$。同时，$\Delta a_{oy} y < 0$，$\Delta a_{oz} z < 0$。因此，当前系统等效于小天体质量较大而光压摄动力减小的系统，两者均导致 β 减小。根据图 5.15，若沿 X 方向的轨道中心偏移不变，则轨道半径将增加。

相反，自转轴指向 $\gamma = 0$、$\alpha = \pi/2$ 的情况等效于具有较大光压参数的系统，因此冻结轨道的半径将减小。类似的情况发生在 $\gamma = \pi/2$、$\alpha = 0$ 时。对于其他情况，$\Delta \boldsymbol{a}_{\mathrm{s}}$ 在 XZ 或 XY 平面上不对称，因此存在长期的扰动加速度 Δa_{oy} 或 Δa_{oz}，这将导致轨道中心在 YZ 平面偏移，并伴随有尺寸变化，其偏移方向与扰动加速度的方向有关。

5.5.3　基于自旋平均摄动加速度的准周期冻结轨道设计方法

上述非对称修正方法同样可用于多面体引力场模型下准周期轨道的设计，但基于形状模型的设计较为耗时且收敛困难。因此，本节基于对摄动加速度的分析，提出一种利用自旋平均摄动加速度 $\Delta \boldsymbol{a}_{\mathrm{s}}$ 的准周期轨道迭代设计方法。

选择质点模型 $\Gamma_0(\boldsymbol{r}(t), \boldsymbol{v}(t))$ 中的光压冻结轨道作为初始猜测。利用式 (5.41) 可得到沿轨道 Γ_0 的自旋平均摄动加速度 $\Delta \boldsymbol{a}_{\mathrm{s}}(\boldsymbol{r}(t) \in \Gamma_0)$，将其代入式 (5.26)，可得

$$\begin{cases} \ddot{x} = 2\omega_{\mathrm{a}}\dot{y} + 3\omega_{\mathrm{a}}^2 x - \dfrac{\mu_{\mathrm{a}} x}{r^3} + \rho_{\mathrm{SRP}} + \Delta a_{sx} \\ \ddot{y} = -2\omega_{\mathrm{a}}\dot{x} - \dfrac{\mu_{\mathrm{a}} y}{r^3} + \Delta a_{sy} \\ \ddot{z} = -\omega_{\mathrm{a}}^2 z - \dfrac{\mu_{\mathrm{a}} z}{r^3} + \Delta a_{sz} \end{cases} \tag{5.43}$$

式中，ρ_{SRP}——太阳光压加速度。

通过非对称修正算法，可得到准周期轨道 Γ_1。考虑到 Γ_1 和 Γ_0 的位置和周

期可能略有不同，会导致 $\Delta \boldsymbol{a}_s$ 不精确，因此在真实引力场中对修正后的轨道 Γ_1 进行积分，计算一个周期后初始状态和终端状态之间的误差 $\Delta \boldsymbol{X}_1$。设置小量 ε_p，若 $\| \Delta \boldsymbol{X}_1 \| > \varepsilon_p$，则将 Γ_1 作为新的初值，得到相应轨道周期的自旋平均摄动加速度 $\Delta \boldsymbol{a}_s(\boldsymbol{r}(t) \in \Gamma_1)$，并以此为初值重新修正准周期轨道，直至 $\| \Delta \boldsymbol{X}_i \| < \varepsilon_p$，$i = 1,2,\cdots,m$。通过迭代，获得轨道 Γ_m，将其作为真实引力场中的准周期轨道。由于在修正过程中形状模型的引力场被时变函数 $\Delta \boldsymbol{a}_s$ 代替，因此计算效率得到了大幅提高。通常如果设置 $\varepsilon_p = 0.1$，则可以在少于 8 次迭代后得到满足约束的准周期冻结轨道。

通过所提方法，基于平均摄动力对准周期冻结轨道进行设计分析，其初始参数 $\sigma = 50$、$\gamma = \pi/3$、$\alpha = \pi/6$、$\theta_0 = 0$ 对应的轨道如图 5.21 所示。与未修正的轨道对比，修正后的轨道与原冻结轨道接近且可保持长时间飞行不发散，从而验证了该方法的可行性。

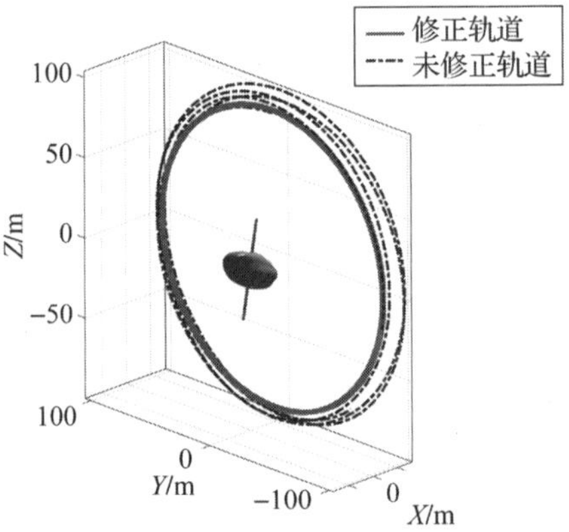

图 5.21　小天体在多面体引力场模型下修正后的冻结轨道（附彩图）

参 考 文 献

[1] LI X Y, QIAO D, LI P. Frozen orbit design and maintenance with an application to small body exploration [J]. Aerospace science and technology, 2019, 92: 170 - 180.

[2] ARFKEN G B, WEBER H J. Mathematical methods for physicists [M]. New

York: Academic Press, 2011.

[3] SCHEERES D J. Orbit mechanics about asteroids and comets [J]. Journal of guidance, control, and dynamics, 2012, 35(3): 987 -997.

[4] XIN X S, SCHEERES D J, HOU X Y. Forced periodic motions by solar radiation pressure around uniformly rotating asteroids [J]. Celestial mechanics and dynamical astronomy, 2016, 126(4): 405 -432.

[5] RUSSELL R P, LANTUKH D, BROSCHART S B. Heliotropic orbits with zonal gravity and shadow perturbations: application at Bennu [J]. Journal of guidance, control, and dynamics, 2016, 39(9): 1925 -1933.

[6] LI X Y, SCHEERES D J. The shape and surface environment of 2016 HO3 [J]. Icarus, 2021, 357: 114249.

[7] REDDY V, KUHN O, THIROUIN A, et al. Ground - based characterization of Earth quasi satellite (469219) 2016 HO3 [C] // The 49th AAS/Division for Planetary Sciences Meeting, Provo, 2017.

[8] GREBOW D. Generating periodic orbits in the circular restricted three - body problem with applications to lunar south pole coverage [D]. West Lafayette: Purdue University, 2006.

第6章 小天体附近动力学平衡点及其附近的周期运动

6.1 引 言

小天体的不规则形状引起的引力摄动是影响探测器在小天体附近运动的主要因素之一。探索小天体不规则形状对小天体附近运动的影响规律，并建立不规则形状与小天体附近运动形态及稳定性的对应关系，将有利于对小天体附近运动机理的理解并服务于探测任务设计。本章将基于哑铃形状体模型探讨小天体不规则形状对探测器运动的影响机理；将哑铃形状体模型的长径比作为描述小天体不规则形状的参数，建立小天体动力学平衡点附近运动与不规则形状的映射关系，研究不规则小天体动力学平衡点的存在性及稳定性条件；讨论不规则形状变化对平衡点附近运动形态的影响，给出平衡点附近的周期轨道族及其延拓；基于动力学分岔理论和流形理论分析不规则小天体附近全局轨道运动受不规则形状的影响，并设计全局转移轨道。

6.2 不规则形状小天体附近的动力学平衡点

6.2.1 动力学平衡点的分布及演化

首先建立小天体固连坐标系（图6.1），即定义坐标系的原点为小天体的质心，三轴分别与小天体的惯性主轴重合，X_b 轴为最小惯性主轴，Z_b 轴为最大惯性主轴。

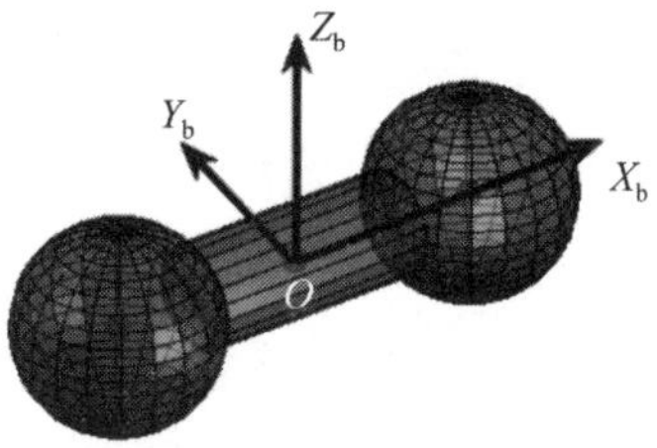

图 6.1　小天体固连坐标系示意图（附彩图）

探测器在小天体固连坐标系下的动力学方程为

$$\begin{cases}\dot{\boldsymbol{r}}_s = \boldsymbol{v}_s \\ \dot{\boldsymbol{v}}_s = 2\boldsymbol{\omega}_a \times \boldsymbol{v}_s + \boldsymbol{\omega}_a \times (\boldsymbol{\omega}_a \times \boldsymbol{r}_s) + \boldsymbol{a}_g(\boldsymbol{r}_s) + \boldsymbol{a}_p\end{cases} \tag{6.1}$$

式中，$\boldsymbol{r}_s$——探测器在固连坐标系下的位置矢量；

$\boldsymbol{v}_s$——探测器在固连坐标系下的速度矢量；

$\boldsymbol{\omega}_a$——小天体的自旋角速度；

$\boldsymbol{a}_g$——小天体的引力加速度；

$\boldsymbol{a}_p$——扰动加速度。

若忽略其他扰动力并假设小天体绕其最大惯量主轴运动，$\boldsymbol{\omega}_a = [0, 0, \omega]^T$，则其动力学方程可以简化为

$$\begin{cases}\ddot{x} - 2\omega\dot{y} = \omega^2 x + U_x \\ \ddot{y} + 2\omega\dot{x} = \omega^2 y + U_y \\ \ddot{z} = U_z\end{cases} \tag{6.2}$$

式中，U_x, U_y, U_z——引力加速度相对坐标轴的分量。

定义 $\omega' = \sqrt{\omega^2/(G\rho)}$ 为归一化的角速度，并定义归一化长度单位为小天体的半径 R，则可以对动力学方程进行归一化处理[1-2]。新系统中引力常数 G' 和模型的密度 ρ' 均为 1。系统 $S' = \{\omega', G', \rho'\}$ 下的任意运动特性可等同于原系统 $S = \{\omega, G, \rho\}$ 的运动特性。

由式（6.2）可知，探测器在小天体固连坐标系下的动力学属于哈密顿自治系统，因此运动存在能量积分 C，即

$$C=\frac{1}{2}(\dot{x}^2+\dot{y}^2)-W \tag{6.3}$$

式中，W——系统的有效势能，$W=U+\omega'^2(x^2+y^2)/2$，U为小天体的引力势能。

若 $C=-W$，则表示系统的零速度曲线，即探测器在一定能量下的运动边界。小天体的动力学平衡点是零速度曲线梯度为0的驻点。通过令式（6.2）中 $\dot{x}=\ddot{x}=\ddot{y}=\dot{y}=\dot{z}=\ddot{z}=0$，可得小天体附近动力学平衡点的精确位置。

在此选择第2章中建立的哑铃形状体模型表征小天体的不规则形状，分析平衡点分布受小天体不规则形状变化的影响。选择归一化的角速度 $\omega'=0.5$，长径比 m 分别为2和0.3，可得到小天体附近的零速度曲线 $C=-W$，如图6.2所示。

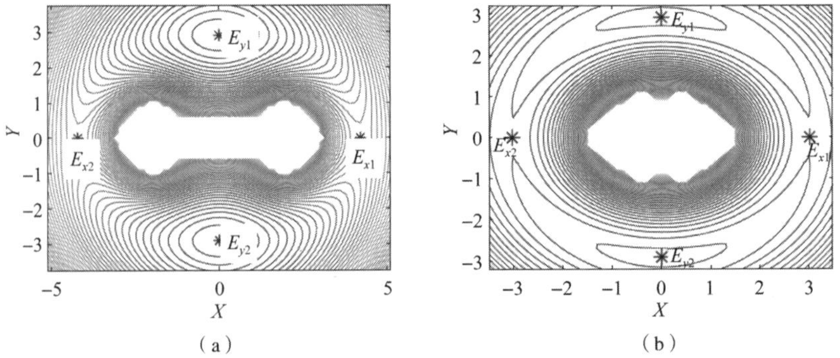

图6.2 不同长径比 m 下的有效势能 W 等高线图及平衡点分布（附彩图）

（a）$m=2$；（b）$m=0.3$

从图6.2可以看出，不同长径比下的小天体附近均存在4个动力学平衡点 E_{x1}，E_{x2}，E_{y1} 和 E_{y2}，分别位于小天体固连坐标系的 x 和 y 轴上。由于模型具有对称性，因此平衡点位于赤道平面且呈对称分布。若小天体不具有对称性，平衡点将适当偏离对称轴，但仍将满足下式：

$$\begin{cases}\omega^2x+U_x=0\\ \omega^2y+U_y=0\\ U_z=0\end{cases} \tag{6.4}$$

通过改变哑铃形状体模型的长径比，可以分析动力学平衡点受小天体不规则形状变化的影响，平衡点 E_x 和 E_y 的位置相对坐标轴原点的距离变化如图6.3和图6.4所示。

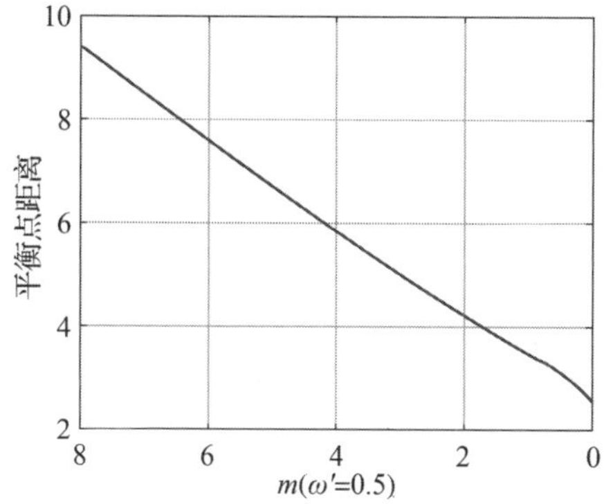

图 6.3　不同长径比 m 下长轴平衡点 E_x 至原点的距离

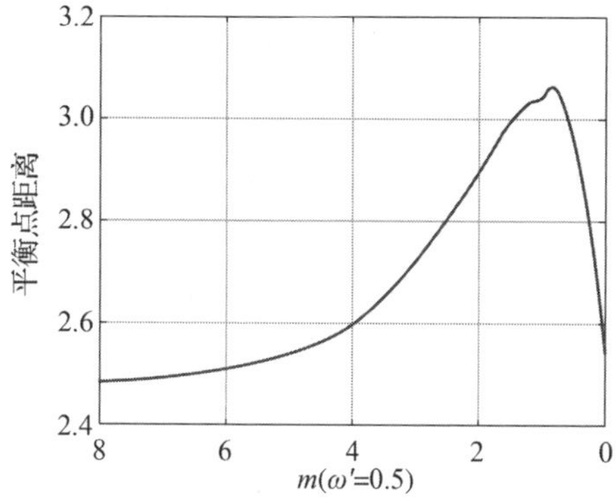

图 6.4　不同长径比 m 下短轴平衡点 E_y 至原点的距离

从图 6.4 可以看出，沿 Y 轴的平衡点位置随着长径比 m 的减小先增大后减小，其中最大距离出现在 $m=0.81$ 处。对应的归一化距离 $E_{y\max}=3.06414$。而沿 X 轴的平衡点至原点的距离随 m 的减小而单调减小。但若分析平衡点相对哑铃形状体模型中任一球体的球心距 $D=E_x-m$，则可发现平衡点与小天体的距离随 m 的减小同样存在先增大后减小的变化趋势。当 $m=0.43$ 时，D 达到最大值，如图 6.5 所示。

增大或减小归一化加速度 ω' 至 1 或 0.25，进一步分析平衡点位置随长径比 m 的变化情况，如图 6.6 和图 6.7 所示。当角速度减小时，E_y 相对小天体的距离将增大，且平衡点位置在较大的 m 下基本保持不变，而增大角速度将缩小 E_y 至小天体的距离，且不同 m 下的平衡点位置存在明显差别。E_x 至球心的距离 D 随角速度的变化趋势与 E_y 相似，但在较大的角速度下，长径比较小的哑铃形状体模型中长轴平衡点将消失。由于平衡点的位置与系统有效势能的变化率有关，而

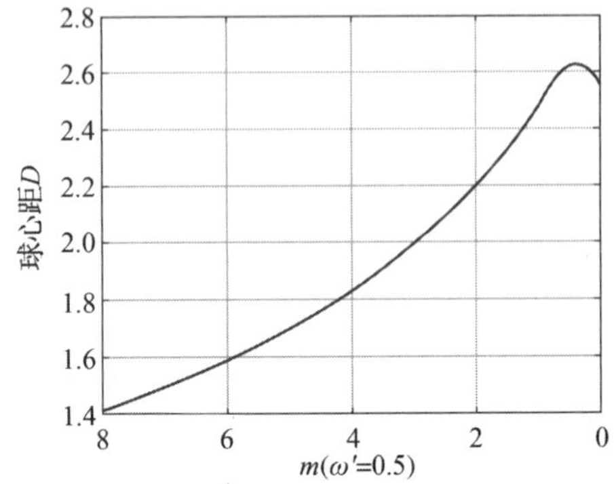

图 6.5 不同长径比 m 下长轴平衡点 E_x 的球心距 D

该变化率与距离小天体的位置、小天体的自旋速率均相关，当角速度较大时，由角速度引起的坐标系旋转动能将主导有效势能的变化，因此可能导致势能曲面的驻点消失，从而改变小天体的长轴平衡点的数量。

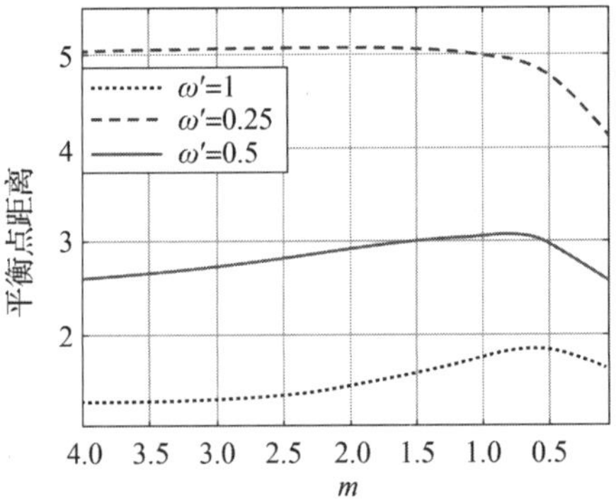

图 6.6 不同角速度下 E_y 随长径比 m 的变化

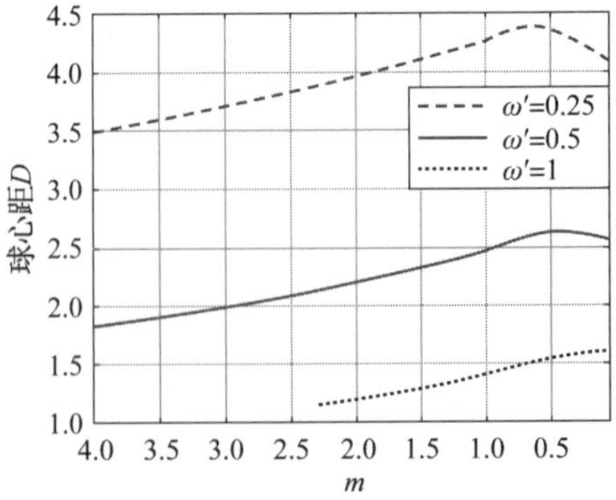

图 6.7 不同角速度下球心距 D 随长径比 m 的变化

6.2.2　平衡点的稳定性及演化

进一步分析平衡点的稳定性受小天体不规则形状的影响。将参考坐标系的原点移至平衡点(x_E, y_E, z_E)，并施加位置扰动（ξ, η, ζ）。将 $x = x_E + \xi, y = y_E + \eta$, $z = z_E + \zeta$ 代入式（6.2），利用泰勒多项式对右端项进行线性化并展开至二阶，可得到线性化的扰动方程：

$$\begin{cases} \ddot{\xi} - 2\omega'\dot{\eta} = W_{xx}^E \xi + W_{xy}^E \eta + W_{xz}^E \zeta + O(2) \\ \ddot{\eta} - 2\omega'\dot{\xi} = W_{yx}^E \xi + W_{yy}^E \eta + W_{yz}^E \zeta + O(2) \\ \ddot{\zeta} = W_{zx}^E \xi + W_{zy}^E \eta + W_{zz}^E \zeta + O(2) \end{cases} \tag{6.5}$$

根据模型的对称性，可得 $W_{xy}^E = W_{yx}^E \approx 0$，$W_{xz}^E = W_{zx}^E \approx 0$，$W_{yz}^E = W_{zy}^E \approx 0$，则式（6.5）可以简化为

$$\begin{cases} \ddot{\xi} - 2\omega'\dot{\eta} = W_{xx}^E \xi \\ \ddot{\eta} - 2\omega'\dot{\xi} = W_{yy}^E \eta \\ \ddot{\zeta} = W_{zz}^E \zeta \end{cases} \tag{6.6}$$

式（6.6）在 Z 方向的运动是独立的，其扰动运动为简谐运动。因此平衡点的稳定性取决于 X, Y 方向上的运动。扰动方程在 X, Y 方向的解可以表示为矩阵形式[1,3] $\dot{\boldsymbol{X}}_p = \boldsymbol{A}\boldsymbol{X}_p$，其中，$\boldsymbol{X}_p = [\zeta \quad \eta \quad \dot{\xi} \quad \dot{\eta}]^T$，

$$\boldsymbol{A} = \begin{bmatrix} 0 & 0 & 1 & 0 \\ 0 & 0 & 0 & 1 \\ U_{xx}^E + \omega' & 0 & 0 & 2\omega' \\ 0 & U_{yy}^E + \omega' & -2\omega' & 0 \end{bmatrix} \tag{6.7}$$

矩阵 $\boldsymbol{A}$ 的特征方程为

$$\lambda^4 + (4\omega'^2 - U_{xx}^E - U_{yy}^E - 2\omega')\lambda^2 + (U_{xx}^E + \omega')(U_{yy}^E + \omega') = 0 \tag{6.8}$$

方程的判别式为

$$\Delta = (4\omega'^2 - U_{xx}^E - U_{yy}^E - 2\omega')^2 - 4(U_{xx}^E + \omega')(U_{yy}^E + \omega') \tag{6.9}$$

平衡点的稳定性可以通过判断特征方程（式（6.9））的特征根确定。若平衡点对应的特征根不存在正实根，则该平衡点为稳定平衡点；否则，平衡点不稳

定。对于 X 轴的平衡点 E_x，判别式 $\Delta>0$ 对任意长径比 m 均成立，式（6.9）的特征根包括一对正实根 $\lambda_1,\lambda_2(\lambda_1=-\lambda_2)$ 和一对纯虚根 $\lambda_3 i,\lambda_4 i$（$\lambda_3=-\lambda_4$），其中 λ_3 和 λ_4 为实数。长轴平衡点 E_x 对应的方程特征根随 m 变化的根轨迹如图 6.8 所示，两对特征根分别用“X”和“+”表示。

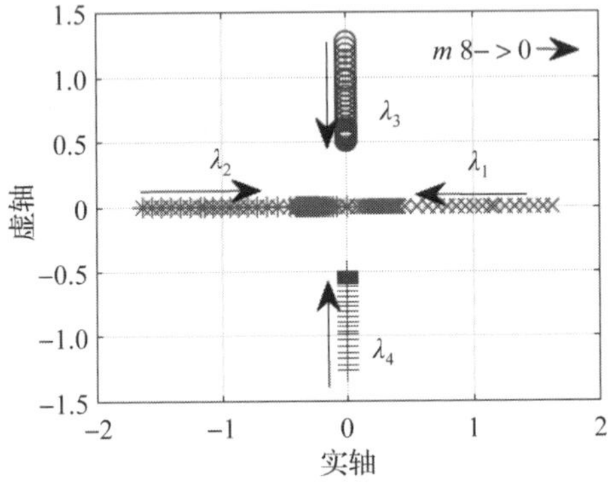

图 6.8　不同长径比 m 下 E_x 根轨迹（附彩图）

从图 6.8 可以看出，随着 m 减小，两个正实根趋向于 0，两个纯虚根收敛至 $\pm0.5i$。由于 $\lambda_1>0$，因此平衡点 E_x 始终为线性不稳定的平衡点。位于 Y 轴的平衡点 E_y 对应的方程特征根变化较复杂，其特征根随 m 变化的根轨迹如图 6.9 所示。

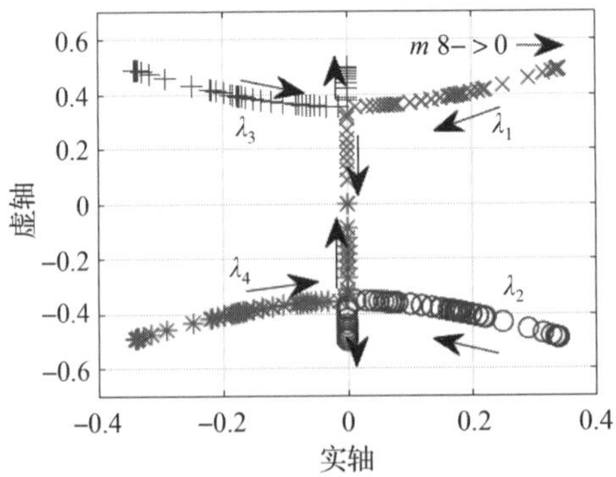

图 6.9　不同长径比 m 下 E_y 根轨迹（附彩图）

从图 6.9 可以看出，位于 Y 轴的平衡点特征根存在三种情况：

（1）当 $m>0.4276$ 时，判别式 $\Delta<0$ 对应的四个特征根均为复数，其中两个

特征根有正实部，此时平衡点为线性不稳定。

（2）当 $m=0.4276$ 时，判别式 $\Delta=0$，矩阵的四个特征根为

$$\lambda_{1,3}=0.3539\mathrm{i},\ \lambda_{2,4}=-0.3539\mathrm{i}$$

尽管特征根均为纯虚数，但由于存在重根，因此平衡点仍不稳定。

（3）当 $0<m<0.4276$ 时，特征根 $\lambda_{1,2}$ 趋向 $\pm 0.5\mathrm{i}$，特征根 $\lambda_{3,4}$ 沿虚轴趋向 0。此时，所有的特征根均为纯虚数，表明平衡点 E_y 为线性稳定。

以上分析结果表明，不规则形状小天体的长轴平衡点为不稳定平衡点，而短轴的平衡点为条件稳定，其中归一化角速度为 $\omega'=0.5$ 时，临界点为 $m_{\mathrm{cr}}=0.4276$。若改变小天体的自旋速度，短轴平衡点的稳定临界长径比 m_{cr} 将发生变化。将归一化角速度 ω' 从 0.1 增大至 1，m_{cr} 的变化情况如图 6.10 所示。

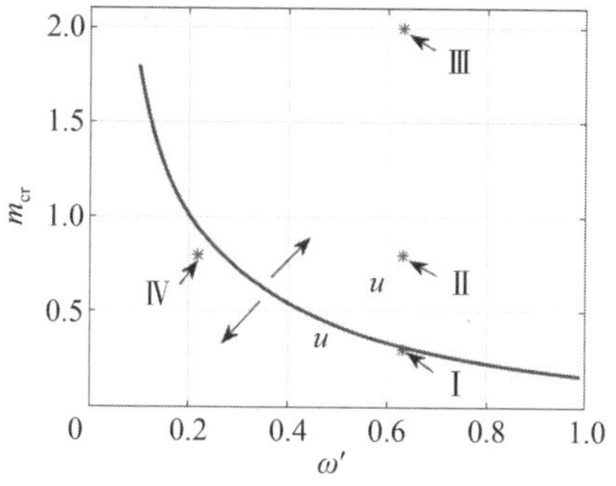

图 6.10　归一化角速度 ω' 与临界长径比 m_{cr} 的关系（附彩图）

图 6.10 中曲线将区域划分为上下两部分，位于上半部分区域的短轴平衡点不稳定，下半部分区域的 Y 轴平衡点稳定。随着归一化角速度的增大，临界长径比 m_{cr} 减小。这表明当小天体的自旋速率过快时，短轴附近的平衡点需要小天体形状接近球体时才能保持稳定。

为了系统地分析小天体的不规则形状对不同类型动力学平衡点附近的运动行为的影响，这里选择四组不同长径比 m 和归一化角速度 ω' 的哑铃形状体模型：Ⅰ. $\omega'=0.63$，$m=0.3$；Ⅱ. $\omega'=0.63$，$m=0.8$；Ⅲ. $\omega'=0.63$，$m=2$；Ⅳ. $\omega'=0.22$，$m=0.8$。由图 6.10 可知，模型Ⅱ和Ⅲ中的平衡点均不稳定，而模型Ⅰ和Ⅳ中的 Y 轴平衡点稳定。四组模型的平衡点位置及线性稳定性如表 6.1 所示。

表 6.1 不同哑铃形状体模型的平衡点位置及线性稳定性

模型	平衡点	x	y	线性稳定性
Ⅰ	E_x	±2.515 77	0	不稳定
	E_y	0	±2.424 16	线性稳定
Ⅱ	E_x	±2.935 37	0	不稳定
	E_y	0	±2.592 33	不稳定
Ⅲ	E_x	±3.810 66	0	不稳定
	E_y	0	±2.358 60	不稳定
Ⅳ	E_x	±5.596 91	0	线性稳定
	E_y	0	±5.419 47	线性稳定

6.3 动力学平衡点附近运动形态特性分析

根据式（6.9）得到的特征根，可以给出探测器在平衡点附近局部运动的近似解析解。探测器在平衡点附近的运动形式不仅取决于平衡点的稳定性，还与运动的初值密切相关。通过对平衡点附近的运动解析形式进行分析，可以设计合理的初值，得到近似的周期运动。本节分别针对不规则小天体中 X 和 Y 轴平衡点进行分析，给出不同稳定状态下平衡点附近的运动形态。

6.3.1 不稳定平衡点附近运动形态

由于不规则形状小天体的长轴平衡点对应的特征根始终为一对实根和两对纯虚根，根据非线性动力学原理，在长轴平衡点附近的扰动运动通解可表示为[4-5]

$$\begin{cases}\xi = d_1 e^{\alpha t} + d_2 e^{-\alpha t} + d_3\cos(\beta_1 t) + d_4\sin(\beta_1 t)\\ \eta = \kappa_1(d_1 e^{\alpha t} - d_2 e^{-\alpha t}) - \kappa_2[d_3\sin(\beta_1 t) - d_4\cos(\beta_1 t)]\\ \zeta = d_5\cos(\beta_2 t) + d_6\sin(\beta_2 t)\end{cases} \tag{6.10}$$

式中，$\kappa_1 = \dfrac{1}{2\omega'}\left(\alpha - \dfrac{U_{xx}^{\mathrm{E}} + \omega'}{\alpha}\right)$，$\kappa_2 = \dfrac{1}{2\omega'}\left(\beta_1 + \dfrac{U_{xx}^{\mathrm{E}} + \omega'}{\beta_1}\right)$。

从式（6.10）可知，平衡点附近的局部运动包括简谐运动和指数运动，为了使探测器在平衡点附近形成周期运动，需消除扰动运动的指数发散项 $d_1 \mathrm{e}^{\alpha t}$。由于探测器在 Z 方向的运动与 XY 平面的运动解耦，因此通过初值的选择存在两类周期轨道，即在平面内的周期轨道和沿 Z 方向的空间周期轨道。XY 平面的近似轨道周期为 $T_1 = 2\pi/\beta_1$，而 Z 方向的轨道周期为 $T_2 = 2\pi/\beta_2$。式（6.10）为周期运动提供了初值猜测。利用微分修正法可以得到精确的周期轨道初始值。四组模型中均可生成类似的两组周期轨道，图 6.11 给出了模型Ⅱ中的周期轨道，两组轨道的形状分别类似于三体问题中的平面和垂直李雅普诺夫（Lyapunov）轨道。

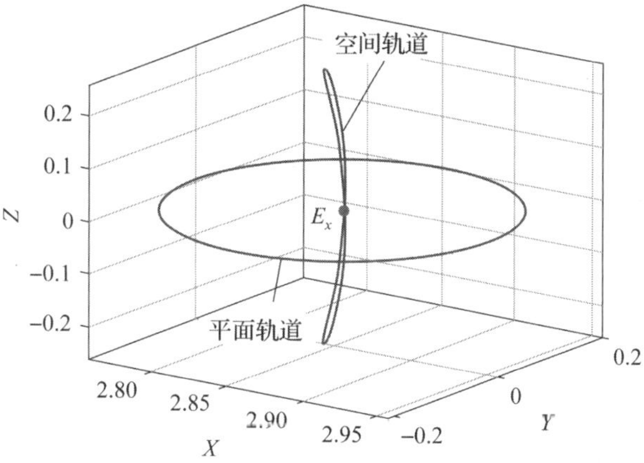

图 6.11　模型Ⅱ平衡点 E_x 附近周期轨道（附彩图）

探测器在平衡点附近的扰动运动同样可以表示成矩阵形式：

$$\boldsymbol{X}(t) = \boldsymbol{\Phi}(t, t_0)\boldsymbol{X}(t_0) \tag{6.11}$$

式中，$\boldsymbol{X}(t_0), \boldsymbol{X}(t)$——时间 t_0 和 t 时的轨道状态；

$\boldsymbol{\Phi}(t, t_0)$——由 t_0 至 t 的状态转移矩阵。

周期轨道需满足条件 $\boldsymbol{X}(T + t_0) = \boldsymbol{X}(t_0)$。周期轨道中一个轨道周期对应的状态转移矩阵称为单值矩阵 $\boldsymbol{M} = \boldsymbol{\Phi}(T, t_0)$。周期轨道的稳定性可以通过单值矩阵的特征根确定，定义稳定系数为

$$\upsilon = \frac{1}{2}\left(|\lambda_{\max}| + \frac{1}{|\lambda_{\max}|}\right) \tag{6.12}$$

式中，$\lambda_{\max}$——矩阵 $\boldsymbol{M}$ 最大的一个特征根。

若 $\boldsymbol{v}>1$，则周期轨道不稳定。稳定系数 $\boldsymbol{v}$ 的值越大，轨道受到扰动后就越容易发散。表 6.2 给出了四组模型下周期轨道在相同振幅下的稳定性情况（$\Delta\xi=0.1$）。

表 6.2 长轴平衡点 E_x 附近轨道的稳定性与轨道周期

模型	轨道类型	轨道周期 T	稳定系数 $\boldsymbol{v}$
Ⅰ	平面轨道	9.399	6.771
	空间轨道	9.653	7.282
Ⅱ	平面轨道	8.099	34.356
	空间轨道	8.529	43.194
Ⅲ	平面轨道	6.816	230.744
	空间轨道	7.226	336.088
Ⅳ	平面轨道	27.049	6.193
	空间轨道	27.701	6.578

由表 6.2 可以看出，X 轴平衡点附近的周期轨道同时受到角速度 ω' 和长径比 m 的影响。两类轨道均为不稳定轨道，当增大长径比 m 时，轨道的周期缓慢减小，但稳定系数迅速变大。稳定系数同样随着自旋速率的减小而增大。此外，空间轨道比平面轨道的稳定性更差、更易发散。

6.3.2 条件稳定平衡点附近运动形态

不规则形状小天体的短轴平衡点附近的运动形式与平衡点的稳定性有关。若长径比 $m<m_{\mathrm{cr}}$，则平衡点附近运动的一般形式可以表示为

$$\begin{cases}\xi=d_1\sin(\beta_1 t+\varphi_1)+d_2\sin(\beta_2 t+\varphi_2)\\ \eta=\kappa_1 d_1\cos(\beta_1 t+\varphi_1)+\kappa_2 d_2\cos(\beta_2 t+\varphi_2)\\ \zeta=d_3\cos(\beta_3 t+\varphi_3)\end{cases}\tag{6.13}$$

式中，$\kappa_1=\dfrac{1}{2\omega'}\left(\beta_1+\dfrac{U_{xx}^{\mathrm{E}}+\omega'}{\beta_1}\right)$，$\kappa_2=\dfrac{1}{2\omega'}\left(\beta_2+\dfrac{U_{xx}^{\mathrm{E}}+\omega'}{\beta_2}\right)$。

由式（6.13）可知，在Y轴平衡点附近的运动均为简谐运动形式，且存在三个不同的特征频率。因此，在平衡点附近存在三种类型的周期轨道，其中两种为平面轨道，另一种为空间轨道。轨道周期近似为$T_j=2\pi/\beta_j(j=1,2,3)$。分别令$d_1,d_2,d_3$三个系数中的任意两个为0，构造出局部运动的初始速度和位置，利用微分修正即可得到相应的周期轨道类型。模型Ⅳ中对应的三族周期轨道如图6.12所示。根据平面周期轨道的轨道周期，可以将两族轨道区分为长周期平面轨道和短周期平面轨道。

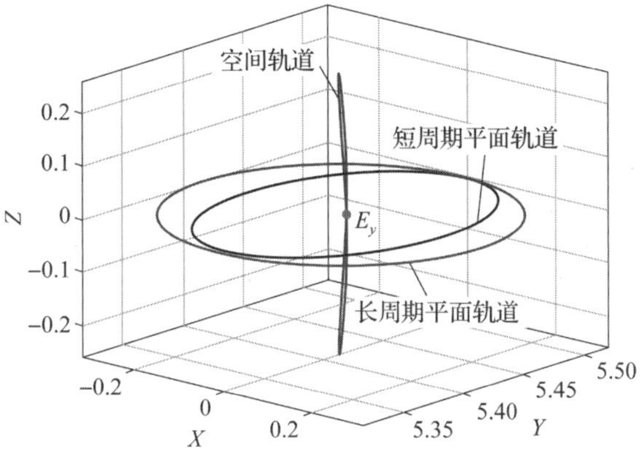

图6.12 模型Ⅳ平衡点E_y附近周期轨道（附彩图）

当模型的长径比m大于m_{cr}时，对应的Y轴平衡点不稳定，附近的运动形式可以表示为

$$\begin{cases}\xi=e^{\alpha t}[C_1\cos(\beta_1 t)+C_2\sin(\beta_1 t)]+e^{-\alpha t}[C_3\cos(\beta_1 t)+C_4\sin(\beta_1 t)]\\ \eta=e^{\alpha t}[D_1\cos(\beta_1 t)+D_2\sin(\beta_1 t)]+e^{-\alpha t}[D_3\cos(\beta_1 t)+D_4\sin(\beta_1 t)]\\ \zeta=C_5\cos(\beta_2 t)+C_6\sin(\beta_2 t)\end{cases}\tag{6.14}$$

式中，D_i——方程待定系数C_i的方程，$i=1,2,3,4$。

$$D_1=\frac{\alpha A+\beta B}{\alpha^2+\beta^2},\ D_2=\frac{\beta A-\alpha B}{\alpha^2+\beta^2},\ D_3=\frac{\alpha C+\beta D}{\alpha^2+\beta^2},\ D_4=\frac{-\beta C+\alpha D}{\alpha^2+\beta^2}$$

$$A=\frac{-(U_{xx}^{E}+\omega'-\alpha^2+\beta^2)C_1+2\alpha\beta C_2}{2\omega'},\ C=\frac{(U_{xx}^{E}+\omega'-\alpha^2+\beta^2)C_3+2\alpha\beta C_4}{2\omega'}$$

$$B=\frac{(U_{xx}^{E}+\omega'-\alpha^2+\beta^2)C_2+2\alpha\beta C_1}{2\omega'},\quad D=\frac{(U_{xx}^{E}+\omega'-\alpha^2+\beta^2)C_4-2\alpha\beta C_3}{2\omega'}$$

此时，由于平面扰动运动中存在指数项，平面扰动运动将渐进发散或渐进趋于0，因此不存在稳定的平面周期轨道。平衡点附近仅存在一族在 Z 方向上运动的周期轨道，模型Ⅱ对应的轨道族情况如图 6.13 所示。

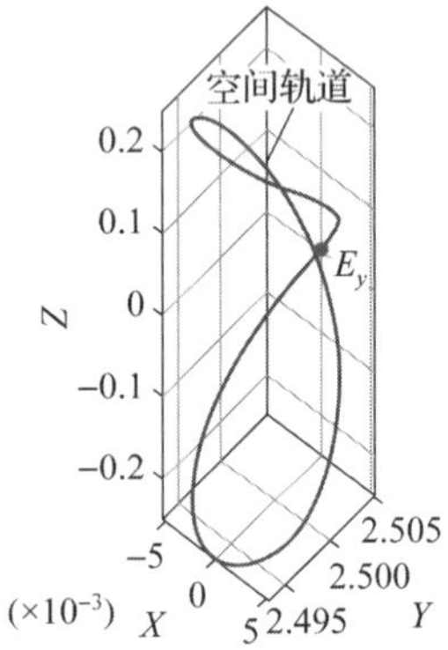

图 6.13　模型Ⅱ平衡点 E_y 附近周期轨道（附彩图）

对于模型的长径比 $m = m_{cr}$ 的情况，对应的 Y 轴附近的局部运动可以表示为

$$\begin{cases}\xi = (C_1 + C_2 t)\cos(\lambda t) + (C_3 + C_4 t)\sin(\lambda t)\\ \eta = (D_1 + D_2 t)\cos(\lambda t) + (D_3 + D_4 t)\sin(\lambda t)\\ \zeta = C_5\cos(\beta_2 t) + C_6\sin(\beta_2 t)\end{cases} \tag{6.15}$$

式中，

$$D_1 = \frac{(U_{xx}^{\mathrm{E}} + \omega' + \lambda^2)C_3}{2\omega'\lambda} + \frac{C_2(\lambda^2 - U_{xx}^{\mathrm{E}} - \omega')}{2\omega'\lambda}, D_2 = \frac{C_4(U_{xx}^{\mathrm{E}} + \omega' + \lambda^2)}{2\omega'\lambda}$$

$$D_3 = -\frac{(U_{xx}^{\mathrm{E}} + \omega' + \lambda^2)C_1}{2\omega'\lambda} + \frac{C_3(\lambda^2 - U_{xx}^{\mathrm{E}} - \omega')}{2\omega'\lambda}, D_4 = -\frac{C_2(U_{xx}^{\mathrm{E}} + \omega' + \lambda^2)}{2\omega'\lambda}$$

平面扰动运动中存在与时间 t 相关的项和简谐运动项，通过消除发散项可以得到平面周期轨道，因此在临界长径比下的模型存在两族周期轨道，与 X 轴附近的周期轨道族类似，但临界状态要求精确的长径比，在实际情况下较难存在。

利用单值矩阵，也可以求得不同稳定状态下 Y 轴平衡点轨道的周期及稳定性，如表 6.3 所示（$\Delta\zeta = 0.1$ 或 $\Delta\xi = 0.1$）。

表 6.3　短轴平衡点 E_y 附近周期轨道及稳定性

模型	轨道类型	轨道周期	稳定系数
Ⅰ	平面轨道Ⅰ	12.678	1
	平面轨道Ⅱ	16.177	1
	空间轨道	9.981	1
Ⅱ	空间轨道	9.528	7.775
Ⅲ	空间轨道	9.978	32.984
Ⅳ	平面轨道Ⅰ	33.241	1
	平面轨道Ⅱ	55.825	1
	空间轨道	28.566	1

从表 6.3 可以看出，稳定的 Y 轴平衡点对应的平面轨道和空间轨道均为稳定轨道，而不稳定的 Y 轴平衡点附近的平面轨道是不稳定的，且周期轨道的稳定系数随着 m 增大而增大，但轨道周期基本不变。同时，随着归一化角速度减小，周期轨道的周期也将增大。

6.3.3　动力学平衡点附近周期轨道族及延拓

线性扰动方程的近似解析解可以为平衡点附近振幅较小的周期轨道提供较好的初值猜测，但当振幅较大时，利用解析解得到的初值与真实情况相差较大，微分修正可能出现发散的结果。而且，基于线性扰动方程的解析解无法有效地给出类似于三体模型下平面内和平面外运动耦合的 Halo 轨道初值情况。因此，本节给出一种基于伪弧长连续法的周期轨道设计方法，用于解决振幅较大周期轨道的设计问题；根据动力学分岔理论，给出求解哑铃形状体模型对应的不规则形状小天体平衡点附近其他类型周期轨道的设计方法。

6.3.3.1　基于伪弧长连续法的周期轨道族延拓方法

伪弧长连续法是采用一族收敛的周期轨道沿特征方向偏移后给出新的周期轨道的初始猜测[6]。该方法获得的初值相比直接采用近似解析解得到的结果更精确，因此采用微分修正算法更易得到收敛解。以长轴附近周期轨道为例进行分析，周期轨道的收敛解应满足下式：

$$\boldsymbol{X}_{i-1}^{\eta}\left(\frac{T}{2}\right)=0,\ \boldsymbol{X}_{i-1}^{\dot{\xi}}\left(\frac{T}{2}\right)=0,\ \boldsymbol{X}_{i-1}^{\dot{\zeta}}\left(\frac{T}{2}\right)=0 \tag{6.16}$$

轨道的特征方向 $\Delta\boldsymbol{X}_i=[\Delta\xi \quad 0 \quad \Delta\zeta \quad 0 \quad \Delta\dot{\eta} \quad 0]$ 需满足下式：

$$\boldsymbol{X}_{i}^{\eta}\left(\frac{T}{2}+\Delta t_i\right)=0,\ \boldsymbol{X}_{i}^{\dot{\xi}}\left(\frac{T}{2}+\Delta t_i\right)=0,\ \boldsymbol{X}_{i}^{\dot{\zeta}}\left(\frac{T}{2}+\Delta t_i\right)=0 \tag{6.17}$$

式中，Δt_i——轨道周期变化量的一半。

将方程表示为矩阵形式可得

$$\left.\frac{\partial\boldsymbol{X}}{\partial\boldsymbol{X}_0}\right|_{T/2}\Delta\boldsymbol{X}_i+\left.\frac{\partial\boldsymbol{X}}{\partial t}\right|_{T/2}\Delta t_i=0 \tag{6.18}$$

为了保证解的唯一性，增加约束 $|\Delta\boldsymbol{X}_i|^2+|\Delta t_i|^2=1$。原轨道沿特征方向给定偏移量 d$s$，生成新的初值，通过微分修正得到一条新的轨道。

基于伪弧长连续法对哑铃形状体模型平衡点附近已知的几族轨道进行延拓，可以得到不同振幅下的周期轨道族，其中模型Ⅳ附近的周期轨道族如图 6.14 所示。除短轴平衡点附近长周期轨道外，其他类型的周期轨道均可延拓至哑铃形状体模型的表面附近，而长周期轨道在延拓一段距离后则轨道无法收敛，图 6.14 (d) 标出了对应的终止轨道。

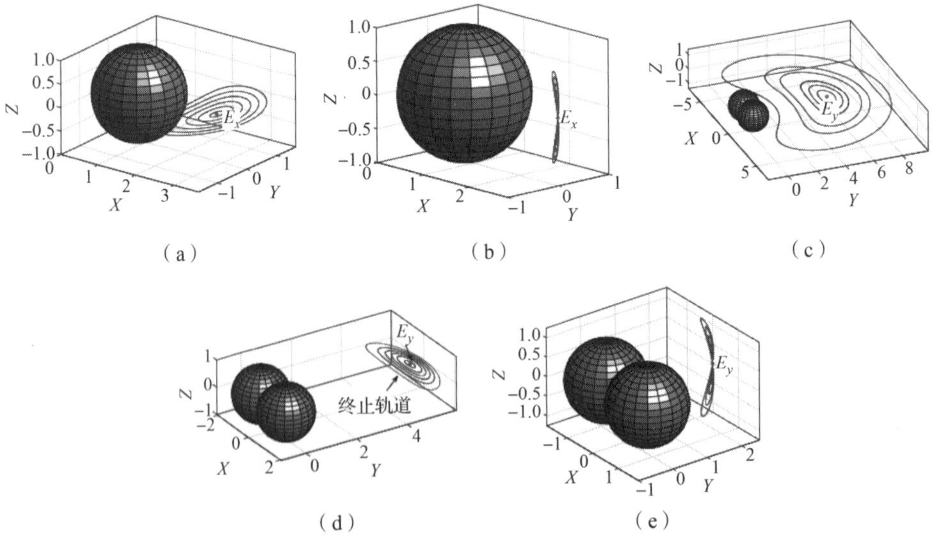

图 6.14　模型Ⅳ平衡点附近周期轨道（附彩图）

(a) E_x 平面轨道；(b) E_x 垂直轨道；(c) E_y 短周期轨道；

(d) E_y 长周期轨道；(e) E_y 垂直轨道

6.3.3.2　基于动力学分岔的周期轨道衍生方法

通常有三种求解方法获得平衡点附近复杂周期轨道：根据引力势函数给出高阶近似解析解；通过网格搜索对空间中 6 维状态参数进行遍历得到周期解；基于动力学分岔理论求解。采用网格搜索轨道的计算量较大，效率较低；采用高阶解析解建立轨道的初值需要引力场模型的高阶导数，而对于采用多面体法求解的形状模型，引力势能高阶偏导数无法准确获得，因此难以应用于采用哑铃形状体模型的不规则小天体附近周期轨道设计。分岔是动力学系统中的常见现象。对于周期轨道而言，分岔表示轨道稳定性的突变或方程特征根在复平面上位置的改变。分岔的特性之一是现有轨道族在分岔点可能形成一族新的周期轨道。接下来，结合连续法，应用动力学分岔理论进行哑铃形状体小天体平衡点附近的复杂周期轨道族搜索[3]，分别选择模型Ⅱ和Ⅳ的周期轨道。模型Ⅱ中 X 轴平衡点 E_x 附近平面轨道在不同振幅 ξ 下的根轨迹如图 6.15 所示。

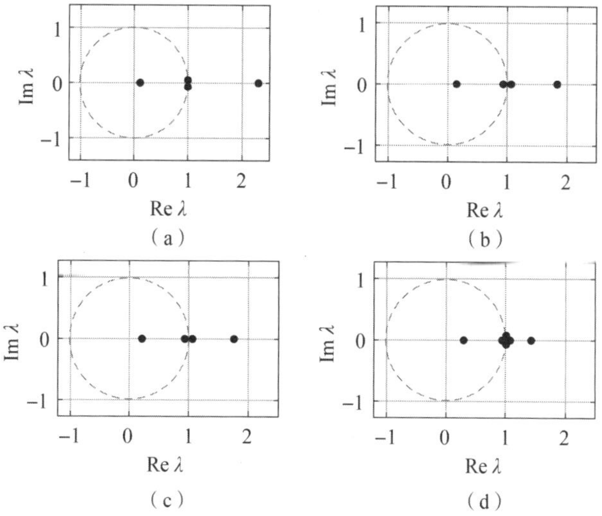

图 6.15　模型Ⅱ平衡点 E_x 附近平面轨道的根轨迹

(a) $\xi=2.17$；(b) $\xi=2.27$；(c) $\xi=3.02$；(d) $\xi=3.26$

初始轨道对应的特征根包括两个为 1 的特征根。其中，两个为模长等于 1 的复根，即位于复平面的单位圆上；另两个为实根，即位于复平面的实轴上。随着轨道振幅的增大，周期轨道的特征根发生两次相切分岔，两个位于单位圆上的复根在 1 处相遇并进入实轴，进一步增大轨道振幅，两个特征根再次在 1 处相遇并返回单位圆，分离成一对共轭复根。利用二分法和连续法，精确的分岔轨道可以数值求解。若定义分岔的特征根为 $\lambda_{bi}=-1$，对应的特征向量为 $\boldsymbol{V}_{\lambda}(\lambda_{bi})$ 和 $\boldsymbol{V}_{\lambda}(\lambda_{bi}^{*})$，则平均特征向量可表示为

$$\boldsymbol{V}_{b}=\frac{\boldsymbol{V}_{\lambda}(\lambda_{bi})+\boldsymbol{V}_{\lambda}(\lambda_{bi}^{*})}{2} \tag{6.19}$$

从而得到新轨道的初值猜测 $\boldsymbol{X}_{bn}=\boldsymbol{X}_{bi}+\mathrm{d}s\boldsymbol{V}_{b}$，其中 $\boldsymbol{X}_{bi}$ 为原轨道的分岔点状态，ds 为任意步长。当第一支新周期轨道通过分岔生成后，通过连续法可以生成该族轨道。由于平面轨道出现了两次分岔，因此利用分岔法可以生成两族新的周期轨道，如图 6.16 所示。

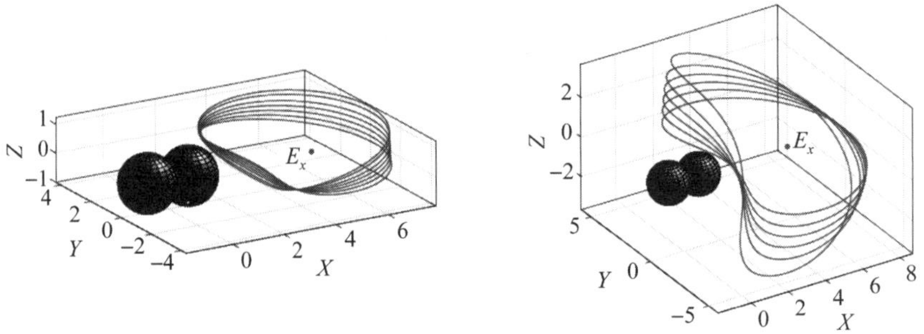

图 6.16　模型Ⅱ平衡点 E_x 附近分岔形成的两类周期轨道

图 6.17 给出了原族轨道的分岔点，新生成的两组轨道与三体问题下的轴向轨道和 Halo 轨道类似。分析 X 轴平衡点附近的空间轨道族的特征根发现，随着振幅增大，特征根并没有出现分岔现象，因此没有新的轨道族生成。

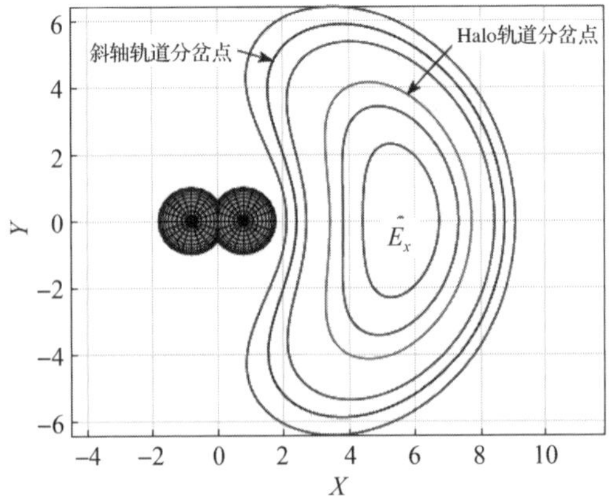

图 6.17　原轨道族分岔轨道（附彩图）

然后，采用同样的过程研究 Y 轴平衡点 E_y 附近的周期轨道。模型Ⅳ中稳定平衡点附近空间轨道和模型Ⅱ中不稳定平衡点附近空间轨道的根轨迹如图 6. 18 所示。稳定平衡点下的特征根有两对复特征根位于单位圆上，另一对特征根为 1，而不稳定平衡点的轨道特征根有两对位于复平面，两者均没有分岔现象发生，因此也不存在新轨道族。

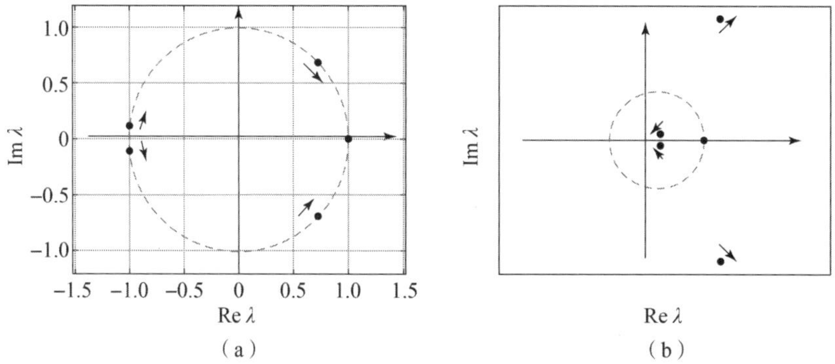

图 6. 18　平衡点 E_y 附近空间轨道的根轨迹

（a）稳定平衡点空间轨道根轨迹（模型Ⅳ）；（b）不稳定平衡点空间轨道根轨迹（模型Ⅱ）

最后，针对稳定 E_y 轨道的两族平面轨道的分岔情况进行研究。模型Ⅳ中长周期轨道将发生次 Hopf 分岔[7]，即两对复特征根在单位圆上相遇并分裂至复平面，如图 6. 19 所示。次 Hopf 分岔改变了运动的稳定性，从而导致图 6. 14（d）中长周期轨道消失。

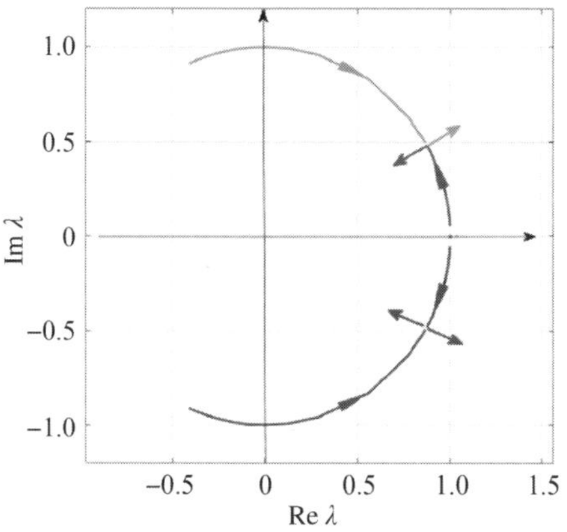

图 6. 19　长周期轨道 Hopf 分岔（模型Ⅳ）（附彩图）

短周期轨道的分岔情况较复杂。随着轨道周期的增大，特征根依次发生双周期分岔（特征根在 –1 相遇）和相切分岔（特征根在 1 相遇）[7]。模型Ⅳ下的周期轨道在不同振幅 η 下的特征根变化如图 6.20 所示。

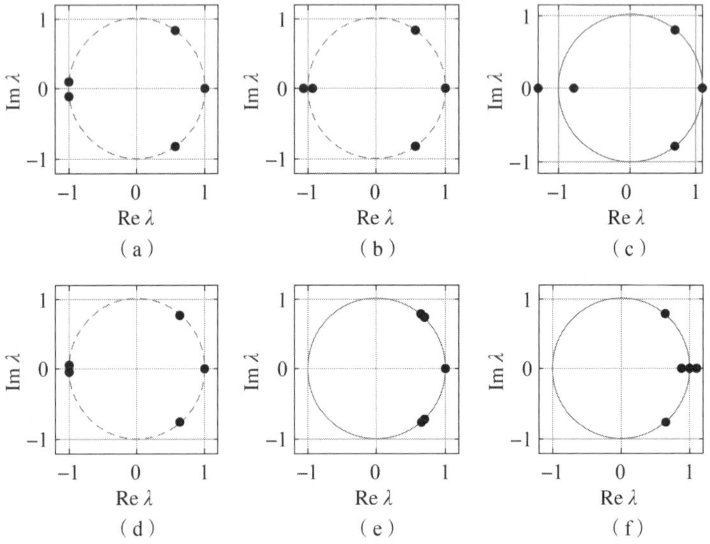

图 6.20　平衡点 E_y 附近短周期轨道的特征根变化（模型Ⅳ）

（a）$\eta=1.06$；（b）$\eta=1.10$；（c）$\eta=1.75$；

（d）$\eta=1.91$；（e）$\eta=3.88$；（f）$\eta=4.04$

根据分岔理论，双周期分岔产生的新的周期轨道其周期为原轨道的两倍。因此，可以发现 E_y 附近存在多周期闭合的周期轨道，如图 6.21 所示。同时，相切分岔生成了一族非对称的周期轨道如图 6.21（c）所示，但并没有空间轨道从平面轨道中生成。

利用连续法和动力学分岔理论，可以较快捷地基于哑铃形状体模型搜索得到不规则小天体平衡点附近多种类型的周期轨道，避免了求解引力势能的高阶导数，以及计算量较大的遍历搜索。研究也表明，小天体平衡点附近存在的周期轨道类型与小天体的不规则形状密切相关，长径比 m 较小的不规则小天体相比长径比 m 较大的小天体具有更多的轨道选择，更适合开展小天体探测任务。

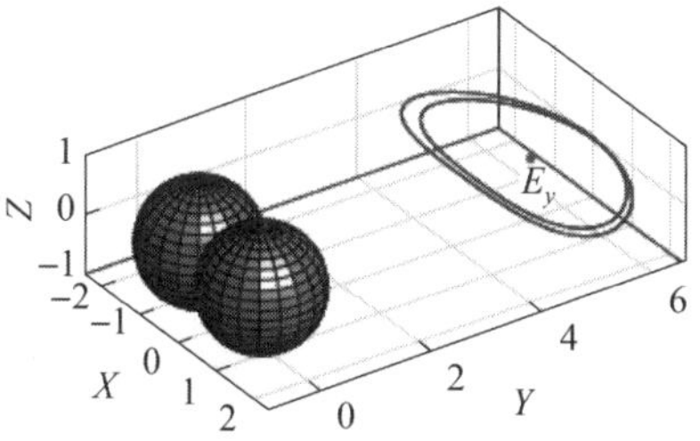

(a)

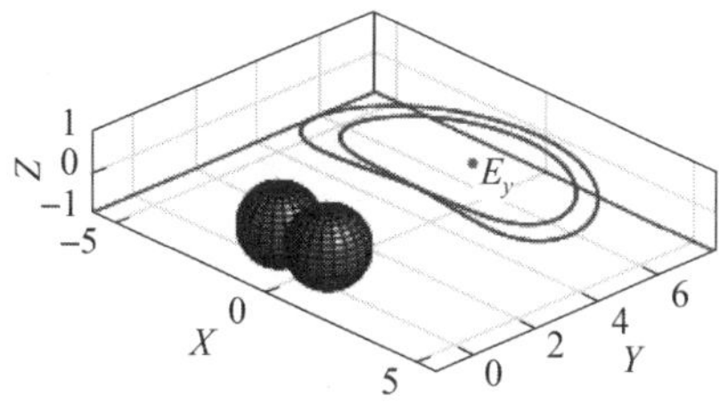

(b)

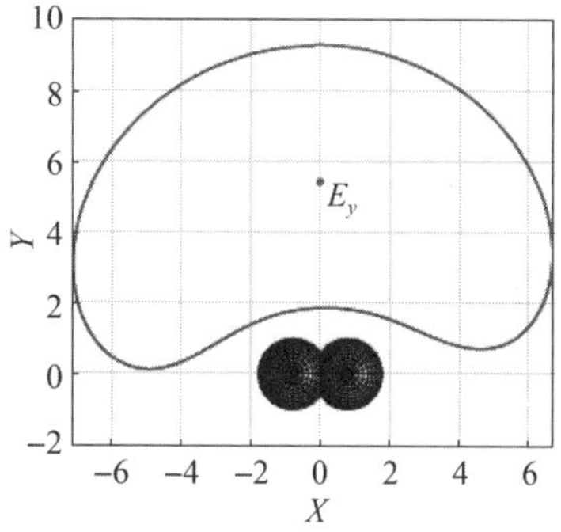

(c)

图 6.21 平衡点 E_y 附近分岔形成的三类周期轨道（模型Ⅳ）

(a) 多圈周期轨道Ⅰ；(b) 多圈周期轨道Ⅱ；(c) 非对称周期轨道

6.4 小天体动力学平衡点附近周期轨道的不变流形与同异宿连接

6.3 节基于哑铃形状体模型讨论了小天体不规则形状对平衡点附近运动形态的影响，并发现了平衡点附近的多族周期轨道。本节将讨论将小天体平衡点附近的运动扩展至覆盖整个小天体区域的全局运动，分析小天体不规则形状对全局运动的影响，并利用不变流形实现不规则小天体不同平衡点间的转移和小天体的全域探测。

6.4.1 动力学平衡点附近周期轨道的流形结构及特性

不变流形是平衡点周期轨道的重要特征，它可以定义为环绕轨道的多维环面。根据流形的运动方向，不稳定周期轨道存在三种流形——不稳定流形、稳定流形和中心流形。不稳定流形为一组从周期轨道发散的轨道运动；稳定流形对应渐进收敛于周期轨道的运动集合；中心流形始终维持在周期轨道附近，可用于生成新振幅的同族轨道。形成不稳定流形和稳定流形的扰动方向为不稳定方向和稳定方向[8]，可以通过周期轨道的单值矩阵确定。

周期轨道的不变流形在三体系统中被广泛研究，并应用于实际任务。本节基于哑铃形状体模型对不规则小天体附近的周期轨道流形进行分析。针对 E_x 附近的周期轨道，按时间间隔均匀地选取 100 个点，并施加扰动，选择 $X=0$ 平面建立截面，沿不稳定流形方向施加扰动正向积分，沿稳定流形方向施加扰动逆向积分至截面，可分别得到相应的不稳定流形和稳定流形，对应的平面轨道和空间轨道流形如图 6.22 所示，其中蓝色表示不稳定流形，红色表示稳定流形。

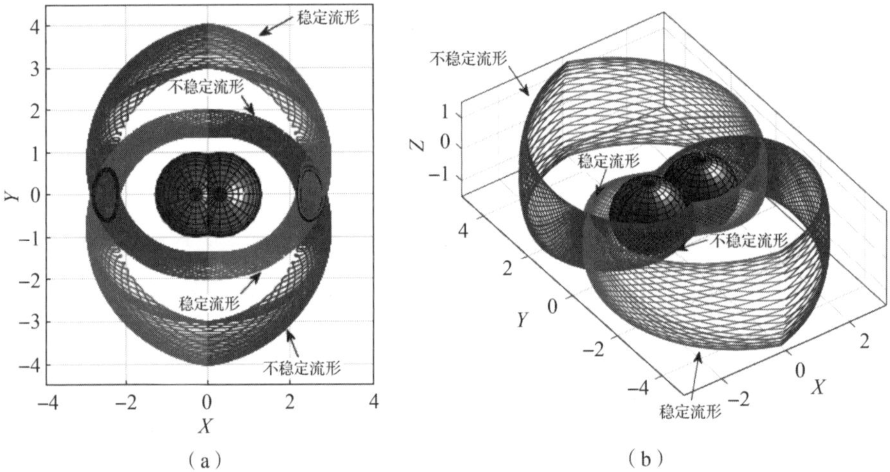

图 6.22 哑铃形状体附近周期轨道不变流形（附彩图）

(a) 模型Ⅰ平面轨道；(b) 模型Ⅱ空间轨道

哑铃形状体模型附近周期轨道的不稳定流形和稳定流形均存在两个分支。不稳定流形靠近小天体的一支沿 Y 轴正向运动，定义为内流形；另一支沿 Y 轴负向运动，定义为外流形。稳定流形与不稳定流形沿 X 轴对称。此外，由于模型的对称性，E_{x2} 出发的流形与 E_{x1} 出发的流形反对称。因此，选择位于第一象限的不变流形分支，通过轨道振幅及模型长径比 m 分析小天体不规则形状对流形运动的影响。

改变轨道振幅 ξ，模型Ⅰ中平面轨道流形的变化情况如图 6.23 所示。轨道振幅对不变流形的形状有较大的影响。随着振幅的增大，流形管的尺寸变大，内流形和外流形出现重叠。与三体问题不同，由于小天体附近的流形尺度与小天体的尺寸类似，因此振幅较大的周期轨道对应的内流形可能与小天体发生碰撞，表明这类流形可以用于小天体弹道着陆轨道。

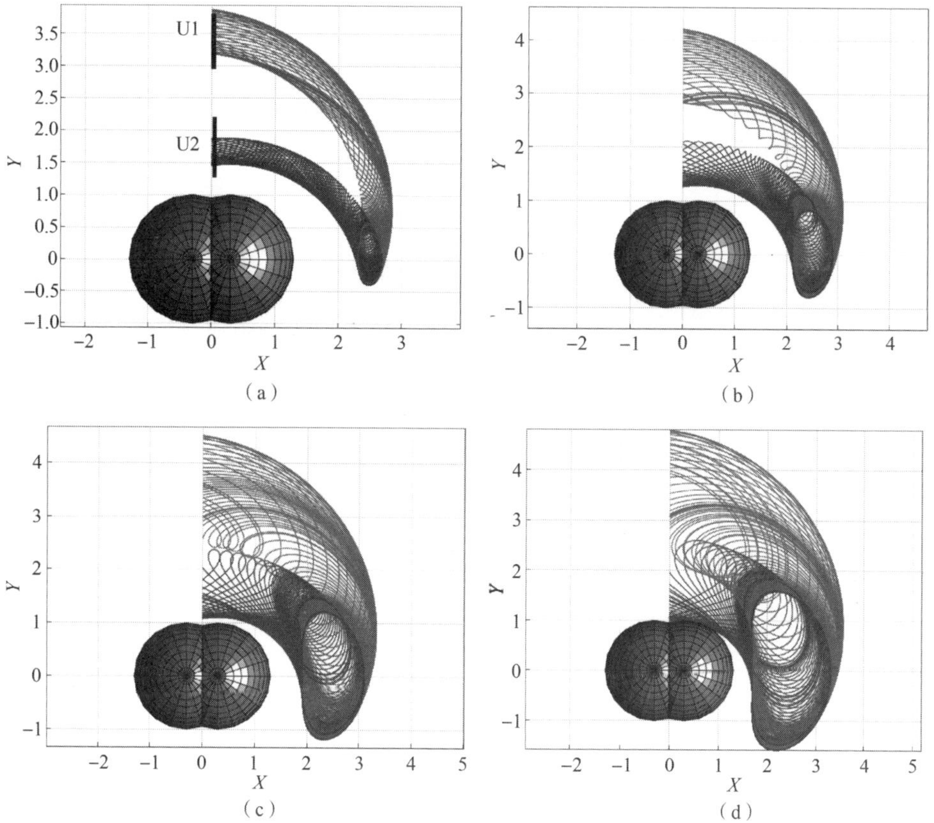

图 6.23　不同轨道振幅下的不变流形演化（模型Ⅰ）（附彩图）

(a) $\xi=0.2$；(b) $\xi=0.4$；(c) $\xi=0.6$；(d) $\xi=0.8$

改变模型的长径比 m，出现的情况与轨道的振幅影响类似，如图 6.24 所示，模型Ⅱ和Ⅲ对应的振幅均为 $\xi=0.2$。随着长径比 m 的增大，内流形在截面上的位置逐渐靠近小天体并最终与小天体表面相交，而外流形逐渐远离小天体。长径比 m 较大的不规则小天体内流形在到达截面前即与小天体相交，导致模型Ⅲ仅有外流形存在。

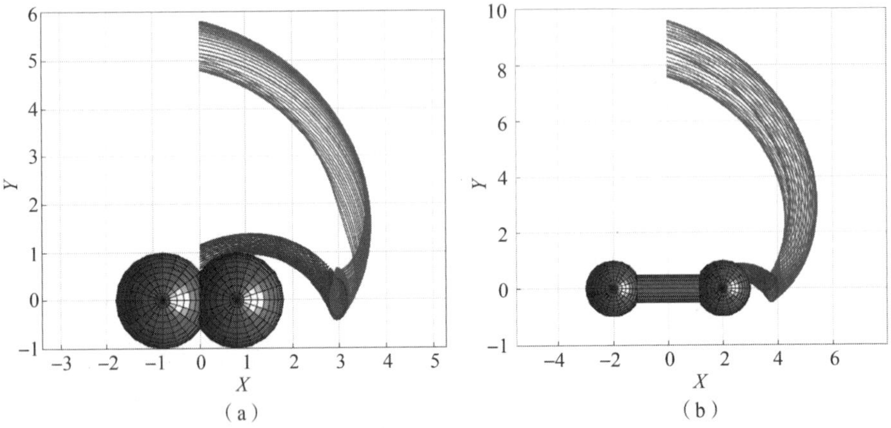

图 6.24 不同长径比下的不变流形演化（附彩图）

(a) 模型Ⅱ（$\xi=0.2$，$m=0.8$）；(b) 模型Ⅲ（$\xi=0.2$，$m=2$）

6.4.2 动力学平衡点附近周期轨道间同宿与异宿连接

基于不变流形的对称关系，可利用稳定和不稳定流形实现不规则小天体附近不同平衡点间的异宿连接。由于平衡点附近存在四支流形，因此最多存在四组不同的异宿连接通道，探测器仅需很小的能量即可利用流形实现转移。

6.4.2.1 E_x 间异宿连接

建立两组庞加莱截面：

$$\begin{cases} U_1: x=0, y>0, \dot{x}>0 \\ U_2: x=0, y>0, \dot{x}<0 \end{cases} \tag{6.20}$$

模型Ⅰ和Ⅱ对应的平衡点 E_x 附近周期轨道在截面上的投影分别如图 6.25 和图 6.26 所示。不同平衡点周期轨道的不变流形在截面上的投影存在相交关系，且存在多组交点，每个交点均对应一组异宿连接。若相同能量的周期轨道对应的流形在截面的投影相交，则表明流形在截面处的穿越速度相同，其转移无须消耗能量；否则，需要通过在截面处施加较小的机动来匹配穿越速度，以实现异宿连接。

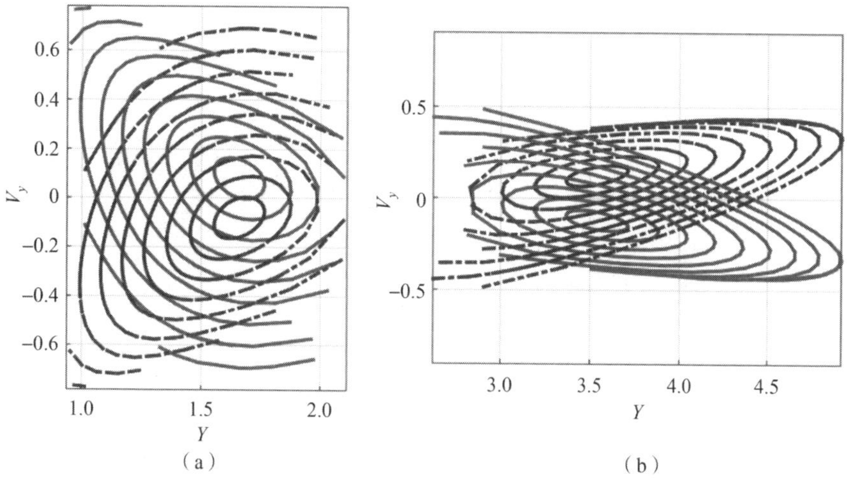

图 6.25 模型Ⅰ对应的庞加莱截面

(a) U_1；(b) U_2

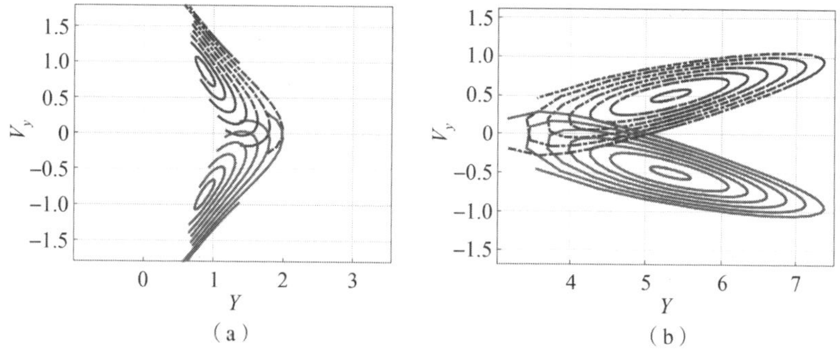

图 6.26 模型Ⅱ对应的庞加莱截面（附彩图）

(a) U_1；(b) U_2

随着长径比 m 的增大，稳定流形与不稳定流形在截面上的投影逐渐分离，零能量的自然转移机会减少，需要通过机动同时改变探测器沿 X 轴和 Y 轴方向的速度才能实现异宿连接。

通过匹配截面上的交点，得到不同长径比下哑铃形状体模型 X 轴附近周期轨道的转移情况，如图 6.27 所示。模型Ⅰ中采用外流形实现等振幅周期轨道的连接，由于能量相同，在连接点无须施加额外的速度增量，如图 6.27（a）所示；模型Ⅱ从 E_{x2} 附近较小振幅的周期轨道转移至 E_{x1} 附近较大振幅的周期轨道，需要施加匹配速度增量，对应的归一化速度仅为 0.02，如图 6.27（b）所示。

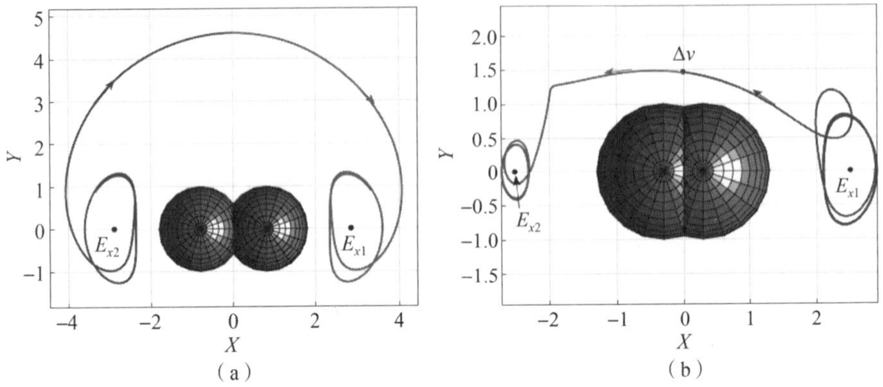

图 6.27 E_x 异宿连接轨道（附彩图）

(a) 模型Ⅰ等振幅周期轨道转移；(b) 模型Ⅱ不等振幅周期轨道转移

此外，利用多个异宿连接，可以实现同一平衡点不同振幅周期轨道间的同宿转移，探测器仅需单次机动即可实现轨道振幅的调整，飞行轨迹如图 6.28 所示。

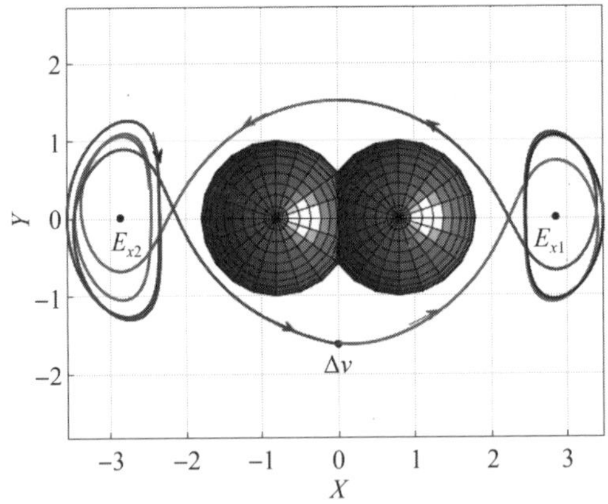

图 6.28 模型Ⅱ平衡点 E_x 不同振幅周期轨道同宿连接（附彩图）

6.4.2.2 E_x 和 E_y 间异宿连接

对于长径比 m 较小的不规则小天体，平衡点 E_y 附近存在稳定的周期轨道，无法生成稳定流形与不稳定流形用于异宿连接，因此从 E_y 附近轨道至 E_x 附近轨道的转移需要通过单次脉冲实现。采用相同的截面 $X=0$，不稳定流形与周期轨道在截面上的投影如图 6.29 所示。

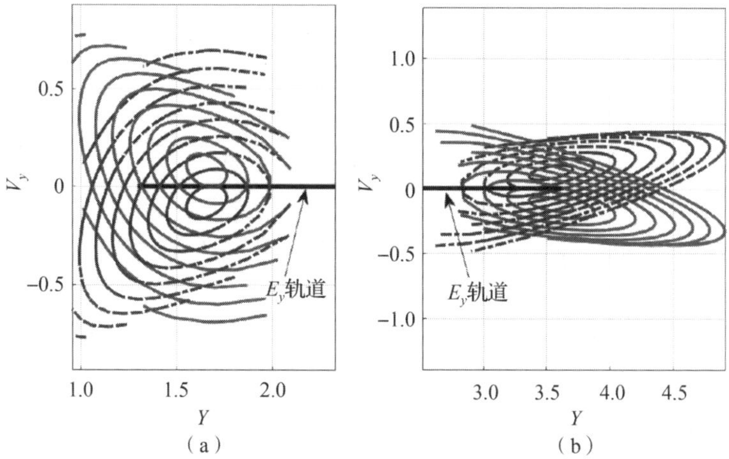

图 6.29　平衡点 E_y 周期轨道庞加莱截面（附彩图）

（a）U_1；（b）U_2

由于模型的对称性，E_y 附近周期轨道在截面 $Y-V_y$ 上的投影为一条与 X 轴重合的直线，轨道沿截面方向的速度为 0。因此，满足截面处的速度 $V_y=0$ 的流形可用于零能量转移，其中 E_x 附近的不稳定内流形可以用于进入周期轨道，如图 6.30 所示，而 E_x 附近的稳定外流形可用于从周期轨道返回平衡点。

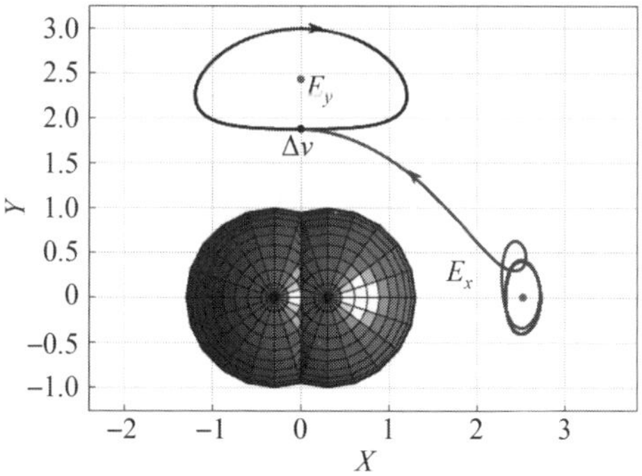

图 6.30　平衡点 E_x 和 E_y 间的异宿连接（附彩图）

同时借助稳定流形、不稳定流形和 E_y 附近周期轨道，也可以实现 E_{x1} 不同振幅周期轨道的同宿转移，如图 6.31 所示。相比利用 E_{x2} 流形的同宿转移，利用 E_y 周期轨道的转移需要施加两次机动，所需的燃料消耗将增大，但转移时间将缩短。

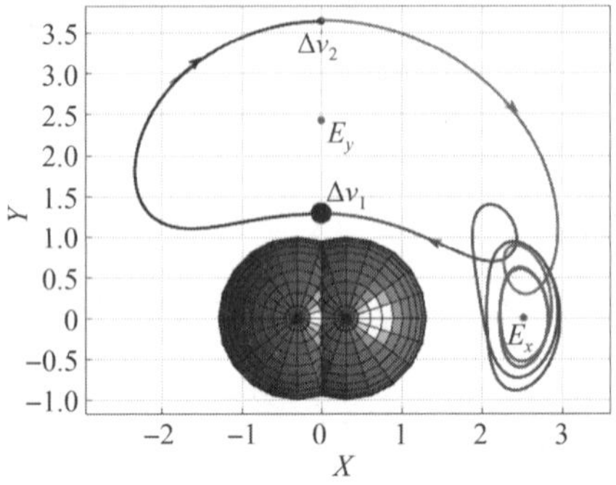

图 6.31 利用平衡点 E_y 周期轨道的不同振幅周期轨道间转移（附彩图）

6.4.3 基于同宿、异宿连接的小天体全局探测轨道设计

综合利用 E_x 和 E_y 的周期轨道及其不变流形，可以实现对不规则小天体附近空间的全局转移轨道设计。本节基于模型Ⅱ设计了一组参考轨道，用于连接不同的平衡点，并实现对长径比 m 小于临界长径比 m_{cr} 的不规则小天体附近全局探测，如图 6.32 所示。该组轨道包括两条环绕 E_{x1} 和 E_{x2} 的周期轨道，记作 P_1 和

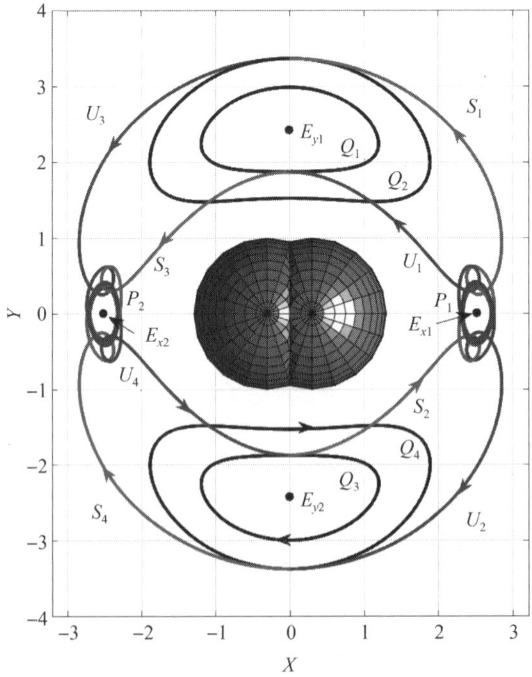

图 6.32 不规则小天体全局转移轨道参考图（附彩图）

P_2，对应的稳定流形记为 S_1, S_2, S_3, S_4，不稳定流形记为 U_1, U_2, U_3, U_4，四条环绕 E_{y1} 和 E_{y2} 的轨道记为 Q_1, Q_2, Q_3, Q_4，其中不变流形与 Q_1, Q_2, Q_3, Q_4 在 $X=0$ 处相切。

基于参考轨道，可以实现几类不同类型的转移轨道，包括 X 轴和 Y 轴平衡点的同宿和异宿连接，具体飞行轨道和转移流程分别如图 6.33 和表 6.4 所示。图 6.33（a）给出 Q_2 与 Q_1 间的转移，转移序列为 $Q_2 - S_1 - P_1 - U_1 - Q_1$；逆转移同样可以实现，序列为 $Q_1 - S_3 - P_2 - U_3 - Q_2$。图 6.33（b）给出 Q_3 至 Q_1 的转移，转移序列为 $Q_3 - S_2 - P_1 - U_1 - Q_1$，分别在 Q_3 和 S_2 相切处以及 U_1 与 Q_1 相切处施加两次脉冲实现转移。图 6.33（c）(d）给出了哑铃形状体小天体附近的全局轨道转移飞行轨道。一种采用内流形异宿连接，转移序列为 $P_1 - U_1 - Q_1 - S_3 - P_2 - U_4 - Q_3 - S_2 - P_1$；另一种采用外流形异宿连接，对应的序列为 $P_1 - U_2 - Q_4 - S_4 - P_2 - U_3 - Q_2 - S_1 - P_1$。这两种转移均需要施加 4 次脉冲。$X$ 轴平衡点周期轨道 P_1 同宿连接，转移轨道序列为 $P_1 - U_1 - S_3 - P_2 - U_3 - S_1 - P_1$，其飞行轨道如图 6.33（e）所示。该方案可认为是两次 E_{x1} 和 E_{x2} 间的异宿连接拼接组成。利用流形的性质，转移几乎不需要消耗能量。

假定小天体的球半径 $R = 10\ \text{km}$，自旋周期 $T = 6\ \text{h}$，密度为 $3200\ \text{kg/m}^3$。10 km 量级的小行星对应的转移所需速度增量如表 6.4 所示。由于小天体的弱引力作用，速度增量不是设计任务的主要约束，完成整组转移所需的速度增量小于 5 m/s。

以上基于哑铃形状体模型的研究表明，在不规则小天体附近同样存在类似于三体系统下的周期轨道不变流形及其相对应的同宿和异宿连接。同时，由于不变流形与小天体的尺寸接近，因此小天体附近的平衡点间存在更多转移机会。根据对哑铃形状体模型的长径比研究发现：对于长径比较大的不规则小天体，其周期轨道内流形适合作为弹道着陆轨道，而外流形适合开展全局的转移运动；对于长径比较小的不规则小天体，存在至多四支不变流形组成的轨道转移机会。综合运用不规则小天体平衡点附近的周期轨道和流形，可以实现小天体局部与全局探测任务的设计。

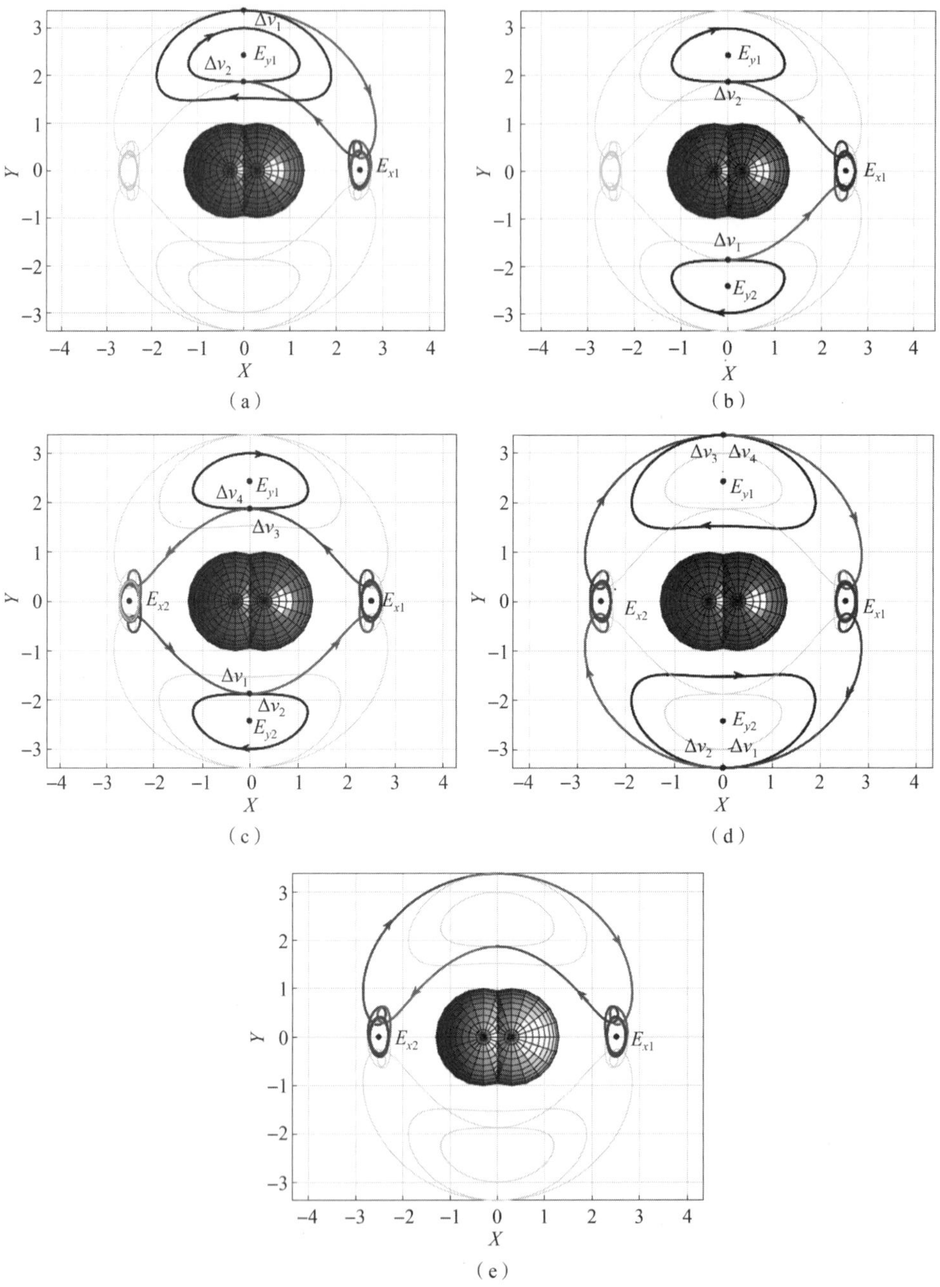

图 6.33　基于参考轨道的几类转移轨道（附彩图）

(a) 平衡点 E_y 不同振幅周期轨道间转移；(b) 平衡点 E_y 间异宿连接；
(c) 内异宿连接全局轨道转移；(d) 外异宿连接全局轨道转移；(e) 平衡点同宿连接

表 6.4　几类转移轨道的转移序列及对应的速度增量

轨道类型	转移序列	速度增量/(m·s^{-1})
平衡点 E_y 不同振幅周期轨道间转移	$Q_1-S_3-P_2-U_3-Q_2$	1.579
平衡点 E_y 间异宿连接	$Q_3-S_2-P_1-U_1-Q_1$	1.557
内异宿连接全局轨道转移	$P_1-U_1-Q_1-S_3-P_2-U_4-Q_3-S_2-P_1$	3.114
外异宿连接全局轨道转移	$P_1-U_2-Q_4-S_4-P_2-U_3-Q_2-S_1-P_1$	3.201
平衡点同宿连接	$P_1-U_1-S_3-P_2-U_3-S_1-P_1$	—

参 考 文 献

[1]LI X Y, QIAO D, CUI P Y. The equilibria and periodic orbits around a dumbbell - shaped body[J]. Astrophysics and space science, 2013, 348:417 -426.

[2]LI X Y, GAO A, QIAO D. Periodic orbits, manifolds and heteroclinic connections in the gravity field of a rotating homogeneous dumbbell - shaped body [J]. Astrophysics and Space Science,2017,362(4): 85.

[3]LI X Y, QIAO D, BARUCCI M A. Analysis of equilibria in the doubly synchronous binary asteroid systems concerned with non - spherical shape[J]. Astrodynamics, 2018, 2:133 -146.

[4]WANG X Y, GONG S P, LI J F. A method for classifying orbits near asteroids [J]. Acta mechanica sinica, 2014, 30(3): 316 -325.

[5]DOEDEL E J, ROMANOV V A, PAFFENROTH R C, et al. Element periodic orbits associated with the libration points in the circular restricted 3 - body problem [J]. International journal of bifurcation and chaos, 2007, 17(8): 2625 -2677.

[6]CHAPPAZ L P R. High - fidelity gravity modeling applied to spacecraft trajectories and lunar interior analysis[D]. West Lafayette:Purdue University, 2015.

[7]CAMPBELL E T. Bifurcations from families of periodic solutions in the circular restricted problem with application to trajectory design [D]. West Lafayette: Purdue University, 1999.

[8]刘林,侯锡云. 深空探测器轨道力学[M]. 北京:电子工业出版社,2012.

第7章 双小天体系统内探测器运动行为

7.1 引言

双小天体系统是太阳系中广泛存在的一类小天体，它由两个围绕系统质心运动的小天体组成，且系统的质心围绕太阳做公转运动。双小天体系统的形成与演化过程仍是未解之谜，因此是科学家们关注的热点目标。探测器在双小天体系统中的探测活动同时受到两个小天体的引力影响。但与传统的三体动力学问题不同，系统内两个天体存在姿态和轨道的耦合运动，带来天体平动能量和转动能量相互转换，导致系统自身运动多样，系统内动力学环境复杂，不同区域的运动稳定性存在巨大差异，给探测器在双小天体系统中的运动规划带来巨大挑战。

本章主要探讨探测器在双小天体系统内的运动行为。首先，建立同步与非同步双小天体系统内探测器的轨道动力学方程。其次，研究同步双小天体系统内的周期运动（包括共振轨道及全局周期轨道），并给出同步双小天体系统周期轨道搜索方法。再次，针对非同步双小天体系统，给出一种有界稳定轨道的设计与维持方法。最后，基于近心点图谱，探讨双小天体系统内的稳定运动域，并设计了双小天体系统的弹道捕获与逃逸轨道。

7.2　双小天体系统的动力学特性

7.2.1　同步双小天体系统内探测器的轨道动力学

双小天体系统根据自身的运动状态可分为同步双小天体系统和非同步双小天体系统。在同步双小天体系统中，两个小天体自旋周期与其围绕系统质心的运动周期相同，是双小天体系统的相对平衡状态，此时两者的相对距离也保持不变[1]。在非同步双小天体系统中，两颗小天体的自旋周期至少有一个与轨道周期不相同。同步双小天体系统的动力学环境相对稳定，系统中存在类似于三体系统的平衡点。以系统质心为原点建立小天体旋转坐标系 $o-xyz$，x 轴由质量较大的主星 $P_1(m_1)$ 指向质量较小的从星 $P_2(m_2)$，z 轴为主天体轨道角动量方向。同步双小天体系统中探测器在旋转坐标系下的运动方程可表示为

$$\ddot{\boldsymbol{\rho}}+2\boldsymbol{\omega}_{\mathrm{r}}\times\dot{\boldsymbol{\rho}}+\boldsymbol{\omega}_{\mathrm{r}}\times(\boldsymbol{\omega}_{\mathrm{r}}\times\boldsymbol{\rho})=\frac{\partial U_1}{\partial\boldsymbol{\rho}_1}+\frac{\partial U_2}{\partial\boldsymbol{\rho}_2} \tag{7.1}$$

式中，$\boldsymbol{\rho}$——探测器在旋转坐标系下的位置矢量；

$\boldsymbol{\rho}_k$——探测器分别相对两个主天体的位置矢量，$\boldsymbol{\rho}_k=\boldsymbol{\rho}-\boldsymbol{r}_k$，$\boldsymbol{r}_k$ 表示两个主天体在旋转坐标系下的位置矢量，$k=1,2$；

$\boldsymbol{\omega}_{\mathrm{r}}$——轨道的角速度，$\boldsymbol{\omega}_{\mathrm{r}}=[0,0,\omega_z]^{\mathrm{T}}$，$\omega_z$ 表示双小天体系统自身的轨道角速度；

U_1,U_2——主天体的引力势能。

若采用椭球模型，根据 Ivory 定理[2]，半长轴分别为 α、β、γ 的匀质椭球的势能 $U_{\mathrm{e}}(\boldsymbol{R})$ 可表示为

$$U_{\mathrm{e}}(\boldsymbol{R})=\frac{3}{4}\int_{\lambda(\boldsymbol{R})}^{\infty}\phi(\boldsymbol{R},v)\frac{\mathrm{d}v}{\Delta(v)} \tag{7.2}$$

$$\phi(\boldsymbol{R},v)=1-\frac{x^2}{v+\alpha^2}-\frac{y^2}{v+\beta^2}-\frac{z^2}{v+\gamma^2} \tag{7.3}$$

$$\Delta(v)=\sqrt{(v+\alpha^2)(v+\beta^2)(v+\gamma^2)} \tag{7.4}$$

式中，$\lambda(\boldsymbol{R})$ 满足 $\phi(\boldsymbol{R},\lambda)=0$；$\boldsymbol{R}$ 为相对于椭球的位置矢量。

因此，同步双小天体系统的势能可表示为

$$\begin{cases} U_1 = (1-\mu) U_e(\boldsymbol{\rho} - \boldsymbol{r}_1, \alpha_1, \beta_1, \gamma_1) \\ U_2 = \mu U_e(\boldsymbol{\rho} - \boldsymbol{r}_2, \alpha_2, \beta_2, \gamma_2) \end{cases} \tag{7.5}$$

7.2.2 非同步双小天体系统内探测器的轨道动力学

探测器在非同步双小天体系统中的运动需要考虑双小天体系统的自身运动。由于两个主天体自身的相互运动，旋转坐标系相对惯性坐标系的转动速度不是常值；同时，主天体间的距离为时变量，这使得探测器在旋转坐标系下的运动方程与椭圆型限制性三体问题（ERTBP）相似。两者的不同点在于，受主天体自旋与轨道角速度不同步的影响，在旋转坐标系下天体的引力场也是时变的，且旋转坐标系的角速度与角加速度不为常值。若将双小天体系统自然运动简化为平面运动，则双体间的轨道角速度和相对距离可以通过式（2.31）给出。将平面全二体模型和椭圆型三体模型结合，可建立探测器在非同步双小天体附近的运动方程：

$$\ddot{\boldsymbol{\rho}} + 2\dot{\boldsymbol{\omega}}_r \times \dot{\boldsymbol{\rho}} + \dot{\boldsymbol{\omega}}_r \times (\dot{\boldsymbol{\omega}}_r \times \rho) + \ddot{\boldsymbol{\omega}}_r \times \boldsymbol{\rho} = \boldsymbol{R}_z(\phi_1)\frac{\partial U_1(\phi_1)}{\partial \boldsymbol{\rho}_1} + \boldsymbol{R}_z(\phi_2)\frac{\partial U_2(\phi_2)}{\partial \boldsymbol{\rho}_2} \tag{7.6}$$

式中，$\boldsymbol{\omega}_r = [0, 0, \theta]^T$；

ϕ_1, ϕ_2 与式（2.31）的定义相同；

$\boldsymbol{R}_z$——绕 z 轴的旋转矩阵。

两个主天体在旋转坐标系下的位置矢量可分别表示为 $\boldsymbol{r}_1 = [-r\mu, 0, 0]$ 和 $\boldsymbol{r}_2 = [r(1-\mu), 0, 0]$，其中 r 为相对距离，μ 为系统的质量系数，$\mu = m_2/(m_1 + m_2)$。选择两个天体间的距离作为单位长度，系统质量作为单位质量，则非同步双小天体系统时变引力势能可表示为[2]

$$\begin{cases} U_1'(\phi_1) = (1-\mu) U^{ell}(\boldsymbol{R}_z(-\phi_1)\rho_1', \alpha_a', \beta_a', \gamma_a') \\ U_2'(\phi_2) = \mu U^{ell}(\boldsymbol{R}_z(-\phi_2)\rho_2', \alpha_b', \beta_b', \gamma_b') \end{cases} \tag{7.7}$$

式中，$U^{ell}(\cdot)$——采用三轴椭球求解的引力场模型；

$\alpha_i', \beta_i', \gamma_i'$——归一化后的小天体椭球模型三轴长度，$i = a, b$。

同时积分式（2.31）和式（7.6），可得探测器在非同步双小天体系统内的运动。非同步模型可以反映非同步双小天体系统的主要特征，且相比高精度模型所需的计算更少。此外，在旋转坐标系下可以描述常见的周期运动，便于非同步双小天体模型下的轨道计算。

7.3　同步双小天体系统内周期轨道设计

在双小天体系统的平衡态下，除了可以在系统平衡点附近找到类似于三体系统的周期轨道，还可以找到其他类型的周期轨道，这些轨道都可以作为探测任务的潜在任务轨道。本节将给出同步系统内的共振轨道和全局周期轨道的搜索方法，并分析其轨道稳定性。

7.3.1　同步双小天体系统中的共振轨道

在传统天体力学中，当两个天体运行轨道的公转周期成整数比关系时，出现轨道共振现象。对双小天体系统而言，共振轨道被定义为轨道周期与从星运动周期成整数比关系。下面将探讨同步双小天体系统中的共振轨道设计，这里采用逐层逼近的方法。首先，忽略系统中从星的质量，求得仅考虑主星质量的二体模型下的共振轨道，并将其作为初值；其次，考虑从星的质量，利用改进并行打靶法修正得到质点模型下系统的共振轨道；最后，以此作为初值，考虑小天体的非球型摄动进行第二次修正，从而得到同步双小天体系统双椭球模型下的共振轨道。

7.3.1.1　基于二体模型的共振轨道搜索

首先讨论二体模型下的共振轨道，即忽略双小天体系统中从星的引力作用。假设探测器 B 和小天体 P_2 绕小天体 P_1 运动。若 B 与 P_2 的轨道共振，则 B 绕 P_1 飞行 p 圈所需的时间与 P_2 绕小天体 P_1 飞行 q 圈所需的时间相同，p 和 q 均为正整数。此时，B 与 P_2 的轨道周期比为整数比。假设它们的轨道周期分别为 T_p 和 T_q，则周期的比为

$$\frac{p}{q}=\frac{n_p}{n_q}=\frac{\frac{1}{T_p}}{\frac{1}{T_q}}=\frac{T_q}{T_p} \tag{7.8}$$

式中，n_p,n_q——B 与 P_2 的平均角速度，$n_i=\sqrt{\frac{Gm_1}{a_i^3}}$，$i=p,q$，$a_i$ 为对应轨道的半长轴，Gm_1 为主星 P_1 的引力常数。

在二体模型中，选择轨道的近心点或远心点作为初始状态，此时轨道半径 r_0 和速度 v_0 分别为

$$r_0=\frac{p_1}{1+e\cos\theta} \tag{7.9}$$

$$v_0=\sqrt{2Gm_1\left(\frac{1}{r}-\frac{1}{2a}\right)} \tag{7.10}$$

式中，p_1——半正焦弦，$p_1=a(1-e^2)$，a 为半长轴，e 为偏心率；

θ——真近角。在近心点处，$\theta=0°$，在远心点处，$\theta=180°$。

探测器 B 的周期 T_p 可由共振比 $p:q$、P_2 的周期 T_q 计算得到，即

$$T_p=\frac{q}{p}T_q \tag{7.11}$$

由上可知，共振轨道的确定还需知道偏心率 e 的大小。在此，可以直接选取或通过确定近心点位置 $\boldsymbol{r}_\mathrm{p}$（或远心点位置 $\boldsymbol{r}_\mathrm{a}$）来求得偏心率 e。

如果轨道初始状态确定，则通过二体轨道动力学基本理论可求得二体模型下共振轨道的解[3]。然而，对于双小天体系统而言，在旋转坐标系中能更直观地得到探测器沿共振轨道飞行时与从星的位置关系，因而需将其从惯性坐标系转换到旋转坐标系。这里假设从惯性坐标系 $O-XYZ$ 转换到旋转坐标系 $o-xyz$ 的转移矩阵为${}^\mathrm{R}\boldsymbol{C}^\mathrm{I}(t)$，设初始时刻为 t_0，飞行中某时刻为 t，则${}^\mathrm{R}\boldsymbol{C}^\mathrm{I}(t)$的表达式为

$${}^\mathrm{R}\boldsymbol{C}^\mathrm{I}(t)=\begin{bmatrix}\cos[n_q(t-t_0)] & \sin[n_q(t-t_0)] & 0\\ -\sin[n_q(t-t_0)] & \cos[n_q(t-t_0)] & 0\\ 0 & 0 & 1\end{bmatrix} \tag{7.12}$$

进一步可得由位置和速度组成的状态向量从惯性坐标系转换到旋转坐标系的关系式：

$$
\begin{bmatrix} x \\ y \\ z \\ \dot{x} \\ \dot{y} \\ \dot{z} \end{bmatrix} = \begin{bmatrix} {}^{\mathrm{R}}\boldsymbol{C}^{\mathrm{I}}(t) & \boldsymbol{0}_{3\times 3} \\ {}^{\mathrm{R}}\dot{\boldsymbol{C}}^{\mathrm{I}}(t) & {}^{\mathrm{R}}\boldsymbol{C}^{\mathrm{I}}(t) \end{bmatrix} \begin{bmatrix} X \\ Y \\ Z \\ \dot{X} \\ \dot{Y} \\ \dot{Z} \end{bmatrix} \tag{7.13}
$$

式中，

$$
{}^{\mathrm{R}}\dot{\boldsymbol{C}}^{\mathrm{I}}(t) = \begin{bmatrix} -n_q\sin[n_q(t-t_0)] & n_q\cos[n_q(t-t_0)] & 0 \\ -n_q\cos[n_q(t-t_0)] & -n_q\sin[n_q(t-t_0)] & 0 \\ 0 & 0 & 0 \end{bmatrix} \tag{7.14}
$$

以 1∶2 共振轨道为例，探测器轨道的近心点半径 r_{p} 取为与从星的轨道半径相同，并假设从星的轨道为圆轨道。假设在初始时刻 P_1、P_2 和 B 三者共线，给定双小天体系统的参数后可求得共振轨道在惯性坐标系和旋转坐标系的轨道，如图 7.1 所示。图中，主星 P_1 位于坐标原点，在旋转坐标系下从星的位置固定，因此能更清楚地给出探测器与主天体之间的相对位置关系；同时，共振轨道经过拱点附近形成“环”状结构，共振轨道中环的个数即共振比 $p:q$ 中的 p 值。

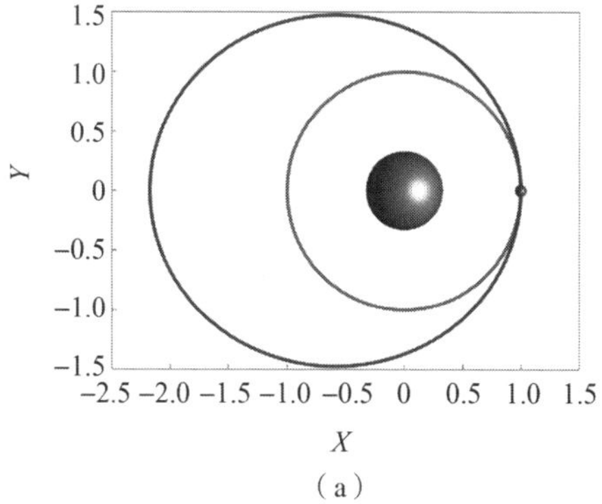

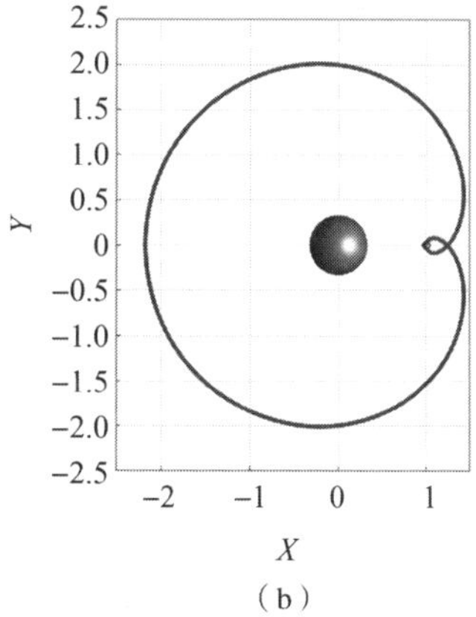

图 7.1　惯性坐标系和旋转坐标系下 1∶2 共振轨道（附彩图）

(a) 惯性坐标系；(b) 旋转坐标系

7.3.1.2 平面共振轨道设计

若考虑双小天体系统中从星的质量及非球形摄动作用，系统中共振轨道的共振比 $p:q$ 不再严格等于对应轨道周期的比值，探测器飞行 p 圈所需的时间只是近似等于从星运行 q 圈所对应的时间。在二体模型中加入第三体的引力相当于对轨道增加了摄动力，在二体模型下求得的共振轨道将不再闭合（或呈周期性），需要通过修正得到双小天体系统中精确的共振轨道。将旋转坐标系下二体模型的共振轨道初始状态作为初值猜测，采用并行打靶法进行修正。

将轨道分为若干弧段，弧段之间的端点为节点，每一段都在节点初值的基础上积分出独立的弧段；独立的弧段通过微分修正被拼接在一起，形成一条满足始末状态约束的连续轨道。除了初始位置，每个节点处的状态均为变量，它们与每个弧段时间共同构成设计变量。同时，为了保证轨道的周期性，需要轨道的始末状态保持一致，即 $\boldsymbol{x}_1^t=\boldsymbol{x}_1$，其中 $\boldsymbol{x}_1^t=\boldsymbol{x}(\boldsymbol{x}_1,t)$ 为初始状态经过一个周期后积分所得终端状态。对轨道五个状态标量始末值的一致性进行限制，并通过雅可比常数约束轨道能量，从而保证轨道始末状态的连续性。此外，定义一个超平面，使得在一个积分周期内，穿过超平面的轨道初始状态与终端状态的速度矢量平行，即实现同向穿越，以避免穿越方向的不确定性，其原理如图 7.2 所示。

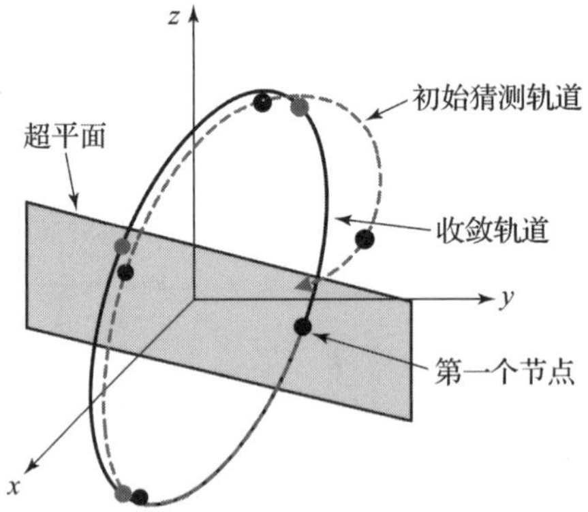

图 7.2 并行打靶法示意图

以超平面 $\sum:y-y_{\mathrm{h}}=0$ 为例，当 $y_{\mathrm{h}}=0$ 时，超平面 $\sum:y=0$ 即 xz 平面。在轨道初次穿过超平面与再次穿过超平面时，为了保证穿过速度的方向始终相同，额外增加约束函数 $\mathrm{sgn}(\dot{y}_1^t)=\mathrm{sgn}(\dot{y}_1)$。其中，$\dot{y}_1$ 为初次经过超平面时的速度矢量中第 2 个分量，$\dot{y}_1' = \dot{y}_1(x_n, t)$ 为积分终止时刻再次穿过超平面的速度矢量中第 2 个分量。符号函数 sgn(·)定义为

$$\operatorname{sgn}(x) = \begin{cases} -1, & x<0 \\ 0, & x=0 \\ 1, & x>0 \end{cases} \tag{7.15}$$

引入松弛变量 β，则约束方程可表示为

$$\dot{y}_1' - \operatorname{sgn}(\dot{y}_1)\beta^2 = 0 \tag{7.16}$$

终端点的约束向量为

$$\boldsymbol{x}_1^{*t} = \begin{bmatrix} x_1' - x_1 \\ y_1' - y_1 \\ z_1' - z_1 \\ \dot{x}_1' - \dot{x}_1 \\ \dot{y}_1' - \operatorname{sgn}(\dot{y}_1)\beta^2 \\ \dot{z}_1' - \dot{z}_1 \end{bmatrix} = \boldsymbol{0} \tag{7.17}$$

为了得到周期性的轨道，打靶过程中的第一个节点在超平面上，因此有 $y_1 - y_{\mathrm{h}} = 0$。将积分时间记作 T，则并行打靶法中的自由变量 $\boldsymbol{X}$ 为

$$\boldsymbol{X} = \begin{bmatrix} \boldsymbol{x}_1 \\ \vdots \\ \boldsymbol{x}_n \\ T \\ \beta \end{bmatrix} \tag{7.18}$$

$\boldsymbol{X}$ 由 $6n+2$ 个元素构成。约束函数 $\boldsymbol{F}(\boldsymbol{X})$ 为

$$\boldsymbol{F}(\boldsymbol{X}) = \begin{bmatrix} \boldsymbol{x}_2' - \boldsymbol{x}_2 \\ \vdots \\ \boldsymbol{x}_n' - \boldsymbol{x}_n \\ \boldsymbol{x}_1^{*\prime} - \boldsymbol{x}_1 \\ \boldsymbol{y}_1' - \boldsymbol{y}_{\mathrm{h}} \end{bmatrix} = \boldsymbol{0} \tag{7.19}$$

$\boldsymbol{F}(\boldsymbol{X})$由$6n+1$个分量组成。因此，雅可比矩阵$\boldsymbol{DF}(\boldsymbol{X})$为$(6n+1)\times(6n+2)$维矩阵，具体表达式为

$$\boldsymbol{DF}(\boldsymbol{X})=\begin{bmatrix} \boldsymbol{\Phi}(t_2,t_1) & -\boldsymbol{I}_{6\times6} & & & \frac{\dot{x}_2'}{n} & \boldsymbol{0}_{6\times1} \\ & \ddots & \ddots & & \vdots & \vdots \\ & & \boldsymbol{\Phi}(t_n,t_{n-1}) & -\boldsymbol{I}_{6\times6} & \frac{\dot{x}_n'}{n} & \\ \boldsymbol{A} & & & \boldsymbol{\Phi}(t_1,t_n) & \frac{\dot{x}_1'}{n} & \boldsymbol{B}_{6\times1} \\ \boldsymbol{D}_{1\times6} & \boldsymbol{0}_{1\times6} & \cdots & \cdots & 0 & 0 \end{bmatrix} \tag{7.20}$$

式中，$\boldsymbol{\Phi}(t_2,t_1)$——从时刻$t_1$至$t_2$的状态转移矩阵；

$$\boldsymbol{A}=\text{diag}(-1,-1,-1,-1,0,-1) \tag{7.21}$$

$$\boldsymbol{B}=[0\quad 0\quad 0\quad 0\quad -2\text{sgn}(\dot{y}_1)\beta\quad 0]^{\text{T}} \tag{7.22}$$

$$\boldsymbol{D}=[0\quad 1\quad 0\quad 0\quad 0\quad 0]^{\text{T}} \tag{7.23}$$

通过修正得到一条共振轨道后，利用6.3节中提到的连续法求得与共振比相同但与天体距离不同的多条共振轨道，即$p:q$共振轨道族。这里以1999 KW4双小天体系统为例，设计其附近的共振轨道。1999 KW4实际为非同步双小天体系统，这里根据小天体的形状模型生成等效同步双椭球模型，其具体物理参数如表7.1所示。在归一化的单位长度下，同步模型1999 KW4双小天体系统不同共振比的共振轨道如图7.3所示。

表7.1　1999 KW4双小天体系统参数[4]

小天体	a/km	b/km	c/km	密度/(kg·m^{-3})	距离/km
主星	0.765	0.745	0.675	1970	2.54
从星	0.285	0.230	0.175	2810	

对同一族共振轨道进行分析发现，共振轨道的初始位置越靠近主星（即x越小），对应的初始速度$\dot{y}$越大、轨道周期越大且轨道能量越大。同时，随着轨道

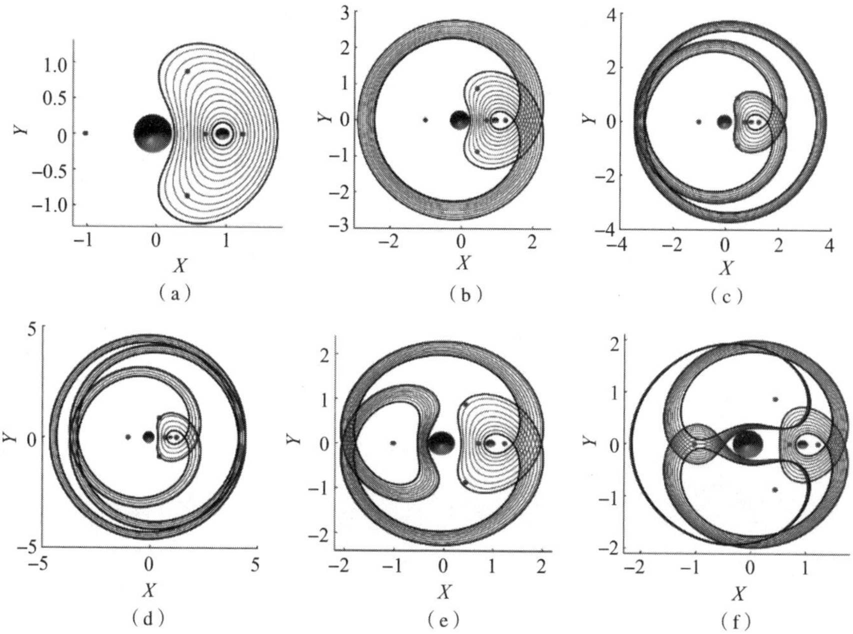

图 7.3　旋转坐标系下 1999 KW4 双小天体系统不同共振比 $p:q$ 的共振轨道（附彩图）

(a) 1∶1；(b) 1∶2；(c) 1∶3；(d) 1∶4；(e) 2∶3；(f) 3∶4

族与从星的距离增大，共振轨道周期与双小天体系统的轨道周期比值更接近于整数比。

7.3.1.3　空间共振轨道

在对平面共振轨道延拓的过程中可找到多族分岔轨道，可用于生成空间共振轨道。分岔轨道可通过周期轨道单值矩阵特征值的变化得到，当特征值对应的稳定性发生变化时，可得到一条分岔轨道。将这条分岔轨道初始状态的 z 分量加一个小的摄动量，并固定 z 摄动分量的值，利用修正算法可得到三维共振轨道。1999 KW4 双小天体系统部分共振比的空间共振轨道如图 7.4 所示。由于平面共振轨道是对称的，因此由它作为初值分岔得到的三维共振轨道也是对称的，即 $y_0 = \dot{x}_0 = \dot{z}_0 = 0$，但 z_0 不再为 0。

由图 7.4 可以看出，三维共振轨道族与对应的平面共振轨道族的形状保持一定的相似性；共振比为 1∶1 分岔轨道的初始位置与主星比较接近，共振比为 1∶2、1∶3、1∶4 分岔轨道的初始位置与从星比较接近，而共振比为 2∶3

的分岔轨道有两条，其初始位置分别靠近主星和从星。同时分析发现，随着三维共振轨道初始状态 z_0 分量的增大，共振轨道的周期增大且轨道能量也随之增大。

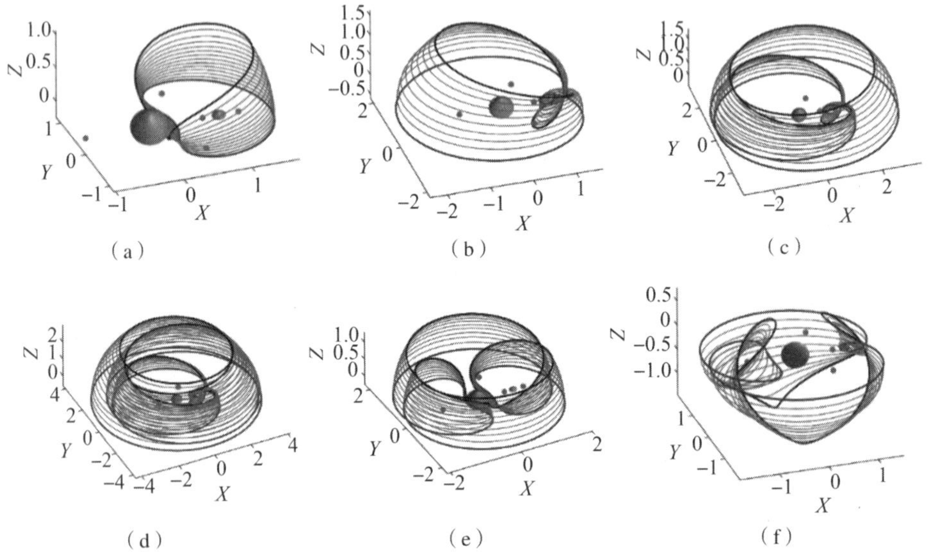

图 7.4 旋转坐标系下 1999 KW4 双小天体系统不同共振比 $p:q$ 的空间共振轨道（附彩图）

(a) 1∶1；(b) 1∶2；(c) 1∶3；(d) 1∶4；(e) 2∶3(1)；(f) 2∶3(2)

7.3.2 同步双小天体系统中的全局周期轨道

在同步双小天体系统中，除了存在共振轨道外，还存在其他形式的周期轨道，但这类轨道目前除了在平衡点附近的运动可采用半解析计算方法外，其他主要通过数值方法获得，而网格搜索法是一类有效的周期轨道搜索方法。网格搜索法首先对设计空间的参数进行一定密度的网格划分，然后对各网格节点处的设计参数进行遍历，从而实现对整个设计参数空间的搜索。网格搜索法具有操作简单、搜索全面等优点，但也存在计算量大、搜索效率低等问题。本节针对同步双小天体系统中全局周期轨道的搜索问题，采用了网格搜索方法，并对该算法进行改进。改进主要集中在以下两方面：

(1) 在网格搜索中采用轨道能量和速度方向角代替传统的速度矢量作为搜索变量，从而降低搜索空间的大小，提高搜索效率。

（2）在轨道初值判断中结合残差和符号变换对有效初值进行预测，降低初值的错误率。

下面将基于改进的网格搜索算法，给出双小天体系统中全局周期轨道的设计方法。

7.3.2.1　同步双小天体系统全局周期轨道设计方法

同步双小天体模型具有对称性，利用该特性可以减少全局周期轨道设计变量的数量，简化网格搜索的难度[5-6]。根据对称性，在旋转坐标系下，同步双小天体系统中存在 4 类对称的周期轨道，即平面周期轨道、面对称周期轨道、轴对称周期轨道和双对称周期轨道。平面周期轨道和双对称周期轨道可以看作面对称周期轨道和轴对称周期轨道的特例。因此这里主要针对面对称周期轨道和轴对称周期轨道开展轨道搜索，平面周期轨道可以令 $z_0=0$，$\dot{z}_0=0$，从而降低轨道搜索空间，提高搜索效率。

根据模型的对称性，轨道的初始位置应位于 x 轴或 xz 平面上，且初始速度垂直于 x 轴。选择轨道的初始位置、轨道能量和速度方向角作为搜索变量进行网格搜索，其中速度方向角 φ 定义为初始速度矢量与 xy 平面的夹角。相比采用速度矢量作为搜索变量，速度方向角为有界量，因此在搜索中不会遗漏搜索空间，同时避免了速度较大导致的搜索空间扩大。对于面对称周期轨道，初始速度可以根据初始能量 C_0 直接确定。轴对称周期轨道的初始速度可表示为$[0, v_0\cos\varphi, v_0\sin\varphi]$。模型的对称性同样可以缩短轨道搜索时间，根据周期运动在半轨道周期时的约束条件，选择 xz 平面作为终止截面。不同类型周期运动的初始条件和终止截面上的周期性条件如表 7.2 所示。

表 7.2　同步双小天体系统周期运动的搜索变量

轨道	平面周期轨道	轴对称周期轨道	面对称周期轨道
初始条件	(x_0, C_0)	(x_0, C_0, φ_0)	(x_0, z_0, C_0)
周期性条件	$\dot{x}_h=0$	$z_h=0$，$\dot{x}_h=0$	$\dot{z}_h=0$，$\dot{x}_h=0$

接下来，以轴对称周期轨道为例，给出周期运动的搜索过程。这里采用三层循环变量对设计空间进行搜索，初始条件为 (x_0, C_0, φ_0)。外层循环变量为 x 轴

位置 x_0，中层循环变量为轨道能量 C_0，内层循环变量为速度方向角 φ_0。同时，通过增加逻辑约束排除无效搜索，提高搜索效率。在外层循环中增加位置判断，保证轨道初值位于主天体外部；在中层循环中考虑能量判别，保证轨道的初始速度 v_0 大于0，在可行域内。满足约束的初始状态 $(x_0(i),C_0(j),\varphi_0(k))$ 将根据动力学方程积分至终止截面。记录轨道在终止截面上的状态 $z_{\mathrm{h}}^n(i,j,k)$ 和 $\dot{x}_{\mathrm{h}}^n(i,j,k)$。其中，$i$、$j$、$k$ 表示搜索变量的序列，n 为穿越终止截面的次数。

通常选择固定初始位置 $x_0(i)$，改变另两个变量 C_0 和 φ_0，并记录终止截面的取值情况。若穿越状态 $z_{\mathrm{h}}^n(j,k)$ 和 $\dot{x}_{\mathrm{h}}^n(j,k)$ 的符号在邻域中发生改变，则在初值的附近可能存在一组周期运动的初值，利用微分修正算法可以得到周期运动的精确解。为了提高搜索效率和准确性，引入残差 r_{e}，定义为 $r_{\mathrm{e}}=\sqrt{(z_{\mathrm{h}}^n(j,k))^2+(\dot{x}_{\mathrm{h}}^n(j,k))^2}$。在搜索中，分别计算点 $P(C_0(j),\varphi_0(k))$ 和它周围8个点的残差，若满足以下条件：

（1）中心点 P 比周围点的残差小。

（2）至少一个点的 z_{h}^n 与 P 点符号相反。

（3）至少一个点的 $\dot{x}_{\mathrm{h}}^n$ 与 P 点符号相反。

则判断点 P 附近可能存在周期运动，选择初始值 $(x_0(i),C_0(j),\varphi_0(k))$ 作为周期运动的初值猜测用于微分修正。设计空间 C_0、φ_0 至截面空间的映射为 z_{h}^n 和 $\dot{x}_{\mathrm{h}}^n$，如图7.5所示，其中星形对应周期解，矩形对应改进方法记录的解。

周期运动的解对应于截面空间的原点，而初值对应的截面状态分布在四个象限中。三种截面穿越情况均可以用以上约束描述，而且该判断条件避免了不确定性，仅残差最小的一个设计节点会被记录。利用新的判断条件对内层循环的设计参数进行遍历，最后遍历外层循环的初始值 x_0，并记录可能存在周期轨道的初值，用于轨道修正。对于面对称周期轨道，轨道设计变量为 x_0、z_0 和 C_0，终止截面上的终端条件为 $\dot{x}_{\mathrm{h}}$ 和 $\dot{z}_{\mathrm{h}}$。

将满足残差判断条件约束的设计初值进行修正，即可获得精确的周期解。为了与网格搜索相匹配，在修正过程中固定 x_0，改变搜索变量 C_0、φ_0 和穿越时间 T_{h}^n，从而满足周期性条件 $z|_{t=T_{\mathrm{h}}^n}=0$，$\dot{x}|_{t=T_{\mathrm{h}}^n}=0$，采用上节提到的打靶法进行修正，即可得到周期运动的精确解。

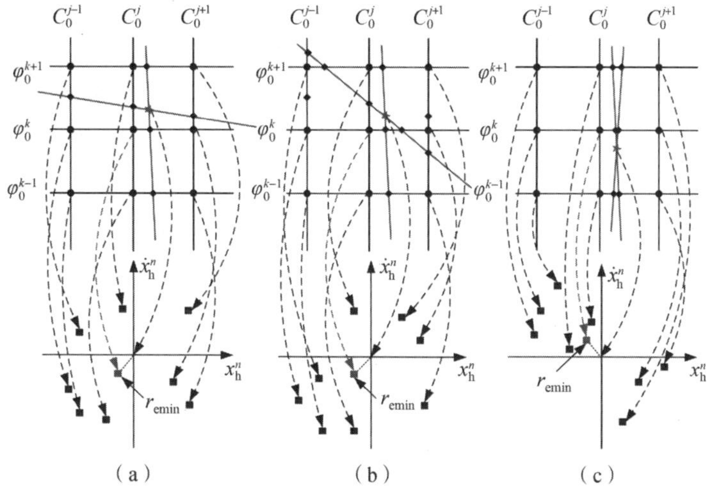

图 7.5　初始参数空间至截面空间的映射（附彩图）

(a) 类型Ⅰ；(b) 类型Ⅱ；(c) 类型Ⅲ

7.3.2.2　全局周期轨道分类与稳定性分析

基于以上搜索方法和过程，以双小天体系统 1999 KW4 的等效同步模型进行分析和验证。这里选择设计空间为归一化单位，x_0 从 -1.4 至 1.4，z_0 从 0 至 1.4，搜索间隔均为 0.05；轨道能量 C_0 的变化范围为 1.5563 ~ 3.5563，间隔为 0.02；速度方向角 φ 的变化范围为 0 ~ π，间隔为 π/30。

轨道搜索中考虑前三次穿越 XZ 平面的周期轨道情况，网格搜索共计生成 330360 组初值，并获得 5805 组周期解。根据轨道的拓扑学特性，得到 83 族周期轨道族，其中平面周期轨道 22 族、轴对称周期轨道 22 族、面对称周期轨道 39 族。在每一族周期轨道中任选一条轨道计算单值矩阵，可得轨道的稳定系数和特征方向，进而采用伪弧长连续法，即可延拓得到该族周期轨道在双小天体系统附近的完整轨道族。全部一次穿越的周期轨道和部分多次穿越的周期轨道如图 7.6 ~ 图 7.8 所示。在实际研究中发现，随着轨道能量的增大，同一族轨道的 XZ 平面穿越次数也可能发生变化。

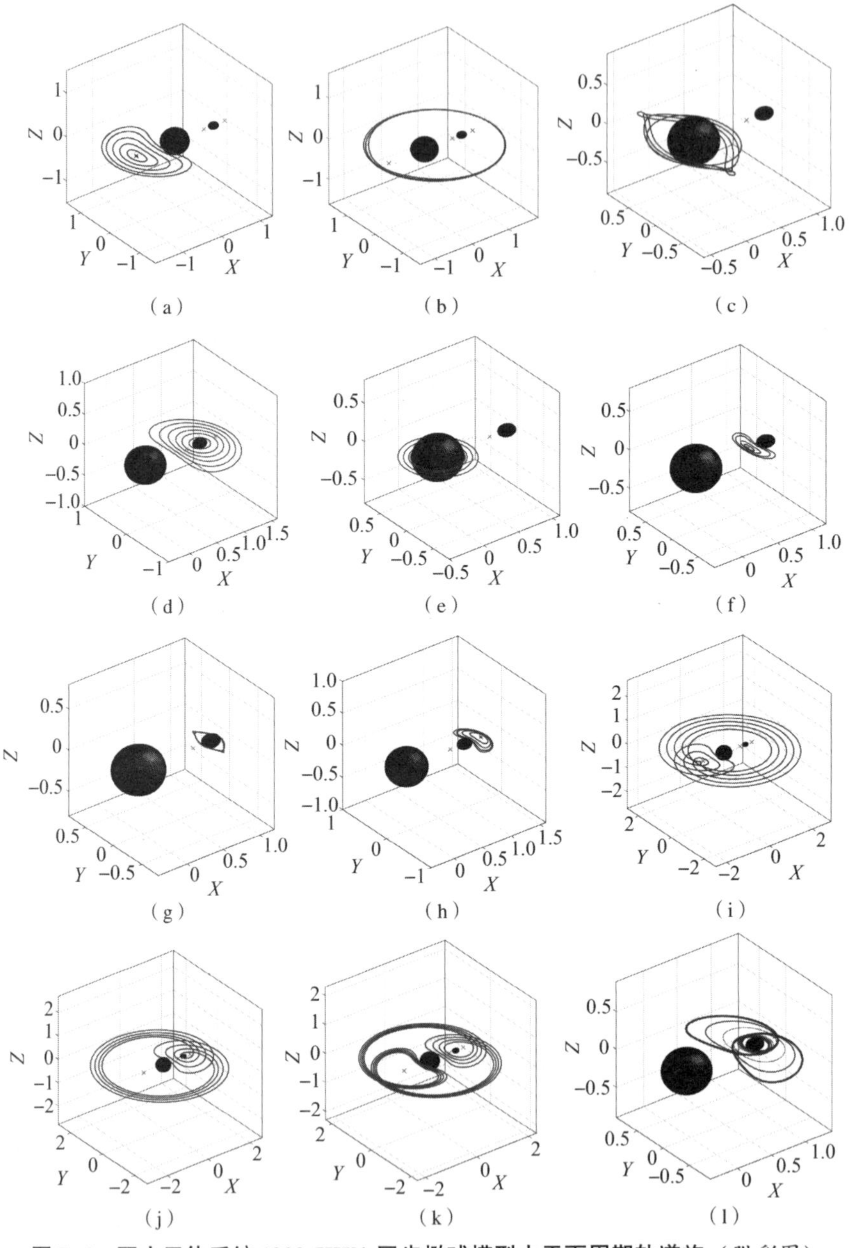

图 7.6　双小天体系统 1999 KW4 同步椭球模型中平面周期轨道族（附彩图）

（a）P_1；（b）P_2；（c）P_3；（d）P_4；（e）P_5；（f）P_6；

（g）P_7；（h）P_8；（i）P_9；（j）P_{10}；（k）P_{11}；（l）P_{12}

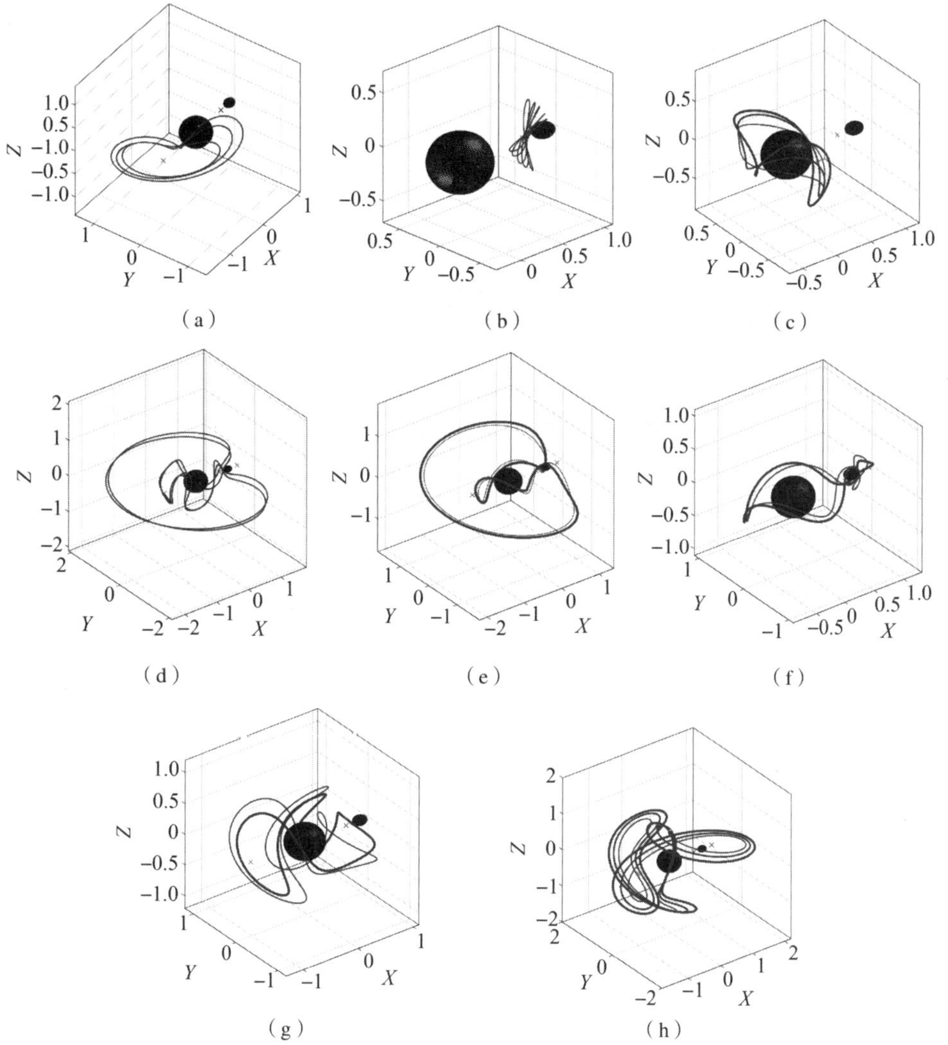

图7.7　双小天体系统1999 KW4同步椭球模型中轴对称周期轨道族（附彩图）

(a) A_1；(b) A_2；(c) A_3；(d) A_4；

(e) A_5；(f) A_6；(g) A_7；(h) A_8

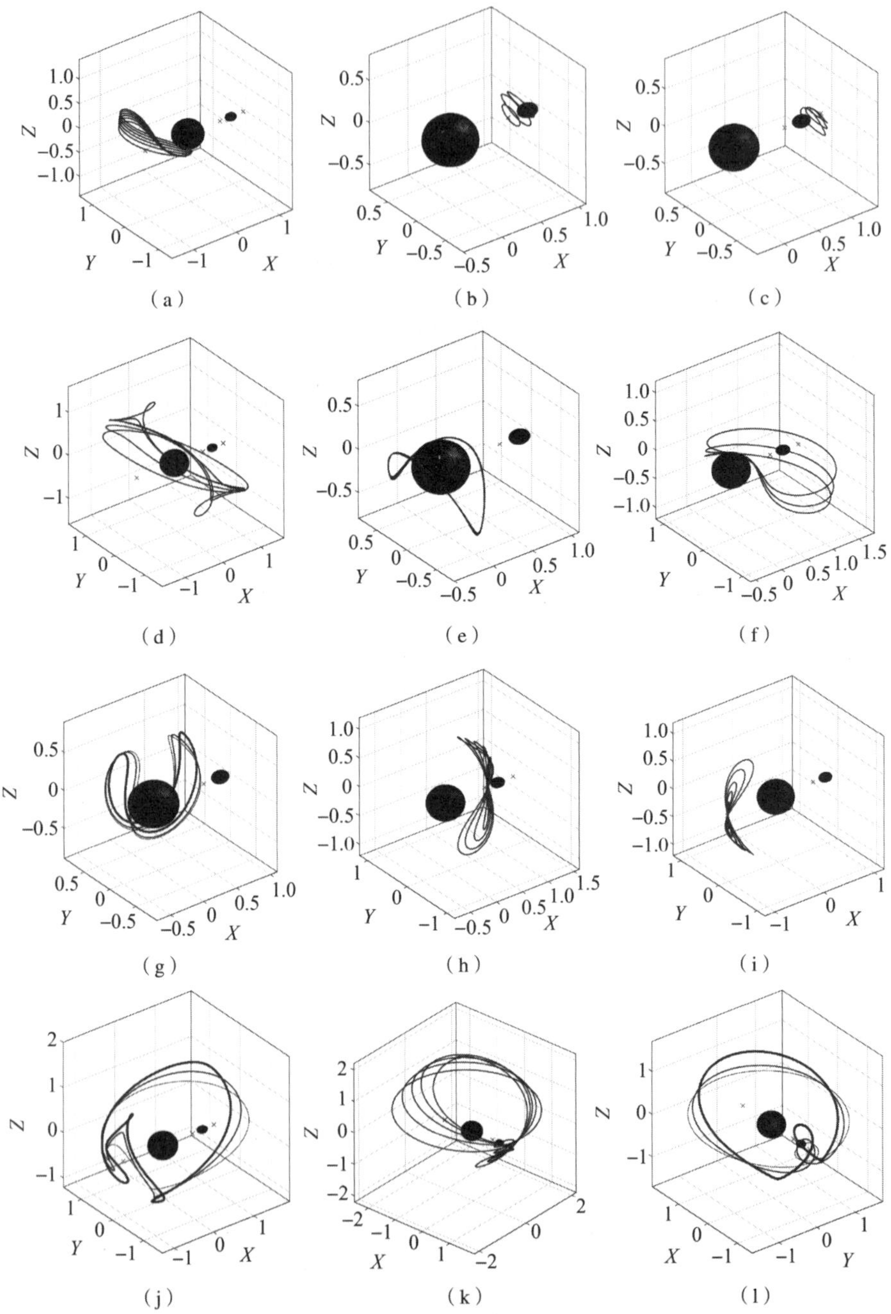

图 7.8　双小天体系统 1999 KW4 同步椭球模型中面对称周期轨道族（附彩图）

(a) S_1；(b) S_2；(c) S_3；(d) S_4；(e) S_5；(f) S_6；

(g) S_7；(h) S_8；(i) S_9；(j) S_{10}；(k) S_{11}；(l) S_{12}

每组周期轨道对应的轨道周期、轨道能量和稳定系数的变化范围如表 7.3 和表 7.4 所示，其中 P 表示平面轨道，A 表示轴对称轨道，S 表示面对称轨道。稳定系数用指数形式表示，其中 $\lg v=0$ 表示轨道为稳定轨道。

表 7.3　平面和轴对称周期轨道参数与稳定性

轨道族	轨道周期 T/h	轨道能量 C	稳定系数 $\lg v$
P_1	16. 589 ~ 17. 093	2. 421 ~ 3. 058	0. 490 ~ 0. 705
P_2	40. 162 ~ 48. 799	3. 070 ~ 3. 109	0 ~ 0. 349
P_3	12. 411 ~ 17. 485	2. 965 ~ 3. 266	0
P_4	2. 322 ~ 17. 048	2. 327 ~ 3. 045	0 ~ 0. 043
P_5	3. 449 ~ 9. 912	3. 375 ~ 4. 256	0 ~ 0. 035
P_6	6. 684 ~ 10. 868	2. 989 ~ 3. 454	2. 508 ~ 3. 242
P_7	7. 583 ~ 9. 684	3. 147 ~ 3. 242	1. 950 ~ 2. 732
P_8	9. 862 ~ 11. 363	3. 036 ~ 3. 372	2. 460 ~ 2. 792
P_9	34. 521 ~ 39. 746	2. 125 ~ 3. 116	0 ~ 0. 967
P_{10}	27. 023 ~ 34. 099	1. 963 ~ 2. 554	0. 668 ~ 1. 364
P_{11}	45. 736 ~ 50. 156	2. 255 ~ 2. 504	1. 466 ~ 1. 915
P_{12}	20. 908 ~ 27. 330	2. 750 ~ 2. 792	0. 269 ~ 0. 466
A_1	16. 745 ~ 16. 778	1. 821 ~ 2. 774	0. 402 ~ 0. 615
A_2	8. 345 ~ 9. 846	3. 012 ~ 3. 181	2. 540 ~ 2. 818
A_3	16. 631 ~ 16. 839	2. 439 ~ 3. 076	0. 001 ~ 0. 020
A_4	58. 539 ~ 62. 184	2. 582 ~ 2. 704	2. 236 ~ 3. 790
A_5	49. 478 ~ 57. 122	2. 881 ~ 2. 932	0. 885 ~ 3. 117
A_6	29. 408 ~ 35. 250	3. 036 ~ 3. 054	1. 260 ~ 3. 342
A_7	33. 753 ~ 34. 218	1. 792 ~ 2. 637	0. 290 ~ 1. 075
A_8	51. 246 ~ 51. 510	1. 259 ~ 3. 023	0. 652 ~ 0. 945

表 7.4 面对称周期轨道参数与稳定性

轨道族	轨道周期 T/h	轨道能量 C	稳定系数 $\lg v$
S_1	16. 633 ~ 16. 690	2. 573 ~ 2. 779	0. 570 ~ 0. 622
S_2	5. 464 ~ 7. 147	2. 938 ~ 3. 258	0 ~ 2. 611
S_3	9. 089 ~ 9. 933	3. 126 ~ 3. 333	1. 894 ~ 2. 733
S_4	33. 994 ~ 34. 517	1. 055 ~ 3. 169	0. 081 ~ 0. 286
S_5	16. 609 ~ 16. 618	2. 843 ~ 2. 874	0
S_6	16. 439 ~ 16. 824	2. 274 ~ 2. 413	0 ~ 0. 038
S_7	16. 374 ~ 16. 827	2. 143 ~ 2. 284	0. 072 ~ 0. 304
S_8	12. 344 ~ 16. 927	1. 670 ~ 2. 809	2. 061 ~ 2. 230
S_9	16. 772 ~ 16. 840	2. 080 ~ 3. 055	0. 568 ~ 0. 716
S_{10}	50. 978 ~ 51. 421	1. 776 ~ 3. 058	0. 139 ~ 0. 591
S_{11}	16. 631 ~ 16. 839	2. 439 ~ 2. 590	1. 522 ~ 2. 872
S_{12}	42. 194 ~ 50. 929	1. 825 ~ 3. 150	0. 598 ~ 2. 536
S_{13}	51. 077 ~ 51. 726	1. 859 ~ 2. 858	0. 644 ~ 1. 730
S_{14}	51. 713 ~ 51. 795	1. 172 ~ 3. 386	0. 003 ~ 0. 287
S_{15}	50. 980 ~ 51. 412	1. 683 ~ 1. 859	0. 692 ~ 1. 143
S_{16}	28. 950 ~ 34. 108	1. 818 ~ 2. 772	0. 635 ~ 2. 614
S_{17}	46. 915 ~ 50. 974	2. 081 ~ 2. 680	0. 002 ~ 1. 921
S_{18}	43. 508 ~ 50. 402	2. 498 ~ 2. 649	0. 064 ~ 1. 098
S_{19}	30. 240 ~ 33. 629	2. 530 ~ 2. 823	0 ~ 0. 953
S_{20}	59. 628 ~ 67. 142	2. 423 ~ 2. 651	0. 475 ~ 2. 268

根据轨道的运动范围，可以将轨道分为 5 类，即平衡点附近的周期轨道（P_1、P_6、P_8、A_1、A_2、S_1 ~ S_3、S_8、S_9）、环绕任意天体的顺行或逆行轨道（P_3 ~ P_5、P_7、P_{12}、A_3、S_5 ~ S_7）、双体系统的全局周期轨道（P_2、S_4、S_{14}）、组合轨道（P_9 ~ P_{11}、A_4 ~ A_8、S_{10} ~ S_{13}、S_{15} ~ S_{20}）。围绕单天体和双体系统周期运动的稳定系数相

对较小，因为其主要受单个引力场（或由系统质心组成的引力场）影响。其中，轨道族 P_3 和 S_5 为稳定轨道；轨道族 $P_2 \sim P_5$、P_9、S_6 和 S_{19} 的部分轨道也为稳定轨道，但随着轨道能量的增大，轨道逐渐变得不稳定。在平衡点附近的轨道，两个天体的引力均对轨道产生较大的影响，因此稳定系数（P_6、P_8、A_2、A_4、S_3、S_8 和 S_{11}）较大。一些多圈的周期运动对应的稳定系数也同样较大。

此外，网格搜索发现了几类主天体间的转移轨道，如 $P_9 \sim P_{11}$、$A_4 \sim A_6$、$S_{18} \sim S_{20}$。这类轨道是理想的转移轨道，既可用于两个主天体附近轨道间的转移，也可作为近距离观测主天体的任务轨道。从轨道周期的角度，轨道族 A_1、A_3、A_7、A_8、$S_4 \sim S_7$、S_{10}、S_{11}、$S_{13} \sim S_{15}$ 的周期基本保持不变。其他族的轨道周期随着能量的变化也发生改变，其中轨道周期从 2.3 h 增大到 17 h，轨道的运行范围也从从星附近逐渐靠近主星。基于改进网格搜索方法，可更快地得到同步双小天体系统中的全局周期运动，且发现更丰富的轨道类型。这些轨道既可应用于同步双小天体系统探测任务的轨道设计，也可为非同步双小天体系统内轨道设计提供初值，将在下节详细讨论。

7.4　非同步双小天体系统有界轨道设计与保持方法

对于非同步双小天体系统，由于小天体自转与公转非同步，因此无法找到完全闭合的周期轨道，但仍可基于等效同步系统生成的轨道初值，利用修正得到长时间与周期轨道接近的有界轨道，并通过抗扰控制律设计实现低能耗的轨道保持，从而服务于科学探测活动。

7.4.1　非同步双小天体系统有界轨道设计

为了获得非同步双小天体系统长时间稳定存在的有界轨道，本节首先建立与非同步双小天体模型质量比和形状参数相同的等效同步双小天体模型，利用 7.3.2.1 节提出的改进搜索算法获得同步模型下的周期运动作为初值；其次，将初始轨道分成若干段，将各段轨道的初值代入非同步系统模型的动力学方程并行打靶，利用改进的微分修正算法得到各段轨道的初值，从而得到位置和速度均连续的轨道。由于动力学模型不具有周期性，因此原周期运动在非同步模型下修正后将不具有周期性，但通过轨道设计可以使轨道长期稳定维持在周期轨道附近。

二阶微分修正是一种多步微分修正算法，该方法在每次修正过程中同时对一段轨道的多个节点进行打靶，先后修正轨道的位置和速度，从而得到位置和速度均连续的轨道，二阶微分修正适用于动力学环境敏感条件下的轨道修正，具有较高的收敛性[7]。这里针对非同步双体系统的特殊性，对二阶微分修正进行改进，使其同样适用于非同步的动力学模型。虽然双体系统中主天体的运动不受探测器运动的影响，但探测器的动力学方程涉及主天体的运动，因此在探测器轨道打靶的同时，也同步对主天体的自身运动进行积分。同步积分可以避免数据差值拟合带来的误差，从而避免轨道修正中时间变化导致的系统状态不连续，同时使轨道积分可以使用变步长的积分器，提高了积分效率和精度。

改进的二阶微分修正主要包括两步。第一步，使各端点生成的轨道在非同步动力学方程（式（7.6））下位置连续。修正过程与普通的微分修正类似，其控制量为各端点的初始速度，终端约束为下一段轨道初始端点的位置。由于系统时变，因此需要重新推导系统的状态转移矩阵。非同步模型下的线性扰动方程可以表示为

$$\delta\dot{\boldsymbol{X}}_{\mathrm{b}}(t)=\boldsymbol{H}(t)\delta\boldsymbol{X}_{\mathrm{b}}(t) \tag{7.24}$$

式中，$\boldsymbol{X}_{\mathrm{b}}=[x,y,z,v_x,v_y,v_z]^{\mathrm{T}}$；分块矩阵 $\boldsymbol{H}(t)$ 由四个 3×3 矩阵组成，

$$\boldsymbol{H}(t)=\begin{bmatrix}\boldsymbol{O} & \boldsymbol{I}\\ \boldsymbol{S}(t) & \boldsymbol{K}\end{bmatrix} \tag{7.25}$$

其中，

$\boldsymbol{S}(t)=\boldsymbol{R}_z(\phi_1)\nabla\nabla U_1(\boldsymbol{\rho}_1)\boldsymbol{R}_z(-\phi_1)+\boldsymbol{R}_z(\phi_2)\nabla\nabla U_2(\boldsymbol{\rho}_2)\boldsymbol{R}_z(-\phi_2)+$

$\begin{bmatrix}\dot\theta^2 & \ddot\theta & 0\\ \ddot\theta & \dot\theta^2 & 0\\ 0 & 0 & 0\end{bmatrix}$，$\boldsymbol{K}=\begin{bmatrix}0 & 2\dot\theta & 0\\ -2\dot\theta & 0 & 0\\ 0 & 0 & 0\end{bmatrix}$，$\boldsymbol{O}$ 为零矩阵，$\boldsymbol{I}$ 为单位矩阵。

经过位置修正后，轨道在各连接点处位置连续，但速度可能不连续。因此需要通过第二次修正改变各连接点的位置和积分时间，以保证连接点的速度连续，即第二步。考虑连接点 $p_m(\boldsymbol{r}_m,\boldsymbol{v}_m,t_m)$ 及其相邻点 $p_{m-1}(\boldsymbol{x}_{m-1},\boldsymbol{v}_{m-1},t_{m-1})$ 和 $p_{m+1}(\boldsymbol{x}_{m+1},\boldsymbol{v}_{m+1},t_{m+1})$，$p_m$ 处的速度差为 $\Delta\boldsymbol{v}_m$。由式（7.25）可得，从点 p_m 至点

p_{m+1}的状态转移矩阵为

$$\boldsymbol{H}_{m+1,m}=\begin{bmatrix}\boldsymbol{A}_{m+1,m} & \boldsymbol{B}_{m+1,m}\\ \boldsymbol{C}_{m+1,m} & \boldsymbol{D}_{m+1,m}\end{bmatrix} \tag{7.26}$$

式中，$\boldsymbol{A}$、$\boldsymbol{B}$、$\boldsymbol{C}$、$\boldsymbol{D}$ 均为 3×3 的矩阵。

$\Delta\boldsymbol{v}_m$ 的变化应满足

$$\delta\Delta\boldsymbol{v}_m=\boldsymbol{N}_{\mathrm{c}}m\delta\boldsymbol{r}_{t_m} \tag{7.27}$$

式中，

$$\begin{cases}\boldsymbol{N}_{\mathrm{c}m}=[\boldsymbol{N}_{m-1}\quad \boldsymbol{N}_{t_{m-1}}\quad \boldsymbol{N}_m\quad \boldsymbol{N}_{t_m}\quad \boldsymbol{N}_{m+1}\quad \boldsymbol{N}_{t_{m+1}}]\\ \boldsymbol{r}_{t_m}=[\delta\boldsymbol{r}_{m-1}\quad \delta t_{m-1}\quad \delta\boldsymbol{r}_m\quad \delta t_m\quad \delta\boldsymbol{r}_{m+1}\quad \delta t_{m+1}]^{\mathrm{T}}\\ \boldsymbol{N}_{m-1}=-\boldsymbol{B}_{m-1,m}^{-1}\\ \boldsymbol{N}_{t_{m-1}}=\boldsymbol{B}_{m-1,m}^{-1},\boldsymbol{v}_{m-1}^{+}\\ \boldsymbol{N}_m=\boldsymbol{B}_{m-1,m}^{-1}\boldsymbol{A}_{m-1,m}-\boldsymbol{B}_{m,m-1}^{-1}\boldsymbol{A}_{m,m-1}\\ \boldsymbol{N}_{t_m}=-\dot{\boldsymbol{v}}_m^{+}-\boldsymbol{B}_{m-1,m}^{-1}\boldsymbol{A}_{m-1,m}\boldsymbol{v}_m^{-}+\dot{\boldsymbol{v}}_m^{+}+\boldsymbol{B}_{m+1,m}^{-1}\boldsymbol{A}_{m+1,m}\boldsymbol{v}_m^{+}\\ \boldsymbol{N}_{m+1}=\boldsymbol{B}_{m+1,m}^{-1}\\ \boldsymbol{N}_{t_{m+1}}=-\boldsymbol{B}_{m+1,m}^{-1}\boldsymbol{v}_{m+1}^{-}\end{cases} \tag{7.28}$$

式中，上标$^+$表示轨道积分前的状态，上标$^-$表示轨道积分后的状态量。对于 n 段轨道，存在 $n+1$ 个连接点，$n+1$ 修正方程可以表示为

$$\delta\Delta\boldsymbol{v}=\boldsymbol{N}_{\mathrm{c}}\delta\boldsymbol{r}_t \tag{7.29}$$

式中，$\delta\Delta\boldsymbol{v}=[\delta\Delta\boldsymbol{v}_1,\cdots,\delta\Delta\boldsymbol{v}_m,\cdots,\delta\Delta\boldsymbol{v}_{n-1}]^{\mathrm{T}}$，$\delta\boldsymbol{r}_t=[\delta\boldsymbol{r}_0,\delta t_0,\cdots,\delta\boldsymbol{r}_m,\delta t_m,\cdots,\delta\boldsymbol{r}_n,\delta t_n]^{\mathrm{T}}$，$\boldsymbol{N}_{\mathrm{c}}$ 是一个 $4(n+1)\times3(n-1)$ 矩阵，包括式（7.28）中的各项。

由于每段轨道的积分时长也发生变化，因此在每次对位置和速度进行修正后，需要单独对主天体的运动进行一次积分，更新各连接点时刻对应的主天体状态，从而保证轨道运动状态的连续。修正过程将迭代若干次，使各连接点处的位置和速度误差小于阈值。

根据以上稳定轨道设计方法，对双小天体系统 1999 KW4 非同步模型的有界稳定轨道进行设计，双小天体系统 1999 KW4 非同步模型对应的轨道参数如

表 7. 5 所示。假设初始时刻两个天体位于轨道近心点处，且惯性坐标系与旋转坐标系重合；设计中保证轨道在系统中维持在初始轨道附近至少 2 个轨道周期。

表 7. 5 双小天体系统 1999 KW4 非同步模型对应的轨道参数

参数	取值	参数	取值
a/km	2. 54	θ/(°)	0
e	0. 01	ϕ_1/(°)	−83. 03
主星自旋周期/h	2. 76	ϕ_2/(°)	180
从星自旋周期/h	17. 42		

以图 7. 6 ~ 图 7. 8 中的周期轨道为初值，经过修正可以得到旋转坐标系下与原周期运动接近的稳定轨道，如图 7. 9 所示。作为对比，图中给出了未修正轨道在非同步双小天体系统下的演化情况。受到时变的不规则形状摄动影响，非同步双小天体系统下未修正的轨道会迅速偏离原周期轨道，从系统中逃逸或与主天体相撞，即使轨道仍在系统内，运行轨迹也与原轨道相差较大；经过修正后的轨道可以在无控制的情况下较好地维持在原轨道附近至少两个周期。研究发现，同步模型中稳定系数较小的周期轨道族在非同步系统模型下轨道修正的收敛性较好，且轨道自然维持的时间较长。利用改进二阶微分修正，可以获得非同步不规则双小天体系统内可较长时间保持稳定的轨道，为非同步双小天体系统的探测任务轨道设计提供参考，作为非同步双小天体探测任务轨道的标称轨道，或作为初值用于更精确模型下的轨道设计。由于动力学环境高度非线性，即使经过修正后的轨道在运行 4 ~ 5 个轨道周期后也会发散，但较长的稳定运行时间可以有效降低轨道维持的频率和速度增量，有利于在小天体附近开展长期探测活动。

若采用多面体模型的双小天体系统模型，将式（7. 2）替换为式（2. 12），仍可采用相同的方法设计多面体模型下的有界轨道，但所需的计算量较大。

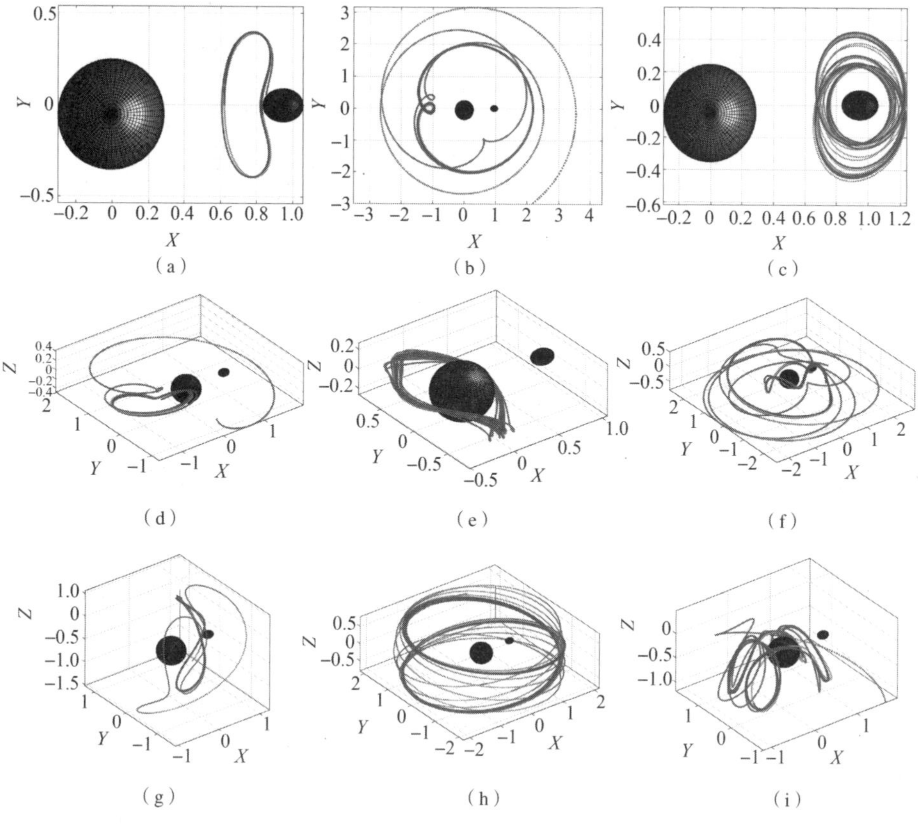

图 7.9　双小天体系统 1999 KW 4 非同步模型下的有界稳定轨道（附彩图）

(a) P_6；(b) P_9；(c) P_{12}；(d) A_1；(e) A_3；(f) A_5；(g) S_8；(h) S_{14}；(i) S_{18}

7.4.2　非同步双小天体系统轨道的保持

由于非同步双小天体系统运动的非周期性，即使通过修正得到的有界轨道在长期运行后仍会偏离原周期轨道。同时，在真实环境下双小天体系统内的运动受到多种摄动力的影响，且存在模型不确定性，这些误差导致探测器的实际轨道与简化模型设计的轨道存在偏差。因此需要对非同步双小天体系统内的轨道进行保持与修正。本节将介绍一种双小天体系统内的自适应抗扰控制，可实现对存在模型不确定性的双小天体系统下探测器运动的精确跟踪与保持，且所需的燃料消耗较少。

7.4.2.1 自适应抗扰控制律设计

定义误差向量为

$$\boldsymbol{e}=\boldsymbol{r}_{\mathrm{s}}-\boldsymbol{r}_{\mathrm{sd}} \tag{7.30}$$

式中，$\boldsymbol{r}_{\mathrm{s}}$——探测器实际位置矢量；

$\boldsymbol{r}_{\mathrm{sd}}$——期望的位置矢量。

从而，有

$$\dot{\boldsymbol{e}}=\dot{\boldsymbol{r}}_{\mathrm{s}}-\dot{\boldsymbol{r}}_{\mathrm{sd}}=\boldsymbol{v}_{\mathrm{s}}-\boldsymbol{v}_{\mathrm{sd}} \tag{7.31}$$

定义向量：

$$\boldsymbol{s}=\dot{\boldsymbol{e}}+k_1\boldsymbol{e},\ k_1>0 \tag{7.32}$$

定义 $\boldsymbol{a}_{\mathrm{p}}=\boldsymbol{a}_{\mathrm{p1}}+\boldsymbol{a}_{\mathrm{p2}}$ 为真实模型下的扰动，其中包括建模的误差 $\boldsymbol{a}_{\mathrm{p1}}$ 和未建模误差 $\boldsymbol{a}_{\mathrm{p2}}$。假设未建模的扰动有界，即 $\|\boldsymbol{a}_{\mathrm{p2}}\|<a_{\mathrm{M}}$，其中 a_{M} 为正常数。

可证，当控制变量 $\boldsymbol{a}_{\mathrm{c}}$ 满足式（7.33）时，可使得 $t\to\infty$ 时，$\boldsymbol{e}\to\boldsymbol{0}$ 且 $\dot{\boldsymbol{e}}\to\boldsymbol{0}$，即实现在双小天体系统中对标称轨迹的位移和速度零误差跟踪[3]：

$$\boldsymbol{a}_{\mathrm{c}}=-k_2\boldsymbol{s}-2\boldsymbol{\omega}\times\boldsymbol{v}_{\mathrm{s}}-\boldsymbol{\omega}\times\boldsymbol{\omega}\times\boldsymbol{r}_{\mathrm{s}}-g(\boldsymbol{r}_{\mathrm{s}})-\boldsymbol{a}_{\mathrm{p1}}-\frac{\boldsymbol{s}}{\|\boldsymbol{s}\|}a_{\mathrm{M}}+\dot{\boldsymbol{v}}_{\mathrm{sd}}-k_1(\boldsymbol{v}_{\mathrm{s}}-\boldsymbol{v}_{\mathrm{sd}}) \tag{7.33}$$

式中，$g(\boldsymbol{r}_{\mathrm{s}})$——双小天体系统的引力加速度。

证明：这里选取 Lyapunov 函数为

$$V=\frac{1}{2}\boldsymbol{s}^{\mathrm{T}}\boldsymbol{s} \tag{7.34}$$

则求导可得

$$\dot{V}=\dot{\boldsymbol{s}}^{\mathrm{T}}\boldsymbol{s}=\boldsymbol{s}^{\mathrm{T}}\dot{\boldsymbol{s}} \tag{7.35}$$

则对式（7.31）、式（7.32）求导可得

$$\ddot{e}=\dot{\boldsymbol{v}}_{\mathrm{s}}-\dot{\boldsymbol{v}}_{\mathrm{sd}} \tag{7.36}$$

$$\dot{\boldsymbol{s}}=\ddot{\boldsymbol{e}}+k_1\dot{\boldsymbol{e}} \tag{7.37}$$

联合（7.35）可得

$$\dot{V}=\boldsymbol{s}^{\mathrm{T}}(\ddot{\boldsymbol{e}}+k_1\dot{\boldsymbol{e}})=\boldsymbol{s}^{\mathrm{T}}[\dot{\boldsymbol{v}}_{\mathrm{s}}-\dot{\boldsymbol{v}}_{\mathrm{sd}}+k_1(\boldsymbol{v}_{\mathrm{s}}-\boldsymbol{v}_{\mathrm{sd}})] \tag{7.38}$$

代入动力学方程，可得

$$\dot{V}=\boldsymbol{s}^{\mathrm{T}}[2\boldsymbol{\omega}\times\boldsymbol{v}_{\mathrm{s}}+\boldsymbol{\omega}\times\boldsymbol{\omega}\times\boldsymbol{r}_{\mathrm{s}}+g(\boldsymbol{r}_{\mathrm{s}})+\boldsymbol{a}_{\mathrm{c}}+\boldsymbol{a}_{\mathrm{p}}-\dot{\boldsymbol{v}}_{\mathrm{sd}}+k_1(\boldsymbol{v}_{\mathrm{s}}-\boldsymbol{v}_{\mathrm{sd}})] \tag{7.39}$$

代入式（7.33）所示的控制律 $\boldsymbol{a}_{\mathrm{c}}$，式（7.38）可表示为

$$\begin{aligned}\dot{V} &= \boldsymbol{s}^{\mathrm{T}}\left(-k_2\boldsymbol{s}+\boldsymbol{a}_{\mathrm{p2}}-\frac{\boldsymbol{s}}{\|\boldsymbol{s}\|}a_{\mathrm{M}}\right)\\ &= -k_2\boldsymbol{s}^2+\boldsymbol{s}^{\mathrm{T}}\left(\boldsymbol{a}_{\mathrm{p2}}-\frac{\boldsymbol{s}}{\|\boldsymbol{s}\|}a_{\mathrm{M}}\right)\end{aligned} \tag{7.40}$$

考虑到 $\|\boldsymbol{a}_{\mathrm{p2}}\| \leqslant a_{\mathrm{M}}$，从而有

$$\begin{aligned}\boldsymbol{s}^{\mathrm{T}}\boldsymbol{a}_{\mathrm{p2}} &\leqslant \|\boldsymbol{s}^{\mathrm{T}}\| a_{\mathrm{M}}\\ &= \boldsymbol{s}^{\mathrm{T}}\frac{\boldsymbol{s}}{\|\boldsymbol{s}\|}a_{\mathrm{M}}\end{aligned} \tag{7.41}$$

从而可得

$$\dot{V} \leqslant 0 \tag{7.42}$$

结合 V 的定义，可知 V 有界，进而 $\int_0^{\infty}\|\boldsymbol{s}\|^2\mathrm{d}t$ 有界。

与此同时，由定义得知 $\dot{\boldsymbol{e}}$ 和 $\ddot{\boldsymbol{e}}$ 均有界，从而由式（7.35）知 $\dot{\boldsymbol{s}}$ 有界，故 $\boldsymbol{s}$ 一致连续。根据 Barbalat 引理得到 $t\to\infty$ 时，$\boldsymbol{s}\to\boldsymbol{0}$，可知 $\boldsymbol{e}\to\boldsymbol{0}$ 且 $\dot{\boldsymbol{e}}\to\boldsymbol{0}$，即式（7.33）所示控制器可实现标称轨道位移和速度零误差跟踪。该控制律可用于双小天体系统附近轨迹跟踪的鲁棒控制，但 $\boldsymbol{s}/\|\boldsymbol{s}\|$ 项在 $\boldsymbol{s}\to\boldsymbol{0}$ 时可能存在抖动。

为了避免抖动，降低控制输出并提高可靠性，将 $\frac{\boldsymbol{s}}{\|\boldsymbol{s}\|}a_{\mathrm{M}}$ 转换为分段函数的形式如下：

$$\boldsymbol{a}_{\mathrm{undefine}} = \begin{cases}\dfrac{\boldsymbol{s}}{\|\boldsymbol{s}\|}a_{\mathrm{M}}, & \|\boldsymbol{s}\| > \varepsilon_0\\ \dfrac{\boldsymbol{s}}{\varepsilon_0}a_{\mathrm{M}}, & \|\boldsymbol{s}\| \leqslant \varepsilon_0\end{cases} \tag{7.43}$$

式中，ε_0——阈值。

当误差较大时，控制器的性能将保持不变，并且斜坡函数使得加速度平稳且误差较小，从而避免了抖动。

此外，自适应控制的表达式中没有设置输出的上限，而实际应用中可行的推力幅值受限。因此，当加速度大于上限值时，限制其最大值，但方向不变。

$$\boldsymbol{a}_{\mathrm{c}} = \begin{cases}\boldsymbol{a}_{\mathrm{c}}, & \|\boldsymbol{a}_{\mathrm{c}}\| \leqslant \|\boldsymbol{a}_{\max}\|\\ \dfrac{\boldsymbol{a}_{\mathrm{c}}}{\|\boldsymbol{a}_{\mathrm{c}}\|}\|\boldsymbol{a}_{\max}\|, & \|\boldsymbol{a}_{\mathrm{c}}\| > \|\boldsymbol{a}_{\max}\|\end{cases} \tag{7.44}$$

式中，$\boldsymbol{a}_{max}$——允许的最大加速度。

可进一步限制推力的下确界，以减少控制误差并减少推进器的开关频率。如果设计的加速度小于 $\boldsymbol{a}_{min}$，则不执行轨道控制，直到加速度大于阈值才实施控制。结合式（7.43）和式（7.44），可构造具有防抖振项的有界自适应控制器，该控制器可用于双小天体系统复杂动力学环境维持任务轨道的稳定性。

7.4.2.2 双小天体系统轨道维持验证及性能分析

以 1999 KW4 双小天体系统为例，验证所提出的控制器。假设双小天体系统为多面体模型，引力场的不确定性约为 5%；在不规则双小天体附近探测器的运动，除引力外还包括太阳引力摄动和太阳辐射压，其不确定性约为 5%；探测器为球形，质量 $m_s = 500\ \mathrm{kg}$，截面积 $A_s = 2\ \mathrm{m}^2$，恒定反射率 $C_r = 1.21$。控制律的增益参数设置为 $k_1 = 5.0 \times 10^{-4}$，$k_2 = 5.0 \times 10^{-4}$，$s = 5.2 \times 10^{-5}$。选择 7.3 节中的有界轨道 A_5 作为参考轨道，对控制律的有效性进行验证。

假设轨道的初始位置误差为 500 m，初始速度误差为 0.1 m/s，未建模扰动有界，其上限 $a_M = 2.6 \times 10^{-6}\ \mathrm{m/s^2}$。探测器在双小天体附近的无控自然轨道、受控轨道和参考轨道如图 7.10 所示。

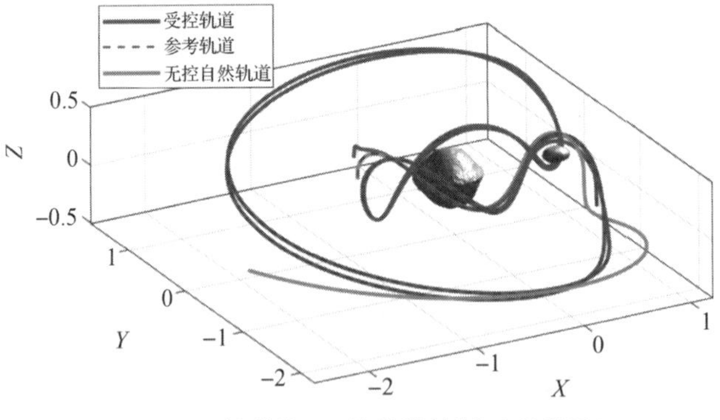

图 7.10 轨道族 A_5 的轨道控制（附彩图）

由于存在初始误差和建模误差，无控轨道将显著偏离原定探测区域，轨道在途经从星后逃逸，而采用自适应抗扰控制后，探测器可以有效地跟踪参考轨道，并克服不确定性和扰动。进一步将推力上界设定为 $a_{max} = 2 \times 10^{-4}\ \mathrm{m/s^2}$ 或 $T_{max} = 0.1\ \mathrm{N}$。最小推力加速度设定为 $a_{min} = 1 \times 10^{-7}\ \mathrm{m/s^2}$，$a_{min} = 2 \times 10^{-7}\ \mathrm{m/s^2}$ 和 $a_{min} = 2 \times 10^{-6}\ \mathrm{m/s^2}$，则不同推力约束下的轨道控制误差如图 7.11 和图 7.12 所示。

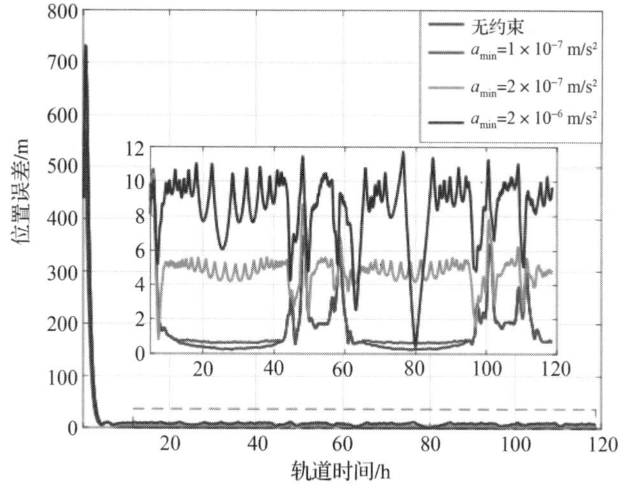

图 7.11　不同推力约束下的位置误差（附彩图）

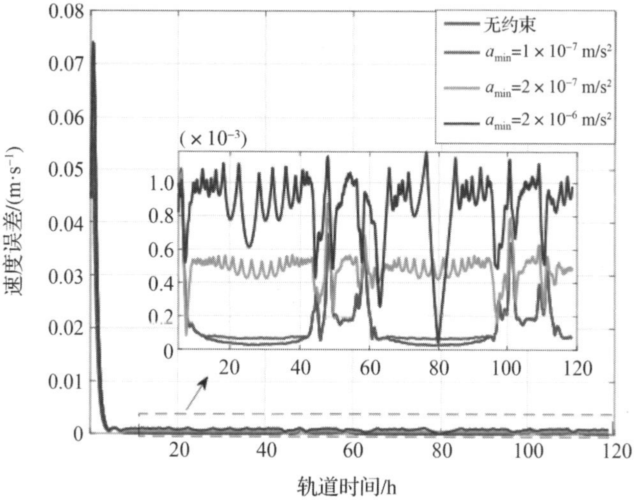

图 7.12　不同推力约束下的速度误差（附彩图）

分析发现，由于存在初始误差，因此在开始阶段推力受限，进而增加了收敛时间。在轨道维持阶段，最小推力会降低跟踪精度，无推力限制时，探测器的控制精度为 1.2 m 和 0.3 mm/s，但当最小推力加速度 $a_{min}=2\times10^{-6}$ m/s^2 时，精度将降低到 8.4 m 和 1.2 mm/s。

不同推力限制下的加速度和燃料消耗情况如图 7.13 和图 7.14 所示。从中发现，无推力约束情况下平均控制加速度 $a_{ave}=1\times10^{-7}$ m/s^2。同时，控制推力将

周期性地增大至 $a_{\min}=4\times10^{-6}\ \mathrm{m/s^2}$，这表明在某些区域环境扰动大于其他区域。如果增加 $a_{\min}$，则推力的工作时间将缩短，但工作时推力的大小会增加，导致燃料消耗增加。此外，如果所需施加的控制推力与设定的推力阈值相似，则可能出现频繁的开关机。在实际任务设计中，应尽可能避免这种情况。

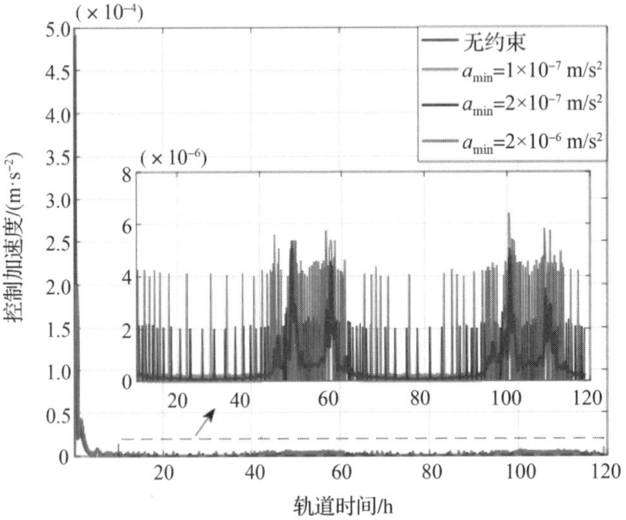

图 7.13　不同推力约束下的控制加速度变化（附彩图）

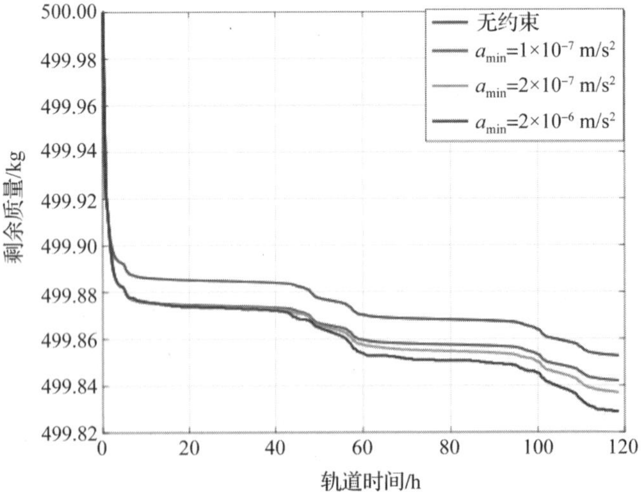

图 7.14　不同推力约束下的燃料消耗情况（附彩图）

7.5　双小天体系统的捕获与逃逸轨道设计

本节将介绍结合终端状态和近心点条件的双小天体系统内的一般性运动及其稳定性，进而给出一种不规则双小天体系统内的捕获与逃逸轨道设计方法，分析无须额外机动的双小天体系统弹道捕获和逃逸轨道。

7.5.1　双小天体系统内运动稳定性分析

7.5.1.1　终端状态的表征

当探测器距离两个主天体较远时，可将该双小天体系统作为整体讨论，情况较为简单且轨道的稳定性较好。因此，本节将重点讨论探测器在主天体附近的运动稳定性。针对同步双小天体系统，这里假定探测器轨道的初始状态为从星 P_2 的近心点，即探测器相对 P_2 的径向速度为 0、径向加速度为正。尽管探测器的初值在 P_2 附近，但根据不同的初值选择，探测器仍可能到达主星 P_1 附近或进入外部空间。定义 $\boldsymbol{\rho}_2$ 和 $\dot{\boldsymbol{\rho}}_2$ 为探测器相对 P_2 的位置矢量和速度矢量，$r_2=\|\boldsymbol{\rho}_2\|$ 为探测器相对 P_2 的距离，则探测器在旋转坐标系下的径向速度为

$$\dot{r}_2=\frac{\boldsymbol{\rho}_2^{\mathrm{T}}\dot{\boldsymbol{\rho}}_2}{r_2} \tag{7.45}$$

径向加速度为

$$\ddot{r}_2=\frac{1}{r_2}(\dot{\boldsymbol{\rho}}_2^{\mathrm{T}}\dot{\boldsymbol{\rho}}_2+\boldsymbol{\rho}_2^{\mathrm{T}}\ddot{\boldsymbol{\rho}}_2)-\frac{1}{r_2^3}(\boldsymbol{\rho}_2^{\mathrm{T}}\dot{\boldsymbol{\rho}}_2)^2 \tag{7.46}$$

则近心点条件可以表示为

$$\begin{cases}\boldsymbol{\rho}_2^{\mathrm{T}}\dot{\boldsymbol{\rho}}_2=0\\ \dot{\boldsymbol{\rho}}_2^2+\boldsymbol{\rho}_2^{\mathrm{T}}\ddot{\boldsymbol{\rho}}_2>0\end{cases} \tag{7.47}$$

假定初始雅可比能量为 C，对双小天体系统中平衡点 L_1 和 L_2 之间的区域划分网格，对区域内的初始位置进行遍历。对于任一初始位置，可根据能量确定轨道的初始速度，并判断初始状态是否满足近心点条件。若满足，则将动力学方程进行轨道积分，且时长为 T，判断轨道是否满足以下终端条件[8]。

终端条件 1：探测器与 P_2 发生碰撞，即

$$\frac{\rho_{2x}^2}{\alpha_b^2}+\frac{\rho_{2y}^2}{\beta_b^2}+\frac{\rho_{2z}^2}{\gamma_b^2}\leqslant 1 \tag{7.48}$$

终端条件 2：探测器与 P_1 发生碰撞，即

$$\frac{\rho_{1x}^2}{\alpha_a^2}+\frac{\rho_{1y}^2}{\beta_a^2}+\frac{\rho_{1z}^2}{\gamma_a^2}\leqslant 1 \tag{7.49}$$

终端条件 3：探测器从双小天体系统中逃逸。这里考虑探测器与系统质心的距离超过 5 倍双星距离后即被认为探测器发生逃逸。

此外，在积分过程中记录探测器穿越平衡点对应截面的次数分别为 n_1、n_2。基于轨道的终端条件和穿越次数，可以将探测器的初始状态划分为 6 个区域[9]：

①从星碰撞区域，即满足终端条件 1。

②主星碰撞区域，即满足终端条件 2。

③逃逸区域，即满足终端条件 3。

④主星环绕区域，即 L_1 穿越数为奇数，且相对 P_1 的距离小于 R_1。

⑤从星环绕区域，即 L_1 和 L_2 穿越数均为偶数，且相对 P_2 的距离小于 R_2。

⑥外部区域，即 L_2 穿越数为奇数，且探测器进入外部空间但未发生逃逸。

其中，R_1 和 R_2 是人为定义的探测器最大运动边界，防止其进入外部空间导致 n_1、n_2 记录错误。

基于以上初始条件和终端条件，接下来分别对系统中主天体附近的平面和空间运动稳定性进行讨论，并考虑顺行和逆行两类情况。

7.5.1.2 双小天体系统平面轨道稳定区域

这里采用 1999 KW4 双小天体系统同步模型，对 XY 平面内的运动稳定性进行分析。假设初始位置沿 X 轴在 $L_1(X=0.69)$ 和 $L_2(X=1.24)$ 之间变化，沿 Y 轴在 $-0.5\sim0.5$ 之间变化；积分时间为系统轨道周期的 3 倍；R_1 和 R_2 为相应小天体半径的 3 倍；初始雅可比积分常数 C 设置为 3.256、3.156、3.106、3.056。顺行运动的终端条件分布如图 7.15 所示。

由图 7.15 可以看出，L_1/L_2 的端口在 $C=3.256$ 时将打开，但只有接近 P_2 的区域才满足初始近心点条件，附近的大多数区域属于碰撞或逃逸运动，其中撞击 P_1 的初值位于左上角，逃逸区域位于右下角；P_2 撞击区域呈条纹状，分布在左下角和右上角；进入外部空间的运动出现在 P_2 碰撞区域和逃逸区域之间。所有

区域都逆时针旋转，从 P_2 的表面延伸到边界。在此轨道能量下没有稳定的 P_2 轨道，只有很少的初始状态会穿过 L_1 并环绕 P_1 运行而不发生碰撞，在图中用“ * ”标记。

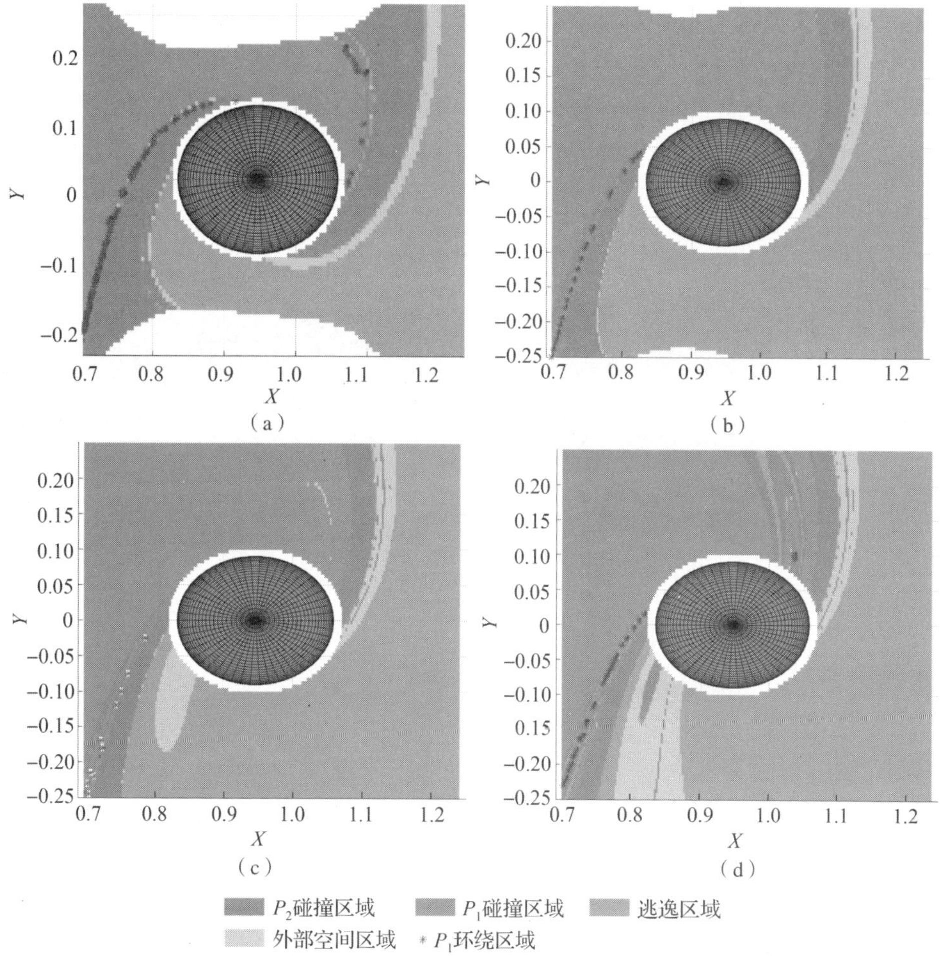

图 7.15　双小天体系统 P_2 附近顺行运动的终端条件分布（附彩图）

（a）$C=3.256$；（b）$C=3.156$；（c）$C=3.106$；（d）$C=3.056$

逐渐增加轨道能量，P_1 碰撞区域和逃逸区域逐步扩大，但 P_2 碰撞区域缩小。同时，另一个外部空间区域出现在逃逸区域内部。P_1 环绕轨道区域仅存在于 P_1 和 P_2 碰撞区域的边缘。进一步增大轨道能量，P_2 的右上和左下区域将具有丰富的混沌运动行为，包括逃逸运动与碰撞运动等。

尽管在附近很难找到稳定的顺行轨道，但可以找到稳定的逆行轨道，如图7.16所示。当雅可比积分常数 C 小于3.156时，双小天体系统 P_2 附近将出现稳定的逆行轨道。稳定逆行轨道区域首先出现在可行域的上下边界，并逐渐形成一个包含 P_2 的环。环的宽度随着轨道能量的增加而增加。不同雅可比积分常数的逆行稳定轨道如图7.16（d）所示。受 P_1 和 P_2 的引力影响，逆行轨道在一个周期内有多个近心点。因此，终端条件分布图中不同初始近心点可能对应相同的逆行轨道。随着雅可比积分常数的减小，稳定的逆行轨道逐渐远离 P_2，并且环的宽度逐渐增加。同时，在逆行轨道中没有发现转移至 P_1 附近的轨道或逃逸轨道。

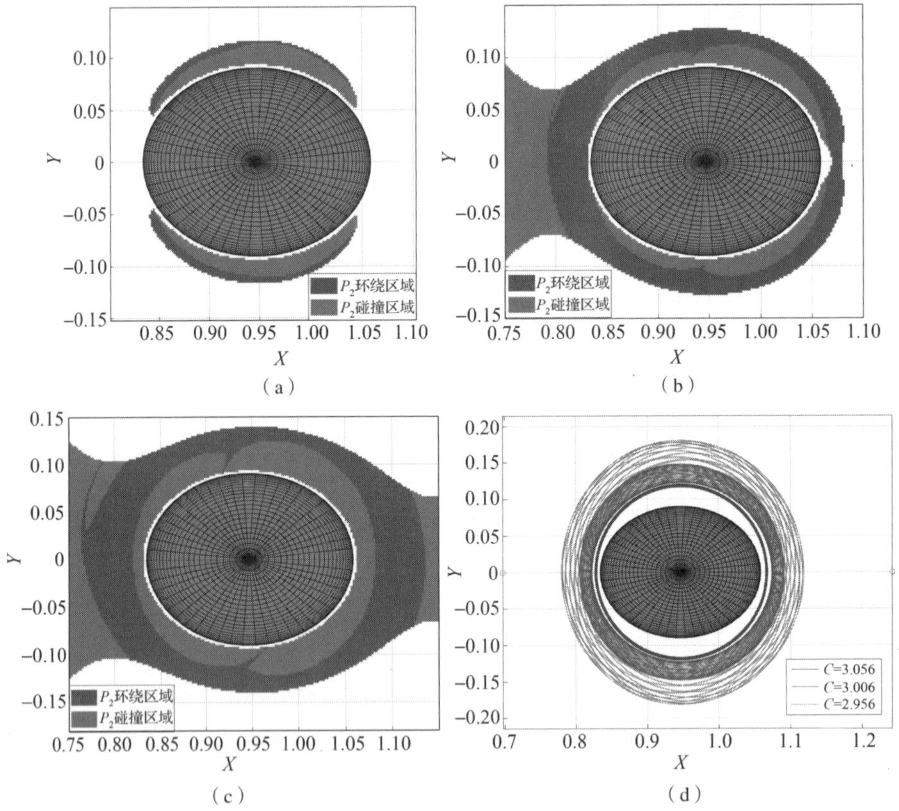

(a)　(b)　(c)　(d)

图7.16　双小天体系统 P_2 附近逆行运动的终端条件分布（附彩图）

(a) $C=3.156$；(b) $C=3.056$；(c) $C=2.956$；(d) 逆行稳定轨道

采用相同的方法对 P_1 附近的运动进行分类，假设初始近心点在 $X\in[-0.6, 0.7]$ 和 $Y\in[-0.6, 0.6]$ 范围内变化。不同雅可比积分常数的终端条件分布如

图 7. 17 所示。与 P_2 附近的运动不同，所有逆行轨道都属于 P_1 的撞击轨道，且逆行轨道中无稳定轨道；相反，在顺行轨道中存在稳定轨道。附近的空间可以分为几个区域，其中稳定轨道存在于 P_1 左右两侧的两个区域，而与 P_1 和 P_2 碰撞的区域则较为分散。稳定环绕轨道和 P_2 碰撞轨道如图 7. 17（c）所示，稳定轨道在一个轨道周期内有两个近心点。逃逸轨道出现在 P_1 和 P_2 撞击区域的交界处，表明所有的逃逸轨道将在逃离系统之前经过 P_2 和 L_2。随着轨道能量的增加，P_2 碰撞区域逐步扩大，稳定区域也逐步接近 P_2 表面。同时，出现了两个单独的逃逸区域，表明轨道在较高能量下更容易逃逸。

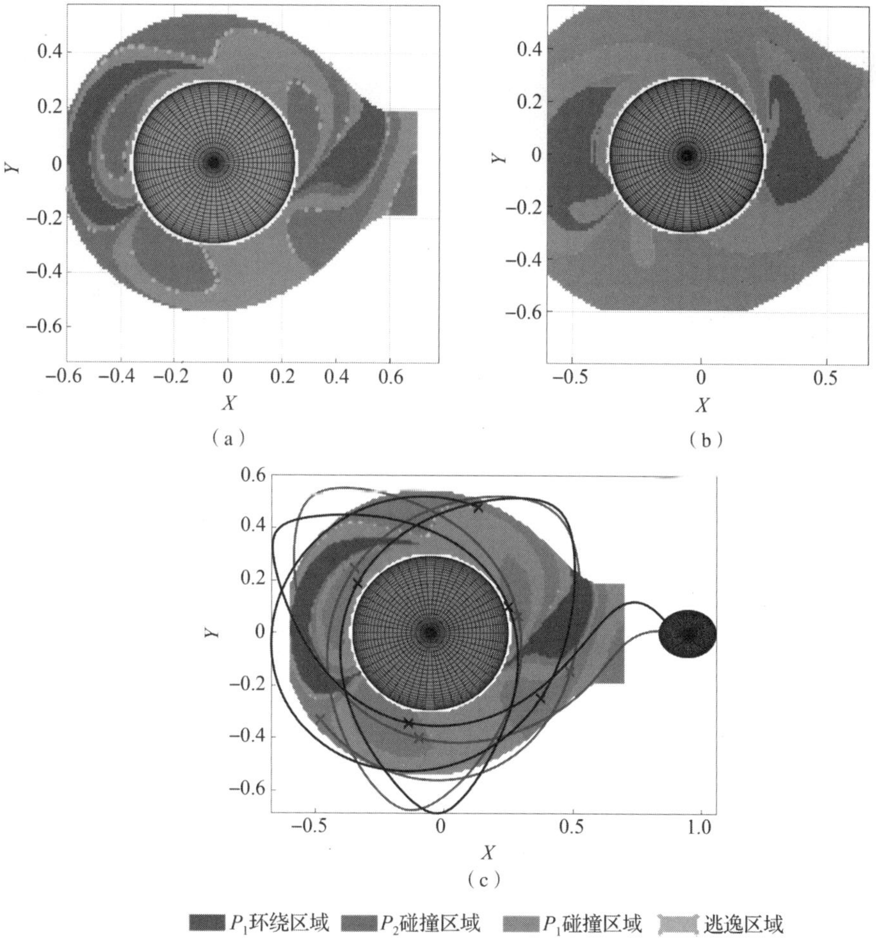

图 7. 17　双小天体系统 P_1 附近顺行运动的终端条件分布与相关飞行轨道（附彩图）

（a）$C=3.256$；（b）$C=3.156$；（c）不同近心点对应 P_2 碰撞轨道

7.5.1.3 双小天体系统空间轨道稳定区域

进一步研究主天体附近空间运动的稳定区域，这里选择初始速度沿 Y 轴方向，且初始位置位于 XZ 对称平面上，选取雅可比积分常数 C 为 3.256、3.156、3.056，分别分析顺行轨道，结果如图 7.18 所示。由于动力学方程的对称性，因此空间轨道的终端条件分布沿 X 轴对称，空间可分为 P_1 碰撞区域和 P_2 碰撞区域，但在较大雅可比积分常数时会出现逃逸轨道。P_1 的环绕轨道对应出现在三个区域，如图 7.18 中 A_1、A_2 和 A_3 所示，相应的轨道如图 7.18（d）所示。这些轨道在 P_1 附近具有相似的运动形式，但在 P_2 附近存在较大差异，从 A_1 出发的

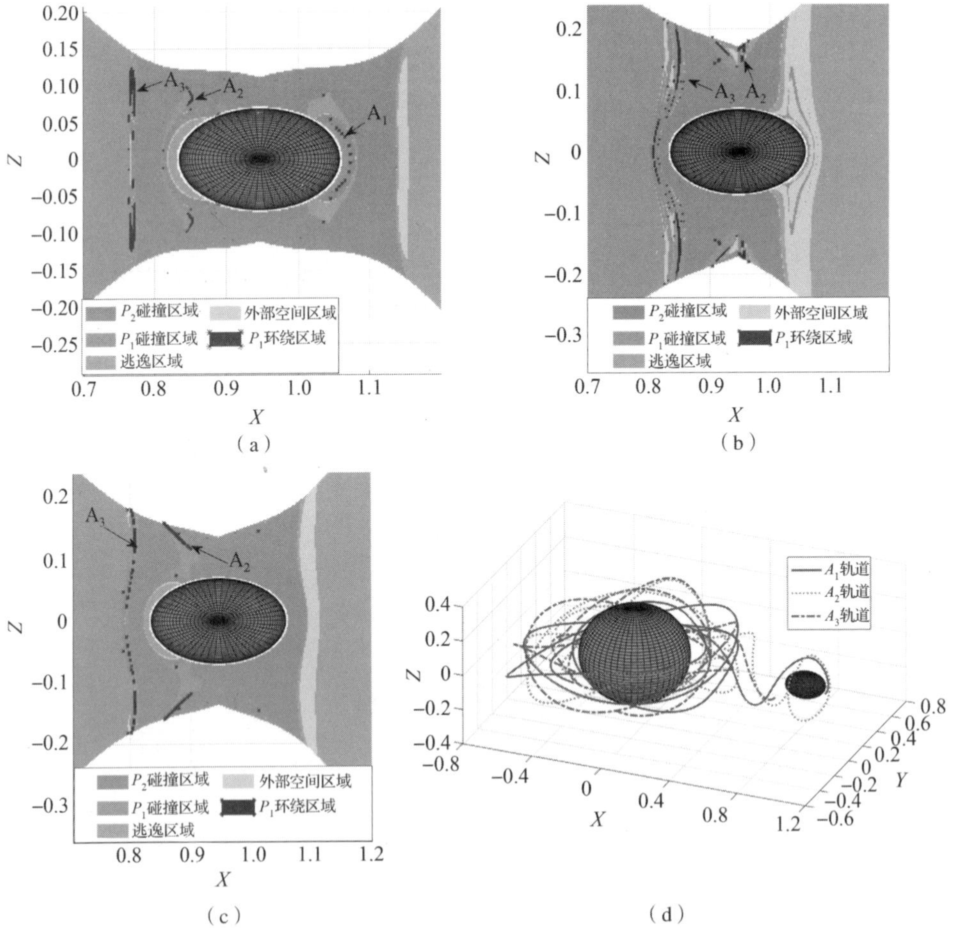

图 7.18 双小天体系统 P_2 附近空间顺行轨道的终端条件分布及相关轨道（附彩图）

（a）$C=3.256$；（b）$C=3.156$；（c）$C=3.056$；（d）P_1 的环绕轨道

轨道直接转移到 P_1，从 A_2 出发的轨道在环绕 P_2 半圈后转移，A_3 附近的轨道会环绕 P_2 多圈。随着轨道能量的增加，A_3 区域靠近 P_2。A_2 区域逐渐向两极靠近，而 A_1 区域消失。同时，逃逸轨道以及向外部空间运动的轨道出现在 A_2 和 A_3 区域附近，这反映了高轨道能量下从星附近的动力学环境较为复杂。

当雅可比积分常数 C 小于 3.156 时，逆行轨道中存在 P_2 附近的稳定轨道，如图 7.19 所示。P_2 环绕轨道对称出现在四个区域，如图 7.19（a）（b）所示，标注为 S_1 和 S_2，它们对应于 P_2 附近两种类型的轨道。当雅可比积分常数 C 减小至 3.056 时，出现另外四个轨道区域，如图 7.19（c）所示，标注为 S_1、S_2 和 S_3，其轨道如图 7.19（d）所示。

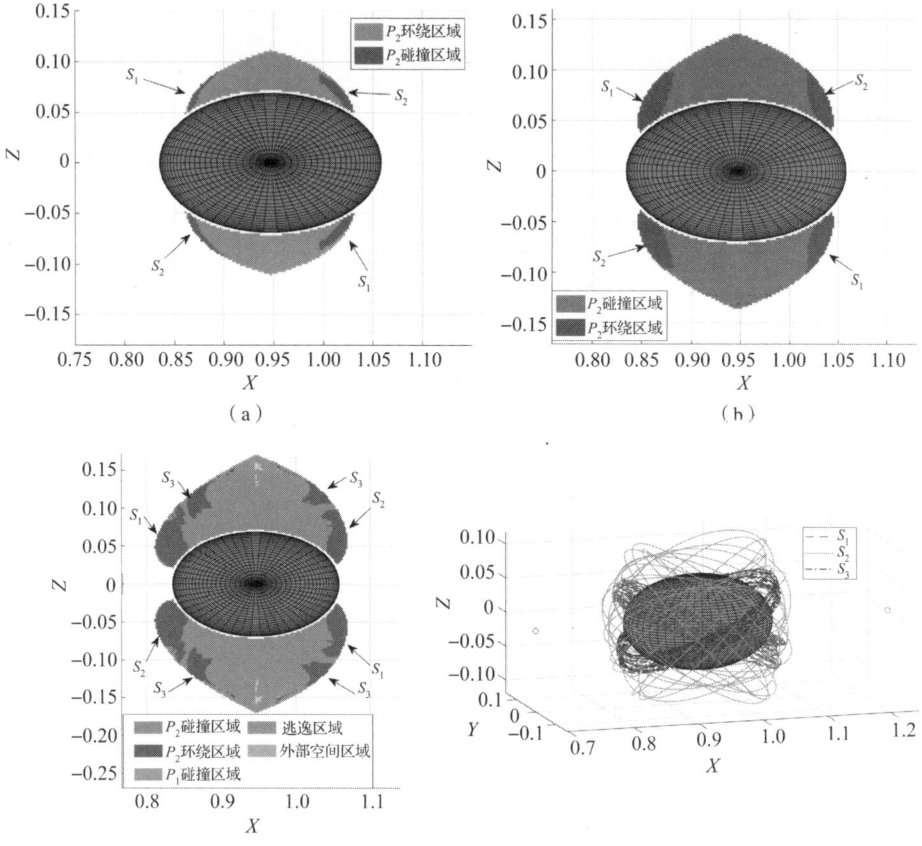

图 7.19　双小天体系统 P_2 附近空间逆行运动的终端条件分布及相关轨道

（a）$C=3.256$；（b）$C=3.156$；（c）$C=3.056$；（d）P_2 环绕轨道

最后，针对 P_1 附近的空间运动进行分析，如图 7. 20 所示，其顺行轨道的终端条件分布较为清晰。P_1 碰撞区域分布在极轴和 P_1 左右两侧；P_1 环绕轨道区域在撞击区域外部。随着轨道能量的增加，P_2 碰撞区域以及逃逸区域将出现在 P_1 碰撞区域内，相应的稳定轨道和逃逸轨道如图 7. 20 所示。逃逸轨道将在环绕 P_1 多圈后，经 L_2 从系统中逃逸；P_1 附近的所有逆行轨道将最终撞击到 P_1 表面。

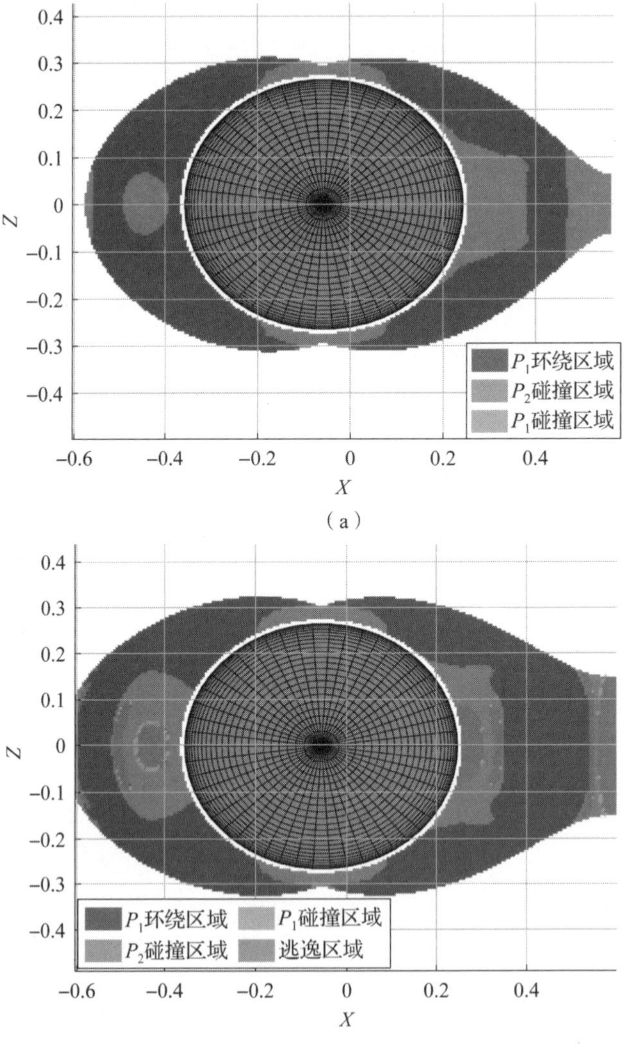

图 7. 20 双小天体系统 P_1 附近空间顺行运动的终端条件分布及相关轨道（附彩图）

(a) $C=3.356$；(b) $C=3.256$

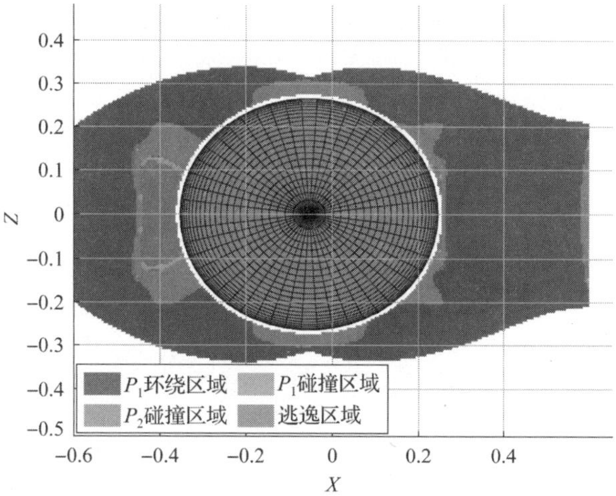

（c）

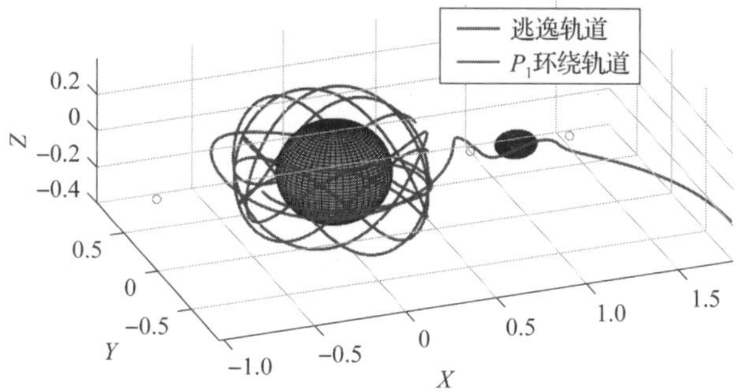

（d）

图 7.20　双小天体系统 P_1 附近空间顺行运动的终端条件分布及相关轨道（续）（附彩图）

（c）$C=3.156$；（d）P_1 环绕轨道与逃逸轨道

由以上分析可见，在双小天体系统中 P_1 附近存在稳定的顺行轨道，而在 P_2 附近存在稳定的逆行轨道，同时存在从 P_2 近心点向 P_1 转移的机会；而双小天体系统的逃逸区域也可通过顺行运动的终端条件分布图得到，可用于进一步的逃逸捕获轨道设计。

7.5.1.4　逆向运动稳定性

若将运动后向积分，则可用于分析双小天体系统的逆向运动稳定性。由于动力学的对称性，平面运动的逆向终端条件与前向运动的终端条件沿 X 轴对称。以围绕 P_2 平面顺行运动的后向终端状态为例，假设雅可比积分常数 $C=3.256$，其状态分布如图 7.21 所示，与图 7.15（a）对称。后向的逃逸轨道等同于前向的捕获轨道，而空间运动的后向终端条件分布与前向运动相同。因此，对于同步双小天体系统而言，可通过前几小节的分析快速确定运动的后向积分稳定性。

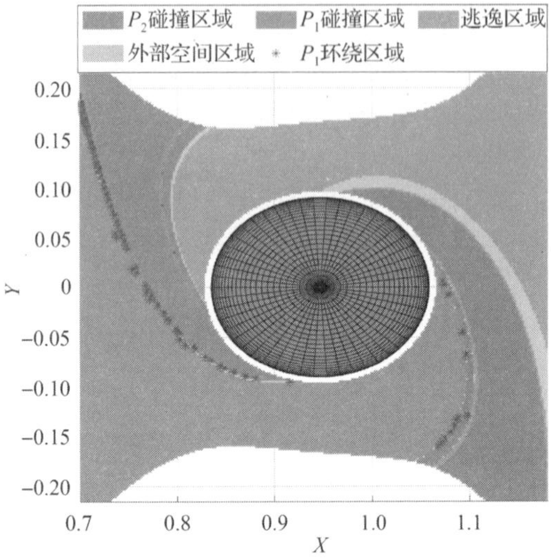

图 7.21 双小天体系统 P_2 附近平面逆行运动的终端条件分布（C=3.256）（附彩图）

7.5.2 双小天体系统内捕获与逃逸轨道设计

基于以上分析可以看出，通过终端条件分布图可实现对双小天体系统内捕获与逃逸轨道的设计，通过叠加前向和后向的终端状态分布图可同时确定同一近心点前后的运动类型，匹配初始近心点速度，从而得到所需的运动形态。基于此，本节给出一种双小天体系统中的弹道捕获轨道与逃逸轨道的设计方法。

7.5.2.1 双小天体系统捕获轨道设计

弹道捕获是一种理想的捕获方法，探测器可在无动力的情况下从距离双小天体系统很远的区域自然运动到系统内且实现临时捕获，并在系统内停留较长时间。它能避免传统捕获方式需在小天体附近采取脉冲制动的情况，从而降低执行误差或推进器故障带来的风险。

虽然弹道捕获属于临时捕获，但可通过轨道设计获得尽可能长的稳定捕获机会。捕获轨道在前向终端条件分布图中的运动对应于 P_1 轨道或 P_2 轨道，在后向终端条件分布图中对应于捕获区域。

1. 顺行轨道捕获机会

由于低能量捕获轨道都将经过 P_2 附近，因此捕获进入 P_1 环绕轨道的机会可

以通过 P_1 或 P_2 附近的终端状态匹配图得到。对于 P_2 终端状态匹配图，很容易找到捕获区域，因此弹道捕获轨道设计的关键是找到满足 P_1 环绕的区域。取雅可比积分常数 $C = 3.256$，P_2 附近前向与后向终端状态匹配情况如图 7.22（a）所示。在图 7.22（a）中的两个狭窄区域（即 B_1 和 B_2）找到转移至 P_1 附近的弹道捕获机会，飞行轨道如图 7.22（b）所示。

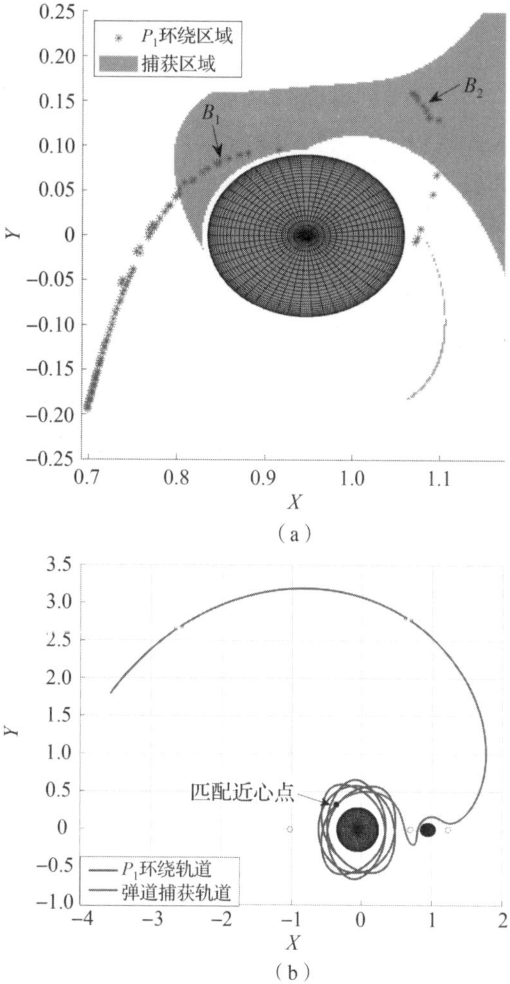

图 7.22　双小天体系统内弹道捕获轨道（$C = 3.256$）（附彩图）

（a）P_2 附近前向与后向终端状态匹配图；（b）弹道捕获轨道

2. 空间轨道捕获机会

由于轨道的对称性，无法直接通过空间终端状态图找到弹道捕获机会。但是，若重叠不同的雅可比常数对应的终端条件图，并施加速度增量以匹配轨道能量，则会发现更多捕获机会，且这类捕获为长期稳定捕获。图 7.23（a）给出了围绕 P_1 的空间运动的终端条件图，其中前向图的雅可比常数 C 为 3.156，后向图的雅可比常数 C 为 3.256，从中可以得到捕获机会，如图 7.23（b）所示。由于双小天体系统中的弱重力，所需的捕获速度仅为 0.017 m/s。

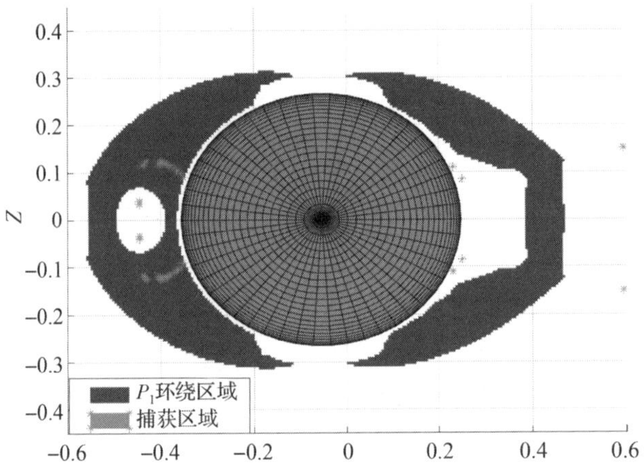

（a）

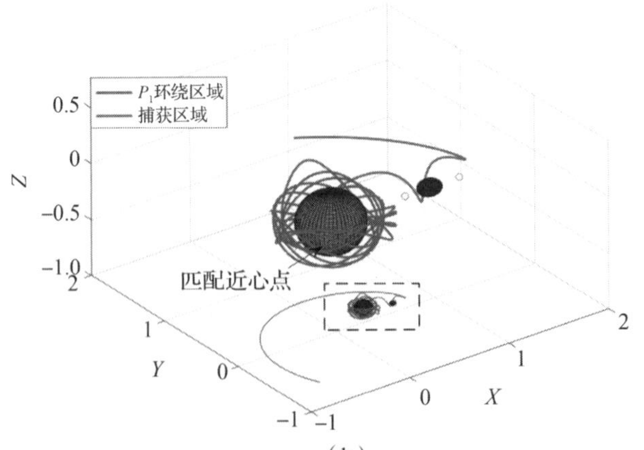

（b）

图 7.23 双小天体系统空间捕获轨道（附彩图）

（a）匹配 P_1 空间运动终端条件图；（b）捕获轨道设计

3. P_2 逆行轨道捕获机会

P_2 逆行轨道也没有弹道捕获机会。采用相同的方式，重叠不同的雅可比常数对应的终端条件图，并施加速度增量以匹配轨道能量，得到 P_2 逆行轨道的捕获轨迹，如图 7.24 所示。前向条件图（$C = 3.156$）和后向条件图（$C = 3.156$）相匹配，发现在 P_2 上部区域存在合适的捕获区域。图 7.24（b）给出了可能的捕获轨道。尽管该捕获不属于弹道捕获，但是捕获速度很小（仅为 0.412 m/s）。

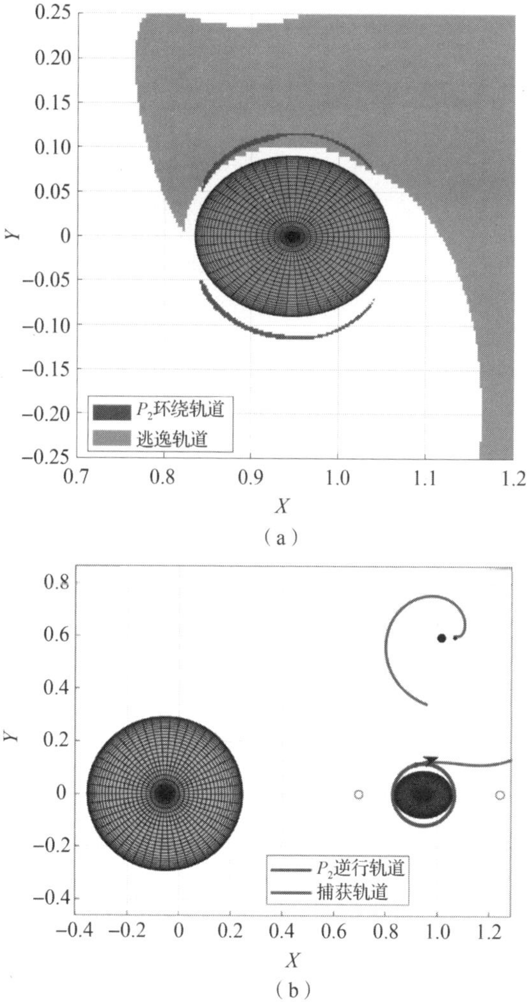

图 7.24　P_2 逆行轨道的捕获轨道（附彩图）

（a）匹配终端状态图；（b）捕获轨道设计

7.5.2.2 双小天体系统逃逸轨道设计

在保守系统中，逃逸运动可以看作捕获的逆行运动，因此对于双小天体系统而言，逃逸轨道设计与捕获轨道设计类似。其不同之处在于，逃逸轨道存在更多选择，在特定条件下探测器无须机动即可直接从小天体表面逃逸。在这里可利用终端条件分布图中的后向撞击区域和向前逃逸区域相匹配的方法得到相应的逃逸轨道，如图 7.25 所示。

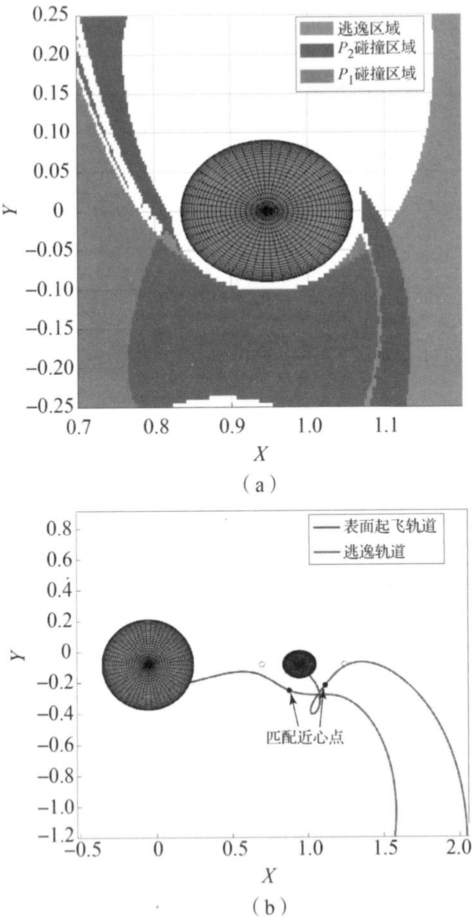

图 7.25 双小天体系统逃逸轨道设计（附彩图）

(a) 匹配终端状态图；(b) 逃逸轨道设计

由图 7.25 可以看出，从地面逃逸的机会比从稳定轨道逃逸的机会更多。同样，由于附近的逃逸区域较大，其终端条件更容易找到逃逸轨道。

7.5.3　非同步形状摄动对捕获稳定性分析

终端条件分布图也可用于设计非同步双小天体系统中的运动稳定性，并考虑摄动力对捕获逃逸轨道的影响。小天体间的相对运动是影响探测器在非同步双小天体系统中运动的关键因素。

为了设计非同步双小天体系统中的轨道，在此将终端条件分布图中的变量更改为式（2.31）中的 θ 和相应的姿态角 ϕ_1/ϕ_2。对于单同步双小天体系统，变量为 θ 和 ϕ_1。在同步系统中找到捕获轨道的初始近心点，并将其相对于小天体的位置速度保持不变变换到非同步模型中。通过改变 θ 和 ϕ_1/ϕ_2，可以获取非同步系统的终端条件分布图。动力学积分既可以采用简化的平面模型，也可以考虑不规则引力摄动，采用多面体模型进行计算。

对不同类型的运动结果进行分析，发现小天体的相对运动对 P_1 的稳定顺行轨道、P_2 的稳定逆行轨道和逃逸轨迹几乎没有影响，但对从 P_2 转移至 P_1 附近的稳定轨道影响较大。对于 1999 KW4 双小天体系统，具有不同 θ 和 ϕ_1 的终端条件如图 7.26 所示。

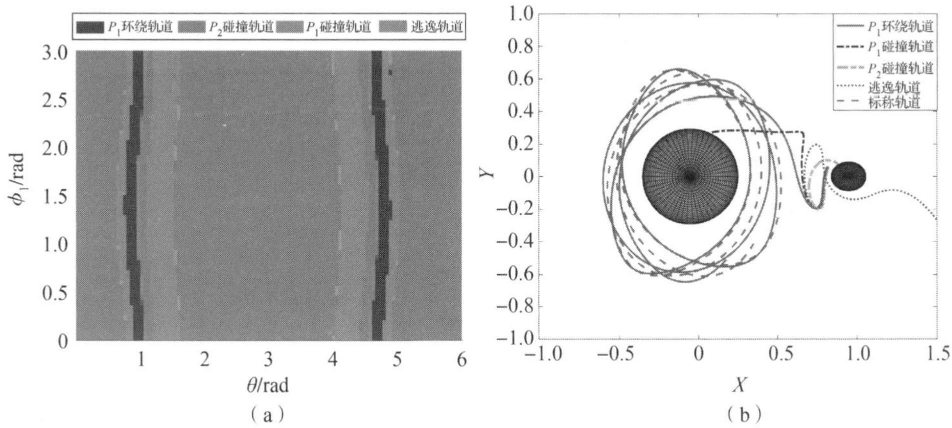

图 7.26　非同步形状摄动对轨道稳定性的影响（附彩图）

（a）非同步形状摄动终端状态图；（b）受非同步形状摄动影响的不同类型轨道

通常 θ 对运动的稳定性影响较明显，而 P_1 姿态角对运动的影响有限。当 θ 在［0.7334，1.0472］或［4.6077，4.9218］范围内时，出现 P_1 的环绕轨道。

不同终端条件下的轨道如图 7.27（b）所示。改变小天体之间的相对距离将显著改变运动的稳定性。相反，P_1 的姿态变化仅影响不规则形状摄动，该扰动相对小于中心引力。因此，探测器的初始运动与同步模型中的标称轨迹接近，但随着时间推移，形状扰动使探测器轨道逐渐偏离标称轨道。通过匹配非同步双小天体系统下的前向和后向终端状态，可以确定稳定弹道捕获对应的双小天体自身状态，作为捕获轨道设计时的重要参考，结果如图 7.27 所示。

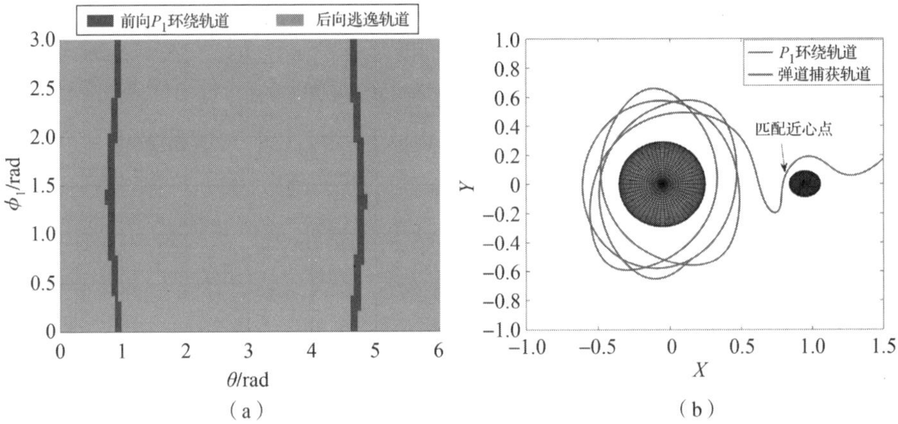

图 7.27 非同步双小天体系统弹道捕获轨道设计（附彩图）

（a）非同步形状摄动终端状态匹配图；（b）弹道捕获轨道

以上仿真分析验证了终端状态匹配图在双小天体系统内设计捕获与环绕轨道的可行性，在双小天体系统中可以比较直观地发现稳定的探测轨道，并提供更多的探测机会。

参考文献

[1] SCHEERES D J. Stability of the planar full 2 – body problem [J]. Celestial mechanics and dynamical astronomy, 2009, 104(1/2): 103 – 128.

[2] SCHEERES D J. Orbital motion in strongly perturbed environments: applications to asteroid, comet and planetary satellite orbiters [M]. Berlin: Springer, 2012.

[3] 杨雅迪，陈奇，李翔宇，等. 同步双小行星系统共振轨道设计[J]. 宇航学报，

2019, 40(9): 987 -995.

[4] CHAPPAZ L, HOWELL K C. Trajectory design for bounded motion near uncertain binary systems comprised of small irregular bodies exploiting sliding control modes [J]. Acta astronautica, 2015, 115: 226 -240.

[5] LI X Y, QIAO D, LI P. Bounded trajectory design and self - adaptive maintenance control near non - synchronized binary systems comprised of small irregular bodies [J]. Acta astronautica, 2018, 152: 768 -781.

[6] SHANG H B, WU X Y, CUI P Y. Periodic orbits in the doubly synchronous binary asteroid systems and their applications in space missions [J]. Astrophysics and space science, 2015, 355(1): 69 -87.

[7] MARCHAND B G, HOWELL K C, WILSON R S. Improved corrections process for constrained trajectory design in the n - body problem [J]. Journal of spacecraft and rockets, 2007, 44(4): 884 -897.

[8] 杜燕茹, 李翔宇, 韩宏伟, 等. 双体小行星系统平衡态与稳定性研究[J]. 深空探测学报(中英文), 2019, 6(5): 456 -462.

[9] LI X Y, QIAO D, JIA F D. Investigation of stable regions of spacecraft motion in binary asteroid systems by terminal condition maps [J]. The journal of the astronautical sciences, 2021, 68: 891 -915.

第8章
小天体着陆探测轨道设计与控制

8.1 引 言

着陆探测是当前小天体探测的主要方式，包括两类：一类为受控着陆，即探测器通过控制实现相对速度和位置均为零的着陆，这类着陆方式对探测器的轨道设计与控制要求较高；另一类为自由着陆或弹道着陆，即探测器在释放后无控状态下到达小天体表面，由于在接触表面时有相对速度，因此通常会出现弹跳。本章将分别针对这两类着陆方式，从着陆轨迹优化和制导控制两个角度介绍小天体着陆轨道的设计与控制。针对受控着陆，本章将推导基于连续凸规划的小天体着陆轨道优化设计方法，并介绍采用高阶滑模制导的着陆轨道控制方法；针对弹道着陆，本章将建立探测器姿轨耦合动力学，分析小天体不规则形状摄动对弹道着陆过程中姿轨耦合效应及对着陆误差的影响，并给出利用姿轨耦合效应的着陆弹跳轨迹控制方法，可减小摄动力带来的着陆误差。

8.2 小天体着陆探测的轨道设计

8.2.1 小天体着陆轨道优化问题描述

对于探测器着陆轨道设计问题，可将其考虑成始末端位置固定的两点边值问题（简称“问题 1”）。假设该两点边值问题的性能指标 J_1 为转移过程中的总燃料消耗（$m_0 - m_r$）最小，即令探测器在转移终端状态时剩余质量 m_r 最大。在小天体固连坐标系下建立受控动力学方程[1]如下：

$$\begin{cases} \dot{x} = v_x \\ \dot{y} = v_y \\ \dot{z} = v_z \\ v_x = \dfrac{T_x}{m} + \omega^2 x + 2\omega v_y + \dfrac{\partial U}{\partial x} \\ v_y = \dfrac{T_y}{m} + \omega^2 y - 2\omega v_x + \dfrac{\partial U}{\partial y} \\ v_z = \dfrac{T_z}{m} + \dfrac{\partial U}{\partial z} \\ \dot{m} = -\dfrac{1}{v_{ex}} \| \boldsymbol{T} \| \end{cases} \tag{8.1}$$

式中，$\boldsymbol{T}$——三轴推力矢量，$\boldsymbol{T} = [T_x, T_y, T_z]$；

U——小天体的引力势能；

v_{ex}——喷气速度；

m——探测器质量；

ω——小天体的自旋速率。

着陆过程中探测器满足的约束条件为

$$\begin{cases} ①: T_{min} \leqslant \| \boldsymbol{T} \| \leqslant T_{max} \\ ②: m \geqslant m_0 - m_{fuel} \\ ③: \boldsymbol{r}(0) = \boldsymbol{r}_0, \boldsymbol{v}(0) = \boldsymbol{v}_0, m(0) = m_0 \\ ④: \boldsymbol{r}(t_r) = \boldsymbol{r}_r, \boldsymbol{v}(t_r) = \boldsymbol{v}_r, t_c = t_r \end{cases} \tag{8.2}$$

式中，约束条件①表示推力大小 $\| \boldsymbol{T} \|$ 的上下界分别为 T_{max} 与 T_{min}，在着陆过程中推力大小可在 T_{max} 与 T_{min} 范围内任意变化；约束条件②表示探测器在任意时刻的质量 m 不小于探测器的干重，其中 m_{fuel} 为燃料总质量；约束条件③表示探测器在初始时刻的位置矢量 $\boldsymbol{r}_0$、速度矢量 $\boldsymbol{v}_0$ 和初始质量 m_0；约束条件④确定着陆时刻的位置矢量、速度矢量和转移时间 t_r。

8.2.2 小天体着陆轨道优化问题的无损凸化

由于动力学存在非线性项，且约束为不等式约束，为了提高优化问题的收敛性，需要对该问题进行无损凸化[2-4]。引入表征推力幅值的松弛变量 T_s，并将其与推力的分量 T_x、T_y、T_z 共同作为控制变量。此时，T_s 与推力的分量 T_x、T_y、T_z 分离，且需满足二阶锥约束：

$$\sqrt{T_x^2+T_y^2+T_z^2}=\|\boldsymbol{T}\|\leqslant T_s \tag{8.3}$$

此时，原问题转化为同样以转移过程总燃料消耗（m_0-m_r）最小为性能指标 J_2 的新问题（简称“问题 2”），即

$$J_2=-m_r \tag{8.4}$$

则探测器的运动方程可表示为

$$\begin{cases}\dot{x}=v_x\\ \dot{y}=v_y\\ \dot{z}=v_z\\ v_x=\dfrac{T_x}{m}+\omega^2x+2\omega v_y+\dfrac{\partial U}{\partial x}\\ v_y=\dfrac{T_y}{m}+\omega^2y-2\omega v_x+\dfrac{\partial U}{\partial y}\\ v_z=\dfrac{T_z}{m}+\dfrac{\partial U}{\partial z}\\ \dot{m}=-\dfrac{1}{v_{ex}}T_s\end{cases} \tag{8.5}$$

满足的约束条件为

$$\begin{cases}\|\boldsymbol{T}\|\leqslant T_{\max}\\ T_{\min}\leqslant T\leqslant T_{\max}\\ m\geqslant m_0-m_{\text{fuel}}\\ \boldsymbol{r}(0)=\boldsymbol{r}_0,\boldsymbol{v}(0)=\boldsymbol{v}_0,m(0)=m_0\\ \boldsymbol{r}(t_r)=\boldsymbol{r}_r,\boldsymbol{v}(t_r)=\boldsymbol{v}_r,t_c=t_r\end{cases} \tag{8.6}$$

可以证明以下命题：

命题 1：问题 1 与问题 2 具有相同的优化解。

证明：

为证明命题 1 的正确性，首先构建哈密顿函数 H，并利用最优控制理论中的极小值原理进行推导证明。所构建的哈密顿函数为

$$\begin{aligned} H &= \boldsymbol{\lambda}_r \dot{\boldsymbol{r}} + \boldsymbol{\lambda}_v \dot{\boldsymbol{v}} + \lambda_m \dot{m} \\ &= \boldsymbol{\lambda}_r \boldsymbol{v} + \boldsymbol{\lambda}_v \left(\frac{\boldsymbol{T}}{m} - \boldsymbol{W}_1 \boldsymbol{r} - 2\boldsymbol{W}_2 \boldsymbol{v} + \nabla U(\boldsymbol{r}) \right) + \left(-\frac{1}{v_{\mathrm{ex}}} T_{\mathrm{s}} \right) \lambda_m \end{aligned}$$

$$\boldsymbol{W}_1 = \begin{bmatrix} 0 & -\omega_z & \omega_y \\ \omega_z & 0 & -\omega_x \\ -\omega_y & \omega_x & 0 \end{bmatrix} = \begin{bmatrix} 0 & -\omega_z & 0 \\ \omega_z & 0 & 0 \\ 0 & 0 & 0 \end{bmatrix}$$

$$\boldsymbol{W}_2 = \begin{bmatrix} -\omega_y^2 - \omega_z^2 & \omega_x \omega_y & \omega_x \omega_z \\ \omega_x \omega_y & -\omega_x^2 - \omega_z^2 & \omega_y \omega_z \\ \omega_x \omega_z & \omega_y \omega_z & -\omega_x^2 - \omega_y^2 \end{bmatrix} = \begin{bmatrix} -\omega_z^2 & 0 & 0 \\ 0 & -\omega_z^2 & 0 \\ 0 & 0 & 0 \end{bmatrix} \tag{8.7}$$

式中，$\boldsymbol{\lambda}_r, \boldsymbol{\lambda}_v, \lambda_m$——协态变量。

根据最优控制理论，协态变量 $\boldsymbol{\lambda}_r$、$\boldsymbol{\lambda}_v$ 与 λ_m 的微分方程可确定为

$$\begin{cases} \dot{\boldsymbol{\lambda}}_r = -\dfrac{\partial H}{\partial \boldsymbol{r}} = \boldsymbol{W}_1 \boldsymbol{\lambda}_v \quad \boldsymbol{\lambda}_v \nabla^2 U(\boldsymbol{r}) \\ \dot{\boldsymbol{\lambda}}_v = -\dfrac{\partial H}{\partial \boldsymbol{v}} = -\boldsymbol{\lambda}_r + 2\boldsymbol{W}_2 \boldsymbol{\lambda}_v \\ \dot{\lambda}_m = -\dfrac{\partial H}{\partial m} = \dfrac{\boldsymbol{\lambda}_v \boldsymbol{T}}{m^2} \end{cases} \tag{8.8}$$

控制矢量 $\boldsymbol{u}$ 由表征推力幅值的松弛变量 T_{s} 与推力的分量 T_x、T_y、T_z 构成。控制矢量 $\boldsymbol{u}$ 及其所需满足的约束为

$$\boldsymbol{u} = \{ (\boldsymbol{T}, T_{\mathrm{s}}) \mid \| \boldsymbol{T} \| < T_{\mathrm{s}}, T_{\min} \leqslant T_{\mathrm{s}},\ T_{\mathrm{s}} \leqslant T_{\max} \} \tag{8.9}$$

对于给定总转移时间 t_{r} 的问题，联立终端约束与横截条件有

$$\lambda_m(t_{\mathrm{r}}) = \frac{\partial J_2}{\partial m(t_{\mathrm{r}})} + 0 = -1 \tag{8.10}$$

由极小值原理可知，最优解需满足使得与控制矢量 $\boldsymbol{u} = [\boldsymbol{T}, T_{\mathrm{s}}]$ 相关的哈密顿

函数最小，且控制矢量 $\boldsymbol{u}$ 同时满足式（8.9）所示的约束条件。

由式（8.8）可知，哈密顿函数 H 与控制矢量 $\boldsymbol{u}$ 呈线性关系，因此哈密顿函数的最小值将位于可达控制集的边界上，因此可将其转化为约束优化问题，并可利用 KKT 条件（Karush - Kuhn - Tucker conditions）求解该哈密顿函数的最小值。

由于哈密顿函数 H 中与控制矢量 $\boldsymbol{u}$ 无关的项对最优解不产生影响，因此将与控制矢量 $\boldsymbol{u}$ 无关的项从问题中移除。关于控制矢量 $\boldsymbol{u}$ 的最小值问题可描述为

$$J_{\mathrm{H}} = \frac{1}{m}\boldsymbol{\lambda}_v \boldsymbol{T} - \frac{1}{v_{\mathrm{ex}}}\lambda_m T_{\mathrm{s}} \tag{8.11}$$

移除的与控制矢量 $\boldsymbol{u}$ 的无关项为 $\boldsymbol{\lambda}_r \boldsymbol{v} + \boldsymbol{\lambda}_v(-\boldsymbol{W}_1\boldsymbol{r} - 2\boldsymbol{W}_2\boldsymbol{v} + \nabla U(\boldsymbol{r}))$。由 KKT 条件可知，控制矢量 $\boldsymbol{u}$ 需满足的约束条件 $g_i(i=1,2,3)$ 为

$$\begin{cases} g_1 = \|\boldsymbol{T}\| - T_{\mathrm{s}} \leqslant 0 \\ g_2 = T_{\min} - T_{\mathrm{s}} \leqslant 0 \\ g_3 = T_{\mathrm{s}} - T_{\max} \leqslant 0 \end{cases} \tag{8.12}$$

对该约束优化问题构建拉格朗日方程：

$$\begin{aligned} L &= J_{\mathrm{H}} + \mu_1 g_1 + \mu_2 g_2 + \mu_3 g_3 \\ &= \left(\boldsymbol{\lambda}_v \frac{\boldsymbol{T}}{m} - \frac{1}{v_{\mathrm{ex}}} T_{\mathrm{s}} \lambda_m\right) + \mu_1(\|\boldsymbol{T}\| - T_{\mathrm{s}}) + \mu_2(T_{\min} - T_{\mathrm{s}}) + \mu_3(T_{\mathrm{s}} - T_{\max}) \end{aligned} \tag{8.13}$$

式中，μ_i——不等式约束 g_i 对应的拉格朗日乘子。当 $\mu_i \geqslant 0$ 时，约束 g_i 成立；当且仅当 $\mu_1 = \mu_2 = \mu_3 = 0$ 时，约束 g_i 不成立。

由 KKT 条件可知：

$$\begin{cases} \left.\dfrac{\partial L}{\partial \boldsymbol{T}}\right|_{\boldsymbol{T}=\boldsymbol{T}^*} = 0 = \dfrac{\boldsymbol{\lambda}_v}{m} + \mu_1 \dfrac{\boldsymbol{T}}{\|\boldsymbol{T}\|} \\ \left.\dfrac{\partial L}{\partial T_{\mathrm{s}}}\right|_{T_{\mathrm{s}}=T_{\mathrm{s}}^*} = 0 = -\dfrac{\lambda_m}{v_{\mathrm{ex}}} - \mu_1 - \mu_2 + \mu_3 \end{cases} \tag{8.14}$$

根据在转移时长 $[0,t_{\mathrm{r}}]$ 中是否存在有限时间间隔内 $\boldsymbol{\lambda}_v$ 为 $\mathbf{0}$ 的情况，将问题分为两类情况进行讨论。

情况 1：考虑在转移时长 $[0,t_{\mathrm{r}}]$ 中的任意有限时间间隔内，$\boldsymbol{\lambda}_v$ 不存在始终为

$\mathbf{0}$ 的情况。当 $\boldsymbol{T}\neq\mathbf{0}$ 时，为满足 KKT 条件中的式（8.14），且实时质量 m 始终为正值，因此拉格朗日乘子 $\mu_1\neq0$。当 $\boldsymbol{T}=\mathbf{0}$ 时，$\boldsymbol{T}/\|\boldsymbol{T}\|$ 为有限矢量，由于 $\boldsymbol{\lambda}_v\neq\mathbf{0}$ 且实时质量 $m>0$，由 KKT 条件中的式（8.13）可知拉格朗日乘子 $\mu_1\neq0$。因此相应的约束 $g_1=\|\boldsymbol{T}\|-T_{\mathrm{s}}\leqslant0$ 始终成立，即问题 2 与问题 1 的最优解相同。

情况 2： 考虑 $\boldsymbol{\lambda}_v$ 在转移时长 $[0,t_{\mathrm{r}}]$ 中的有限时间间隔内的值存在为 $\mathbf{0}$ 的情况，即存在某一时间间隔内 $\boldsymbol{\lambda}_v=\mathbf{0}$ 成立，因此在同一时间间隔内 $\boldsymbol{\lambda}_v$ 关于时间的导数 $\dot{\boldsymbol{\lambda}}_v=\mathbf{0}$。由协态变量 $\boldsymbol{\lambda}_r$、$\boldsymbol{\lambda}_v$ 与 λ_m 的式（8.14）可知，在该时间间隔内 $\boldsymbol{\lambda}_r=\mathbf{0}$、$\dot{\boldsymbol{\lambda}}_r=\mathbf{0}$、$\dot{\lambda}_m=0$，即 $\boldsymbol{\lambda}_r=\mathbf{0}$、$\boldsymbol{\lambda}_v=\mathbf{0}$、$\lambda_m$ 为常值。联立式（8.8），哈密顿系统 H 在有限时间间隔内可整理为

$$H=\frac{1}{v_{\mathrm{ex}}}T_{\mathrm{s}} \tag{8.15}$$

由式（8.15）可知，当松弛变量 T_{s} 取值最小时，哈密顿函数 H 取到最小值，即 $T_{\mathrm{s}}=T_{\min}\geqslant0$。因此哈密顿系统 H 可描述为

$$H=\frac{1}{v_{\mathrm{ex}}}T_{\min} \tag{8.16}$$

为了将式（8.5）和式（8.6）所示问题转化为 SOCP 问题并对其通过数值方法求解，运动学方程中的状态变量应能够描述为线性形式。因此对式（8.5）中的实时质量 m 进行处理，对质量和推力进行变量替换，将推力加速度矢量 $\boldsymbol{a}_T$ 视为新控制矢量的一部分，并可获得表征加速度幅值 $a_{T_{\mathrm{s}}}$ 的表达式，即

$$\boldsymbol{a}_T=\frac{\boldsymbol{T}}{m},\ a_{T_{\mathrm{s}}}=\frac{T_{\mathrm{s}}}{m} \tag{8.17}$$

选取新质量参数 $m_{\mathrm{s}}=\ln m$，可得

$$\dot{m}_{\mathrm{s}}=-\frac{a_{T_{\mathrm{s}}}}{v_{\mathrm{ex}}} \tag{8.18}$$

此时新的推力约束不等式为

$$T_{\min}/m\leqslant a_{T_{\mathrm{s}}}\leqslant T_{\max}/m \tag{8.19}$$

新质量参数 m_{s} 的引入，使得推力约束不等式 $T_{\min}\leqslant T_{\mathrm{s}}\leqslant T_{\max}$ 的右侧不等式不再满足锥约束。为将其近似为锥约束，对式（8.19）中的 $m^{-1}=\mathrm{e}^{-m_{\mathrm{s}}}$ 在 $m_{\mathrm{s}0}$ 点进

行泰勒展开并截断，从而获得新推力加速度约束表达式：

$$T_{\min}\mathrm{e}^{-m_{s0}}\left[1-(m_s-m_{s0})+\frac{1}{2}(m_s-m_{s0})^2\right]\leqslant a_{T_s}\leqslant T_{\max}\mathrm{e}^{-m_{s0}}[1-(m_s-m_{s0})] \tag{8.20}$$

针对非凸因素质量 m 凸化后的两点边值问题，令性能指标 J_3 为使得探测器在转移终端状态时剩余质量 m_r 最大，即新质量参数 $m_s(t_r)=\ln(m_r)$最大，有

$$J_3=-m_s(t_r) \tag{8.21}$$

探测器在质心旋转坐标系中的运动方程可写为

$$\begin{cases}\dot{x}=v_x\\ \dot{y}=v_y\\ \dot{z}=v_z\\ v_x=a_{Tx}+\omega^2x+2\omega v_y+\dfrac{\partial U}{\partial x}\\ v_y=a_{Ty}+\omega^2y-2\omega v_x+\dfrac{\partial U}{\partial y}\\ v_z=a_{Tz}+\dfrac{\partial U}{\partial z}\\ \dot{m}_s=-\dfrac{1}{v_{ex}}a_{T_s}\end{cases} \tag{8.22}$$

转移过程中探测器满足的约束条件可写为

$$\begin{cases}\|\boldsymbol{a}_T\|\leqslant a_{T_s}\\ T_{\min}\mathrm{e}^{-m_{s0}}[1-(m_s-m_{s0})+\dfrac{1}{2}(m_s-m_{s0})^2]\leqslant a_{T_s}\\ a_{T_s}\leqslant T_{\max}\mathrm{e}^{-m_{s0}}[1-(m_s-m_{s0})]\\ m_s(t)\geqslant m_{s0}-\ln m_{\mathrm{fuel}}\\ \boldsymbol{r}(0)=\boldsymbol{r}_0,\boldsymbol{v}(0)=\boldsymbol{v}_0,m(0)=m_0\\ \boldsymbol{r}(t_r)=\boldsymbol{r}_r,\boldsymbol{v}(t_r)=\boldsymbol{v}_r,t_c=t_r\end{cases} \tag{8.23}$$

式（8.20）所示推力加速度幅值约束条件包含于式（8.6）的推力幅值不等式约束，即满足式（8.20）的推力加速度幅值 a_{T_s} 必然满足式（8.6）所示约束。

8.2.3　小天体着陆轨道的离散化与求解

在利用数值凸优化求解器时，必须离散动力学方程。为构造离散系统，这里采用固定步长 $\mathrm{d}t$ 对转移时间 t_{r} 进行离散，将其分隔为 n 个时间点。获得离散时间后，运用梯形法则对两个离散点间的轨道状态变量递推，每个点处的状态变量 $\boldsymbol{x}_j$ 由前一个离散点的状态变量 $\boldsymbol{x}_{j-1}$ 以及矩阵系数 $\boldsymbol{A}_j,\boldsymbol{A}_{j-1},\boldsymbol{B}_j,\boldsymbol{B}_{j-1}$ 共同确定。n 个时间点处探测器的状态矢量 $\boldsymbol{x}_j$ 均可由下式表示：

$$\boldsymbol{x}_j=\left[\boldsymbol{I}-\frac{1}{2}\mathrm{d}t\boldsymbol{A}_j\right]^{-1}\left[\left(\boldsymbol{I}+\frac{1}{2}\mathrm{d}t\boldsymbol{A}_{j-1}\right)\boldsymbol{x}_{j-1}+\frac{1}{2}\mathrm{d}t(\boldsymbol{B}_j\boldsymbol{u}_j+\boldsymbol{B}_{j-1}\boldsymbol{u}_{j-1}+\boldsymbol{c}_j+\boldsymbol{c}_{j-1})\right] \tag{8.24}$$

式中，下标 j 表示当前点，下标 $j-1$ 表示当前点前的时间点，值得注意的是，下标为 $j=1$ 的时间点对应探测器的初始状态。采用式（8.24）所示的梯形法则，可将连续的动力学系统转换为一个具有 $n-1$ 个等式约束的优化问题。

这里采用重复迭代法，利用线性化后的动力学系统对非线性动力学系统进行重复近似，并最终获得优化问题的解。重复迭代法过程如下：

第 1 步，令 $k=1$，并给定重复迭代的初值 $\boldsymbol{x}^{(0)}(t)$。

第 2 步，求解最优控制问题的 $\boldsymbol{x}^{(k)}$ 与 $\boldsymbol{u}^{(k)}$。令上标 $k-1$ 表示第 $k-1$ 次重复迭代的结果，则第 k 次重复迭代的解可由给定的初始条件与如下状态方程得到：

$$\dot{\boldsymbol{x}}^{(k)}=\boldsymbol{A}(\boldsymbol{r}_R^{(k-1)})\boldsymbol{x}^{(k)}+\boldsymbol{B}\boldsymbol{u}^{(k)}+\boldsymbol{c}(\boldsymbol{r}_R^{(k-1)}),\ \boldsymbol{x}^{(k)}(0)=\boldsymbol{x}(0) \tag{8.25}$$

第 3 步，检查并确定是否满足预先给定的正数收敛偏差 ε 要求，即

$$\|\boldsymbol{x}^{(k)}(t)-\boldsymbol{x}^{(k-1)}(t)\|\leqslant\varepsilon,k>1 \tag{8.26}$$

若未能满足式（8.26），则令 $k\leftarrow k+1$，回到第 2 步进行下一次重复迭代；若式（8.26）所示的偏差要求能够得到满足，则认为 $\boldsymbol{x}^{(k)}$ 与 $\boldsymbol{u}^{(k)}$ 为该最优控制问题的解。

为确保算法良好的收敛性，需对各变量进行无量纲化。长度的无量纲单位为 $\mathrm{l_{UN}}$，速度的无量纲单位为 $\mathrm{v_{UN}}$，加速度的无量纲单位为 $\mathrm{a_{UN}}$，时间的无量纲单位为 $\mathrm{t_{UN}}$，角速度的无量纲单位为 ω_{UN}，推力的无量纲单位为 $\mathrm{T_{UN}}$，无量纲单位

如下[5]：

$$
\begin{cases}
\mu_{\mathrm{UN}} = G(M_1 + M_2) \\
\mathrm{l}_{\mathrm{UN}} = \min(\gamma_1, \gamma_2) \\
\mathrm{a}_{\mathrm{UN}} = \mu_{\mathrm{UN}}/\mathrm{l}_{\mathrm{UN}}^2 \\
\mathrm{v}_{\mathrm{UN}} = \sqrt{\mathrm{l}_{\mathrm{UN}}\mathrm{a}_{\mathrm{UN}}} \\
\mathrm{t}_{\mathrm{UN}} = \dfrac{1}{\omega_{\mathrm{UN}}} = \sqrt{\mathrm{l}_{\mathrm{UN}}/\mathrm{a}_{\mathrm{UN}}} \\
m_{\mathrm{UN}} = 1 \\
\mathrm{T}_{\mathrm{UN}} = m_{\mathrm{UN}}\mathrm{a}_{\mathrm{UN}}
\end{cases}
\tag{8.27}
$$

在式（8.27）中没有对质量进行无量纲化处理，因为有新质量参数 $m_{\mathrm{s}} = \ln m$ 对质量 m 取自然对数，相当于对质量进行了无量纲化。

运动学方程的非线性主要由复杂的引力加速度$\nabla U(\boldsymbol{r})$产生。由于使用凸优化满足的所有等式约束均应为线性约束，因此需将式（8.22）改写为

$$
\dot{\boldsymbol{x}} = \boldsymbol{A}(\boldsymbol{r})\boldsymbol{x} + \boldsymbol{B}\boldsymbol{u} + \boldsymbol{c}(\boldsymbol{r}) \tag{8.28}
$$

式中，$\boldsymbol{x}$——状态矢量，$\boldsymbol{x} = [x, y, z, v_x, v_y, v_z, m_{\mathrm{s}}]$；

$\boldsymbol{U}$——控制矢量，$\boldsymbol{u} = [a_{Tx}, a_{Ty}, a_{Tz}, a_{T\mathrm{s}}]$。

对引力加速度$\nabla U(\boldsymbol{r})$进行线性化，并将其拆分为仅与位置矢量 $\boldsymbol{r}$ 相关的矩阵 $\boldsymbol{A}(\boldsymbol{r})$与 $\boldsymbol{c}(\boldsymbol{r})$。矩阵 $\boldsymbol{A}(\boldsymbol{r})$、$\boldsymbol{B}$ 与矩阵 $\boldsymbol{c}(\boldsymbol{r})$的表达式如下：

$$
\boldsymbol{A}(\boldsymbol{r}) = \begin{bmatrix}
0 & 0 & 0 & 1 & 0 & 0 & 0 \\
0 & 0 & 0 & 0 & 1 & 0 & 0 \\
0 & 0 & 0 & 0 & 0 & 1 & 0 \\
\omega^2 + U_{xx} & U_{xy} & U_{xz} & 0 & 2\omega & 0 & 0 \\
U_{xy} & \omega^2 + U_{yy} & U_{yz} & -2\omega & 0 & 0 & 0 \\
U_{xz} & U_{yz} & U_{zz} & 0 & 0 & 0 & 0 \\
0 & 0 & 0 & 0 & 0 & 0 & 0
\end{bmatrix} \tag{8.29}
$$

$$\boldsymbol{B}=\begin{bmatrix}0&0&0&0\\0&0&0&0\\0&0&0&0\\1&0&0&0\\0&1&0&0\\0&0&1&0\\0&0&0&-\dfrac{1}{v_{\mathrm{ex}}}\end{bmatrix}\tag{8.30}$$

$$\boldsymbol{c}(\boldsymbol{r})=\begin{bmatrix}0\\0\\0\\\dfrac{\partial U}{\partial x}-x(U_{xx}+U_{yx}+U_{zx})\\\dfrac{\partial U}{\partial y}-y(U_{xy}+U_{yy}+U_{zy})\\\dfrac{\partial U}{\partial z}-z(U_{xz}+U_{yz}+U_{zz})\\0\end{bmatrix}\tag{8.31}$$

为获得更好的收敛性，将线性化后的主要引力加速度项放置于矩阵 $\boldsymbol{A}(\boldsymbol{r})$ 中，将余下的高阶引力加速度项放置于矩阵 $\boldsymbol{c}(\boldsymbol{r})$ 中。以上推导既适用于单个小天体系统，也适用于双小天体系统，其唯一的差异在于小天体引力场的表述。

这里选择双小天体系统 809 Lundia 的主星为目标星，设计其着陆轨道。根据双小天体系统的物理参数进行无量纲化，即

$$\begin{cases}\mu_{\mathrm{UN}}=G(M_1+M_2)=1.365\times10^{-5}\ \mathrm{kN\cdot km^2/kg^2}\\ \mathrm{l_{UN}}=\min(\gamma_1,\gamma_2)=2.4\ \mathrm{km}\\ \mathrm{a_{UN}}=\mu_{\mathrm{UN}}/\mathrm{l_{UN}^2}=2.370\times10^{-6}\ \mathrm{km/s^2}\\ \mathrm{v_{UN}}=\sqrt{\mathrm{l_{UN}a_{UN}}}=0.002\,38\ \mathrm{km/s}\\ \mathrm{t_{UN}}=\dfrac{1}{\omega_{\mathrm{UN}}}=\sqrt{\mathrm{l_{UN}/a_{UN}}}=1\,006.322\ \mathrm{s}\end{cases}\tag{8.32}$$

设置重复迭代的位置分量 x、y、z 的偏差容许值为 $\varepsilon=1\times10^{-5}$ km，以确保

在对不规则引力场模型的处理过程中，第 n 次迭代所获得的最终优化轨道与第 $n-1$ 次迭代的轨道具有足够的精度。这里假设探测器系统的参数如表 8.1 所示，给定转移时间 $t_r=5000$ s，着陆器的初始状态矢量与终端着陆位置矢量如表 8.2 所示。探测器在着陆过程中的状态量变化如图 8.1 所示。

表 8.1　探测器参数

初始质量 m_0/kg	燃料质量 m_{fuel}/kg	比冲 I_{sp}/s	推力幅值 T/N
1000	200	250	5

表 8.2　初始时刻与转移终端点的状态矢量

状态	x/km	y/km	z/km	v_x/(m·s^{-1})	v_y/(m·s^{-1})	v_z/(m·s^{-1})
初始状态 1	19.4953	0	0	0	0	0
终端状态 1	5.7555	13.8524	0	0	0	0

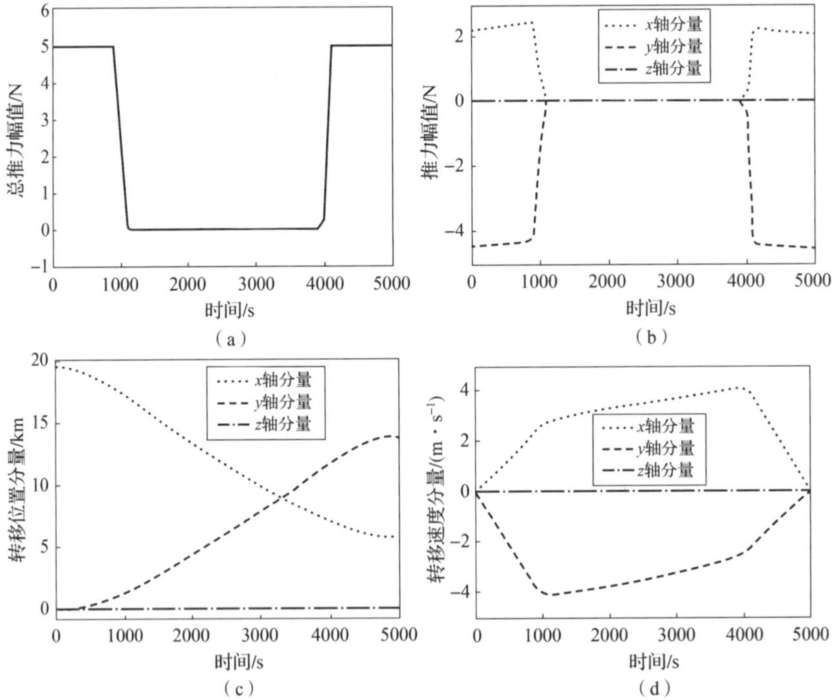

图 8.1　双小天体系统着陆轨道参数变化

(a) 探测器总推力幅值随时间的变化；(b) 探测器推力幅值分量随时间的变化；

(c) 探测器位置分量随时间的变化；(d) 探测器速度分量随时间的变化

图8.1（a）为转移过程中总推力幅值随时间的变化，图8.1（b）为推力矢量变化，图8.1（c）为位置矢量分量随时间的变化，图8.1（d）为速度矢量分量随时间的变化过程。整个转移过程呈现开－关－开的形式，两次开机时间分别位于$t=1100$ s与$t=3900$ s处，转移结束时剩余质量为996.035 kg，即燃料消耗为3.965 kg。

8.3　小天体着陆探测轨道控制

8.2节基于逐次凸优化给出了小天体着陆轨道的优化设计方法，通过该方法可以得到燃料消耗最优的着陆轨迹，但在着陆过程中探测器将受到各种摄动力、建模误差、实际工程因素产生的各类误差等不确定因素的影响，使得着陆可能产生较大的终端误差。因此，需要考虑采用制导控制策略消除误差，提高着陆的准确性和鲁棒性。本节将基于高阶滑模控制方法给出一种小天体着陆轨道的控制策略，并给出采用连续推力控制的脉冲实现方法。

8.3.1　基于高阶滑模的小天体着陆轨道控制

滑模控制方法可为存在不确定性的动力学系统提供一种有效的反馈控制策略[6-7]。这里首先介绍滑动阶的概念，其定义为：考虑存在一个光滑的动态系统，该动态系统具有光滑的输出函数s，并且可通过不连续的反馈控制律形成闭环。同时假设输出函数s关于时间的全导数$s,\dot{s},\ddot{s},\cdots,s^n$为关于相空间变量的连续函数。滑动阶$n$是滑模变量$s$的连续全导数（包含零阶）在滑模面$s=0$上为0的数目。滑动阶$n$刻画了系统被约束在滑模面$s=0$上的运动动态平滑度。

高阶滑模为满足滑模变量s和直至一定阶的导数均收敛到0的运动，即关于滑模面$s(t,\boldsymbol{x})=0$的n阶滑动集可由下述等式描述：

$$s=\dot{s}=\ddot{s}=\cdots=s^{n-1}=0 \tag{8.33}$$

式（8.33）构成了动态系统状态的n维约束条件。对于n阶滑动集为非空集合且满足式（8.33）的相关运动称为关于滑模面$s(t,\boldsymbol{x})=0$的n阶滑模。

依据对n阶滑模的定义，针对滑模面$s(t,\boldsymbol{x})=0$的控制输入为u的单输入动态系统，若相对阶为2，则需满足下式：

$$\begin{cases}\dfrac{\partial \dot{s}}{\partial u}=0\\ \dfrac{\partial \ddot{s}}{\partial u}\neq 0\end{cases} \tag{8.34}$$

由高阶滑模理论有：控制加速度 $\boldsymbol{a}_{\mathrm{c}}$ 出现于滑模面矢量的二阶导数中。因此，双小天体系统中的着陆问题，其滑模系统的相对阶数为二阶。

基于小天体着陆动力学模型，假设 $\boldsymbol{a}_{\mathrm{p}}=[0,0,0]$，定义第一个滑模面矢量 $\boldsymbol{s}_1$ 为

$$\boldsymbol{s}_1=\bar{\boldsymbol{\rho}}-\bar{\boldsymbol{\rho}}_t \tag{8.35}$$

式中，$\bar{\boldsymbol{\rho}}_t$——质心旋转坐标系中位于小天体表面的无量纲化着陆目标位置矢量，$\boldsymbol{\rho}_t=[x_t,y_t,z_t]$。

对 $\boldsymbol{s}_1$ 关于时间求导数，有

$$\dot{\boldsymbol{s}}_1=\dot{\bar{\boldsymbol{\rho}}}-\dot{\bar{\boldsymbol{\rho}}}_t=\boldsymbol{v}-\boldsymbol{v}_t \tag{8.36}$$

式中，$\boldsymbol{v}_t$——坐标系中目标着陆位置矢量对应的速度矢量，$\boldsymbol{v}_t=[v_{xt},v_{yt},v_{zt}]$。

由于式（8.36）中探测器设定的目标速度矢量为常值，因此 $\dot{\boldsymbol{v}}_t=[0,0,0]$。滑模面相对阶数为二阶的着陆动力学模型，可通过对式（8.36）求导数获得，并表示为[7-8]

$$\begin{aligned}\ddot{\boldsymbol{s}}_1&=\dot{\boldsymbol{v}}-\dot{\boldsymbol{v}}_t=\dot{\boldsymbol{v}}\\&=\frac{\partial U_{12}}{\partial \bar{\boldsymbol{\rho}}}-2\boldsymbol{\omega}\times\dot{\bar{\boldsymbol{\rho}}}-\boldsymbol{\omega}\times(\boldsymbol{\omega}\times\bar{\boldsymbol{\rho}})+\boldsymbol{a}_{\mathrm{c}}\end{aligned} \tag{8.37}$$

式中，U_{12}——系统势能。

需要解决的制导控制问题为：设计控制律满足在有限时间 t_{f} 内使得 $\boldsymbol{s}_1$ 与 $\dot{\boldsymbol{s}}_1$ 同时趋近于 $\mathbf{0}$。为满足时间趋近于 t_{f} 时，$\boldsymbol{s}_1$ 趋近于 $\mathbf{0}$，进行如下选取：

$$\dot{\boldsymbol{s}}_1=-\frac{\boldsymbol{K}}{t_{\mathrm{f}}-t}\boldsymbol{s}_1 \tag{8.38}$$

式中，$\boldsymbol{K}$——制导增益的对角矩阵，即

$$\boldsymbol{K}=\begin{bmatrix}K_1&0&0\\0&K_2&0\\0&0&K_3\end{bmatrix},\ K_i>0 \tag{8.39}$$

现证明随着时间趋近于有限时间 t_f，第一滑模面矢量 $\boldsymbol{s}_1$ 的值趋近于 0，即证明第一滑模面矢量的导数 $\dot{\boldsymbol{s}}_1$ 具有全局稳定性。选取李雅普诺夫函数 V_1 为

$$V_1 = \frac{1}{2}\boldsymbol{s}_1^{\mathrm{T}}\boldsymbol{s}_1 \tag{8.40}$$

对李雅普诺夫函数 V_1 求导数，有

$$\begin{aligned}\dot{V}_1 &= \boldsymbol{s}_1^{\mathrm{T}}\dot{\boldsymbol{s}}_1 = -\frac{1}{t_f - t}\boldsymbol{s}_1^{\mathrm{T}}\boldsymbol{K}\boldsymbol{s}_1 \\ &= -\frac{1}{t_f - t}(K_1 s_{11}^2 + K_2 s_{12}^2 + K_3 s_{13}^2)\end{aligned} \tag{8.41}$$

由于 $K_i > 0(i=1,2,3)$，因此对于 $t < t_f$ 有 $\dot{V}_1 < 0$ 恒成立，即第一滑模面矢量的导数 $\dot{\boldsymbol{s}}_1$ 具有全局稳定性，随着时间趋近于有限时间 t_f，第一滑模面矢量 $\boldsymbol{s}_1$ 趋近于 $\boldsymbol{0}$。

由式（8.38）可知，$\dot{\boldsymbol{s}}_1$ 可通过制导增益 $\boldsymbol{K}$ 表示，即

$$\begin{cases}\dfrac{\mathrm{d}s_{11}}{s_{11}} = -\dfrac{K_1\mathrm{d}t}{t_f - t} \\ \dfrac{\mathrm{d}s_{12}}{s_{12}} = -\dfrac{K_2\mathrm{d}t}{t_f - t} \\ \dfrac{\mathrm{d}s_{13}}{s_{13}} = -\dfrac{K_3\mathrm{d}t}{t_f - t}\end{cases} \tag{8.42}$$

式中，$s_{1i}(i=1,2,3)$——滑模面矢量的分量。

对式（8.42）各分量积分，有

$$\begin{cases}\ln(s_{11}) = K_1\ln(t_f - t) + C_1 \\ \ln(s_{12}) = K_2\ln(t_f - t) + C_2 \\ \ln(s_{13}) = K_3\ln(t_f - t) + C_3\end{cases} \tag{8.43}$$

各分量上滑模面的初始状态满足下式：

$$\begin{cases}s_{110} = C_1 t_f^{K_1} \\ s_{120} = C_2 t_f^{K_2} \\ s_{130} = C_3 t_f^{K_3}\end{cases} \tag{8.44}$$

令 $\boldsymbol{s}_{10} = [s_{110}, s_{120}, s_{130}]$，对式（8.44）整理可得

$$\boldsymbol{s}_1(t)=\boldsymbol{s}_{10}\frac{(t_{\mathrm{f}}-t)^{\boldsymbol{K}}}{t_{\mathrm{f}}^{\boldsymbol{K}}} \tag{8.45}$$

由式（8.45）可知，当满足 $K_i>0(i=1,2,3)$ 时，滑模面矢量 $\boldsymbol{s}_1(t)$ 可在有限时间 t_{f} 内趋近于 $\mathbf{0}$。将式（8.45）代入式（8.37），可得滑模面导数 $\dot{\boldsymbol{s}}_1$ 的矢量表达式：

$$\dot{\boldsymbol{s}}_1(t)=\boldsymbol{K}\boldsymbol{s}_{10}\frac{(t_{\mathrm{f}}-t)^{\boldsymbol{K}-\boldsymbol{I}}}{t_{\mathrm{f}}^{\boldsymbol{K}}} \tag{8.46}$$

式中，$\boldsymbol{I}$——单位对角矩阵。

由式（8.46）可知，当满足 $K_i>1(i=1,2,3)$ 时，滑模面矢量的导数 $\dot{\boldsymbol{s}}_1(t)$ 满足在有限时间 t_{f} 内趋近于 $\mathbf{0}$。因此为保证 $\boldsymbol{s}_1$ 与 $\dot{\boldsymbol{s}}_1$ 在有限时间 t_{f} 内同时趋近于 $\mathbf{0}$，选取的制导增益 K_1、K_2、K_3 需保证均大于 1。

为进一步获得能够保证 $\boldsymbol{s}_1$ 与 $\dot{\boldsymbol{s}}_1$ 在有限时间 t_{f} 内同时趋近于 $\mathbf{0}$ 的制导律，需建立 $\dot{\boldsymbol{s}}_1$ 与控制加速度 $\boldsymbol{a}_{\mathrm{c}}$ 的直接联系，并且控制加速度需满足当 $\boldsymbol{s}_1$ 与 $\dot{\boldsymbol{s}}_1$ 趋近于 $\mathbf{0}$ 时，系统状态始终满足第二个滑模面的表达式。因此引入第二个滑模面矢量 $\boldsymbol{s}_2$，即

$$\boldsymbol{s}_2=\dot{\boldsymbol{s}}_1+\frac{\boldsymbol{K}}{t_{\mathrm{f}}-t}\boldsymbol{s}_1=\mathbf{0} \tag{8.47}$$

滑模面矢量 $\boldsymbol{s}_2$ 关于控制加速度 $\boldsymbol{a}_{\mathrm{c}}$ 的相对阶数为 1，因此可建立控制加速度 $\boldsymbol{a}_{\mathrm{c}}$ 与滑模面矢量导数 $\dot{\boldsymbol{s}}_2$ 的直接表达式为

$$\begin{aligned}\dot{\boldsymbol{s}}_2&=\ddot{\boldsymbol{s}}_1+\frac{\boldsymbol{K}}{(t_{\mathrm{f}}-t)}\dot{\boldsymbol{s}}_1+\frac{\boldsymbol{K}}{(t_{\mathrm{f}}-t)^2}\boldsymbol{s}_1\\&=\frac{\partial U_{12}}{\partial\bar{\boldsymbol{\rho}}}-2\boldsymbol{\omega}\times\dot{\bar{\boldsymbol{\rho}}}-\boldsymbol{\omega}\times(\boldsymbol{\omega}\times\bar{\boldsymbol{\rho}})+\boldsymbol{a}_{\mathrm{c}}+\frac{\boldsymbol{K}}{(t_{\mathrm{f}}-t)}\dot{\boldsymbol{s}}_1+\frac{\boldsymbol{K}}{(t_{\mathrm{f}}-t)^2}\boldsymbol{s}_1\end{aligned} \tag{8.48}$$

设计多滑模面制导律的控制加速度 $\boldsymbol{a}_{\mathrm{c}}$ 为

$$\boldsymbol{a}_{\mathrm{c}}(t)=-\left(\frac{\partial U_{12}}{\partial\bar{\boldsymbol{\rho}}}-2\boldsymbol{\omega}\times\dot{\bar{\boldsymbol{\rho}}}-\boldsymbol{\omega}\times(\boldsymbol{\omega}\times\bar{\boldsymbol{\rho}})+\frac{\boldsymbol{K}}{(t_{\mathrm{f}}-t)}\dot{\boldsymbol{s}}_1+\frac{\boldsymbol{K}}{(t_{\mathrm{f}}-t)^2}\boldsymbol{s}_1\right)-\boldsymbol{G}\mathrm{sgn}(\boldsymbol{s}_2) \tag{8.49}$$

式中，$\boldsymbol{G}$——系数对角矩阵，

$$\boldsymbol{G}=\begin{bmatrix} G_1 & 0 & 0 \\ 0 & G_2 & 0 \\ 0 & 0 & G_3 \end{bmatrix}=\begin{bmatrix} \dfrac{|s_{21}(0)|}{t_m} & 0 & 0 \\ 0 & \dfrac{|s_{22}(0)|}{t_m} & 0 \\ 0 & 0 & \dfrac{|s_{23}(0)|}{t_m} \end{bmatrix} \tag{8.50}$$

将控制加速度 $\boldsymbol{a}_c$ 代入式（8.48），可得

$$\dot{\boldsymbol{s}}_2=-\boldsymbol{G}\text{sgn}(\boldsymbol{s}_2) \tag{8.51}$$

现需证明随着时间趋近于有限时间 t_m，第二滑模面 $\boldsymbol{s}_2$ 趋近于 $\boldsymbol{0}$。选取第二个李雅普诺夫函数 V_2 为

$$V_2=\frac{1}{2}\boldsymbol{s}_2^{\mathrm{T}}\boldsymbol{s}_2 \tag{8.52}$$

对李雅普诺夫函数 V_2 求导，可得

$$\begin{aligned}\dot{V}_2&=\boldsymbol{s}_2^{\mathrm{T}}\dot{\boldsymbol{s}}_2\\&=\boldsymbol{s}_2^{\mathrm{T}}\left(\frac{\partial U_{12}}{\partial\bar{\boldsymbol{\rho}}}-2\boldsymbol{\omega}\times\dot{\bar{\boldsymbol{\rho}}}-\boldsymbol{\omega}\times(\boldsymbol{\omega}\times\bar{\boldsymbol{\rho}})+\boldsymbol{a}_c(t)+\frac{\boldsymbol{K}}{(t_f-t)}\dot{\boldsymbol{s}}_1+\frac{\boldsymbol{K}}{(t_f-t)^2}\boldsymbol{s}_1\right)\\&=-\boldsymbol{s}_2^{\mathrm{T}}\boldsymbol{G}\text{sgn}(\boldsymbol{s}_2)\end{aligned} \tag{8.53}$$

分析式（8.53）可知，李雅普诺夫函数 V_2 的值恒小于 0。因此，随着时间趋近于有限时间，第二滑模面 $\boldsymbol{s}_2$ 趋近于 $\boldsymbol{0}$。

对第二滑模面矢量导数 $\dot{\boldsymbol{s}}_2$ 的表达式关于时间在 $[0,t]$ 范围内积分，即有

$$\boldsymbol{s}_2(t)=\boldsymbol{s}_2(0)-\boldsymbol{G}t \tag{8.54}$$

式中，$\boldsymbol{s}_2(0)$——$t=0$ 时刻对应的第二滑模面矢量，$\boldsymbol{s}_2(0)=[s_{21}(0),s_{22}(0),s_{23}(0)]$。

为保证在滑模面矢量 $\boldsymbol{s}_1$ 与滑模面矢量的导数 $\dot{\boldsymbol{s}}_1$ 趋近于 $\boldsymbol{0}$ 时，系统状态始终满足第二个滑模面 $\boldsymbol{s}_2$ 的表达式。选取有限时间 t_m 满足 $t_m<t_f$，以满足该要求为前提，分析式（8.54）可知，当第二滑模面矢量 $\boldsymbol{s}_2$ 在时间趋近 t_m 时，$\boldsymbol{s}_2$ 趋近于 $\boldsymbol{0}$。因此当时间取值趋近 $t_f(t_f>t_m)$ 时，滑模面 $\boldsymbol{s}_1$ 与滑模面的导数 $\dot{\boldsymbol{s}}_1$ 趋近于 $\boldsymbol{0}$。

此时，再次考虑摄动力 $\boldsymbol{a}_p$ 对着陆过程中探测器的影响。为保证控制律全局稳定，李雅普诺夫函数 V_2 关于时间的导数应满足 $\dot{V}_2=\boldsymbol{s}_2^{\mathrm{T}}\dot{\boldsymbol{s}}_2=-\boldsymbol{s}_2^{\mathrm{T}}[\boldsymbol{a}_p(t)-\boldsymbol{G}\text{sgn}(\boldsymbol{s}_2)]$

始终为负值。当能够确定摄动力 $\boldsymbol{a}_{\mathrm{p}}$ 的上界 $\|\boldsymbol{a}_{\mathrm{pmax}}\|$ 时，可选取 $G_i > \|\boldsymbol{a}_{\mathrm{pmax}}\|$，从而满足控制律全局稳定的条件。

8.3.2 控制律参数对着陆轨道的影响

本节将 8.3.1 节设计的控制律应用于着陆轨道控制，选择双小天体系统 Lundia 作为目标小天体进行仿真分析。假设初始位置矢量 $\boldsymbol{r}_{\mathrm{R0}} = [5.7555, 13.8524]$ km，初始速度矢量 $\boldsymbol{v}_{\mathrm{R0}} = [0, 0, -1]$ m/s，探测器初始质量为 600 kg。选取目标着陆点矢量 $\boldsymbol{r}_{\mathrm{Rt}} = [-6.488, 3.3, 0]$ km，着陆控制的加速度为 $\boldsymbol{a}_{\mathrm{c}}$，实现探测器受控着陆于目标着陆位置。该控制律中存在 5 个控制参数：制导增益 K_1、K_2、K_3，$\boldsymbol{s}_2$ 趋近于 $\mathbf{0}$ 的时间 t_{m}，$\boldsymbol{s}_1$ 趋近于 $\mathbf{0}$ 的时间 t_{f}。

下面将选择不同的控制律参数，分析高阶滑模控制律对闭环着陆过程的影响，并探讨燃料消耗的变化情况。

8.3.2.1 制导增益影响分析

首先，分析控制律中制导增益 K_1、K_2、K_3 对于着陆轨迹的影响。选取 $\boldsymbol{s}_1$ 趋近于 $\mathbf{0}$ 的时间，即受控着陆的时间 $t_{\mathrm{f}} = 4000$ s；令 $\boldsymbol{s}_2$ 趋近于 $\mathbf{0}$ 的时间 t_{m} 为受控着陆时间的 1/2，即 $t_{\mathrm{m}} = 0.5t_{\mathrm{f}} = 2000$ s；假定制导增益 $K_1 = K_2 = K_3 = k$，分别选取 $k = 1.5$，$k = 2$，$k = 3$ 与 $k = 4$，给出第一滑模面 $\boldsymbol{s}_1$ 的矢量的模以及第二滑模面 $\boldsymbol{s}_2$ 的矢量的模随时间变化情况，如图 8.2 所示。

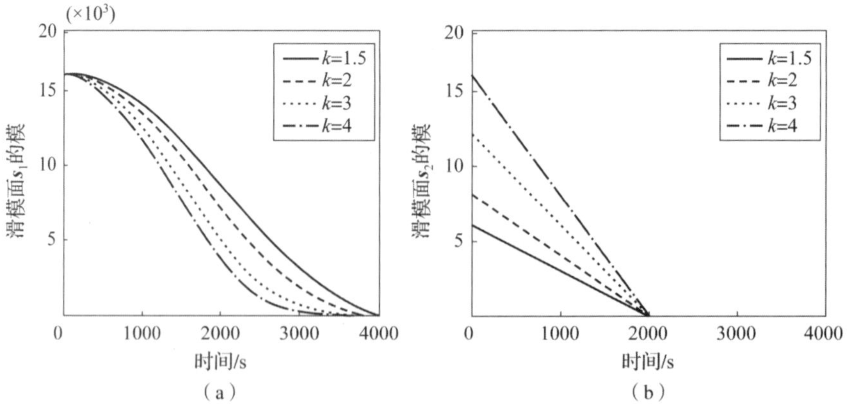

图 8.2 不同制导增益 k 下第一滑模面矢量的模以及第二滑模面矢量的模随时间变化

(a) 第一滑模面矢量的模随时间变化；(b) 第二滑模面矢量的模随时间变化

由图 8.2 可以看出，在有限时间 t_f 内，高阶滑模控制律分为两个阶段——到达阶段与滑动阶段。在到达阶段中，式（8.49）可实现在有限时间 t_m 内使系统到达第二滑模面 $\boldsymbol{s}_2=\dot{\boldsymbol{s}}_1+k\boldsymbol{s}_1/(t_f-t)=\boldsymbol{0}$。当 $t=t_m=2000$ s 时，系统到达第二滑模面 $\boldsymbol{s}_2=\dot{\boldsymbol{s}}_1+k\boldsymbol{s}_1/(t_f-t)=\boldsymbol{0}$ 后，进入滑动阶段，在满足第二滑模面的约束下于有限时间 t_f 内逼近 $\boldsymbol{s}_1=\dot{\boldsymbol{s}}_1=\boldsymbol{0}$ 的状态。由图 8.2（a）可知，随着制导增益 k 取值的增大，探测器在着陆过程中始终满足任意时刻的位置矢量与期望着陆位置矢量的偏差值更小。

制导增益分别选取 1.5、2、3 与 4 时，探测器着陆过程中位置矢量、速度矢量在质心旋转坐标系下三轴上分量的变化曲线，如图 8.3 所示。

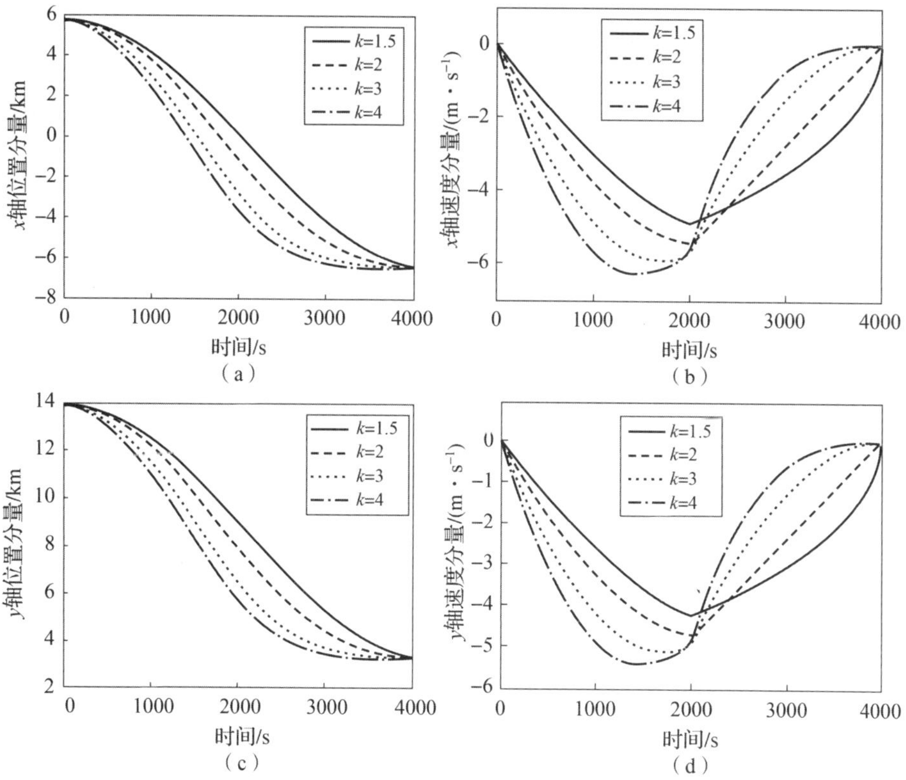

图 8.3　不同制导增益下位置矢量、速度矢量随时间的变化

（a）不同制导增益下 x 随时间变化；（b）不同制导增益下 v_{Rx} 随时间变化；（c）不同制导增益下 y 随时间变化；（d）不同制导增益下 v_{Ry} 随时间变化

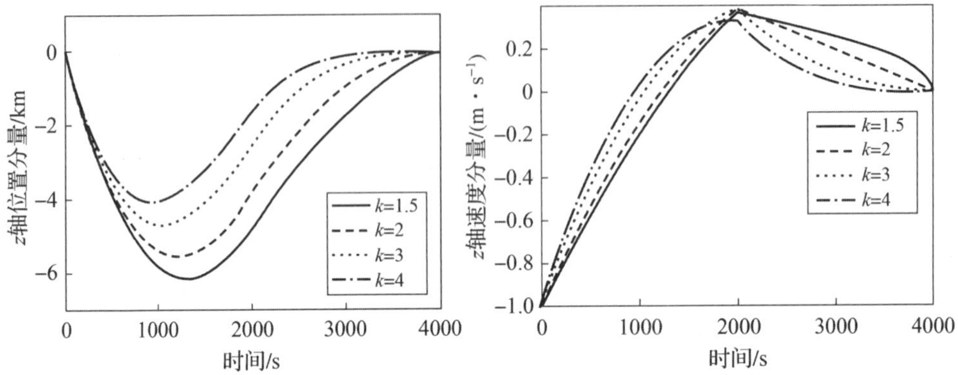

（e）　　　　　　　　（f）

图 8.3　不同制导增益下位置矢量、速度矢量随时间的变化（续）

（e）不同制导增益下 z 随时间变化；（f）不同制导增益下 v_{Rz} 随时间变化

由图 8.3 可以看出，当 $t_m < t < t_f$ 时，系统始终位于第二滑模面 $\dot{\boldsymbol{s}}_2 = \boldsymbol{0}$ 上，此时应满足 $\dot{\boldsymbol{s}}_1 + k\boldsymbol{s}_1/(t_f - t) = \boldsymbol{0}$，可确定对应时间 $t(t_m < t < t_f)$ 下第一滑模矢量 $\boldsymbol{s}_1$ 与第一滑模矢量导数 $\dot{\boldsymbol{s}}_1$ 的值，即

$$\begin{cases} \boldsymbol{s}_1(t) = \boldsymbol{s}_{10}(t_f - t)^k / t_f^k \\ \dot{\boldsymbol{s}}_1(t) = -k\boldsymbol{s}_{10}(t_f - t)^{k-1} / t_f^k \end{cases} \tag{8.55}$$

根据式（8.55），对于 $t = t_m = 0.5t_f$ 时刻的位置矢量与速度矢量分别为

$$\begin{cases} |\boldsymbol{s}_1(t_m)| = |\boldsymbol{s}_{10}| \left| \dfrac{t_f - t_m}{t_f} \right|^{\boldsymbol{K}} \\ |\dot{\boldsymbol{s}}_1(t_m)| = \dfrac{k}{t_f} |\boldsymbol{s}_{10}| \left| \dfrac{t_f - t_m}{t_f} \right|^{\boldsymbol{K-I}} \end{cases} \tag{8.56}$$

随着制导增益的增大，$t = t_m$ 时刻的位置矢量的模 $\| \boldsymbol{s}_1(t_m) \| = \| \boldsymbol{r}_R(t) - \boldsymbol{r}_{Rt} \|$ 在减小，即与期望着陆位置相差越小；同时，速度矢量随时间呈线性变化，满足 $\dot{\boldsymbol{s}}_1(t) = \boldsymbol{v}(t) - \boldsymbol{v}_t = k\boldsymbol{s}_{10}(t_f - t)^{\boldsymbol{I}}$。

8.3.2.2　着陆时长的影响分析

这里分析控制律中着陆时长 t_f 对着陆轨迹的影响。选取 $\boldsymbol{s}_2$ 趋近于 $\boldsymbol{0}$ 的时间 t_m 始终为 $0.5t_f$，制导增益 k 为 2 时，令着陆时长 t_f 分别为 500 s、1000 s、3000 s、5000 s，探测器着陆过程中位置速度矢量的变化如图 8.4 所示。

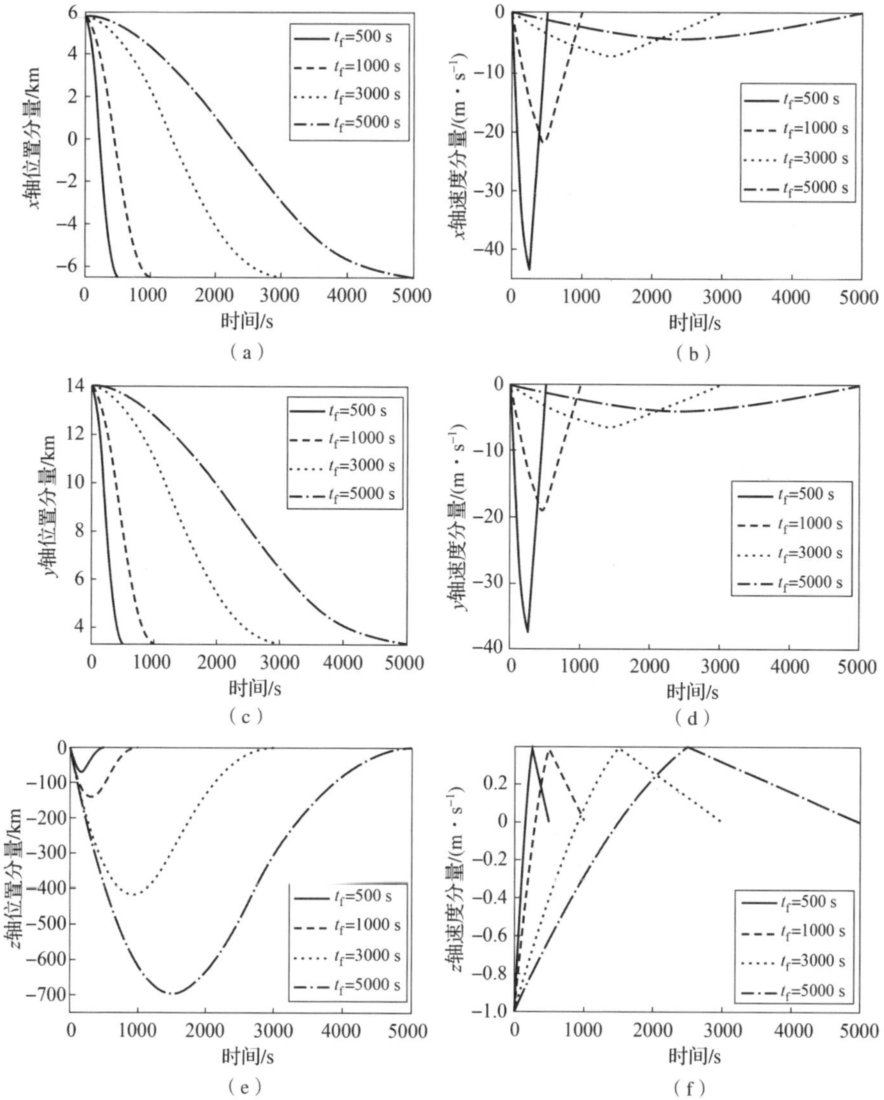

图 8.4　不同着陆总时长 t_f 下位置矢量、速度矢量随时间的变化

由图 8.4（a）（c）可知，探测器在着陆过程中，位置矢量在 x、y 轴方向上的分量与目标着陆位置间的偏差单调递减，而 z 轴方向上的分量与目标着陆位置间的偏差先增大后减小。着陆过程中，探测器速度矢量的各方向分量均出现一次极点，极点出现的时刻为 $t=t_m$；而且，随着着陆时长 t_f 的增大，极点对应的速度矢量在 x、y 轴方向上的分量与目标着陆速度分量间的偏差逐渐减小，而并未改变极点处速度矢量在 z 轴方向上分量的大小。燃料消耗的质量随 t_f 的变化结果如图 8.5 所示。

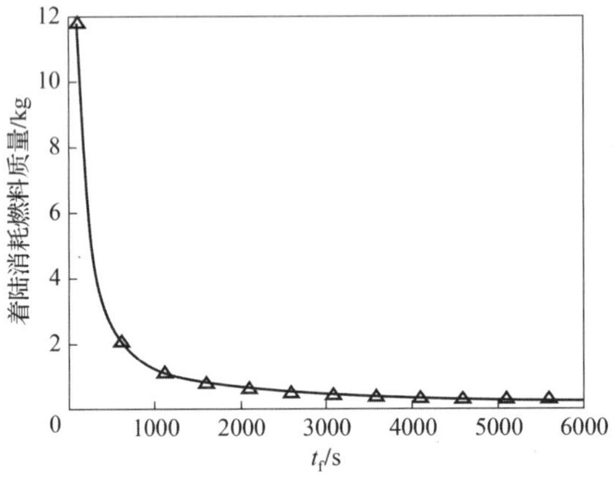

图 8.5 着陆消耗燃料质量随着陆总时长 t_f 变化

由图 8.5 可以看出，随着 t_f 取值的增大，系统达到期望着陆状态所需消耗的燃料减少。由此可知，若以降低着陆时间 t_f 为目标，则需以增大燃料消耗为代价。

8.3.3 基于连续推力的着陆轨道脉冲调制方法

8.3.3.1 脉冲调幅调频方法

根据高阶滑模控制律获得的控制加速度 $\boldsymbol{a}_c$ 为连续变化的加速度，而传统的推力器采用的工作模式通常为开－关形式。因此，可采用脉冲调幅调频法（PWPF）将连续控制加速度 $\boldsymbol{a}_c$ 转换成为更加适用于工程实现的“开－关”形式离散控制加速度[9]。PWPF 调节器由一阶惯性环节、Schmidt 触发器和负反馈回路构成，如图 8.6 所示，其功能为通过调节脉冲序列的宽度与频率获得推力器阀值的脉冲控制序列。

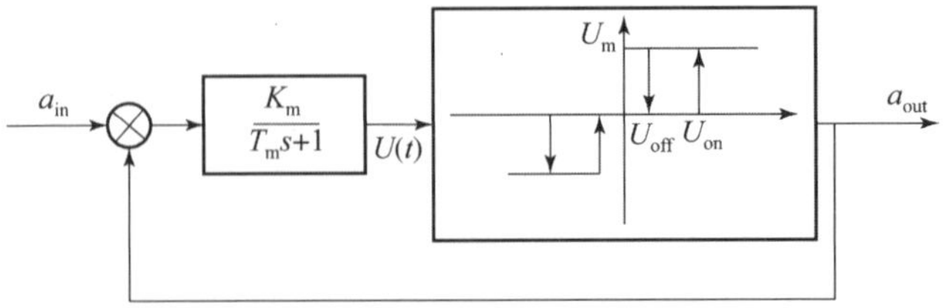

图 8.6 PWPF 调节器示意图

图 8.6 中 a_{in} 为需要调节的连续指令，可选取为无量纲数；K_m 与 T_m 分别为一阶惯性环节的放大系数与时间常数；U_{on} 与 U_{off} 分别为开启与关闭 Schmidt 触发器的阈值；U_m 为 Schmidt 触发器的脉冲幅值，一般取为 1，表示无量纲输出；a_{out} 为经过 PWPF 调节器输出的指令。探测器推力的开关状态与 PWPF 调节器输出的状态保持一致。由图 8.6 可得 $U(t)$ 的解析表达式。

发动机开启的 $U(t)$ 解析表达式为

$$U(t) = K_m(a_{in} - U_m)(1 - e^{-t_1/T_m}) + U_{on}e^{-t_1/T_m}, \quad 0 \leqslant t_1 \leqslant T_{on} \tag{8.57}$$

式中，T_{on}——脉冲开启的宽度，

$$T_{on} = -T_m \ln \frac{U_{off} - K_m(E - U_m)}{U_{on} - K_m(E - U_m)} \tag{8.58}$$

发动机关闭时的 $U(t)$ 解析表达式为

$$U(t) = K_m a_{in}(1 - e^{-t_2/T_m}) + U_{off}e^{-t_2/T_m}, \quad 0 \leqslant t_2 \leqslant T_{off} \tag{8.59}$$

式中，T_{off}——脉冲关闭时间，

$$T_{off} = -T_m \ln \frac{U_{on} - K_m E}{U_{off} - K_m E} \tag{8.60}$$

当输入的控制加速度 $a_{in} = U_{on}$ 时，可推导最小工作时间 Δ，其表达式为

$$\begin{aligned}\Delta &= -T_m \ln\left(1 - \frac{U_{on} - U_{off}}{K_m U_m}\right) \\ &\approx \frac{(U_{on} - U_{off})T_m}{K_m U_m}\end{aligned} \tag{8.61}$$

占空比 DC 为每个脉冲周期发动机开启时间与脉冲周期的比值，即

$$\mathrm{DC} = \frac{T_{on}}{T_{on} + T_{off}} = \left[1 + \frac{\ln\left(1 + \dfrac{(U_{on} - U_{off})(a_s - a_d)}{K_m(a_s - a_d)(a_{in} - a_d)}\right)}{\ln\left(1 + \dfrac{U_{on} - U_{off}}{K_m(a_s - a_d)\left(1 - \dfrac{a_{in} - a_d}{a_s - a_d}\right)}\right)}\right]^{-1} \tag{8.62}$$

式中，

$$a_d = \frac{U_{on}}{K_m}, \quad a_s = U_m + \frac{U_{off}}{K_m} \tag{8.63}$$

由式（8.62）可知，占空比 DC 可表示为输入控制加速度 a_{in} 的函数。根据 a_{in} 与 a_d、a_s 的关系，可分为三个区域。在 $a_{in} \leqslant a_d$ 的情况下，PWPF 调节器不工

作；$a_{in} \geqslant a_s$ 时，位于饱和区，表明偏差较大，发动机工作在稳态；当 $a_d < a_{in} < a_s$ 时，发动机在基本工作区，在该区域内可对推力脉冲进行调宽、调频。

8.3.3.2 着陆控制律参数与 PWPF 参数的优化选取

采用与上节相同的探测器初始状态和着陆点，假设推力器可为各分量提供幅值大小恒定为 5 N 的推力，比冲为 200 s。选取的控制律参数以及 PWPF 参数如表 8.3 所示。受控着陆速度矢量随时间的变化如图 8.7 所示。

表 8.3 未优化前控制律参数以及 PWPF 参数

参数	数值	参数	数值
控制增益 K_1	2	一阶惯性环节放大系数 K_m	1
控制增益 K_2	2	一阶惯性环节时间常数 T_m	1
控制增益 K_3	2	Schmidt 触发器开启阀值 $U_{on}/(m \cdot s^{-2})$	0.005
t_f/s	4000	Schmidt 触发器关闭阀值 $U_{off}/(m \cdot s^{-2})$	0.003
t_m/s	2000		

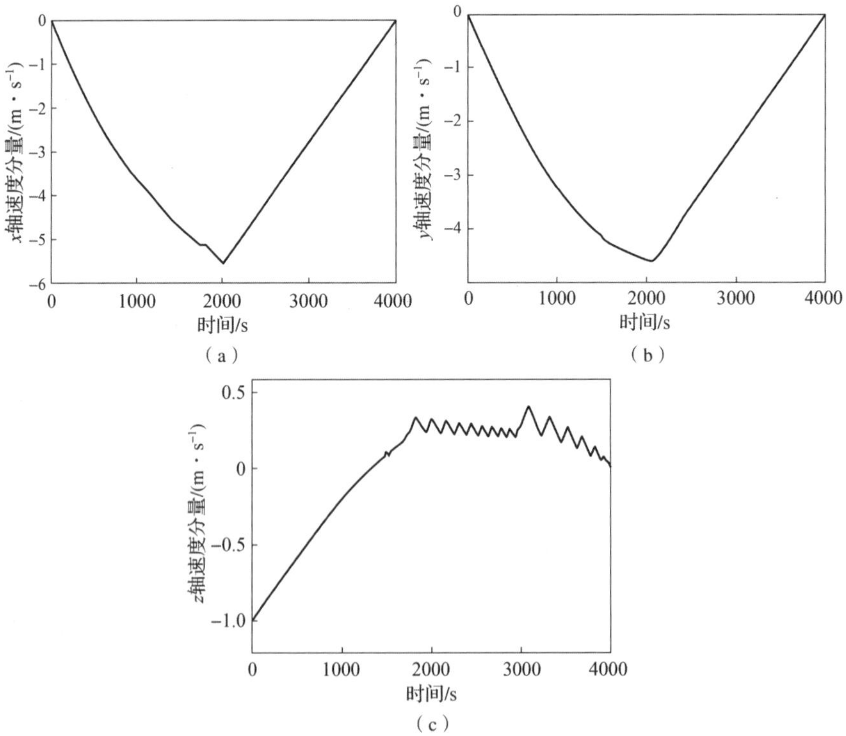

图 8.7 PWPF 后着陆速度矢量随时间的变化

采用 PWPF 法可实现将连续变化的加速度矢量转换为推力幅值恒定的“开－关－开”控制，但速度矢量的 z 轴分量在 $t_f = 4000$ s 时刻为 0.018 31 m/s，未能较好地满足在 $t_f = 4000$ s 时刻趋近于零，其原因为没有考虑初始位置矢量与终端位置矢量的距离量级不同的影响，而采用了相同的控制增益 K_1、K_2、K_3。

为解决上节中由于控制增益选取造成的在着陆终端点速度不为 0 的问题，在给定 $t_m = 2000$ s、$t_f = 4000$ s、$K_m = 1$ 的条件下，采用遗传算法对 K_1、K_2、K_3、T_m、U_{on}、U_{off}进行优化。

在适应度函数 J 中，考虑到位置偏差 $\|\Delta \boldsymbol{r}_R\|$、速度偏差 $\|\Delta \boldsymbol{v}_R\|$、燃料消耗量 Δm 较小，同时在适应度函数 J 中还考虑使 PWPF 调节器有较大的线性工作区。因此适应度函数 J 确定为

$$\begin{aligned} J &= 0.1 \times \Delta m + 0.1 \times \|\Delta \boldsymbol{r}_R\| + 0.6 \times \|\Delta \boldsymbol{v}_R\| \frac{0.2}{a_s + a_d} + \\ &\quad 100 \times (\|\Delta \boldsymbol{r}_R\| > \|\Delta \boldsymbol{r}_R\|_{min}) + 100 \times (\|\Delta \boldsymbol{v}_R\| > \|\Delta \boldsymbol{v}_R\|_{min}) \\ &= 0.1 \times (m_0 - m) + 0.1 \times \|\boldsymbol{r} - \boldsymbol{r}_1\| + 0.6 \times \|\boldsymbol{v} - \boldsymbol{v}_t\| + \frac{0.2}{a_s - a_d} \\ &\quad 100 \times (\|\boldsymbol{r}_R - \boldsymbol{r}_{Rt}\| > \|\Delta \boldsymbol{r}_R\|_{max}) + 100 \times (\|\boldsymbol{v}_R - \boldsymbol{v}_{Rt}\| > \|\Delta \boldsymbol{v}_R\|_{max}) \end{aligned} \tag{8.64}$$

式中，m_0——探测器的初始质量；

m——探测器的质量；

$\boldsymbol{r}_R, \boldsymbol{v}_R$——探测器当前的位置矢量与速度矢量；

$\boldsymbol{r}_{Rt}, \boldsymbol{v}_{Rt}$——期望着陆位置矢量与速度矢量；

$\|\Delta \boldsymbol{r}_R\|_{max}$——容许的最大位置偏差；

$\|\Delta \boldsymbol{v}_R\|_{max}$——容许的最大速度偏差。

在式（8.64）中，第一项反映了对燃料消耗量的优化要求；第二、三项反映了对着陆期望状态矢量偏差的要求；第四项反映了 a_s 与 a_d 应尽量远离，即 PWPF 的线性区应尽量大的要求；系数 0.2、0.2、0.3、0.3 分别为上述四项的相对权重。当超过容许的最大位置偏差 $\|\Delta \boldsymbol{r}_R\|_{max}$及容许的最大速度偏差 $\|\Delta \boldsymbol{v}_R\|_{max}$时，引入比相对权重量级更大的惩罚因子，使得在优化过程中，不满足最大位置偏差 $\|\Delta \boldsymbol{r}_R\|_{max}$与最大速度偏差 $\|\Delta \boldsymbol{v}_R\|_{max}$要求的个体难以进行复制、遗传给下一

代，因而保证这两项要求在整个优化过程中得到满足。假定参数的搜索范围如表 8.4 所示。

表 8.4 控制律参数以及 PWPF 参数优化搜索范围

参数	搜索范围	参数	搜索范围
控制增益 K_1	1.5 ~ 10	一阶惯性环节时间常数 T_m	0.1 ~ 2.0
控制增益 K_2	1.5 ~ 10	Schmidt 触发器开启阀值 $U_{on}/(m \cdot s^{-2})$	10^{-6}~0.1
控制增益 K_3	1.5 ~ 10	Schmidt 触发器关闭阀值 $U_{off}/(m \cdot s^{-2})$	10^{-6}~0.1

利用确定的适应度函数 J 针对 $\|\Delta \boldsymbol{r}_R\|_{max}=0.1$ m、$\|\Delta \boldsymbol{v}_R\|_{max}=0.0005$ m/s 的约束条件进行优化计算，经过 40 代的遗传优化，可得到优化参数如表 8.5 所示。

表 8.5 优化后控制律参数以及 PWPF 参数

参数	K_1	K_2	K_3	T_m	U_{on}	U_{off}
优化结果	2.6691	2.3428	9.2800	1.5855	0.0390	0.0430

由优化结果可知，初始位置与终端位置间的距离可影响最优控制增益的选择。对于初始位置与终端位置距离越小的分量，所需的控制增益越大。针对位置分量与速度分量给出结果，如图 8.8 所示。未优化前，不能有效收敛于期望着陆状态位置矢量 z 轴分量与速度矢量 z 轴分量，可在 $t_f=4000$ s 时达到期望着陆状态。最终探测器的终端位置矢量偏差大小为 8.4967×10^{-6} m，终端速度矢量偏差大小为 1.2133×10^{-4} m/s，燃料消耗质量为 6.8492 kg，着陆终端状态均达到 $\|\Delta \boldsymbol{r}_R\|_{max}$ 与 $\|\Delta \boldsymbol{v}_R\|_{max}$ 约束要求。

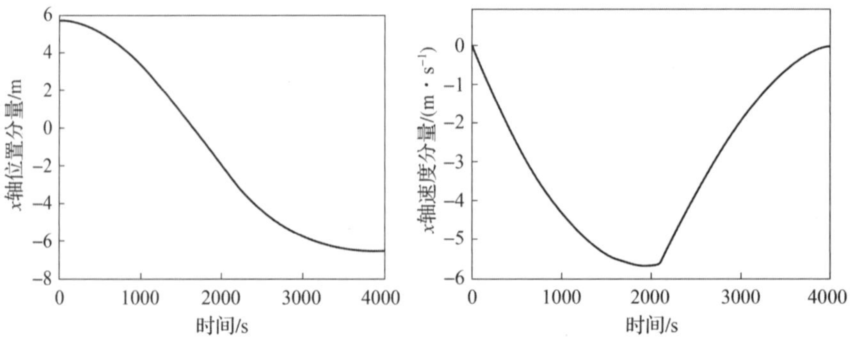

(a) (b)

图 8.8 优化控制律参数及 PWPF 参数后，着陆位置矢量与速度矢量随时间的变化

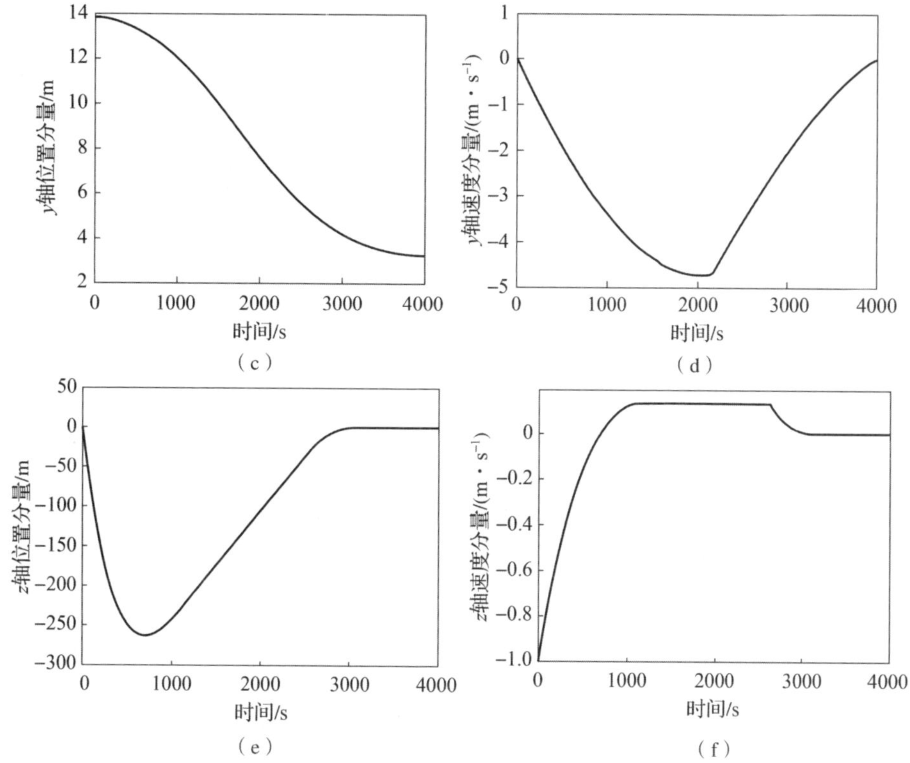

图 8.8　优化控制律参数以及 PWPF 参数后，着陆位置矢量与速度矢量随时间的变化（续）

8.4　基于姿轨耦合效应的小天体弹道着陆及误差抑制策略

自由着陆或弹道着陆是另一种小天体着陆形式，在该着陆过程中不施加轨道机动，可按预先设计的轨道实现小天体表面的着陆。弹道着陆轨道的着陆精度受小天体附近复杂动力学环境的影响显著，主要有两方面：一方面，小天体不规则形状和非均匀质量分布会给轨道运动带来扰动；另一方面，小天体的弱引力作用将引起探测器平动和旋动之间的耦合效应。探测器受到的引力梯度力矩会改变探测器姿态，从而改变探测器所受的引力大小，并进一步影响探测器的轨道运动。姿轨耦合效应随着探测器与小天体距离接近和小天体非球形程度增大而增强。本节将介绍不规则形状小天体弹道着陆过程中的姿轨耦合效应，同时给出一种利用姿态机动的着陆轨道跟踪控制方法，从而提高弹道着陆的精度。

8.4.1 不规则形状小天体附近姿轨耦合动力学

姿轨耦合效应取决于探测器的质量分布、空间指向，以及与中心天体的距离。姿轨耦合效应自 20 世纪 60 年代以来不断得到学者们的关注，Sincarsin 和 Hughes[10]通过参数 $\varepsilon \sim r/r_c$ 研究了引力－轨道－姿态耦合及相关控制问题，其中 r 为探测器的特征尺寸，r_c 为轨道半径。对于低地球轨道（LEO）等任务，轨道半径远大于探测器的尺寸，耦合效应较弱；对于小天体探测任务，轨道半径远小于地球轨道，导致 ε 的值增大，不能忽略轨道－姿态耦合的影响[11]。

8.4.1.1 探测器姿轨耦合动力学

首先，构建探测器在小天体附近的姿轨耦合动力学，采用李群概念描述探测器和小天体的运动，两者运动的构型空间是特殊的欧几里得群 SE(3)[12]，即刚体所有平动和转动运动的集合。SE(3)可表示为半直积 $\mathrm{SE}(3) \backsimeq \mathbb{R}^3 \ltimes \mathrm{SO}(3)$，其中$\mathbb{R}^3$为质心位置的三维实数欧几里得空间，SO(3)为刚体的李氏旋转群。

为了分析小天体附近的运动，在此定义 3 个坐标系，即以小天体为中心的惯性坐标系$\{\mathbb{I}\}^a$、小天体固连坐标系$\{\mathbb{B}\}^a$和探测器本体坐标系$\{\mathbb{B}\}^s$。小天体固连坐标系的三个坐标轴与小天体惯性主轴对齐，其中 x 轴为最大惯性轴，z 轴为最小惯性轴。惯性坐标系在初始时刻与小天体固连坐标系重合，在惯性空间中保持方向固定。小天体的姿态由旋转矩阵 $\boldsymbol{R}_a \in \mathrm{SO}(3)$ 从小天体固连坐标系转换到惯性坐标系。探测器本体坐标系也有类似的定义，三个坐标轴沿着探测器的主轴。它的姿态由 $\boldsymbol{R}_s \in \mathrm{SO}(3)$ 得到，由探测器本体坐标系转换到惯性坐标系。因此，旋转矩阵 $\boldsymbol{R} = \boldsymbol{R}_a^{\mathrm{T}} \boldsymbol{R}_s \in \mathrm{SO}(3)$ 从探测器本体坐标系转换到小天体固连坐标系。惯性坐标系的原点与小天体固连坐标系的原点重合。探测器在惯性坐标系中的位置矢量和速度矢量分别由 $\boldsymbol{x} \in \mathbb{R}^3$ 和 $\boldsymbol{v} = \dot{\boldsymbol{x}} \in \mathbb{R}^3$ 表示。小天体的角速度矢量在$\{\mathbb{B}\}^a$中表示为 $\boldsymbol{\Omega}_a \in \mathbb{R}^3$，探测器的平动和角速度矢量在$\{\mathbb{B}\}^s$中分别表示为 $\boldsymbol{v} \in \mathbb{R}^3$ 和 $\boldsymbol{\Omega}_s \in \mathbb{R}^3$。其坐标系和位置矢量如图 8.9 所示。

为了分析轨道－姿态耦合对探测器运动的影响，需要考虑探测器的形状和尺寸。采用探测器刚体模型面临的挑战之一是计算小天体多面体模型的引力和力矩。为此，学者们开发了一种方法来获得两个多面体模型之间的相互势能及其导数，并将其应用于模拟双小天体系统的运动[13]，但该方法的计算量巨大。为了

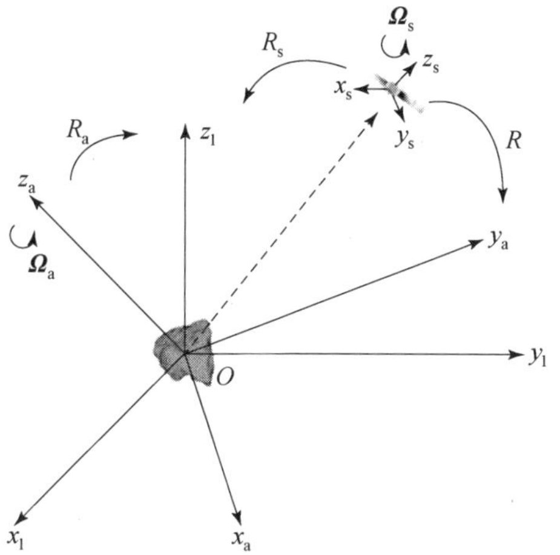

图 8.9　坐标系及位置矢量定义

降低计算量并反映探测器的质量分布，在此采用一种分布式点质量探测器模型，每个质量点在探测器本体坐标系的位置固定，探测器的总质量 m 和惯性矩 $\boldsymbol{J}_s$ 等效于各质量点的质量和相对于主轴惯性矩的累加。通过建立刚体与质点群的质量和惯性矩的等式关系，可确定每个质点的位置与质量系数。

根据多面体模型，小天体引力场对分布式质点模型的作用力是每个质点上作用力的总和。用 $\boldsymbol{X}=\boldsymbol{R}_a^{\mathrm{T}}\boldsymbol{x}$ 表示分布式质点模型的中心在 $\{\mathbb{B}\}^a$ 中的位置，用 $\boldsymbol{p}_i(i=1,2,\cdots,14)$ 表示每个质点在 $\{\mathbb{B}\}^s$ 中的位置矢量。$\{\mathbb{B}\}^a$ 中对分布式质点模型作用的总引力 $\boldsymbol{F}\in\mathbb{R}^3$ 可表示为

$$\boldsymbol{F}(\boldsymbol{X},\boldsymbol{R})=\sum_{i=1}^{14} m_i\nabla U(\boldsymbol{X}+\boldsymbol{R}\boldsymbol{p}_i) \tag{8.65}$$

式中，m_i——第 i 个质点的质量。

$\{\mathbb{B}\}^s$ 中的重力梯度力矩 $\boldsymbol{M}\in\mathbb{R}^3$ 可表示为

$$\boldsymbol{M}(\boldsymbol{X},\boldsymbol{R})=\sum_{i=1}^{14}\boldsymbol{p}_i\times\boldsymbol{R}^{\mathrm{T}}m_i\nabla U(\boldsymbol{X}+\boldsymbol{R}\boldsymbol{p}_i) \tag{8.66}$$

在以小天体为中心的惯性坐标系中描述探测器与小天体之间的相对运动。忽略小天体的平动，只考虑其刚体姿态运动，旋转运动可表示为[13]

$$\dot{\boldsymbol{R}}_a=\boldsymbol{R}_a(\boldsymbol{\Omega}_a)^{\times} \tag{8.67}$$

式中，$(\cdot)^{\times}:\mathbb{R}^3\to\mathrm{so}(3)$，通过下式定义叉积运算符：

$$\boldsymbol{v}^{\times}=\begin{bmatrix}0 & -v_3 & v_2\\ v_3 & 0 & -v_1\\ -v_2 & v_1 & 0\end{bmatrix} \tag{8.68}$$

so(3)为SO(3)的李代数，表示为一个 3×3 的斜对称矩阵。

因此，在固连坐标系下小天体的姿态动力学方程可描述为

$$\boldsymbol{J}_{\mathrm{a}}\dot{\boldsymbol{\Omega}}_{\mathrm{a}}=\boldsymbol{J}_{\mathrm{a}}\boldsymbol{\Omega}_{\mathrm{a}}\times\boldsymbol{\Omega}_{\mathrm{a}}+\boldsymbol{M}_{\mathrm{a}} \tag{8.69}$$

式中，$\boldsymbol{M}$——作用在小天体上的重力梯度力矩，$\boldsymbol{M}_{\mathrm{a}}\in\mathbb{R}^3$；

$\boldsymbol{J}_{\mathrm{a}}$——小天体的惯性矩，两者都在$\{\mathbb{B}\}^a$下表示。

假设小天体远大于探测器，并忽略太阳等天体对小天体的力矩作用，则 $\boldsymbol{M}_{\mathrm{a}}=\boldsymbol{0}$。探测器在惯性坐标系下的运动学方程可表示为

$$\dot{\boldsymbol{g}}=\boldsymbol{g}(\xi)^{\vee},\ (\xi)^{\vee}=\begin{bmatrix}\boldsymbol{\Omega}_{\mathrm{s}}^{\times} & \boldsymbol{v}\\ 0 & 0\end{bmatrix}\in\mathrm{se}(3),\ \boldsymbol{g}=\begin{bmatrix}\boldsymbol{R}_{\mathrm{s}} & \boldsymbol{x}\\ 0 & 1\end{bmatrix}\in\mathrm{SE}(3) \tag{8.70}$$

式中，se(3)表示李群的李代数；SE(3)是位形，它与$\mathbb{R}^6$同构，是一个向量空间。

探测器运动的状态空间为 $\mathrm{TSE}(3)\approx\mathrm{SE}(3)\ltimes\mathrm{se}(3)$，探测器的动力学方程在TSE(3)上描述如下：

$$\begin{cases}m\dot{\boldsymbol{v}}=m\boldsymbol{v}\times\boldsymbol{\Omega}_{\mathrm{s}}+\boldsymbol{R}^{\mathrm{T}}\boldsymbol{F}(\boldsymbol{X},\boldsymbol{R})+\boldsymbol{\phi}_{\mathrm{c}}\\ \boldsymbol{J}_{\mathrm{s}}\dot{\boldsymbol{\Omega}}_{\mathrm{s}}=\boldsymbol{J}_{\mathrm{s}}\boldsymbol{\Omega}_{\mathrm{s}}\times\boldsymbol{\Omega}_{\mathrm{s}}+\boldsymbol{M}(\boldsymbol{X},\boldsymbol{R})+\boldsymbol{\tau}_{\mathrm{c}}\end{cases} \tag{8.71}$$

式中，$\boldsymbol{\phi}_{\mathrm{c}}\in\mathbb{R}^3$是探测器的控制力，$\boldsymbol{\tau}_{\mathrm{c}}\in\mathbb{R}^3$为控制力矩，均在$\{\mathbb{B}\}^{\mathrm{s}}$中。分布式质点模型的总质量为

$$m=\sum_{i=1}^{14}m_i \tag{8.72}$$

综合式（8.67）和式（8.69）~式（8.71），则分布式质点模型的完整动力学方程可以描述为

$$\begin{cases}\dot{\boldsymbol{V}}+\boldsymbol{\Omega}_{\mathrm{a}}\times\boldsymbol{V}=\dfrac{\boldsymbol{F}(\boldsymbol{X},\boldsymbol{R})}{m}+\boldsymbol{R}\dfrac{\boldsymbol{\phi}_{\mathrm{c}}}{m}\\ \boldsymbol{J}_{\mathrm{s}}\dot{\boldsymbol{\Omega}}_{\mathrm{s}}=\boldsymbol{J}_{\mathrm{s}}\boldsymbol{\Omega}_{\mathrm{s}}\times\boldsymbol{\Omega}_{\mathrm{s}}+\boldsymbol{M}(\boldsymbol{X},\boldsymbol{R})+\boldsymbol{\tau}_{\mathrm{c}}\\ \boldsymbol{J}_{\mathrm{a}}\dot{\boldsymbol{\Omega}}_{\mathrm{a}}=\boldsymbol{J}_{\mathrm{a}}\boldsymbol{\Omega}_{\mathrm{a}}\times\boldsymbol{\Omega}_{\mathrm{a}}\\ \dot{\boldsymbol{X}}+\boldsymbol{\Omega}_{\mathrm{a}}\times\boldsymbol{X}=\boldsymbol{V}\\ \dot{\boldsymbol{R}}=\boldsymbol{R}(\boldsymbol{\Omega})^{\times}-(\boldsymbol{\Omega}_{\mathrm{a}})^{\times}\boldsymbol{R}\end{cases} \tag{8.73}$$

式中，$\boldsymbol{V}=\boldsymbol{R}_{\mathrm{a}}^{\mathrm{T}}\dot{\boldsymbol{x}}\in\mathbb{R}^3$——探测器在$\{\mathbb{B}\}^{\mathrm{a}}$中的平动速度。

$\boldsymbol{\Omega}=\boldsymbol{R}\boldsymbol{\Omega}_{\mathrm{s}}\in\mathbb{R}^3$——探测器在$\{\mathbb{B}\}^{\mathrm{a}}$中的角速度。

8.4.1.2　姿轨耦合动力学离散化与数值求解方法

通过变分原理可以对动力学方程离散化，并采用李群变分积分器（LGVI）对小天体和探测器的动力学进行数值积分。李群变分积分器具有保辛性、动量守恒性和长时间能量稳定性，且每步所需的计算量也较小，适合于采用多面体描述的小天体模型的探测器姿轨运动数值计算。Lee 等[14]推导了两个刚体在惯性坐标系和相对坐标系中运动的离散方程。忽略小天体上的力和力矩，只考虑作用在探测器上的力和力矩。定义姿态变量 $\boldsymbol{F}_k\in\mathrm{SO}(3)$，$\boldsymbol{F}_{\mathrm{s}_k}\in\mathrm{SO}(3)$，$\boldsymbol{F}_{\mathrm{a}_k}\in\mathrm{SO}(3)$为

$$\boldsymbol{R}_{\mathrm{a}_{k+1}}=\boldsymbol{R}_{\mathrm{a}_k}\boldsymbol{F}_{\mathrm{a}_k},\ \boldsymbol{R}_{\mathrm{s}_{k+1}}=\boldsymbol{R}_{\mathrm{s}_k}\boldsymbol{F}_{\mathrm{s}_k},\boldsymbol{R}_{k+1}=\boldsymbol{F}_{\mathrm{a}_k}^{\mathrm{T}}\boldsymbol{F}_k\boldsymbol{R}_k \tag{8.74}$$

式中，$\boldsymbol{F}_{k+1}=\boldsymbol{R}_k\boldsymbol{F}_{\mathrm{s}_k}\boldsymbol{R}_k^{\mathrm{T}}$；

$\boldsymbol{R}_{\mathrm{a}_k},\boldsymbol{R}_{\mathrm{s}_k},\boldsymbol{R}_k$——离散时间下小天体和探测器的姿态，以及探测器相对于小天体的相对姿态。

可得到相对运动的离散方程为

$$\begin{cases}\boldsymbol{X}_{k+1}=\boldsymbol{F}_{\mathrm{a}_k}^{\mathrm{T}}\left(\boldsymbol{X}_k+h\dfrac{\boldsymbol{\Gamma}_k}{m}-\dfrac{h^2}{2m}(\boldsymbol{F}(\boldsymbol{X}_k,\boldsymbol{R}_k)-\boldsymbol{R}_k\boldsymbol{\phi}_{\mathrm{c}_k})\right)\\ \boldsymbol{\Gamma}_{k+1}=\boldsymbol{F}_{\mathrm{a}_k}^{\mathrm{T}}\left(\boldsymbol{\Gamma}_k-\dfrac{h}{2}(\boldsymbol{F}(\boldsymbol{X}_k,\boldsymbol{R}_k)-\boldsymbol{R}_k\boldsymbol{\phi}_{\mathrm{c}_k}\right)-\dfrac{h}{2}(\boldsymbol{F}(\boldsymbol{X}_{k+1},\boldsymbol{R}_{k+1})-\boldsymbol{R}_{k+1}\boldsymbol{\phi}_{\mathrm{c}_{k+1}}))\\ \boldsymbol{\Pi}_{\mathrm{s}_{k+1}}=\boldsymbol{F}_{\mathrm{a}_k}^{\mathrm{T}}\left(\boldsymbol{\Pi}_{\mathrm{s}_k}-\dfrac{h}{2}(\boldsymbol{M}_k+\boldsymbol{\tau}_{\mathrm{c}_k})\right)-\dfrac{h}{2}(\boldsymbol{M}_{k+1}+\boldsymbol{\tau}_{\mathrm{c}_{k+1}})\\ \boldsymbol{\Pi}_{\mathrm{a}_{k+1}}=\boldsymbol{F}_{\mathrm{a}_k}^{\mathrm{T}}\boldsymbol{\Pi}_{\mathrm{a}_k}\\ \boldsymbol{R}_{k+1}=\boldsymbol{F}_{\mathrm{a}_k}^{\mathrm{T}}\boldsymbol{F}_k\boldsymbol{R}_k\\ h\left[\boldsymbol{\Pi}_{\mathrm{s}_k}-\dfrac{h}{2}(\boldsymbol{M}_k+\boldsymbol{\tau}_{\mathrm{c}_k})\right]^{\times}=\boldsymbol{F}_{\mathrm{s}_k}\boldsymbol{J}_{\mathrm{d}_{\mathrm{s}}}-\boldsymbol{J}_{\mathrm{d}_{\mathrm{s}}}\boldsymbol{F}_{\mathrm{s}_k}^{\mathrm{T}}\\ h\boldsymbol{\Pi}_{\mathrm{a}_k}^{\times}=\boldsymbol{F}_{\mathrm{a}_k}\boldsymbol{J}_{\mathrm{d}_{\mathrm{a}}}-\boldsymbol{J}_{\mathrm{d}_{\mathrm{a}}}\boldsymbol{F}_{\mathrm{a}_k}^{\mathrm{T}}\end{cases} \tag{8.75}$$

式中，$\boldsymbol{\Gamma}_k$——探测器在$\{\mathbb{B}\}^{\mathrm{a}}$中的动量，$\boldsymbol{\Gamma}_k=m\boldsymbol{V}_k$；

$\boldsymbol{\Pi}_{\mathrm{s}_k}=\boldsymbol{J}_{\mathrm{s}}\boldsymbol{\Omega}_{\mathrm{s}_k}$——探测器在$\{\mathbb{B}\}^{\mathrm{s}}$中的角动量；

$\boldsymbol{\Pi}_{\mathrm{a}_k}=\boldsymbol{J}_{\mathrm{a}}\boldsymbol{\Omega}_{\mathrm{s}_{\mathrm{a}}}$——小天体在$\{\mathbb{B}\}^{\mathrm{a}}$中的角动量，

h——积分步长；

$\boldsymbol{J}_{\mathrm{d_s}},\boldsymbol{J}_{\mathrm{d_a}}$——非标准惯性矩，可由下式推导：

$$\boldsymbol{J}_{\mathrm{d_a}}=\frac{1}{2}\mathrm{tr}[\boldsymbol{J}_{\mathrm{a}}]\boldsymbol{I}_{3\times3}-\boldsymbol{J}_{\mathrm{a}} \tag{8.76}$$

$$\boldsymbol{J}_{\mathrm{d_s}}=\frac{1}{2}\mathrm{tr}[\boldsymbol{J}_{\mathrm{s}}]\boldsymbol{I}_{3\times3}-\boldsymbol{J}_{\mathrm{s}} \tag{8.77}$$

式中，$\boldsymbol{J}_{\mathrm{a}},\boldsymbol{J}_{\mathrm{s}}$——小天体和探测器在各自固连坐标系中的惯量。

利用式（8.74）可对分布式质点模型的全姿轨动力学进行数值模拟，具体的迭代路径可表示为

$$(\boldsymbol{R}_{\mathrm{s}_k},\boldsymbol{X}_k,\boldsymbol{\Pi}_{\mathrm{s}_k},\boldsymbol{\Gamma}_k,\boldsymbol{R}_{\mathrm{a}_k},\boldsymbol{\Pi}_{\mathrm{a}_k})\rightarrow(\boldsymbol{R}_{\mathrm{s}_{k+1}},\boldsymbol{X}_{k+1},\boldsymbol{\Pi}_{\mathrm{s}_{k+1}},\boldsymbol{\Gamma}_{k+1},\boldsymbol{R}_{\mathrm{a}_{k+1}},\boldsymbol{\Pi}_{\mathrm{a}_{k+1}})$$

8.4.2 不规则形状小天体附近姿轨耦合效应分析

基于8.4.1节建立的探测器模型和动力学方程，本节对小天体弹道着陆轨道的姿轨耦合效应进行分析。这里选择小行星101955 Bennu为目标小天体，其物理参数如表8.6所示[15]。由于运动接近小天体的表面，因此在分析中忽略了太阳光压摄动力和第三体引力对探测器的影响，仅考虑小行星不规则形状引力场下的探测器姿态与轨道运动。同时将控制力和力矩设为$\boldsymbol{\phi}_{\mathrm{c}}=\mathbf{0}$和$\boldsymbol{\tau}_{\mathrm{c}}=\mathbf{0}$。

表8.6 小行星101955 Bennu的物理参数

参数	取值
密度/($\mathrm{kg\cdot m^{-3}}$)	1 260
尺寸/(m,m,m)	565×535×508
体积/$\mathrm{km^3}$	0.0623
转动惯量/($\mathrm{kg\cdot m^2,kg\cdot m^2,kg\cdot m^2}$)	diag[1.8235,1.8946,2.0453]×10^9
自转周期/h	4.297

这里考虑的探测器外形包含两个矩形的太阳能帆板和圆柱形的探测器本体。假设圆柱体的中心与本体坐标系的原点重合，且圆截面与Z轴垂直。太阳能帆板与XY平面重合，且沿X轴对称。探测器在本体坐标系下的模型如图8.11所示；采用分布质点模型代替刚体模型，选择10个不同质量的质点等效圆柱体，其中2个质量为m_{c1}的点沿Z轴设置，8个质量为m_{c2}的点对称分布于XZ平面和YZ平

面上；用 4 个质量为 m_{p1} 的等质量点来近似太阳能电池板。分布式质点模型如图 8.10 中红点所示。

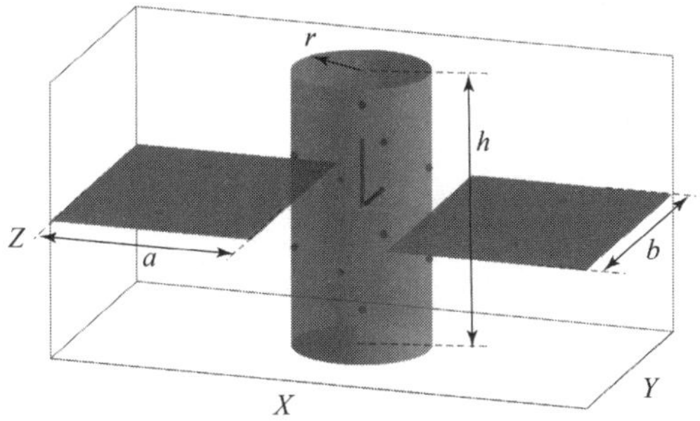

图 8.10　探测器刚体模型及分布式质点模型（附彩图）

假设探测器的总质量为 500 kg，其中本体质量为 400 kg，太阳能帆板质量为 100 kg；转动惯量取 $\mathrm{diag}(0.333, 0.583, 0.318) \times 10^3\ \mathrm{kg \cdot m^3}$；尺寸约为 5 m × 1 m × 3 m，其中圆柱体高 $h=3$ m，半径 $r=0.5$ m，太阳能帆板每块长 $a=2$ m，宽 $b=1$ m。通过建立质量和惯性矩的等式关系，各质点在探测器本体坐标系上的位置和质量如表 8.7 所示。

表 8.7　分布式质点模型参数

质点序号	固连坐标系下位置坐标	质点质量/kg
1 ~ 2	$[0,\ 0,\ \pm\sqrt{5}/6h]$	100
3 ~ 6	$[\pm r,\ 0,\ \pm h/6]$	25
7 ~ 10	$[0,\ \pm r,\ \pm h/6]$	25
11 ~ 14	$[\pm\sqrt{(a^2/3)+r^2+ar}, \pm(2\sqrt{3}/12)b, 0]$	25

选择探测器从小天体固连坐标系下动平衡点附近的周期轨道出发，着陆至小天体表面，目标着陆点的纬度为 0.586°、经度为 40.090°，定义经度从 X 轴逆时针方向取正；设置积分步长为 $h=0.5$ s。初始时刻，探测器在 $\{\mathbb{B}\}^a$ 中的位置和速度分别为 $[316.370\quad -13.602\quad -1.105]$ m 和 $[1.168\quad 137.965\quad 6.036] \times 10^{-3}$ m/s，角速度为 0，且探测器本体坐标系与固连坐标系重合。小天体引力场采用多面体模型和球谐模型（8 × 8 阶引力场），探测器采用分布式质点模型与质点模型，对应的着陆轨迹及相对位置偏差如图 8.11 所示。

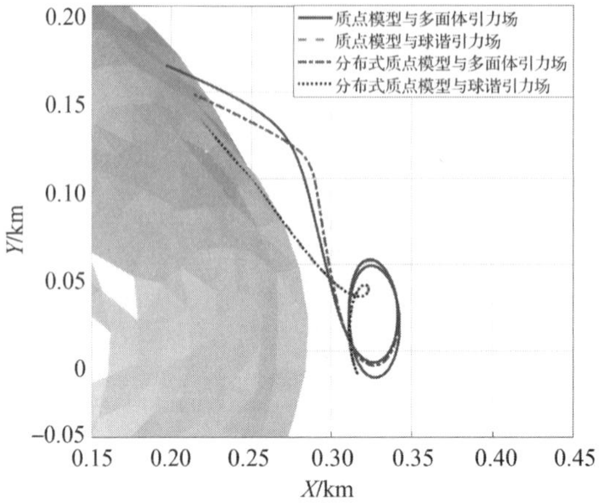

（a）

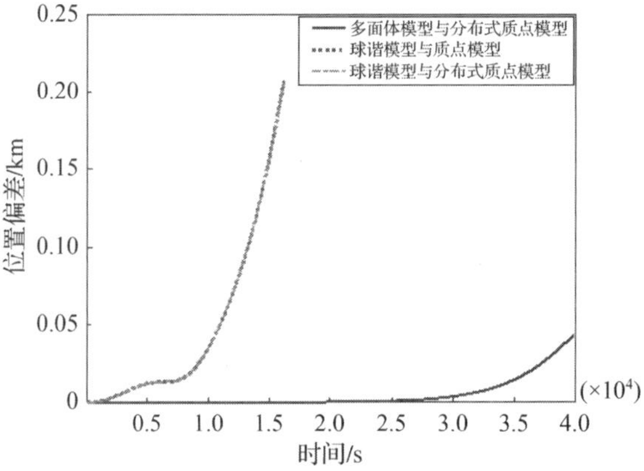

（b）

图 8.11 不同模型下的小天体着陆轨道对比（附彩图）

（a）小天体固连坐标系下着陆轨迹；

（b）小天体多面体模型下相对质点模型轨道的偏差随时间的变化

如图 8.11（a）所示，由于轨道－姿态耦合，因此采用分布式质点模型的轨迹逐渐偏离质点模型下的轨迹，且着陆点存在较大差异。以多面体模型中的质点模型轨迹为基准，其余三个模型下着陆轨迹的相对偏差随时间的变化关系如图 8.11（b）所示。由于小天体动平衡点附近的动力学环境复杂，运动对扰动力敏感，轨道－姿态耦合作用产生的引力摄动会对探测器运动产生明显影响，分布式质点模型的着陆轨迹将偏移质点模型对应的着陆轨迹。同时，采用球谐引力场模型下得到的分布式质点模型着陆轨迹和质点模型着陆轨迹与采用多面体模型得到的轨迹也有较大误差。由于球谐函数引力场模型不能保证在布里渊球内部收敛，导致小天体表面附近的引力误差较大，因此在着陆轨迹设计中，应尽可能选择高精度的多面体引力场模型。

进一步改变探测器的初始姿态和角速度，分析初始转动状态对弹道着陆运动的影响。以相同的初始位置和速度出发，不同的初始姿态和角速度的着陆轨迹如图 8.12 所示。由于初始姿态不同导致探测器受到的作用力存在差异，因此即使具有相同初始位置，探测器也将着陆在小天体的不同区域。最大着陆误差经度超过 20°、纬度超过 1°，与着陆点偏差直线距离达 100 m 左右。部分初始状态下，探测器可能形成临时环绕轨道或着陆点明显偏离预定着陆点。

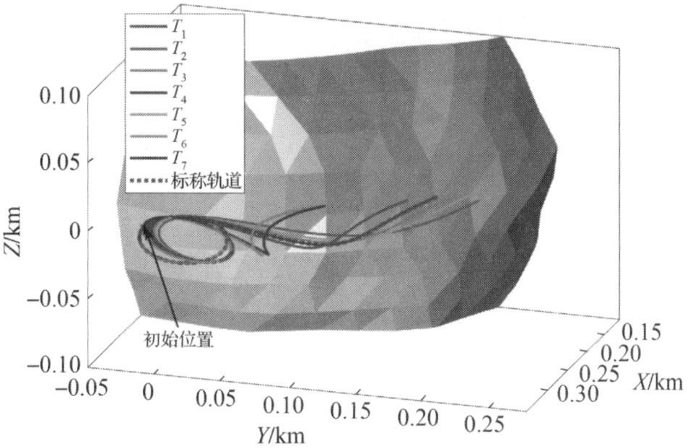

(a)

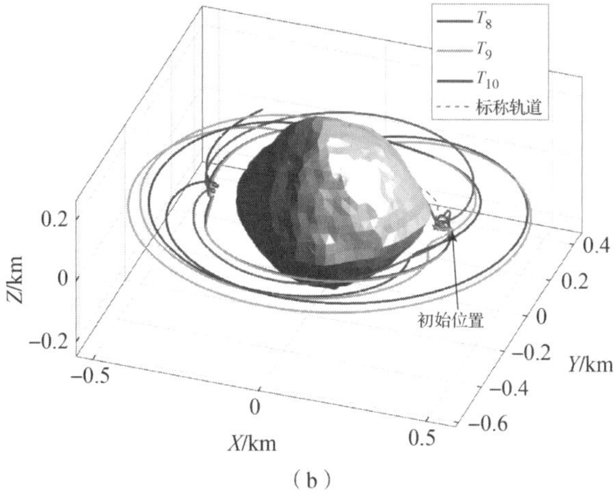

(b)

图 8.12　不同初始姿态下分布式质点模型对应着陆轨迹（附彩图）

(a) 三维轨道；(b) XY 平面投影

以上分析表明，探测器的姿轨耦合效应对不规则形状小天体附近着陆运动产生了显著影响，不仅可能增大着陆误差，影响任务科学目标的实现，还会改变探测器的姿态，使其偏离期望着陆姿态，导致探测器受损。因此，在小天体着陆任务设计中需要考虑姿轨耦合效应，除了规划探测器的质点运动外，还需结合探测器的构型进一步规划探测器的姿态，为高精度的着陆运动提供参考。

8.4.3 基于姿轨耦合效应的着陆轨道控制方法

8.4.2 节分析了探测器姿轨耦合作用对小天体着陆轨道的影响，探测器姿态带来的引力差异会显著改变小天体的着陆轨道，导致较大的着陆误差。然而，若合理地规划探测器的姿态，并充分利用姿轨耦合效应，同样可能作为主动力改变探测器的轨道运动，起到轨道修正的作用。根据式（8.75），小天体的引力与探测器姿态有关，因此可以仅通过姿态控制力矩来影响探测器在小天体附近的轨道运动。Viswanathan 等[16] 利用弱正泊松稳定漂移矢量场以及李代数秩条件（LARC）研究了仅采用姿态驱动的非线性能控性。若探测器仅具备姿态控制能力，则属于欠驱动系统。若该系统的漂移向量场弱正泊松稳定且满足李代数秩条件，则系统可控[17]。本节基于该理论，提出一种基于姿轨耦合效应的小天体附近轨道控制方法，通过控制探测器的姿态来改变探测器的轨道 - 姿态耦合效应，进而产生用于轨迹跟踪的虚拟控制力，实现轨道控制。首先，给出控制策略的设计步骤；其次，介绍虚拟控制力与姿态控制生成方法；最后，以弹道着陆轨道为例，验证该控制方法的可行性。

利用姿轨耦合效应的轨道控制策略设计步骤总结如下：

第 1 步，忽略姿轨耦合效应，采用探测器质点模型设计参考轨迹，并提供系列路径跟踪点。

第 2 步，以参考轨道的初始位置和速度作为初值，得到探测器六自由度全动力学模型受到轨道 - 姿态耦合作用的影响，此时探测器轨迹将偏离参考轨迹；然后，计算参考轨迹与实际轨迹的误差，设计跟踪参考轨迹的“虚拟控制推力”。

第 3 步，将姿轨耦合引起的扰动力作为优化问题进行数值求解，得到探测器的最优姿态，使其产生的姿轨耦合扰动力最接近理想的虚拟控制推力。

第 4 步，探测器通过姿态控制跟踪期望的姿态，以提供跟踪参考轨迹所需的姿轨耦合扰动力。基于更新的姿态状态进行探测器受控六自由度全动力学计算，重复第 2 步 ~ 第 4 步，更新虚拟控制力和最优姿态，即可实现探测器轨道跟踪控制。

该方法可在无须轨道控制力的情况下，实现探测器在高精度动力学模型下的高效轨道跟踪控制，有效减弱姿轨耦合效应对轨道的扰动作用，其轨道控制流程如图 8.13 所示。

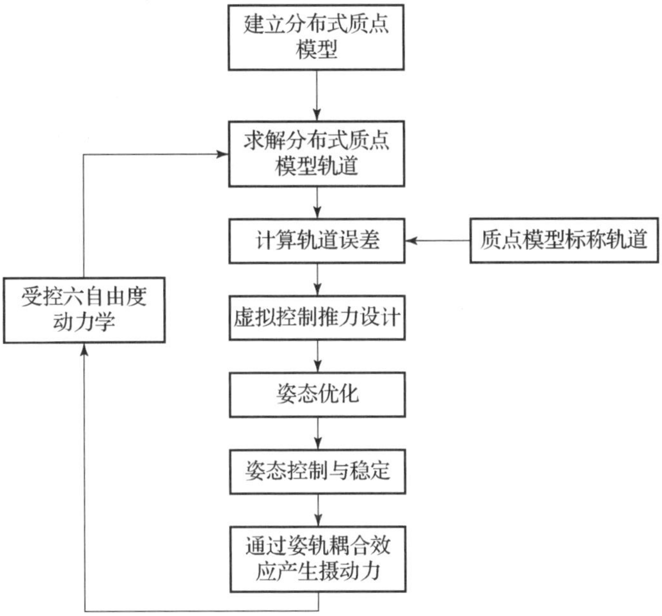

图 8.13　利用姿轨耦合效应的轨道跟踪控制流程

8.4.3.1　虚拟控制推力设计

小天体弹道着陆的参考轨迹基于探测器质点模型进行设计。假设 $\boldsymbol{x}_{\mathrm{p}}$ 和 $\boldsymbol{v}_{\mathrm{p}}$ 分别表示在惯性坐标系 $\{\mathbb{I}\}^{\mathrm{a}}$ 中质点的位置和速度，其对应的动力学方程可表示为

$$\dot{\boldsymbol{x}}_{\mathrm{p}} = \boldsymbol{v}_{\mathrm{p}} \tag{8.78}$$

$$\dot{\boldsymbol{v}}_{\mathrm{p}} = \frac{1}{m}\boldsymbol{R}_{\mathrm{a}}(\boldsymbol{f}_{\mathrm{P}}(\boldsymbol{R}_{\mathrm{a}}^{\mathrm{T}}\boldsymbol{x}_{\mathrm{p}})) \tag{8.79}$$

式中，$\boldsymbol{f}_{\mathrm{p}}(\boldsymbol{R}_{\mathrm{a}}^{\mathrm{T}}\boldsymbol{x}_{\mathrm{p}})$——小天体引力，在多面体模型中可表示为 $\boldsymbol{f}_{\mathrm{p}}(\boldsymbol{R}_{\mathrm{a}}^{\mathrm{T}}\boldsymbol{x}_{\mathrm{p}}) =$

$m\nabla U(\boldsymbol{X}_{\mathrm{p}})$，$\boldsymbol{X}_{\mathrm{p}}=\boldsymbol{R}_{\mathrm{a}}^{\mathrm{T}}\boldsymbol{x}_{\mathrm{p}}$。

令 $\boldsymbol{x}_{\mathrm{d}}$ 和 $\boldsymbol{v}_{\mathrm{d}}$ 为分布式质点模型下探测器在$\{\mathbb{I}\}^{\mathrm{a}}$ 中的位置和速度。

此时探测器的轨道动力学可写为

$$\dot{\boldsymbol{x}}_{\mathrm{d}}=\boldsymbol{v}_{\mathrm{d}} \tag{8.80}$$

$$\dot{\boldsymbol{v}}_{\mathrm{d}}=\frac{1}{m}\boldsymbol{R}_{\mathrm{a}}(\boldsymbol{F}(\boldsymbol{R}_{\mathrm{a}}^{\mathrm{T}}\boldsymbol{x}_{\mathrm{d}},\boldsymbol{R}))+\boldsymbol{R}_{\mathrm{a}}\boldsymbol{u}_{\mathrm{virtual}} \tag{8.81}$$

式中，$\boldsymbol{u}_{\mathrm{virtual}}$——$\{\mathbb{B}\}^{\mathrm{a}}$中表示的虚拟控制推力。

将位置跟踪偏差和速度跟踪偏差分别定义为 $\boldsymbol{e}_{\mathrm{x}}=\boldsymbol{x}_{\mathrm{p}}-\boldsymbol{x}_{\mathrm{d}}$ 和 $\boldsymbol{e}_{\mathrm{v}}=\boldsymbol{v}_{\mathrm{p}}-\boldsymbol{v}_{\mathrm{d}}$，则误差变化率可表示为

$$\dot{\boldsymbol{e}}_{\mathrm{x}}=\boldsymbol{e}_{\mathrm{v}} \tag{8.82}$$

$$\dot{\boldsymbol{e}}_{\mathrm{v}}=\frac{1}{m}\boldsymbol{R}_{\mathrm{a}}(\boldsymbol{F}(\boldsymbol{X}_{\mathrm{p}},\boldsymbol{R})-\boldsymbol{f}_{\mathrm{p}}(\boldsymbol{X}_{\mathrm{d}}))+\boldsymbol{R}_{\mathrm{a}}\boldsymbol{u}_{\mathrm{virtual}} \tag{8.83}$$

通过姿轨耦合来改变探测器姿态，以实现设计虚拟控制 $\boldsymbol{u}_{\mathrm{virtual}}$，即

$$\boldsymbol{u}_{\mathrm{virtual}}=\boldsymbol{R}_{\mathrm{a}}^{\mathrm{T}}[-\boldsymbol{K}_{\mathrm{x}}\tanh(\boldsymbol{K}_{\mathrm{x}}\boldsymbol{e}_{\mathrm{x}})-\alpha_{\mathrm{v}}\tanh(\beta_{\mathrm{v}}\boldsymbol{e}_{\mathrm{v}})]-\frac{1}{m}(\boldsymbol{F}(\boldsymbol{X}_{\mathrm{p}},\boldsymbol{R})-\boldsymbol{f}_{\mathrm{p}}(\boldsymbol{X}_{\mathrm{d}})) \tag{8.84}$$

式中，$\boldsymbol{K}_{\mathrm{x}}$ 为正定控制矩阵，α_{v} 和 β_{v} 为正定控制增益，它们的值可根据耦合的大小来选择；双曲正切函数 tanh(·)是对向量进行分量运算。

控制律的稳定性如定理 I 所示。

定理 I：考虑式（8.82）和式（8.83）的轨道偏差变化率，在式（8.84）中给出的反馈控制律下，轨道偏差逐渐稳定到$(\boldsymbol{e}_{\mathrm{x}},\boldsymbol{e}_{\mathrm{v}})=(\boldsymbol{0},\boldsymbol{0})$。

证明：基于以下 Lyapunov 函数，可以证明其稳定性：

$$\boldsymbol{V}_{\mathrm{tran}}=\log_{\mathrm{e}}(\cosh(\boldsymbol{K}_{\mathrm{x}}\boldsymbol{e}_{\mathrm{x}}))+\frac{1}{2}\boldsymbol{e}_{\mathrm{v}}^{\mathrm{T}}\boldsymbol{e}_{\mathrm{v}}=\boldsymbol{V}(\boldsymbol{e}_{\mathrm{x}},\boldsymbol{e}_{\mathrm{v}}) \tag{8.85}$$

式中，$\log_{\mathrm{e}}(\cdot)$和 $\cosh(\cdot)$是离散的。将 $\boldsymbol{V}_{\mathrm{tran}}$对 t 求导得到

$$\begin{aligned}\frac{\mathrm{d}}{\mathrm{d}t}\boldsymbol{V}(\boldsymbol{e}_{\mathrm{x}},\boldsymbol{e}_{\mathrm{v}})&=(\boldsymbol{K}_{\mathrm{x}}\dot{\boldsymbol{e}}_{\mathrm{x}})^{\mathrm{T}}\tanh(\boldsymbol{K}_{\mathrm{x}}\boldsymbol{e}_{\mathrm{x}})+\dot{\boldsymbol{e}}_{\mathrm{v}}^{\mathrm{T}}\boldsymbol{e}_{\mathrm{v}}\\&=\boldsymbol{e}_{\mathrm{v}}^{\mathrm{T}}[\boldsymbol{K}_{\mathrm{x}}\tanh(\boldsymbol{K}_{\mathrm{x}}\boldsymbol{e}_{\mathrm{x}})-\boldsymbol{K}_{\mathrm{x}}\tanh(\boldsymbol{K}_{\mathrm{x}}\boldsymbol{e}_{\mathrm{x}})-\alpha_{\mathrm{v}}\tanh(\beta_{\mathrm{v}}\boldsymbol{e}_{\mathrm{v}})]\\&=\boldsymbol{e}_{\mathrm{v}}^{\mathrm{T}}[-\alpha_{\mathrm{v}}\tanh(\beta_{\mathrm{v}}\boldsymbol{e}_{\mathrm{v}})]\end{aligned} \tag{8.86}$$

然后得到

$$\dot{V}_{\text{tran}} = -\alpha_{\text{v}} \boldsymbol{e}_{\text{v}}^{\text{T}} \tanh(\beta_{\text{v}} \boldsymbol{e}_{\text{v}}) \leqslant \boldsymbol{0}$$

如果 $\alpha_{\text{v}} > 0, \beta_{\text{v}} > 0$，则当 $t \to \infty$ 时，$\boldsymbol{e}_{\text{v}} \to \boldsymbol{0}$，并且 $\boldsymbol{e}_{\text{x}} \to \boldsymbol{0}$。

如前所述，假设探测器无推力控制，式（8.84）中设计的虚拟控制不能直接产生，需要使用姿轨耦合效应来实现控制力 $\boldsymbol{u}_{\text{virtual}}$。

最佳姿态 $\boldsymbol{\Phi}^*$ 和受到的相应小天体引力 $\boldsymbol{F}_1^* = \boldsymbol{F}(\boldsymbol{R}_{\text{a}}(t), \boldsymbol{R}_{\text{s}}(\boldsymbol{\Phi}^*), \boldsymbol{X}_0)$ 应满足下式：

$$\boldsymbol{F}_1^* - \boldsymbol{F}_0 = \boldsymbol{u}_{\text{virtual}} \tag{8.87}$$

式中，$\boldsymbol{F}_0$——当前姿态下，不规则形状小天体对探测器分布式质点模型的引力，$\boldsymbol{F}_0 = \boldsymbol{F}(\boldsymbol{R}_{\text{a}}(t), \boldsymbol{R}_{\text{s}}(\boldsymbol{\Phi}_0), \boldsymbol{X}_0)$。

由于姿轨耦合效应的大小有限且随位置变化，因此控制加速度可能无法完全满足要求。在这种情况下，使实际控制力 $\hat{\boldsymbol{u}} = \boldsymbol{F}_1 - \boldsymbol{F}_0$ 和期望的控制力 $\boldsymbol{u}_{\text{virtual}}$ 之间的误差最小化的姿态被确定为最佳姿态 $\boldsymbol{\Phi}^*$。最优问题的代价函数可描述为

$$\min_{\hat{\boldsymbol{u}}} J(\boldsymbol{\Phi}) = \| \hat{\boldsymbol{u}} - \boldsymbol{u}_{\text{virtual}} \| \tag{8.88}$$

通过共轭梯度算法等代数优化方法，可以找到最优姿态。

进一步通过姿态控制，将探测器的姿态从初始姿态 $\boldsymbol{\Phi}_0$ 重新定向到最优姿态 $\boldsymbol{\Phi}^*$ 来实现虚拟推力。这里采用了一种有限时间状态反馈跟踪控制[18-19]。期望的姿态表示为 $\boldsymbol{R}_{\text{d}}(\boldsymbol{\Phi}^*)$，期望的角速度为 $\boldsymbol{\Omega}_{\text{d}}$，姿态跟踪误差为 $\boldsymbol{Q} = \boldsymbol{R}_{\text{d}}^{\text{T}} \boldsymbol{R}_{\text{s}}$。跟踪误差的运动学为

$$\dot{\boldsymbol{Q}} = \boldsymbol{Q}\,(\boldsymbol{\omega})^{\times} \tag{8.89}$$

式中，$\boldsymbol{\omega}$——$\{\mathbb{B}\}^{\text{s}}$ 中的角速度误差，$\boldsymbol{\omega} = \boldsymbol{\Omega}_{\text{s}} - \boldsymbol{Q}^{\text{T}} \boldsymbol{\Omega}_{\text{d}}$。

角速度跟踪误差的动力学为

$$\boldsymbol{J}_{\text{s}} \dot{\boldsymbol{\omega}} = \boldsymbol{\tau}_{\text{c}} + \boldsymbol{J}_{\text{s}}(\boldsymbol{\omega}^{\times} \boldsymbol{Q}^{\text{T}} \boldsymbol{\Omega}_{\text{d}} - \boldsymbol{Q}^{\text{T}} \dot{\boldsymbol{\Omega}}_{\text{d}}) - (\boldsymbol{\omega} + \boldsymbol{Q}^{\text{T}} \boldsymbol{\Omega}_{\text{d}}) \times \boldsymbol{J}_{\text{s}}(\boldsymbol{\omega} + \boldsymbol{Q}^{\text{T}} \boldsymbol{\Omega}_{\text{d}}) + \boldsymbol{M}(\boldsymbol{X}, \boldsymbol{R}) \tag{8.90}$$

反馈控制力矩 $\boldsymbol{\tau}_{\text{c}}$ 为

$$\begin{aligned}\boldsymbol{\tau}_{\text{c}} = {} & \boldsymbol{J}_{\text{s}}\left(\boldsymbol{Q}^{\text{T}} \dot{\boldsymbol{\Omega}}_{\text{d}} - \frac{\kappa \boldsymbol{H}(\boldsymbol{s}_K(\boldsymbol{Q}))}{(\boldsymbol{s}_K^{\text{T}}(\boldsymbol{Q}) \boldsymbol{s}_K(\boldsymbol{Q}))^{1-1/p}} \boldsymbol{w}(\boldsymbol{Q}, \boldsymbol{\omega})\right) + \\ & (\boldsymbol{Q}^{\text{T}} \boldsymbol{\Omega}_{\text{d}}) \times \boldsymbol{J}_{\text{s}}(\boldsymbol{Q}^{\text{T}} \boldsymbol{\Omega}_{\text{d}} - \kappa \boldsymbol{z}_K(\boldsymbol{Q})) + \kappa \boldsymbol{J}_{\text{s}}(\boldsymbol{z}_K(\boldsymbol{Q}) \times \boldsymbol{Q}^{\text{T}} \boldsymbol{\Omega}_{\text{d}}) +\end{aligned}$$

$$\kappa \boldsymbol{J}_{\mathrm{s}}(\boldsymbol{\omega}+\boldsymbol{Q}^{\mathrm{T}}\boldsymbol{\Omega}_{\mathrm{d}}) \times z_K(\boldsymbol{Q}) - k_{\mathrm{p}} \boldsymbol{s}_K(\boldsymbol{Q}) - \frac{L\boldsymbol{\Psi}(\boldsymbol{Q},\boldsymbol{\omega})}{(\boldsymbol{\Psi}(\boldsymbol{Q},\boldsymbol{\omega})^{\mathrm{T}} L \boldsymbol{\Psi}(\boldsymbol{Q},\boldsymbol{\omega}))^{1-1/p}} - \boldsymbol{M}(\boldsymbol{X},\boldsymbol{R}) \tag{8.91}$$

式中，κ——增益系数；

k_{p}——反馈系数，$k_{\mathrm{p}} > 1$；

$$\boldsymbol{\Psi}(\boldsymbol{Q},\boldsymbol{\omega}) = \boldsymbol{\omega} + \kappa z_K(\boldsymbol{Q}) \tag{8.92}$$

$$\boldsymbol{H}(\boldsymbol{x}) = \boldsymbol{I} - \frac{2(1-1/p)}{\boldsymbol{x}^{\mathrm{T}}\boldsymbol{x}} \boldsymbol{x}\boldsymbol{x}^{\mathrm{T}} \tag{8.93}$$

由式（8.91）给出的反馈姿态跟踪误差动力学可在有限时间内被稳定到$(\boldsymbol{Q},\boldsymbol{\omega}) = (\boldsymbol{I},\boldsymbol{0})$。在每一时刻，计算分布式质点模型的轨迹与参考轨迹在路径点上的误差，可生成虚拟控制推力。有限时间稳定姿态跟踪控制将探测器的姿态稳定至最优参考姿态，直到探测器到达下一个路径点并更新所需的姿态。将连续路径点之间的时间间隔记为 h_{c}，它可以理解为探测器执行姿态控制的时间间隔。

8.4.3.2 轨道控制效能分析

接下来，分别对小天体弹道着陆轨迹进行跟踪控制，验证利用姿轨耦合效应进行轨道控制的可行性。轨道控制中的增益值选择为 $K_{\mathrm{x}} = 1.4 \times 10^{-3}$，$\alpha_{\mathrm{v}} = 1 \times 10^{-6}$，$\beta_{\mathrm{v}} = 1$。采用与 8.4.2 节相同的探测器参数和初始状态。选择轨迹路径点之间的时间间隔 h_{c} 为 100 s，探测器每次机动所需的时间远小于路径点间的时间间隔。101955 Bennu 小行星附近轨道 - 姿态耦合引起的最大摄动力约为 1.7×10^{-6} N。小天体固连坐标系下采用姿态控制的着陆轨迹如图 8.14 所示，探测器的位置误差如图 8.15 所示，采用姿态控制后可将着陆精度提高到 0.3 m 以内，优于无控着陆轨道。为了获得最优的姿轨耦合摄动力，探测器需要通过姿态控制力矩实时改变飞行姿态。惯性坐标系下控制着陆轨迹和探测器在几个轨迹点的姿态状态如图 8.16 所示。

以上分析表明，在不规则形状小天体附近，可以利用姿轨耦合效应实现对探测器轨道的高精度跟踪，提高着陆精度。该方法同样可以作为探测器推进器故障下的应急控制策略，用于对环绕轨道的控制，以降低轨道维持频率、延长探测器的工作寿命，为未来小天体探测的在轨保持控制方案设计提供新思路。

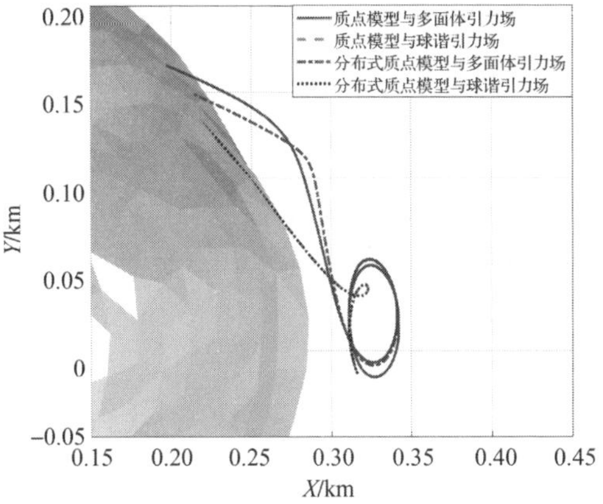

图 8.14　姿态控制轨道着陆精度对比（附彩图）

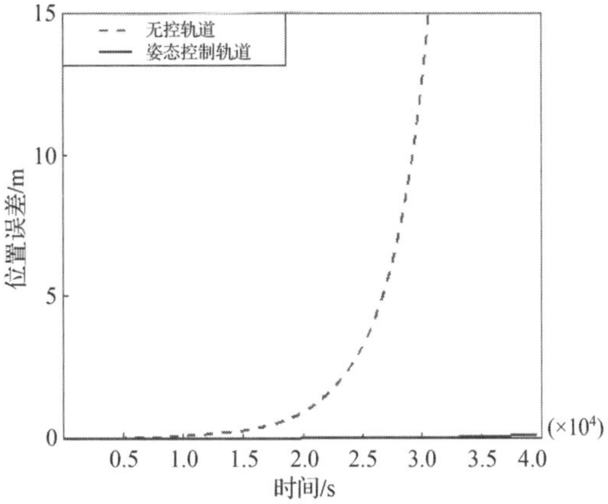

图 8.15　姿态控制轨道与无控轨道的着陆误差（附彩图）

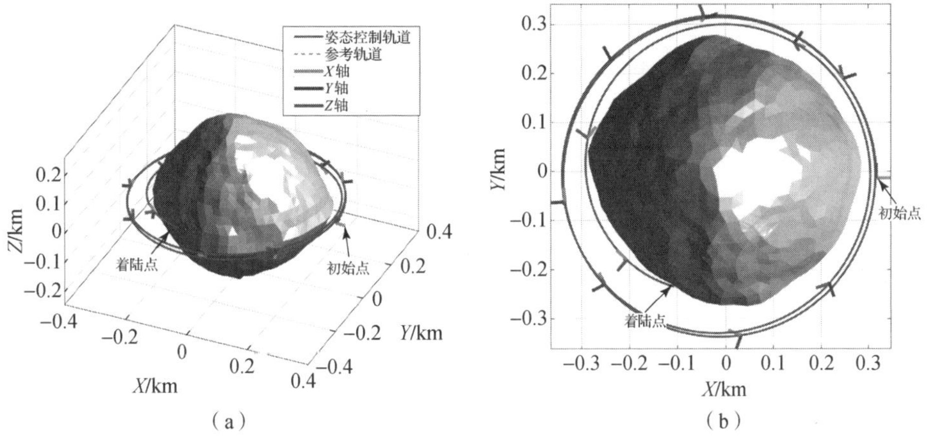

图 8.16　受控着陆轨道及着陆器姿态变化（附彩图）

（a）三维图；（b）XY 平面投影图

参 考 文 献

[1] ACIKMESE B, CARSON J M, BLACKMORE L. Lossless convexification of nonconvex control bound and pointing constraints of the soft landing optimal control problem [J]. IEEE transactions on control systems technology, 2013, 21(6): 2104 - 2133.

[2] ACIKMESE B, PLOEN S R. Convex programming approach to powered descent guidance for Mars landing [J]. Journal of guidance control and dynamics, 2007, 30(5):1353 - 1366.

[3] PINSON R, LU P. Rapid generation of optimal asteroid powered descent trajectories via convex optimization [C]//AAS/AIAA Astrodynamics Specialist Conference, Vail, 2015: 20150019498.

[4] LU P, LIU X F. Autonomous trajectory planning for rendezvous and proximity operations by conic optimization [J]. Journal of guidance control and dynamics, 2013, 36(2):375 - 389.

[5] HAN H, LI X, REN J. Transfer between libration orbits through the outer branches of manifolds for Phobos Exploration[J]. Acta astronautica, 2021, 189: 321 - 336.

[6] FURFARO R. Hovering in asteroid dynamical environments using higher - order sliding control [J]. Journal of guidance control and dynamics, 2015, 38(2): 263 - 279.

[7] FURFARO R, CERSOSIMO D, WIBBEN D R. Asteroid precision landing via multiple sliding surfaces guidance techniques [J]. Journal of guidance, control, and dynamics, 2013, 36(4):1075 - 1092.

[8] CERSOSIMO D, BELLEROSE J, FURFARO R. Sliding guidance techniques for close proximity operations at multiple asteroid systems [C]//AIAA Guidance, Navigation and Control Conference, Boston, 2013:4712.

[9] LI S, CUI P, CUI H. Autonomous navigation and guidance for landing on asteroids [J]. Aerospace science and technology, 2006, 10(3): 239 - 247.

[10] SINCARSIN G, HUGHES P. Gravitational orbit - attitude coupling for very large spacecraft[J]. Celestial mechanics and dynamical astronomy, 1983, 31(2): 143 - 161.

[11] LI X Y, WARIER R R, SANYAL A K, et al. Trajectory tracking near small bodies using only attitude control and gravitational orbit - attitude coupling[J]. Journal of guidance, control and dynamics, 2019, 42(1):109 - 122.

[12] FAHNESTOCK E G, SCHEERES D J. Simulation of the full two rigid body

problem using polyhedral mutual potential and potential derivatives approach [J]. Celestial mechanics and dynamical astronomy, 2006, 96(3):317 -339.

[13] BLOCH A, BAILLIEUL J, CROUCH P, et al. Nonholonomic mechanics and control[M]. New York: Springer,2015.

[14] LEE T, LEOK M, MCCLAMROCH N H. Lie group variational integrators for the full body problem in orbital mechanics [J]. Celestial mechanics and dynamical astronomy, 2007, 98(2): 121 -144.

[15] NOLAN M C, MAGRI C, HOWELL E S, et al. Shape model and surface properties of the OSIRIS - REx target Asteroid (101955) Bennu from radar and lightcurve observations[J]. Icarus, 2013, 226(1): 629 -640.

[16] VISWANATHAN S P, SANYAL A K, MISRA G. Controllability analysis of spacecraft with only attitude actuation near small solar system bodies[J]. IFAC - PapersOnline, 2016, 49(18): 648 -653.

[17] LIAN K Y, WANG L S, FU L C. Controllability of spacecraft systems in a central gravitational field[J]. IEEE transactions on automatic control, 1994, 39(12): 2426 -2441.

[18] BOHN J, SANYAL A K. Almost global finite - time stabilization of rigid body attitude dynamics using rotation matrices[J]. International journal of robust and nonlinear control, 2016, 26(9): 2008 -2022.

[19] VISWANATHAN S P, SANYAL A K, SAMIEI E. Integrated guidance and feedback control of underactuated robotics system in SE(3)[J]. Journal of intelligent and robotic systems, 2018, 89(1/2): 251 -263.

第9章
小天体表面的弹跳动力学

9.1 引　言

相比全局环绕或局部悬停运动，在小天体表面开展实地探测将获得更多科学数据。当探测器通过环绕或周期轨道对不规则小天体进行详细观测并选定着陆点后，考虑到探测器的安全问题及对地通信问题，目前较常见的着陆探测方式是探测器在轨道上释放着陆器开展实地探测。考虑到质量和尺寸约束，着陆器可能不具备姿轨控制能力或仅能通过力矩控制实现姿态改变。本章针对这类仅具备姿态控制能力的着陆器，研究着陆器在小天体表面弹跳运动动力学及弹跳轨道设计。首先，建立着陆器在小天体表面的弹跳动力学模型，提出一种接触点滑动情况下的弹跳运动初值确定方法，并分析不同小天体表面特性参数下的着陆器弹跳运动；其次，建立小天体表面接触动力学模型，分析不同着陆姿态下的碰撞响应；最后，针对表面接触引起的着陆弹跳问题，提出一种基于姿态控制的小天体弹跳误差抑制方法。

9.2 基于力矩驱动的小天体表面弹跳运动

受小天体的弱引力和表面复杂地形地貌的影响，在小天体表面的运动方式与在大天体上有较大不同。利用着陆器内部力矩驱动的弹跳运动是较合适的小天体表面运动方式，该运动方式无须施加推力，因此可缩减着陆器的尺寸和质量。相比其他运动方式，力矩驱动的弹跳运动结构简单、易实现且能源可再生，适合开展长期的探测活动。本节针对不规则小天体表面的弹跳运动，建立力矩驱动的着陆器精确弹跳动力学模型，并考虑表面可能的滑动情况，确定弹跳运动的初始状态，最后针对小天体表面特性对弹跳运动的影响进行研究和对比分析。

9.2.1　基于力矩驱动的小天体表面弹跳动力学建模

假设着陆器的内部驱动器可沿三轴方向产生力矩，从而实现着陆器在三维空间的运动。如图 9.1 所示，表面弹跳运动基于小天体固连坐标系{$\mathbb{B}$}和小天体表面坐标系{$\mathbb{L}$} $<\boldsymbol{l}_1,\boldsymbol{l}_2,\boldsymbol{l}_3>$进行研究。其中，$\boldsymbol{l}_1=[1,0,0]^{\mathrm{T}}$，$\boldsymbol{l}_2=[0,1,0]^{\mathrm{T}}$，$\boldsymbol{l}_3=[0,0,1]^{\mathrm{T}}$，表示表面坐标系的基向量。同时以着陆器质心为原点，以主惯量轴为坐标轴，建立着陆器本体坐标系{$\mathbb{S}$}。定义 $\boldsymbol{r}_{\mathrm{p}}$ 为着陆器与小天体表面接触点 c 在本体坐标系的位置向量。接触点 c 在表面坐标系下的位置矢量可表示为 $\boldsymbol{r}_c=\boldsymbol{r}_o+\boldsymbol{R}_{\mathrm{s}}\boldsymbol{r}_{\mathrm{p}}$，其中 $\boldsymbol{r}_o$ 表示着陆器质心在表面坐标系下的位置矢量，$\boldsymbol{R}_{\mathrm{s}}$ 为本体坐标系至表面坐标系的旋转矩阵。

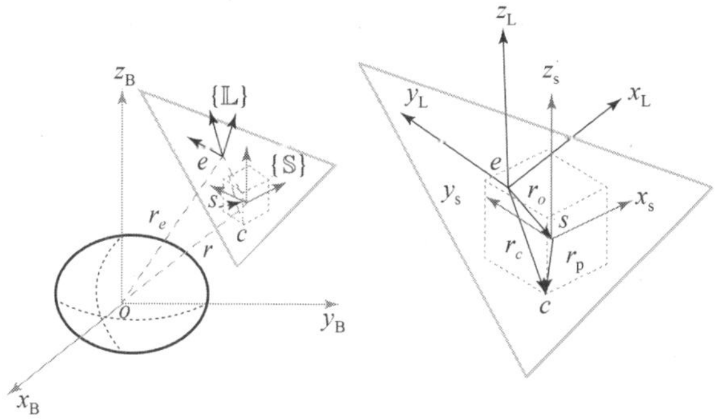

图 9.1　弹跳运动各坐标系与向量定义图（附彩图）

着陆器的受力分布如图 9.2 所示，着陆器在小天体表面的接触力 $\boldsymbol{F}_{\mathrm{c}}$ 包括法向支持力 $\boldsymbol{F}_{\mathrm{N}}$ 和摩擦力 $\boldsymbol{F}_{\mathrm{f}}$。摩擦力的定义采用 Coulomb 摩擦假设[1]。表面支持力采用弹簧－阻尼模型。假设着陆器与表面接触点的侵入距离为 d_{z}，则法向支持力 $\boldsymbol{F}_{\mathrm{N}}=(-Kd_{\mathrm{z}}-C\dot{d}_{\mathrm{z}})\boldsymbol{l}_3$，其中 K 为刚度系数，C 为阻尼系数，两者的取值取决于表面和着陆器的材料特性。着陆器与小天体表面的接触示意图如图 9.3 所示。

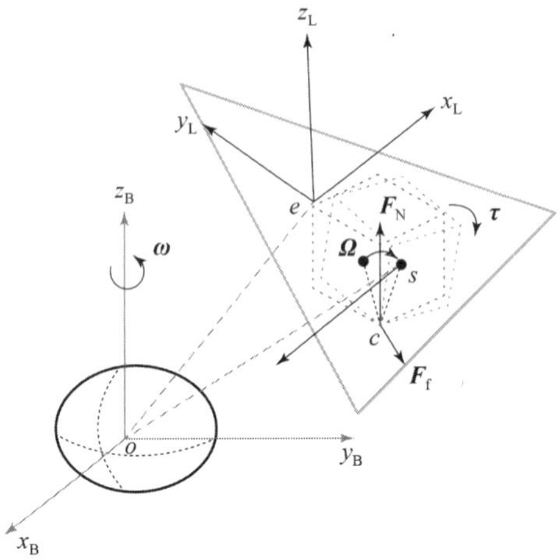

图 9.2　弹跳运动着陆器受力示意图（附彩图）

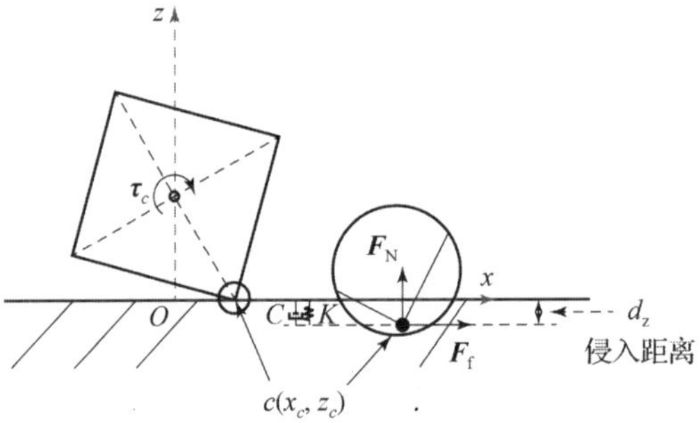

图 9.3　着陆器与小天体表面的接触示意图（附彩图）

着陆器在小天体固连坐标系 $\{\mathbb{B}\}$ 下的表面运动方程可表示为[2]

$$\{\boldsymbol{F}_{\mathrm{N}}\}_{\mathbb{B}} + \{\boldsymbol{F}_{\mathrm{f}}\}_{\mathbb{B}} + m\nabla U(\boldsymbol{r}_{\mathrm{s}}) = m[\boldsymbol{\omega}_{\mathrm{a}} \times (\boldsymbol{\omega}_{\mathrm{a}} \times \boldsymbol{r}_{\mathrm{s}}) + \dot{\boldsymbol{\omega}}_{\mathrm{a}} \times \boldsymbol{r}_{\mathrm{s}}] + m(\ddot{\boldsymbol{r}}_{\mathrm{s}} + 2\boldsymbol{\omega}_{\mathrm{a}} \times \dot{\boldsymbol{r}}_{\mathrm{s}}) \tag{9.1}$$

式中，$\{\boldsymbol{X}\}_{\mathbb{B}}$ ——$\boldsymbol{X}$ 在 $\{\mathbb{B}\}$ 下的向量表示；

m——着陆器的质量；

$\boldsymbol{r}_{\mathrm{s}}$——着陆器质心在小天体固连坐标系下的位置矢量；

$\boldsymbol{\omega}_{\mathrm{a}}$——小天体的角速度。

式（9.1）的右端项由小天体的自旋加速度产生。

着陆器的转动动力学可表示为

$$\boldsymbol{J}_{\mathrm{s}}\dot{\boldsymbol{\Omega}} = \boldsymbol{\tau}_c + \boldsymbol{r}_{\mathrm{p}} \times \{\boldsymbol{F}_{\mathrm{f}}\}_{\mathbb{S}} + \boldsymbol{r}_{\mathrm{p}} \times \{\boldsymbol{F}_{\mathrm{N}}\}_{\mathbb{S}} + \boldsymbol{J}_{\mathrm{s}}\boldsymbol{\Omega} \times \boldsymbol{\Omega} \tag{9.2}$$

式中，$\boldsymbol{J}_{\mathrm{s}}$——探测器的转动惯量；

$\boldsymbol{\Omega}$——着陆器的角速度；

$\boldsymbol{\tau}_c$——施加的力矩。

着陆器上的接触力需要通过旋转矩阵 $\boldsymbol{R}_{\mathrm{s}}$ 进行转换。着陆器的转动运动方程可表示为

$$\dot{\boldsymbol{R}}_{\mathrm{I}} = \boldsymbol{R}_{\mathrm{I}}\boldsymbol{\Omega}^{\times} \tag{9.3}$$

根据坐标系转换关系 $\boldsymbol{R}_{\mathrm{I}} = \boldsymbol{R}_{\mathrm{a}}\boldsymbol{R}_{\mathrm{e}}\boldsymbol{R}_{\mathrm{s}}$（$\boldsymbol{R}_{\mathrm{a}}$ 表示小天体固连坐标系与惯性坐标系之间的旋转矩阵，$\boldsymbol{R}_{\mathrm{e}}$ 表示小天体表面坐标系与小天体固连坐标系之间的旋转矩阵），以及小天体自身的转动运动$\dot{\boldsymbol{R}}_{\mathrm{a}} = \boldsymbol{R}_{\mathrm{a}}\boldsymbol{\omega}_{\mathrm{a}}^{\times}$，可得 $\dot{\boldsymbol{R}}_{\mathrm{s}} = \boldsymbol{R}_{\mathrm{s}}\boldsymbol{\Omega}^{\times} - \boldsymbol{R}_{\mathrm{e}}^{\mathrm{T}}\boldsymbol{\omega}_{\mathrm{a}}^{\times}\boldsymbol{R}_{\mathrm{e}}\boldsymbol{R}_{\mathrm{s}}$。

定义 $\tilde{\boldsymbol{\Omega}} = \boldsymbol{\Omega} - \boldsymbol{R}^{\mathrm{T}}\boldsymbol{\omega}_{\mathrm{a}}$ 为着陆器的相对转动角速度，则方程可表示为

$$\dot{\boldsymbol{R}}_{\mathrm{s}} = \boldsymbol{R}_{\mathrm{s}}\tilde{\boldsymbol{\Omega}}^{\times} \tag{9.4}$$

式（9.1）、式（9.2）和式（9.4）可构成完整的着陆器在小天体表面弹跳运动方程。

为了便于描述小天体的接触力，可在表面坐标系$\{\mathbb{L}\}$下建立着陆器的表面弹跳动力学方程。根据惯性坐标系与非惯性坐标系间的导数关系，可得

$$\begin{cases} \dot{\boldsymbol{r}}_{\mathrm{s}} = \boldsymbol{R}_{\mathrm{e}}\dot{\boldsymbol{r}}_{\mathrm{o}} + \boldsymbol{\Theta} \times \boldsymbol{R}_{\mathrm{e}}\boldsymbol{r}_{\mathrm{o}} + \dot{\boldsymbol{r}}_{\mathrm{e}} \\ \ddot{\boldsymbol{r}}_{\mathrm{s}} = \boldsymbol{R}_{\mathrm{e}}\ddot{\boldsymbol{r}}_{\mathrm{o}} + \ddot{\boldsymbol{r}}_{\mathrm{e}} + 2\boldsymbol{\Theta} \times \boldsymbol{R}_{\mathrm{e}}\dot{\boldsymbol{r}}_{\mathrm{o}} + \dot{\boldsymbol{\Theta}} \times \boldsymbol{R}_{\mathrm{e}}\boldsymbol{r}_{\mathrm{o}} + \boldsymbol{\Theta} \times (\boldsymbol{\Theta} \times \boldsymbol{R}_{\mathrm{e}}\boldsymbol{r}_{\mathrm{o}}) \end{cases} \tag{9.5}$$

式中，$\boldsymbol{\Theta}$——$\{\mathbb{L}\}$相对$\{\mathbb{B}\}$的角速度。

由于小天体的表面在小天体固连坐标系下固定不变，满足 $\boldsymbol{\Theta} = \boldsymbol{0}$，$\dot{\boldsymbol{\Theta}} = \boldsymbol{0}$ 和 $\dot{\boldsymbol{r}}_{\mathrm{e}} = \boldsymbol{0}$，$\ddot{\boldsymbol{r}}_{\mathrm{e}} = \boldsymbol{0}$，因此可将式（9.5）简化为

$$\begin{cases} \dot{\boldsymbol{r}}_{\mathrm{s}} = \boldsymbol{R}_{\mathrm{e}}\dot{\boldsymbol{r}}_{\mathrm{o}} \\ \ddot{\boldsymbol{r}}_{\mathrm{s}} = \boldsymbol{R}_{\mathrm{e}}\ddot{\boldsymbol{r}}_{\mathrm{o}} \end{cases} \tag{9.6}$$

忽略小天体的角加速度，使 $\dot{\boldsymbol{\omega}}_{\mathrm{a}} = \boldsymbol{0}$，可得表面坐标系下的动力学方程为

$$\begin{cases} \ddot{\boldsymbol{r}}_{\mathrm{o}} = \dfrac{1}{m}(\boldsymbol{F}_{\mathrm{N}} + \boldsymbol{F}_{\mathrm{f}}) + \boldsymbol{R}_{\mathrm{e}}^{\mathrm{T}}\nabla U(\boldsymbol{r}_{\mathrm{s}}) - \boldsymbol{R}_{\mathrm{e}}^{\mathrm{T}}[\boldsymbol{\omega}_{\mathrm{a}} \times (\boldsymbol{\omega}_{\mathrm{a}} \times \boldsymbol{r}_{\mathrm{s}})] - 2\boldsymbol{R}_{\mathrm{e}}^{\mathrm{T}}(\boldsymbol{\omega}_{\mathrm{a}} \times \boldsymbol{R}_{\mathrm{e}}\dot{\boldsymbol{r}}_{\mathrm{o}}) \\ \boldsymbol{J}_{\mathrm{s}}\dot{\boldsymbol{\Omega}} = \boldsymbol{\tau}_{\mathrm{c}} + \boldsymbol{r}_{\mathrm{p}} \times \boldsymbol{R}_{\mathrm{s}}^{\mathrm{T}}\boldsymbol{F}_{\mathrm{f}} + \boldsymbol{r}_{\mathrm{p}} \times \boldsymbol{R}_{\mathrm{s}}^{\mathrm{T}}\boldsymbol{F}_{\mathrm{N}} + \boldsymbol{J}_{\mathrm{s}}\boldsymbol{\Omega} \times \boldsymbol{\Omega} \\ \dot{\boldsymbol{R}}_{\mathrm{s}} = \boldsymbol{R}_{\mathrm{s}}\tilde{\boldsymbol{\Omega}}^{\times} \\ \boldsymbol{r}_{\mathrm{s}} = \boldsymbol{r}_{\mathrm{e}} + \boldsymbol{R}_{\mathrm{e}}\boldsymbol{r}_{\mathrm{o}} \end{cases} \tag{9.7}$$

利用式（9.7），可通过提供合理的初值对着陆器的表面弹跳运动进行研究。

9.2.2 基于力矩驱动的小天体表面弹跳运动设计

当力矩 $\boldsymbol{\tau}_c$ 作用于着陆器时，着陆器将绕接触点旋转，并在支持力 $\boldsymbol{F}_N$ 的作用下发生弹跳。根据式（9.7），支持力 $\boldsymbol{F}_N$ 和摩擦力 $\boldsymbol{F}_f$ 需在初始时刻下给定。研究发现，若选择静态支持力作为弹跳运动的初值，则积分得到的弹跳运动存在奇异解。因此，需预先求得施加扭矩后的接触力 $\boldsymbol{F}_c$，完成着陆器弹跳运动的初始化。本节将提出弹跳运动的初值选取方法。

表面运动的初始化分两步进行。第 1 步，假设着陆器与小天体表面接触的接触点在初始时刻保持静止，通过求解式（9.1）得到相应的支持力和摩擦力。第 2 步，判断摩擦力是否满足静摩擦条件。若满足条件，则所得的接触力为实际接触力；否则，接触点在初始时刻将产生沿切向的加速度。于是，增加约束 $\|\boldsymbol{F}_f\| = \mu_d \|\boldsymbol{F}_N\|$，求解非线性方程可得相应的初始接触力。下面将分别给出接触点静止和接触点存在滑动趋势的弹跳运动初始状态。

9.2.2.1 接触点静止状态初始选取

根据时间导数原则，着陆器接触点 c 的速度和加速度应满足下式：

$$\begin{cases} \dot{\boldsymbol{r}}_c = \dot{\boldsymbol{r}}_o + \boldsymbol{R}_s(\tilde{\boldsymbol{\Omega}} \times \boldsymbol{r}_p) \\ \ddot{\boldsymbol{r}}_c = \ddot{\boldsymbol{r}}_o + \boldsymbol{R}_s(\dot{\tilde{\boldsymbol{\Omega}}} \times \boldsymbol{r}_p) + \boldsymbol{R}_s[\tilde{\boldsymbol{\Omega}} \times (\tilde{\boldsymbol{\Omega}} \times \boldsymbol{r}_p)] \end{cases} \tag{9.8}$$

弹跳初始时刻满足 $\dot{\boldsymbol{r}}_c = \boldsymbol{0}$ 和 $\ddot{\boldsymbol{r}}_c = \boldsymbol{0}$，着陆器质心在表面坐标系下的速度和加速度 $\dot{\boldsymbol{r}}_o$ 和 $\ddot{\boldsymbol{r}}_o$ 应满足下式：

$$\begin{cases} \dot{\boldsymbol{r}}_o = -\boldsymbol{R}_s(\tilde{\boldsymbol{\Omega}} \times \boldsymbol{r}_p) \\ \ddot{\boldsymbol{r}}_o = -\boldsymbol{R}_s(\dot{\tilde{\boldsymbol{\Omega}}} \times \boldsymbol{r}_p) - \boldsymbol{R}_s[\tilde{\boldsymbol{\Omega}} \times (\tilde{\boldsymbol{\Omega}} \times \boldsymbol{r}_p)] \end{cases} \tag{9.9}$$

式中，$\dot{\tilde{\boldsymbol{\Omega}}} = \dot{\boldsymbol{\Omega}} - \boldsymbol{R}^{\mathrm{T}} \dot{\boldsymbol{\omega}}_a = \dot{\boldsymbol{\Omega}}$。

结合式（9.9），在本体坐标系下接触力可表示为

$$\{\boldsymbol{F}_{\mathrm{c}}\}_{\mathbb{B}} = m\boldsymbol{\omega}_{\mathrm{a}} \times (\boldsymbol{\omega}_{\mathrm{a}} \times \boldsymbol{r}_{\mathrm{s}}) - m\boldsymbol{R}[\dot{\boldsymbol{\Omega}} \times \boldsymbol{r}_{\mathrm{p}} + \tilde{\boldsymbol{\Omega}} \times (\tilde{\boldsymbol{\Omega}} \times \boldsymbol{r}_{\mathrm{p}})] - 2m(\boldsymbol{\omega}_{\mathrm{a}} \times \dot{\boldsymbol{r}}_{\mathrm{s}}) - m\nabla U(\boldsymbol{r}_{\mathrm{s}}) \tag{9.10}$$

在固连坐标系下接触力可表示为

$$\{\boldsymbol{F}_{\mathrm{c}}\}_{\mathbb{S}} = m[\boldsymbol{R}^{\mathrm{T}}(\boldsymbol{\omega}_{\mathrm{a}} \times (\boldsymbol{\omega}_{\mathrm{a}} \times \boldsymbol{r}_{\mathrm{s}})] - m[\dot{\boldsymbol{\Omega}} \times \boldsymbol{r}_{\mathrm{p}} + \tilde{\boldsymbol{\Omega}} \times (\tilde{\boldsymbol{\Omega}} \times \boldsymbol{r}_{\mathrm{p}})] - 2m\boldsymbol{R}^{\mathrm{T}}(\boldsymbol{\omega}_{\mathrm{a}} \times \dot{\boldsymbol{r}}_{\mathrm{s}}) - m\boldsymbol{R}^{\mathrm{T}}\nabla U(\boldsymbol{r}_{\mathbf{s}}) \tag{9.11}$$

将式（9.11）代入式（9.2），可得

$$\begin{aligned}\boldsymbol{J}_{\mathrm{s}}\dot{\boldsymbol{\Omega}} &= \boldsymbol{\tau}_{\mathrm{c}} + \boldsymbol{r}_{\mathrm{p}} \times \{\boldsymbol{F}_{\mathrm{c}}\}_{\mathbb{S}} + \boldsymbol{J}_{\mathrm{s}}\boldsymbol{\Omega} \times \boldsymbol{\Omega} \\ &= \boldsymbol{\tau}_{\mathrm{c}} + \boldsymbol{r}_{\mathrm{p}} \times \{\boldsymbol{F}_{\mathrm{c}}^{*}\}_{\mathbb{S}} + \boldsymbol{J}_{\mathrm{s}}\boldsymbol{\Omega} \times \boldsymbol{\Omega} - m[\boldsymbol{r}_{\mathrm{p}} \times (\dot{\boldsymbol{\Omega}} \times \boldsymbol{r}_{\mathrm{p}})]\end{aligned} \tag{9.12}$$

式中，

$$\{\boldsymbol{F}_{\mathrm{c}}^{*}\}_{\mathbb{S}} = m\boldsymbol{R}^{\mathrm{T}}[\boldsymbol{\omega}_{\mathrm{a}} \times (\boldsymbol{\omega}_{\mathrm{a}} \times \boldsymbol{r}_{\mathrm{s}})] - m\tilde{\boldsymbol{\Omega}} \times (\tilde{\boldsymbol{\Omega}} \times \boldsymbol{r}_{\mathrm{p}}) - 2m\boldsymbol{R}^{\mathrm{T}}(\boldsymbol{\omega}_{\mathrm{a}} \times \dot{\boldsymbol{r}}_{\mathrm{s}}) - m\boldsymbol{R}^{\mathrm{T}}\nabla U(\boldsymbol{r}_{\mathrm{s}})$$

定义 $\boldsymbol{r}_{\mathrm{p}} = [r_{\mathrm{p}1}, r_{\mathrm{p}2}, r_{\mathrm{p}3}]^{\mathrm{T}}$，可得

$$m\boldsymbol{r}_{\mathrm{p}} \times (\dot{\boldsymbol{\Omega}} \times \boldsymbol{r}_{\mathrm{p}}) = m\begin{bmatrix} r_{\mathrm{p}2}^2 + r_{\mathrm{p}3}^2 & -r_{\mathrm{p}1}r_{\mathrm{p}2} & -r_{\mathrm{p}1}r_{\mathrm{p}3} \\ -r_{\mathrm{p}1}r_{\mathrm{p}2} & r_{\mathrm{p}1}^2 + r_{\mathrm{p}3}^2 & -r_{\mathrm{p}2}r_{\mathrm{p}3} \\ -r_{\mathrm{p}1}r_{\mathrm{p}3} & -r_{\mathrm{p}2}r_{\mathrm{p}3} & r_{\mathrm{p}1}^2 + r_{\mathrm{p}2}^2 \end{bmatrix}\dot{\boldsymbol{\Omega}} = \boldsymbol{J}_{\mathrm{c}}\dot{\boldsymbol{\Omega}} \tag{9.13}$$

则初始时刻的角加速度为

$$\dot{\boldsymbol{\Omega}} = (\boldsymbol{J}_{\mathrm{s}} + \boldsymbol{J}_{\mathrm{c}})^{-1}[\boldsymbol{\tau}_{\mathrm{c}} + \boldsymbol{r}_{\mathrm{p}} \times \{\boldsymbol{F}_{\mathrm{c}}^{*}\}_{\mathbb{S}} + \boldsymbol{J}_{\mathrm{s}}\boldsymbol{\Omega} \times \boldsymbol{\Omega}] \tag{9.14}$$

因此，初始接触力 $\boldsymbol{F}_{\mathrm{c}0}$ 可表示为

$$\boldsymbol{F}_{\mathrm{c}0} = m\boldsymbol{R}_{\mathrm{e}}^{\mathrm{T}}[\boldsymbol{\omega}_{\mathrm{a}} \times (\boldsymbol{\omega}_{\mathrm{a}} \times \boldsymbol{r}_{\mathrm{s}})] - m\boldsymbol{R}_{\mathrm{s}}[\dot{\boldsymbol{\Omega}} \times \boldsymbol{r}_{\mathrm{p}} + \tilde{\boldsymbol{\Omega}} \times (\tilde{\boldsymbol{\Omega}} \times \boldsymbol{r}_{\mathrm{p}})] + 2m\boldsymbol{R}_{\mathrm{e}}^{\mathrm{T}}(\boldsymbol{\omega}_{\mathrm{a}} \times \dot{\boldsymbol{r}}_{\mathrm{s}}) - m\boldsymbol{R}_{\mathrm{e}}^{\mathrm{T}}\nabla U(\boldsymbol{r}_{\mathrm{s}}) \tag{9.15}$$

初始的支持力和摩擦力可表示为

$$\begin{cases} \boldsymbol{F}_{\mathrm{f}0} = (\boldsymbol{F}_{\mathrm{c}0}^{\mathrm{T}}\boldsymbol{l}_1)\boldsymbol{l}_1 + (\boldsymbol{F}_{\mathrm{c}0}^{\mathrm{T}}\boldsymbol{l}_2)\boldsymbol{l}_2 \\ \boldsymbol{F}_{\mathrm{N}0} = (\boldsymbol{F}_{\mathrm{c}0}^{\mathrm{T}}\boldsymbol{l}_3)\boldsymbol{l}_3 \end{cases} \tag{9.16}$$

根据接触力模型，可知着陆器初始时刻的侵入距离 d_{z0} 为

$$d_{z0} = -\frac{\|\boldsymbol{F}_{\mathrm{N}0}\|}{K} \tag{9.17}$$

由于方程的解假设接触点无滑动，因此初始时刻需满足 $\| \boldsymbol{F}_{f0} \| \leqslant \mu_s \| \boldsymbol{F}_{N0} \|$。若满足条件，则方程的解为可行解。求解得到的初始摩擦力和支持力的比值与着陆器的形状有关，对于立方体形的着陆器，比值接近 1，即 $\| \boldsymbol{F}_{f0} \| = \| \boldsymbol{F}_{N0} \|$。因此，若着陆器与表面的摩擦系数大于 1，则可认为初始状态满足静态约束，否则需根据滑动约束得到相应的结果。

9.2.2.2 接触点滑动状态初值选取

若式（9.1）求解得到所需的摩擦力比静态摩擦力大，$\| \boldsymbol{F}_{f0} \| / \| \boldsymbol{F}_{N0} \| > \mu_s$，则原假设不成立。摩擦力需满足 $\| \boldsymbol{F}_{f0} \| / \| \boldsymbol{F}_{N0} \| = \mu_s$。初始接触力需通过求解非线性方程组获得。假设接触点仅存在切向加速度，则在表面坐标系下可表示为 $\boldsymbol{a}_c = [a_{cx}, a_{cy}, 0]^T$，初始支持力大小为 $f_{N0} = \| \boldsymbol{F}_{N0} \|$。式（9.1）可改写为

$$\{\boldsymbol{F}_c^*\}_S = m\boldsymbol{R}^T[\boldsymbol{\omega}_a \times (\boldsymbol{\omega}_a \times \boldsymbol{r}_s)] - m\tilde{\boldsymbol{\Omega}} \times (\tilde{\boldsymbol{\Omega}} \times \boldsymbol{r}_p) - 2m\boldsymbol{R}^T(\boldsymbol{\omega}_a \times \dot{\boldsymbol{r}}_s) - m\boldsymbol{R}^T\nabla U(\boldsymbol{r}_s) - m\boldsymbol{a}_c \tag{9.18}$$

从而解得 $\dot{\boldsymbol{\Omega}}$。初始接触力满足下式：

$$\boldsymbol{F}_{c0} = m\boldsymbol{R}_e^T[\boldsymbol{\omega}_a \times (\boldsymbol{\omega}_a \times \boldsymbol{r}_s)] - m\boldsymbol{R}_s[\dot{\boldsymbol{\Omega}} \times \boldsymbol{r}_p + \tilde{\boldsymbol{\Omega}} \times (\tilde{\boldsymbol{\Omega}} \times \boldsymbol{r}_p)] + 2m\boldsymbol{R}_e^T(\boldsymbol{\omega}_a \times \dot{\boldsymbol{r}}_s) - m\boldsymbol{R}_e^T\nabla U(\boldsymbol{r}_s) - m\boldsymbol{a}_c \tag{9.19}$$

同时，初始接触力还可表示为

$$\boldsymbol{F}'_{c0} = [-\mu_s\cos\lambda, -\mu_s\sin\lambda, 1]^T f_{N0} \tag{9.20}$$

式中，λ——接触点的潜在运动方向，$\lambda = \arctan\dfrac{\gamma_y}{\gamma_x}$，$\boldsymbol{\gamma} = [\gamma_x, \gamma_y, \gamma_z]^T = \boldsymbol{\tau} \times \boldsymbol{r}_p$。

因此，可建立如下等式关系：

$$\boldsymbol{F}_{c0} = \boldsymbol{F}'_{c0} \tag{9.21}$$

式（9.21）为 3×1 方程，故支持力 f_{N0} 存在唯一解。通过求解方程，可到初始支持力 $\boldsymbol{F}_{N0}$ 和摩擦力 $\boldsymbol{F}_{f0}$ 用于弹跳初始化。该初始化过程同样适用于积分过程中任一时刻的摩擦力计算，以及对接触点发生滑动的判断。着陆器在表面时接触点发生滑动后，摩擦力可表示为

$$\boldsymbol{F}_f^* = -\frac{\dot{\boldsymbol{r}}_{c_{xy}}}{\| \dot{\boldsymbol{r}}_{c_{xy}} \|}\mu_d \boldsymbol{F}_N \tag{9.22}$$

式中，$\dot{\boldsymbol{r}}_{c_{xy}}$——$\dot{\boldsymbol{r}}_c$ 在表面坐标系 XY 平面下的投影。

运动方程改写为

$$\begin{cases} \boldsymbol{J}_s\dot{\boldsymbol{\Omega}} = \boldsymbol{\tau}_c + \boldsymbol{r}_p \times (\{\boldsymbol{F}_f^*\}_{\mathbb{S}} + \{\boldsymbol{F}_N\}_{\mathbb{S}}) + \boldsymbol{J}_s\boldsymbol{\Omega} \times \boldsymbol{\Omega} \\ \{\boldsymbol{F}_N\}_{\mathbb{B}} + \{\boldsymbol{F}_f^*\}_{\mathbb{B}} + m\nabla U(\boldsymbol{r}_s) = m[\boldsymbol{\omega}_a \times (\boldsymbol{\omega}_a \times \boldsymbol{r}_s)] + m(\ddot{\boldsymbol{r}}_s + 2\boldsymbol{\omega}_a \times \dot{\boldsymbol{r}}_s) \end{cases} \tag{9.23}$$

根据式（9.23）对剩余时间进行积分，求解接触点发生滑动后的着陆器弹跳状态，直至着陆器接触点离开小天体表面。

9.2.3　小天体表面特性对弹跳运动的影响

9.2.3.1　弹跳运动的仿真与对比

利用上节建立的考虑接触点滑动的小天体表面弹跳运动模型，本节以小行星 101955 Bennu 为例，对着陆器的弹跳运动进行仿真分析，并研究小天体表面参数对弹跳运动的影响。着陆器的边长为 0.15 m，质量为 2.3 kg，惯量矩阵 $\boldsymbol{J}_s = \mathrm{diag}(0.013, 0.013, 0.013)\ \mathrm{kg \cdot m}$，选定摩擦系数 $\mu_s > 1$、$\mu_d > 1$，刚度系数 $K = 2.4 \times 10^8\ \mathrm{N/m}$，阻尼系数 $C = 0.001\ \mathrm{N \cdot s/m}$。

假设着陆器的本体坐标系在初始时刻与表面坐标系重合，分别沿着陆器的单轴和双轴施加转矩。沿单轴施加的动量为 $[0,10,0]^{\mathrm{T}}\ \mathrm{g \cdot m/s}$，沿双轴施加的动量为 $[6,8,0]^{\mathrm{T}}\ \mathrm{g \cdot m/s}$，并假设力矩传导时间为 0.01 s。在小天体固连坐标系和表面坐标系下的单次弹跳轨迹如图 9.4 和图 9.5 所示。作为对比，采用瞬时力矩转换的结果在图中标明。“瞬时力矩传递”假设认为内部执行机构的力矩瞬间转换到着陆器本体，产生初始速度和角速度，从而忽略了求解接触动力学的过程。由图可知，在给定的条件下基于式（9.1）计算出的结果与瞬时假设相似，表明弹跳动力学模型的可行性。同时从图 9.5 还可看出，小天体的不规则形状摄动明显改变了弹跳运动方向。对于沿棱作用的转矩，尽管着陆器仅有沿 x 轴方向的初始速度，但着陆器在非均匀引力场和科氏力的作用下将产生 y 轴负向的运动，弹跳轨迹向右侧偏移。

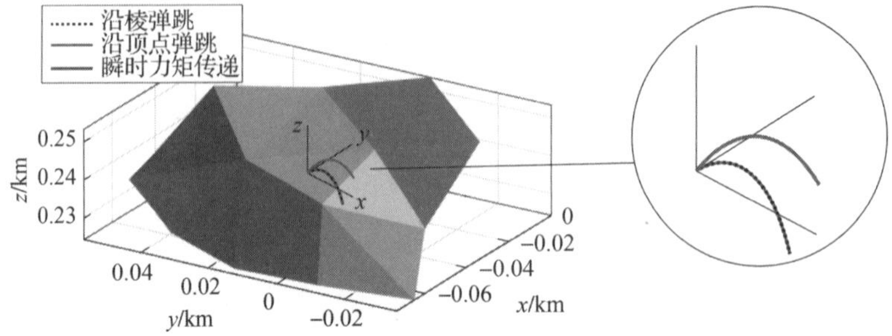

图 9.4 在小天体固连坐标系下的单次弹跳轨迹（附彩图）

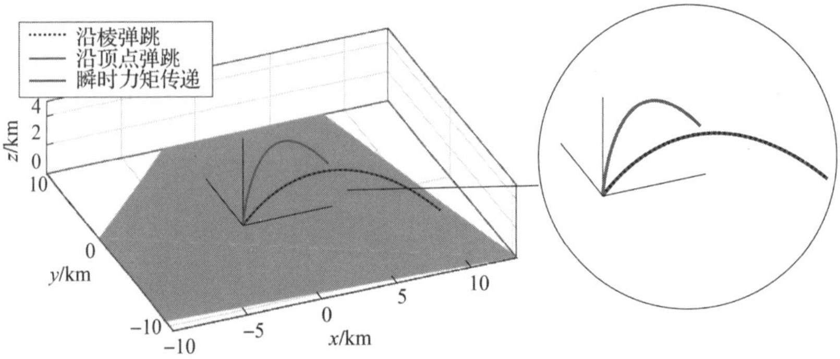

图 9.5 在小天体表面坐标系下的单次弹跳轨迹（附彩图）

9.2.3.2 刚度系数对弹跳运动的影响分析

刚度系数 K 反映小天体表面的坚硬程度，K 值越小则说明表面越柔软。表面阻尼系数 C 反映表面吸收能量的能力，通常材料的阻尼系数较小且小天体表面的弹跳速度较小，C 对弹跳运动的影响有限。因此，本小节重点讨论小天体表面的刚度系数对弹跳运动的影响。选取 K 为 2.4×10^4 N/m、2.4×10^6 N/m、2.4×10^8 N/m、2.4×10^{10} N/m，其他系数保持不变，沿单轴施加力矩后着陆器的弹跳轨迹如图 9.6 所示。较小的 K 对应更大的弹跳距离。

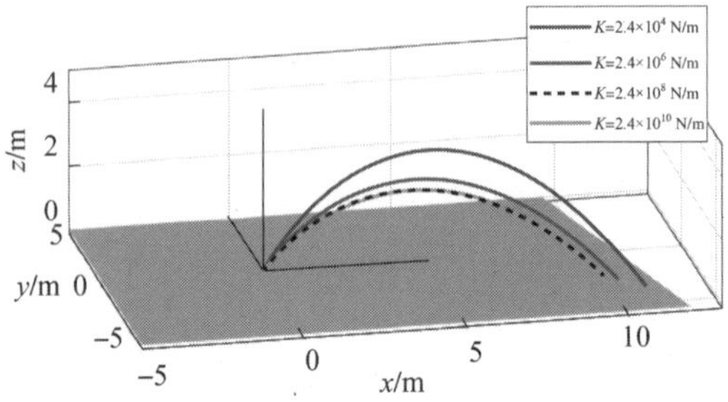

图 9.6 不同刚度系数 K 下着陆器在小天体表面坐标系下的弹跳轨迹（附彩图）

如图 9.7 所示，分析在弹跳过程中着陆器的平动速度和转动速度的变化情况，基于“瞬时力矩传递”假设得到的着陆器速度也在图 9.7 中给出。转矩产生的接触力将给着陆器加速并使其旋转。由于忽略接触过程，因此基于“瞬时力矩传递”假设的着陆器保持速度不变。当 K 较大时，着陆器在执行机构停止工作后将离开表面，因此接触力将停止加速。此时得到的着陆器速度和转动速度与“瞬时力矩传递”假设相似。当 K 较小时，着陆器在内部执行器停止工作后仍未离开表面，因此支持力将进一步沿垂直方向给着陆器加速。但是，摩擦力将沿切向降低着陆器的弹跳速度，导致着陆器的弹跳速度与表面的夹角 $\theta = \arctan(V_{ns}/V_{ts})$ 变大，综合效果使着陆器的弹跳高度更高、弹跳时间变长、弹跳距离可能增大；同时，着陆器的自转角速度受到摩擦力的影响也将减小。

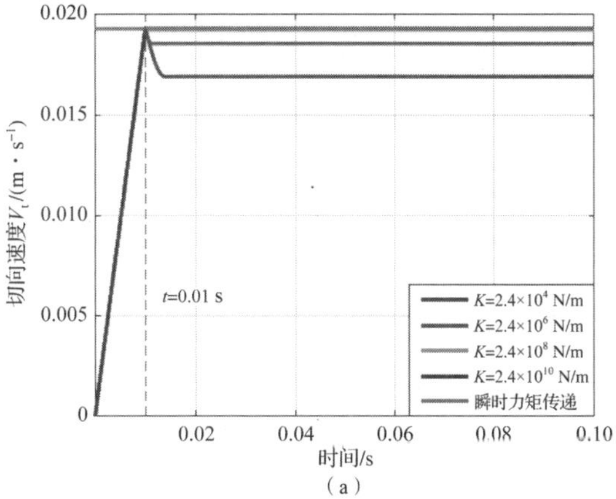

（a）

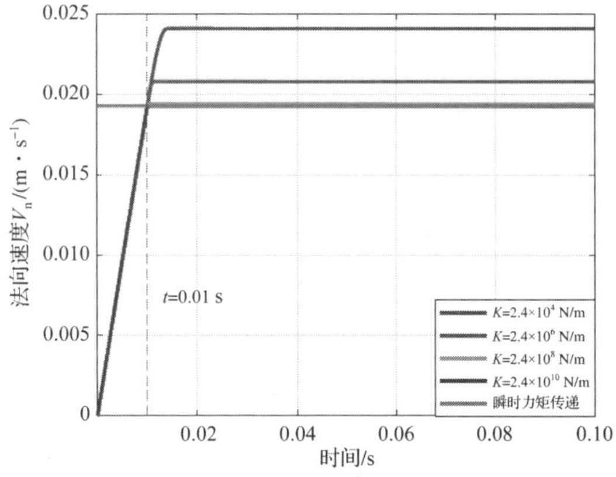

（b）

图 9.7　不同刚度系数 K 下着陆器的速度变化（附彩图）

（a）切向速度；（b）法向速度

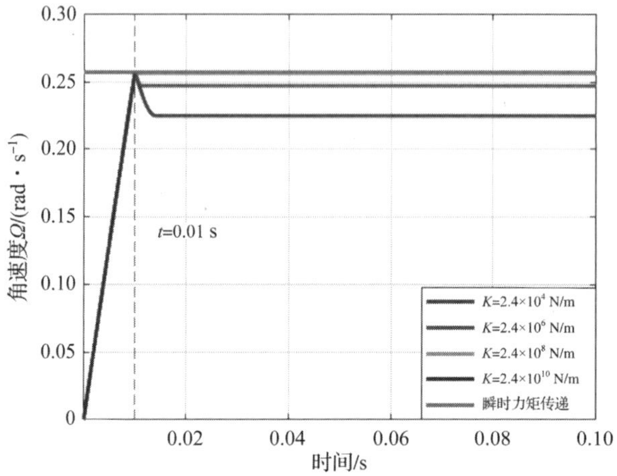

(c)

图 9.7 不同刚度系数 *K* 下着陆器的速度变化（续）（附彩图）

(c) 角速度

9.2.3.3 小天体表面摩擦系数对弹跳运动的影响分析

摩擦系数决定了着陆器是否会在弹跳前发生滑动。尽管可通过选择着陆器的材料增大摩擦系数，但小天体表面特性未知，表面的碎石颗粒可能会降低表面摩擦系数。通常动摩擦系数 μ_d 略小于静摩擦系数 μ_s，因此本小节选择不同的摩擦系数组合对弹跳运动进行分析：Ⅰ. $\mu_s=2$，$\mu_d=1.9$；Ⅱ. $\mu_s=1.6$，$\mu_d=1.5$；Ⅲ. $\mu_s=1.1$，$\mu_d=1.0$；Ⅳ. $\mu_s=0.8$，$\mu_d=0.7$；Ⅴ. $\mu_s=0.3$，$\mu_d=0.2$。图 9.8 给出了不同摩擦系数下的弹跳速度变化。当摩擦力大于 1 时，着陆器的切向速度、法向速度和“瞬时力矩传递”模型几乎相同；着陆器将在摩擦力小于 1 的表面发生滑动，导致获得的切向速度 V_t 变小；同时，着陆器的法向速度 V_n 将增大，弹跳速度与表面的夹角 θ 也增大，且 $V_n/V_t \approx \mu_d$，该结果与实验结果吻合[3-4]。而且，从图 9.8 中发现，当着陆器滑动时，弹跳后获得的角速度增大。对着陆器与小天体表面的侵入距离进行分析发现，基于弹簧-阻尼模型，当着陆器在表面滑动时，接触点的侵入距离将发生幅值较大的振荡，法向接触力将提供更大的法向总冲量，从而加快着陆器的法向速度。

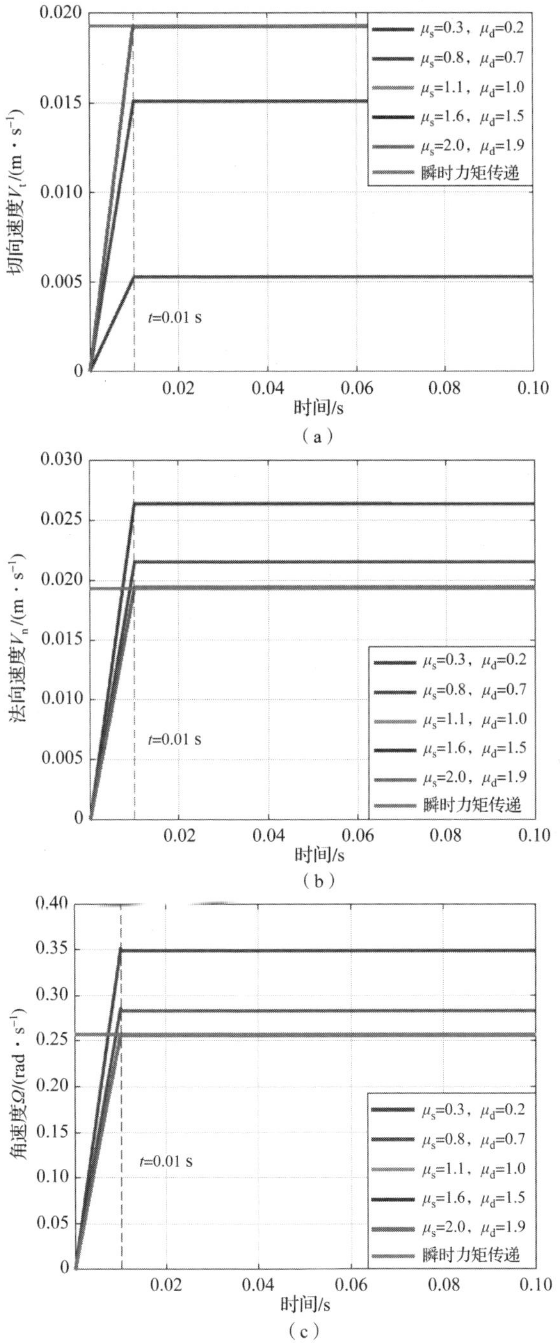

图 9.8　不同摩擦系数下着陆器的速度变化（附彩图）

（a）切向速度；（b）法向速度；（c）角速度

图 9.9 进一步给出了着陆器在小天体表面坐标系下不同摩擦系数下的弹跳轨迹。从图中可看出，若着陆器发生表面滑动，则其初始弹跳速度方向将发生改变，导致弹跳轨迹沿 y 轴负向的偏移相比无滑动情况更加明显，且摩擦系数越小则偏离程度越大。

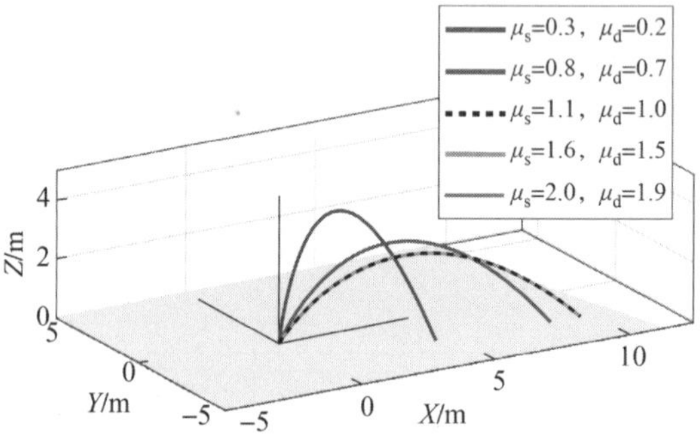

图 9.9 小天体表面坐标系下不同摩擦系数的着陆器弹跳轨迹（附彩图）

以上分析表明，小天体表面的摩擦系数及表面参数将对小天体的表面弹跳运动产生较大的影响，“瞬时力矩传递”假设仅适用于无滑动且刚度系数较大表面的弹跳运动分析。基于接触动力学推导的探测器在小天体表面的弹跳运动动力学模型适用于不同摩擦系数及表面参数下的弹跳运动行为分析，可更精确地描述着陆器的弹跳运动，建立的弹跳运动方程将应用于后续误差分析和弹跳轨迹规划等设计中。

9.3 小天体表面接触动力学及响应特性分析

9.3.1 小天体表面接触动力学建模

9.2 节给出了利用力矩驱动的着陆器初始弹跳运动，若着陆器的弹跳速度小于逃逸速度，则着陆器从表面弹起后将在飞行一段时间后再次落回小天体表面。由于无推力控制下着陆器较难实现软着陆，因此着陆器将以一定的速度和角速度与表面接触并发生回弹。该现象同样存在于着陆器的部署过程中。本节将研究着陆器与小天体表面的接触碰撞运动，建立碰撞动力学模型，分析着陆器与小天体发生碰撞后的运动行为。

首先，给出判断着陆器模型与小天体多面体模型是否接触的方法。这里采用多面体模型中拉普拉斯因子检测着陆器是否与表面接触。拉普拉斯因子可根据取值来判断检验点位于小天体外部或小天体内部。对于立方体着陆器模型，可在积分过程中判断立方体实际模型的 8 个顶点与不规则小天体的相对关系。若所有顶点均在小天体外部，则着陆器在小天体外；若任意顶点位于小天体内部，则认为着陆器与小天体发生碰撞。采用减小积分步长的方法，可根据在小天体内部的顶点个数判断着陆器的着陆姿态。在内部的顶点数为 1、2、4 分别表示着陆器以单顶点着陆、棱着陆、面着陆，具体着陆构型将在下节详细讨论。对于其他形状的着陆器，也可建立着陆器外轮廓的特征顶点分别进行检测，判断着陆器与小天体表面的碰撞情况。

考虑到小天体粗糙表面和非完全弹性特性，着陆器与小天体表面的接触过程可认为是考虑摩擦的非完全弹性三维碰撞问题。求解该碰撞问题的实质，就是通过求解碰撞过程中法向速度和切向速度的变化来确定碰撞产生的总冲量，进而得到碰撞导致的速度变化和角速度变化，这里采用速度图法进行求解[5-6]。

选择在小天体表面坐标系{$\mathbb{L}$}下研究碰撞问题，以单顶点着陆碰撞为例给出碰撞问题的求解过程。定义碰撞前的着陆器速度为 $\boldsymbol{v}_1^- = \boldsymbol{R}_e \boldsymbol{V}_1^-$，其中 $\boldsymbol{V}_1^-$ 为着陆器在小天体固连坐标系下的着陆速度。着陆器碰撞前的角速度为 $\boldsymbol{\Omega}_1^-$。接触点 c 在本体坐标系下的位置矢量为 $\boldsymbol{r}_c$。表面坐标系下着陆器的接触速度为

$$\boldsymbol{v}_c^- = \boldsymbol{v}_1^- + \boldsymbol{R}_s^l(\boldsymbol{\Omega}^- \times \boldsymbol{r}_c) \tag{9.24}$$

碰撞动力学方程可表示为

$$\begin{cases} \dot{\boldsymbol{v}}_1 = \dfrac{\boldsymbol{F}_c}{m} \\ \boldsymbol{J}_s \dot{\boldsymbol{\Omega}} = \boldsymbol{R}_s^{\mathrm{T}}(\boldsymbol{r}_c \times \boldsymbol{F}_c) + \boldsymbol{J}_s \boldsymbol{\Omega} \times \boldsymbol{\Omega} \end{cases} \tag{9.25}$$

式中，$\boldsymbol{F}_c$——接触力。

碰撞问题基于以下假设求解：

假设 1：碰撞时间极短，且碰撞力远大于重力，因此忽略重力在碰撞过程中的影响；同时，积分项 $\boldsymbol{J}_s \boldsymbol{\Omega} \times \boldsymbol{\Omega}$ 的作用也远小于碰撞力作用项，也可被忽略。

假设 2：表面摩擦力遵循库仑（Coulomb）摩擦定律。

假设 3：碰撞过程分为两个阶段——压缩段、回弹段。在压缩段，着陆器的

动能 E 被转换为弹性势能直至法向接触速度为 0；在回弹段，部分弹性势能被转换回动能。能量转化的比率遵循 Stronge 假设[7]，即释放的动能 E_r 与吸收势能 E_m 的比为材料恢复系数 e_e 的平方，即

$$e_e^2 = \frac{E_r}{E_m} \tag{9.26}$$

假设 4：不考虑着陆器在碰撞过程中发生的位置变化和姿态变化。

根据假设 1，碰撞导致的着陆器速度和角速度变化可表示为

$$\Delta \boldsymbol{v}_1 = \frac{\boldsymbol{I}_p}{m} \Delta \boldsymbol{\Omega} = \boldsymbol{J}_s^{-1} \boldsymbol{R}_s^{\mathrm{T}} (\boldsymbol{r}_c \times \boldsymbol{I}_p) \tag{9.27}$$

式中，$\boldsymbol{I}_p$——表面对着陆器施加的总冲量。

着陆器碰撞后速度和角速度可表示为

$$\begin{cases} \boldsymbol{v}_1^+ = \boldsymbol{v}_1^- + \Delta \boldsymbol{v}_1 \\ \boldsymbol{\Omega}^+ = \boldsymbol{\Omega}^- + \Delta \boldsymbol{\Omega} \end{cases} \tag{9.28}$$

碰撞过程中接触点相对表面的速度变化为

$$\Delta \boldsymbol{v}_c = \Delta \boldsymbol{v} + (\boldsymbol{R}_s \Delta \boldsymbol{\Omega}) \times \boldsymbol{r}_c \tag{9.29}$$

若定义 $\boldsymbol{S} = \boldsymbol{P}\boldsymbol{R}_s \boldsymbol{J}_s^{-1} \boldsymbol{R}_s^{\mathrm{T}} \boldsymbol{P}$，$\boldsymbol{P} = \boldsymbol{r}_c^{\times}$，则 $\Delta \boldsymbol{v}_c$ 可表示为

$$\Delta \boldsymbol{v}_c = \boldsymbol{W}\boldsymbol{I}_p \tag{9.30}$$

式中，$\boldsymbol{W} = \frac{1}{m}\boldsymbol{I} - \boldsymbol{S}$，$\boldsymbol{I}$ 为 3×3 单位矩阵。

切向速度可表示为

$$\boldsymbol{\gamma} = [\boldsymbol{l}_1, \boldsymbol{l}_2]^{\mathrm{T}} \boldsymbol{v}_c = \boldsymbol{\gamma}^- + \boldsymbol{B}[I_x, I_y]^{\mathrm{T}} + I_z \boldsymbol{d} \tag{9.31}$$

式中，$\boldsymbol{B} = [\boldsymbol{l}_1, \boldsymbol{l}_2]^{\mathrm{T}} \boldsymbol{W} [\boldsymbol{l}_1, \boldsymbol{l}_2]$，$\boldsymbol{d} = [\boldsymbol{l}_1, \boldsymbol{l}_2]^{\mathrm{T}} \boldsymbol{W} \boldsymbol{l}_3$。

碰撞问题的关键是求解在碰撞过程中表面对着陆器产生的总冲量 $\boldsymbol{I}_p$。法向冲量 I_{pz} 在碰撞过程中单调递增。因此可采用法向冲量代替时间作为积分变量。假设小天体表面和着陆器材料均满足线性刚度关系，则弹性势能随 I_{pz} 的变化关系为

$$E' = -v_{cz} \tag{9.32}$$

这里采用（′）表示变量关于 I_{pz} 的偏导数。

根据摩擦定律，当切向速度非零时，切向脉冲关于法向脉冲的偏导数为

$$[I'_{px},I'_{py}]^{T}=\frac{d[I_{px},I_{py}]^{T}}{dI_{pz}}=\frac{[F_x,F_y]^{T}}{F_z}=-\mu_d\boldsymbol{u}_\gamma \tag{9.33}$$

式中，$\boldsymbol{u}_\gamma=\frac{\boldsymbol{\gamma}}{\|\boldsymbol{\gamma}\|}$。

碰撞总冲量变化可表示为

$$\boldsymbol{I}'_p=\boldsymbol{l}_3-\mu_d[\boldsymbol{l}_1,\boldsymbol{l}_2]\boldsymbol{u}_\gamma \tag{9.34}$$

法向速度关于法向冲量的偏导数为

$$v'_{cz}=\frac{dv_{cz}}{dI_{pz}}=\boldsymbol{l}_3^{T}\boldsymbol{W}\boldsymbol{I}'_p=\boldsymbol{l}_3^{T}\boldsymbol{W}\boldsymbol{l}_3-\mu_d\boldsymbol{l}_3^{T}\boldsymbol{W}\boldsymbol{u}_\gamma \tag{9.35}$$

切向速度关于法向冲量的偏导数为

$$\begin{aligned}\boldsymbol{\gamma}'&=\boldsymbol{B}\begin{bmatrix}I'_x\\I'_y\end{bmatrix}+\boldsymbol{d}\\&=-\mu_d\boldsymbol{B}\boldsymbol{u}_\gamma+\boldsymbol{d}\end{aligned} \tag{9.36}$$

基于式（9.31）、式（9.34）~式（9.36），可通过数值积分的方法求解着陆器的碰撞过程。根据假设 3，积分过程分为两个阶段进行。在压缩段，初始的积分状态为 $\boldsymbol{I}_p=[0,0,0]^{T}$，$E=0$，$\boldsymbol{\gamma}=[v_{cx}^{-},v_{cy}^{-}]^{T}$，$v_{cz}=v_{cz}^{-}$。当 E 满足 $E'=-v_{cz}=0$ 时，压缩段停止。定义每个变量在此时的取值为 E_m、$\boldsymbol{I}_{pm}$、$\boldsymbol{v}_{cm}=[v_{mx},v_{my},0]^{T}$。在回弹段，初始参数为 $\boldsymbol{I}_{pr}=\boldsymbol{I}_{pm}$，$E_r=e_e^2E_m$，$\boldsymbol{\gamma}_r=[v_{mx},v_{my}]^{T}$，$v_{cz}=0$，回弹段的终止条件为 $E=0$。碰撞过程的总冲量可表示为 $\boldsymbol{I}_{pf}$，根据式（9.25）以及碰撞前初始状态，可确定着陆器碰撞后的速度。

若着陆器的切向接触速度在碰撞过程中减小至 0，则存在两种可能情况：切向速度保持为 0（表面黏滞）；切向速度沿某一固定方向递增。切向脉冲可表示为

$$[I'_{px},I'_{py}]^{T}=-\boldsymbol{B}^{-1}\boldsymbol{d} \tag{9.37}$$

根据 Coulomb 摩擦假设，第一种情况（零切向接触速度）需满足 $\boldsymbol{B}^{-1}\boldsymbol{d}\leqslant\mu_s$，$\mu_s$ 为小天体表面静摩擦系数。切向接触速度随法向冲量的变化曲线 $\boldsymbol{\gamma}(I_{pz})$ 即速度图。

通过积分确定着陆器碰撞后的速度后，将其作为初值代入轨道动力方程计算弹跳运动，直至着陆器再一次与表面接触。

9.3.2 小天体表面着陆器接触碰撞响应特性分析

根据9.3.1节介绍的着陆器与小天体表面的碰撞模型可知，着陆器与小天体表面接触后的速度变化与其相对表面的接触速度、接触姿态有关。小天体表面特征和着陆器的材料特性同样影响碰撞过程。根据着陆器的模型，可将接触构型分为三种情况：着陆器以某个顶点与小天体接触、着陆器以某条棱与小天体接触、着陆器以某个面与小天体接触[8]。三种接触方式如图9.10所示。

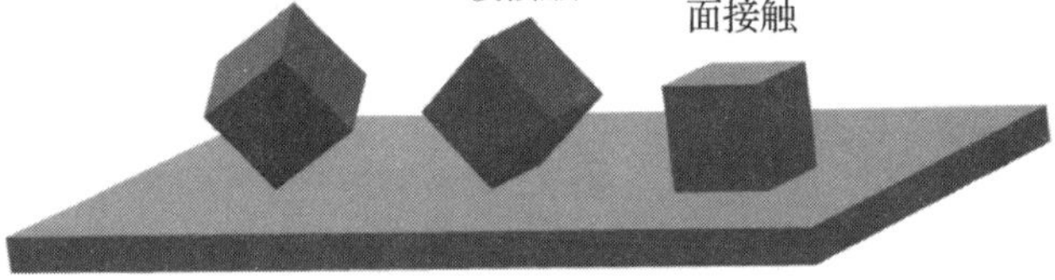

图9.10 三种着陆器接触方式

单顶点着陆是着陆器在无控条件下最自然的接触方式，但单点碰撞运动分析较为复杂，其由6个状态量确定（3轴角速度、3个欧拉角），着陆的不确定性较大。因此，从着陆控制的角度，更希望采用面着陆和棱着陆的方式。本节将针对面接触和棱接触构型，对影响接触后状态的各因素进行分析。

采用面接触的方式是较为理想也是常用的接触方式，且着陆器静止时也将保持面接触的方式。若令着陆器的角速度为0，则面接触的回弹情况与质点碰撞类似。着陆器的回弹速度主要与表面恢复系数 e_e、动摩擦系数 μ_d 有关。

若选择着陆器与小天体表面接触前的切向速度和法向速度分别为 $V_t^- = 0.06511\ \text{m/s}$，$V_n^- = -0.05636\ \text{m/s}$。接触面相对表面的速度与质心速度相同。恢复系数 e_e 选择在[0.2,1.0]间变化，动摩擦系数 μ_d 选择在[0,1.6]间变化。着陆器碰撞后的速度如图9.11所示。着陆器的切向速度受 e_e 和 μ_d 共同影响，而法向速度仅受 e_e 影响。由于着陆器没有角速度，因此着陆器碰撞后和碰撞前的法向速度比值为表面的恢复系数。较小的 e_e 对应较小的接触后法向速度，表明更多的能量在碰撞中被吸收。

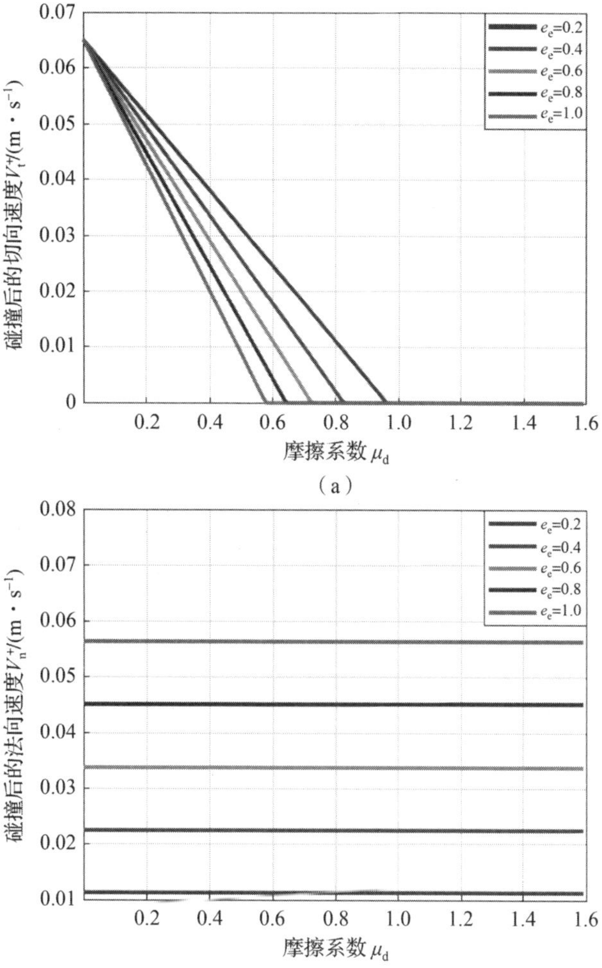

图 9.11　不同表面参数下的着陆器碰撞后的速度（附彩图）

（a）切向速度；（b）法向速度

若表面光滑（即 $\mu_d=0$），则在碰撞过程中着陆器的切向速度不会改变。逐渐增大 μ_d，则切向速度线性减小。当 μ_d 大于某一临界值 μ_{dc} 时，将发生表面黏滞现象，即 $V_t^+=0$。对于相同的 μ_d，增大 e_e 将减小切向速度。以上分析可知，若表面的摩擦系数足够大，则可通过面着陆消除切向速度，但着陆器的法向速度需通过多次碰撞才能逐渐降低至 0。若希望着陆器着陆后尽快停止且着陆距离尽可能小，则需要保证表面材料具有较大的 μ_d 和较小的 e_e。

进一步改变着陆前着陆器的质心速度方向，定义着陆速度方向角 $\tan\beta = V_n^-/V_t^-$，选择恢复系数 $e_e = 0.6$，碰撞前后的法向速度仍满足比值关系。因此，重点分析切向速度变化。着陆器切向速度在不同速度方向角下和不同速度大小下的变化情况如图 9.12 和图 9.13 所示。增大着陆速度方向角将减小初始切向速度。因此，较小的摩擦系数即可完全消除着陆器的切向速度。而仅改变速度大小不会改变表面黏滞对应的 μ_{dc}，但碰撞后的速度将与碰撞前的速度呈比例变化。

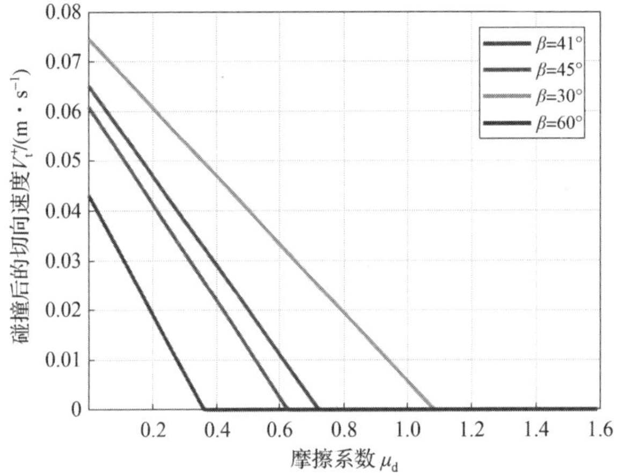

图 9.12　不同着陆速度方向角下的碰撞后切向速度（附彩图）

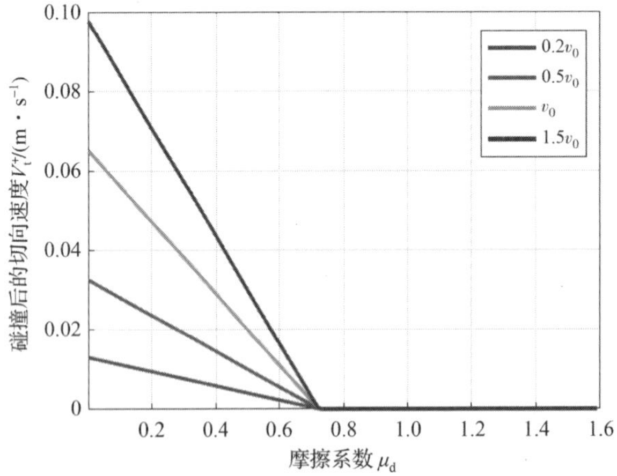

图 9.13　不同着陆速度大小下的碰撞后切向速度（附彩图）

以上分析可看出，着陆器采用面接触的方式较难改变沿表面的切向速度，而且小天体的表面特性也无法人为改变。因此，面着陆方式的可控变量较少，采用面接触方式的着陆回弹将无法避免。

由于着陆器的着陆姿态和碰撞角速度可变，棱接触相比面接触有更多的自由度。为了简化碰撞问题，避免碰撞过程中出现奇异性，这里选择着陆速度垂直于着陆器的接触棱，且着陆器仅存在沿该棱方向的角速度。接触棱相对小天体表面的速度为 $\boldsymbol{v}_c = \boldsymbol{v}_l^- + \boldsymbol{R}_s(\boldsymbol{\Omega}^- \times \boldsymbol{r}_c)$，其中 $\boldsymbol{r}_c$ 为棱中点在着陆器体坐标系下的位置矢量。着陆器的着陆姿态可通过着陆姿态角 α 表示，棱接触的示意图如图 9.14 所示。

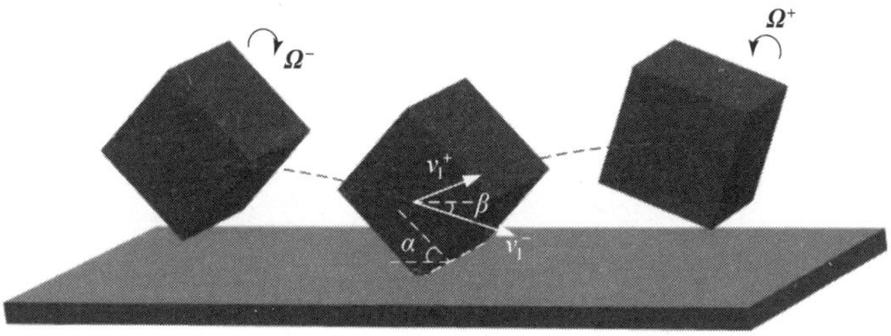

图 9.14　棱接触示意图（附彩图）

除着陆速度外，棱着陆受 4 个因素影响，包括表面摩擦系数 μ_d、恢复系数 e_e、接触角速度 $\boldsymbol{\Omega}^-$、着陆姿态角 α。同样，选择着陆速度 $V_t^- = 0.065\,11$ m/s、$V_n^- = -0.056\,36$ m/s，分别研究四个因素的影响。

首先，分析小天体表面特性对棱着陆的影响。选择角速度为 0，着陆姿态角 $\alpha = 15°$，图 9.15 给出了碰撞后速度随 μ_d 和 e_e 的变化情况。从图 9.16 中可知，切向速度随表面特性的变化规律与面着陆相似，当摩擦系数超过某一临界值 μ_{dc} 后，切向接触速度在碰撞过程中变为 0 并保持不变直至碰撞结束，即发生表面黏滞现象。但由于角速度的存在，碰撞后着陆器质心的切向速度不为 0。同时，着陆器碰撞后的法向速度受摩擦系数影响，且随摩擦系数的增大而增大。此外，法向速度关于摩擦系数的变化率在临界摩擦系数点也发生突变。

由于接触冲量将产生冲量矩，因此着陆器在碰撞后的自旋状态也将发生改变。图 9.16 给出了碰撞后角速度 $\boldsymbol{\Omega}^+$ 的大小变化情况。随着 μ_d 的增大，角速度先减小、后基本保持不变。转折点对应的摩擦系数为 μ_{dc}。由于切向脉冲和法向脉冲沿相反的方向施加力矩，因此着陆器既可能顺时针旋转也可能逆时针旋转，角速度方向与着陆器的姿态角也有较大关系。

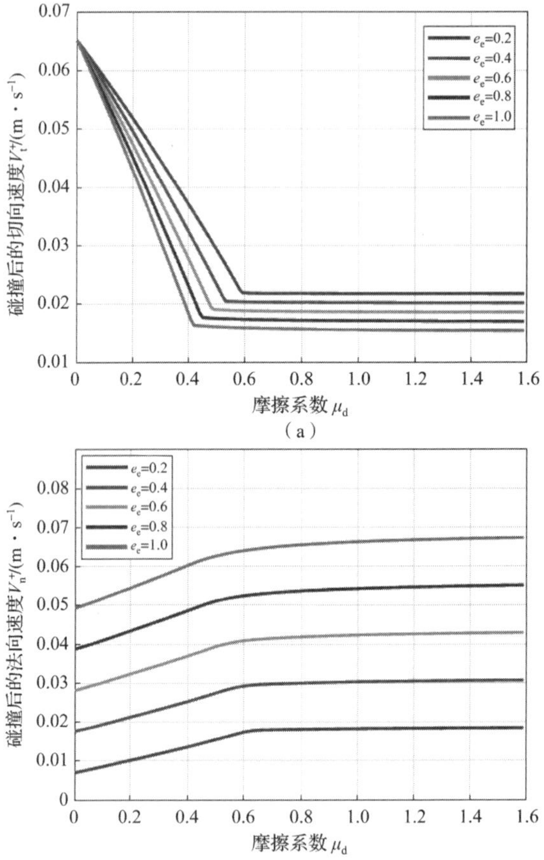

图 9.15　不同表面参数下的棱接触后速度变化（附彩图）

（a）切向速度；（b）法向速度

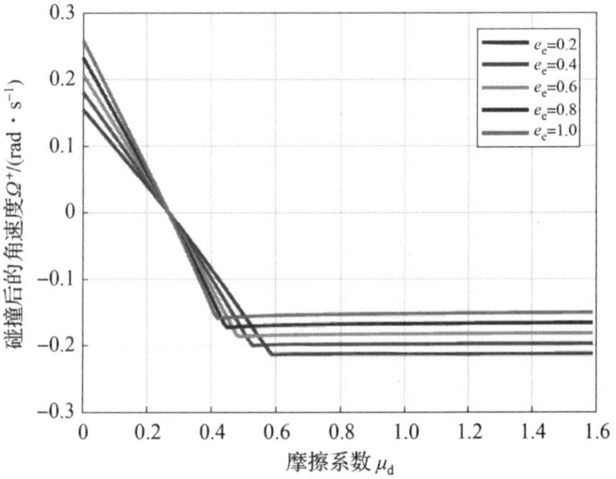

图 9.16　不同表面参数下的棱接触后角速度变化（附彩图）

其次，对棱着陆的着陆姿态角与角速度影响开展研究。棱着陆相比面着陆的最大优势在于着陆器的着陆姿态可变，从而对后续的着陆过程产生影响。选择小天体表面的恢复系数和摩擦系数分别为 $e_e=0.6$、$\mu_d=0.6$，改变着陆姿态角和角速度。为了方便起见，假设初始切向速度沿{𝕃}的 x 轴方向，且取角速度沿 y 轴方向为正。角速度在[−0.4,0.4] rad/s 间变化，姿态角取[0,π/2]，图 9.17 给出了着陆器碰撞后切向速度和法向速度的等高线图。

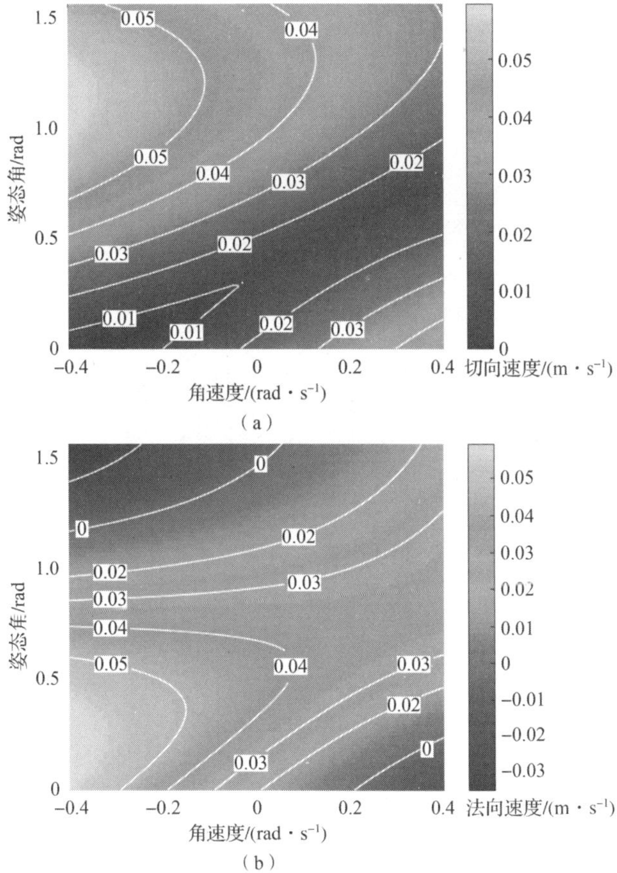

图 9.17　不同着陆姿态下碰撞后速度的等高线图（$\mu_d=0.6$，$e_e=0.6$）（附彩图）

（a）切向速度；（b）法向速度

通过选择不同的角速度和着陆姿态，着陆器碰撞后的速度分布范围较广。切向速度在 0 ~ 0.058 m/s 间变化，法向速度在 −0.034 ~ 0.056 m/s 间变化。若法向速度为负，则表明着陆器在首次碰撞后质心继续下降，将可能迅速发生下一次碰撞。此外，着陆器的着陆姿态对法向速度和切向速度产生近似相反的作用。若着陆器的着陆姿态导致切向速度减小，则相应的法向速度将增大；若减小导致法向速度减小则可能使切向速度增大，即棱接触方式无法同时减小着陆器的法向速度和切向速度，但可改变着陆器碰撞后的运动速度方向。相对而言，若仅要求较小的法向速度，则存在多组满足要求的着陆姿态，且所需的角速度较小。但着陆器需要较大的角速度和较小的着陆姿态角才能实现较小的切向速度。此时对应的法向速度较大，甚至超过碰撞前的法向速度。

改变表面参数为 $\mu_d=0.8$、$e_e=0.6$ 和 $\mu_d=0.6$、$e_e=0.4$，相应的碰撞后速度变化如图 9.18 和图 9.19 所示。碰撞后的速度变化随着陆器姿态变化的趋势基本

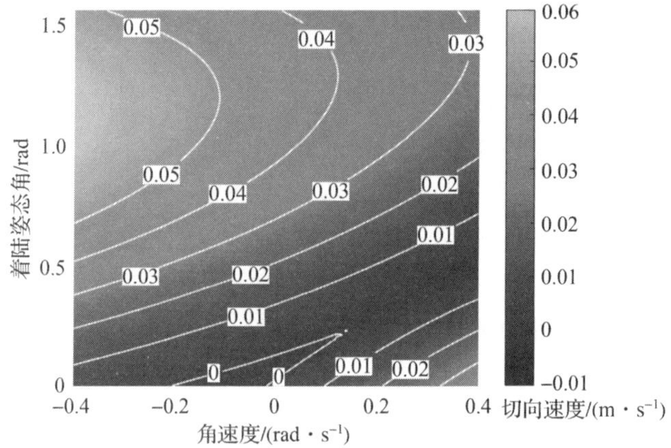

(a)

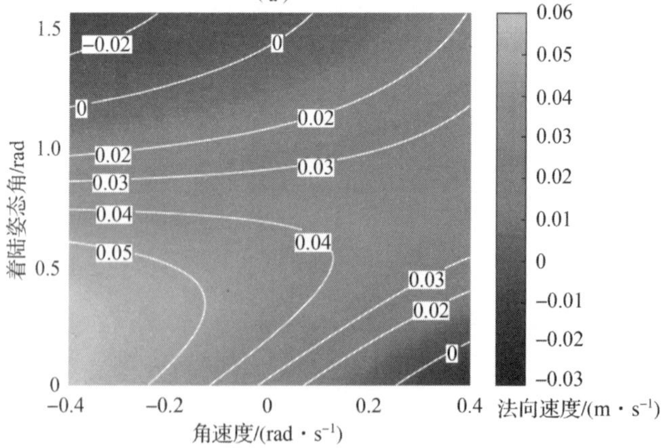

(b)

图 9.18 不同着陆姿态下的碰撞后速度等高线图（$\mu_d=0.8$，$e_e=0.6$）（附彩图）

(a) 切向速度；(b) 法向速度

相同。但更大的 μ_d 有利于减小切向速度，较小的角速度即可实现切向速度为 0；较小的 e_e 将增大法向速度，需要增大着陆器的初始角速度才能获得较小的碰撞后法向速度。

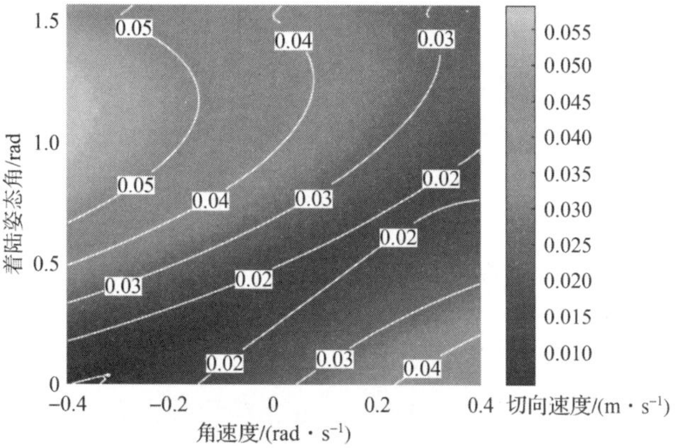

(a)

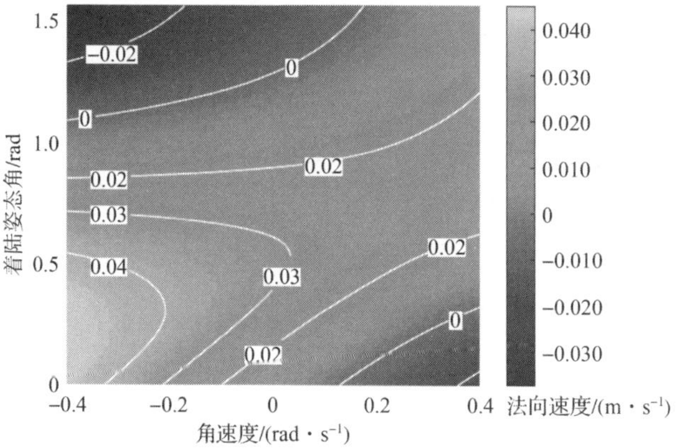

(b)

图 9.19 不同着陆姿态下的碰撞后速度等高线图（$\mu_d = 0.6$，$e_e = 0.4$）（附彩图）

(a) 切向速度；(b) 法向速度

基于以上分析可看出，尽管棱接触并不能消除着陆器的着陆速度，但可通过选择着陆器的接触姿态和角速度，改变碰撞后的质心速度方向与大小，从而改变后续的着陆轨迹，该特性可用于着陆器着陆控制方案的设计。

9.4 基于姿态控制的小天体表面弹跳误差抑制

9.3 节给出了着陆器采用不同方式与小天体表面接触后的碰撞响应，从中可知，对于缺少推力控制的着陆器，无论采用何种接触方式，着陆器都将发生回弹，导致最终停留点与初始着陆点间存在较大的弹跳误差。同时，不同接触姿态下的碰撞响应存在明显差异。本节将利用该特性，提出一种通过改变着陆器的接触姿态来减小弹跳误差的姿态控制方法。着陆器选择棱接触的方式作为接触构型，通过着陆器的内部执行机构调整着陆器接触碰撞前的姿态和角速度，改变碰撞后质心速度的大小和方向，从而改变着陆器的弹跳轨迹，减小着陆器可能的弹跳误差。

9.4.1 小天体表面弹跳误差分析

本节忽略着陆器的角速度，对采用不同着陆姿态的单顶点接触与采用面接触的弹跳轨迹进行仿真。选择小行星 91955 Bennu 作为目标小天体，着陆器的接触速度选择为 0.08611 m/s，其中法向速度 $V_t^- = 0.06511$ m/s、切向速度 $V_n^- = 0.05636$ m/s；小天体表面的摩擦系数选择为 $\mu_d = 0.6$，恢复系数 $e_e = 0.6$。仿真结果如图 9.20 所示。不同姿态下对应不同的弹跳轨迹，但着陆器都将经历多次弹跳才能停留在小天体表面。采用单顶点接触且不施加姿态控制的最终弹跳误差最大达 78.5 m。选择面着陆的方式，弹跳轨迹如图 9.21 所示，对应的着陆误差为 17.2 m。着陆器同样将发生多次弹跳，但较大的着陆误差仅出现在第一次回弹中。结果显示，采用面接触的方式相比无控单点接触的方式将明显缩小着陆器的弹跳误差。以上结果将与 9.4.2 节中采用姿态控制的棱接触方式的弹跳轨迹进行对比。

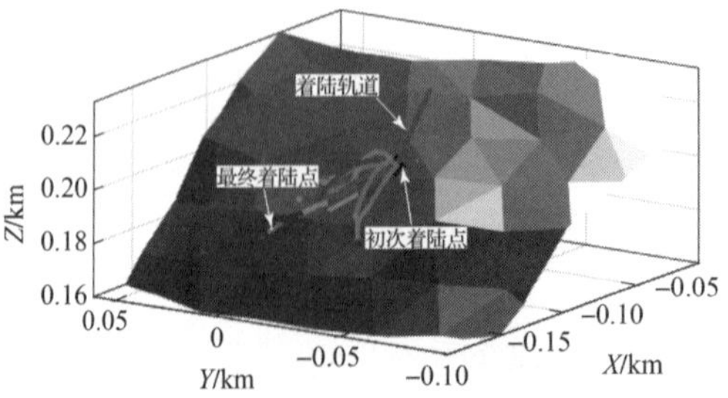

图 9.20 不同着陆姿态下单顶点着陆轨迹分布（附彩图）

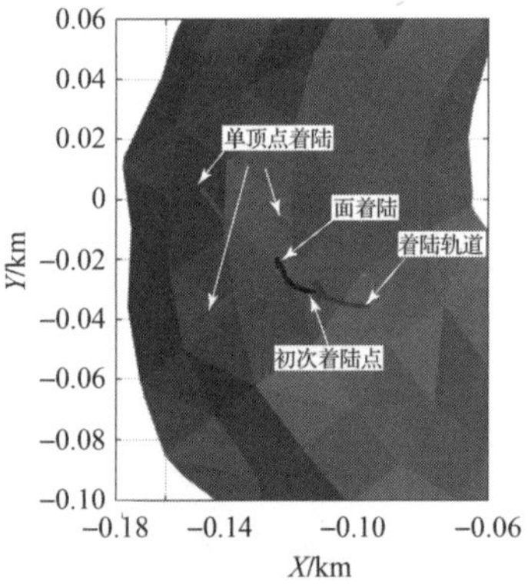

图 9.21 面着陆控制着陆轨迹（附彩图）

9.4.2　基于姿态控制的弹跳误差抑制策略

9.4.2.1　弹跳误差抑制策略

对于基于姿态控制的弹跳误差抑制，本节提出三种不同的接触策略——法向速度控制策略、切向速度控制策略和多次碰撞控制策略，如图 9.22 所示。

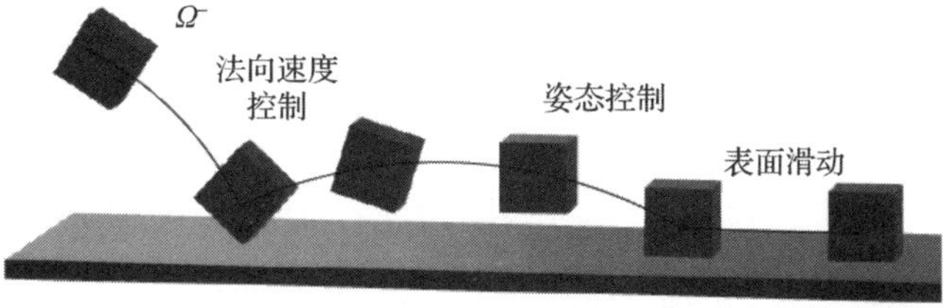

（a）

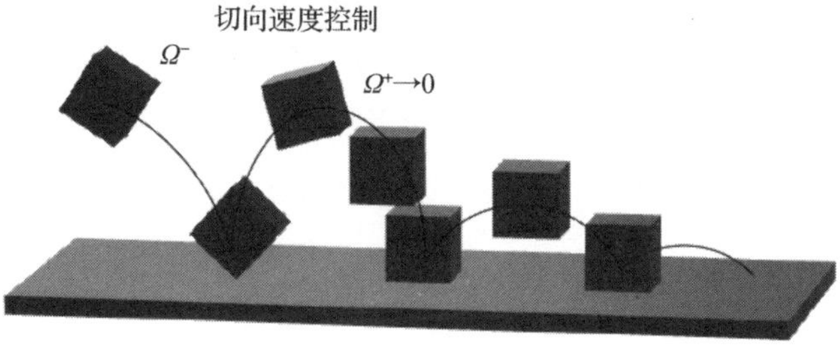

（b）

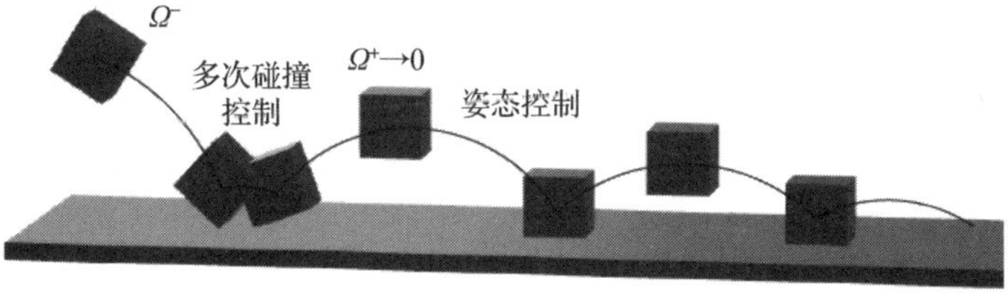

（c）

图 9.22　三种不同的接触策略

（a）法向速度控制策略；（b）切向速度控制策略；（c）多次碰撞控制策略

法向速度控制策略尽可能地减小着陆器碰撞后的法向速度，从而使着陆器尽早停留在小天体表面滑动，利用摩擦力减小着陆器的切向速度，使其停留在小天体表面；切向速度控制策略选择尽可能地减小着陆器碰撞后的切向速度，使着陆器在着陆点附近垂直弹跳，减小回弹造成的水平位移；多次碰撞控制策略通过控制着陆姿态使着陆器首次碰撞后的质心法向速度小于 0，通过短时间内发生的多次碰撞尽快损耗着陆器动能。对于不同的接触策略，着陆器均可能发生多次碰撞，在最后一次接触时将着陆器姿态调整成面着陆的方式，避免着陆器在着陆碰撞中发生翻滚。下面将详细分析这三类接触策略。

采用法向速度控制的着陆序列如图 9.22（a）所示。着陆器将采用尽可能少的碰撞次数使其停留在小天体表面。为了实现该目标，需要约束着陆器碰撞后的切向速度。考虑到最后一次着陆为面着陆，根据设定的切向速度阈值，对着陆序列进行逆推：由于回弹运动前后的切向速度大小相似，因此假设着陆器经过 n 次弹跳后切向速度小于阈值 $V_{z\min}$，则着陆器第 m 次着陆后的切向速度大小应小于 $V_{z\min}/e_{\mathrm{e}}^{n-m}$。同时，考虑到姿态机动所需的时间，切向速度的大小应大于最小切向速度临界值 V_{zc}，以保证两次碰撞间的时间间隔大于 t_{h}。由图 9.17 中可知，一般通过单次碰撞控制即可使法向速度满足约束，且存在多组着陆姿态角和角速度的参数组合满足要求。因此，对姿态控制参数进行优化，以切向速度最小为性能指标。控制量为着陆器角速度 $\boldsymbol{\Omega}^-$ 和着陆姿态角 α。若将碰撞动力学表示为 $\boldsymbol{v}_1^+(v_{1x},v_{1y},v_{1z})=f(\boldsymbol{v}_1^-,\boldsymbol{\Omega}^-,\alpha)$，则优化问题可表述为

$$\begin{aligned}
&\min_{\Omega^-,\alpha} J = V_{\mathrm{t}} = \sqrt{v_{1x}^2+v_{1y}^2} \\
&\text{s. t.}\quad \boldsymbol{v}_1^+ = f(\boldsymbol{v}_1^-,\boldsymbol{\Omega}^-,\alpha) \\
&\qquad\quad \alpha_{\min} < \alpha < \alpha_{\max} \\
&\qquad\quad \Omega_{\min} < \Omega^- < \Omega_{\max} \\
&\qquad\quad V_{zc} \leqslant V_{\mathrm{n}} \leqslant \frac{V_{z\min}}{e_{\mathrm{e}}}
\end{aligned} \tag{9.38}$$

切向速度控制的着陆序列如图 9.22（b）所示。切向速度控制的目标是减小着陆器碰撞后的切向速度，使着陆器尽可能在原地回弹，尽管可能需要发生多次弹跳才能使着陆器的法向速度小于阈值，但由于切向速度较小，着陆器的最终着陆点应与预定的着陆点接近。从图 9.17 中可看出，在一定的表面参数下，切向速度可能无法为 0。因此同样以切向速度最小为性能指标，但不考虑碰撞后的法向速度约束。控制量为着陆器角速度 $\boldsymbol{\Omega}^-$ 和着陆姿态角 α，优化问题可表述为

$$\begin{aligned}
&\min_{\Omega^-,\alpha} J = \sqrt{v_{1x}^2+v_{1y}^2} \\
&\text{s. t.}\quad \boldsymbol{v}_1^+ = f(\boldsymbol{v}_1^-,\boldsymbol{\Omega}^-,\alpha)
\end{aligned} \tag{9.39}$$

$$\alpha_{\min} < \alpha < \alpha_{\max}$$
$$\Omega_{\min} < \Omega^{-} < \Omega_{\max}$$
$$V_{n} \leqslant V_{z\max}$$

多次碰撞控制的着陆序列如图 9.22（c）所示，着陆器在每次着陆的过程中两条平行的棱连续发生两次碰撞，且两次碰撞之间没有控制。第一次和第二次碰撞后的平动速度分别表示为 $\boldsymbol{v}_{11}$ 和 $\boldsymbol{v}_{12}$。要求 $\boldsymbol{v}_{11}$ 的法向速度为负，从而引起第二次连续碰撞。多次碰撞的目标是保证最小化 $\boldsymbol{v}_{12}$，使着陆器的动能尽可能通过碰撞消耗。与法向控制相似，$\boldsymbol{v}_{12}$ 的法向分量也需要大于 V_{zc}，以提供足够的时间用于姿态调整。多次碰撞控制的最优化问题可表示为

$$\min_{\Omega^{-},\alpha} J = \| \boldsymbol{v}_{2}^{+} \| \tag{9.40}$$
$$\text{s.t.}\quad \boldsymbol{v}_{11}^{+} = f(\boldsymbol{v}_{1}^{-}, \Omega^{-}, \alpha)$$
$$\boldsymbol{v}_{2}^{+} = f(\boldsymbol{v}_{12}^{-}, \Omega^{*}, \alpha^{*})$$
$$\{\boldsymbol{v}_{2}^{-}, \Omega^{*}, \alpha^{*}\} = g(\boldsymbol{v}_{1}^{+}, \Omega^{+}, \alpha)$$
$$\alpha_{\min} < \alpha < \alpha_{\max}$$
$$\Omega_{\min} < \Omega^{-} < \Omega_{\max}$$
$$V_{1n} \leqslant 0, V_{2n} \geqslant V_{zc}$$

式中，$g(\boldsymbol{v}_{1}^{+}, \Omega^{+}, \alpha)$——着陆器第 1 次离开小天体表面后的运动。

根据以上三种接触控制策略，可根据着陆器的质点模型计算着陆轨迹并估算着陆速度，然后通过对着陆器的姿态进行优化，得到最优的接触姿态，该姿态即着陆器目标姿态，下一小节将采用姿态跟踪控制的方式实现着陆器的最优着陆姿态跟踪与保持。

9.4.2.2　着陆器标称姿态轨迹设计

基于 9.4.2.1 节提出的三种接触控制策略，并根据着陆器接触速度对着陆器的姿态进行优化，记着陆器的目标姿态状态为 α_{If} 和 $\boldsymbol{\Omega}_{\mathrm{f}}$，对应的姿态矩阵为 $\boldsymbol{R}_{\mathrm{If}}$。着陆器的初始姿态矩阵和角速度为 $\boldsymbol{R}_{\mathrm{Ii}}$ 和 $\boldsymbol{\Omega}_{\mathrm{i}}$。为了避免混淆，这里均在惯性坐标系{I}下定义着陆器的姿态。同时，着陆器的着陆时间根据质点轨迹计算确定，记为 T_{f}。本节将采用三次多项式设计从初始状态（$\boldsymbol{R}_{\mathrm{Ii}}, \boldsymbol{\Omega}_{\mathrm{i}}$）到终端状态（$\boldsymbol{R}_{\mathrm{If}}$，$\boldsymbol{\Omega}_{\mathrm{f}}$）且时间为 T_{f} 的参考姿态轨迹，用于着陆器的目标姿态跟踪。

这里采用指数坐标向量 $\boldsymbol{\chi}$ 来表示着陆器的姿态并生成姿态矩阵。指数坐标向量 $\boldsymbol{\chi}$ 与旋转矩阵 $\boldsymbol{R}$ 间的转换关系由 Rodrigues 方程给出[9]：

$$\boldsymbol{R}=\exp(\boldsymbol{\chi}^{\times})=\boldsymbol{I}_{3\times3}+\frac{\sin\|\boldsymbol{\chi}\|}{\|\boldsymbol{\chi}\|}\boldsymbol{\chi}^{\times}+\frac{1-\cos\|\boldsymbol{\chi}\|}{\|\boldsymbol{\chi}\|^{2}}(\boldsymbol{\chi}^{\times})^{2} \tag{9.41}$$

指数坐标系下的姿态运动可表示为

$$\dot{\boldsymbol{\chi}}=\mathrm{Att}(\boldsymbol{\chi})\boldsymbol{\Omega} \tag{9.42}$$

式中，$\mathrm{Att}(\boldsymbol{\chi})=\boldsymbol{I}_{3\times3}+\frac{1}{2}\boldsymbol{\chi}^{\times}+\left(\frac{1}{\|\boldsymbol{\chi}\|^{2}}-\frac{1+\cos\|\boldsymbol{\chi}\|}{2\|\boldsymbol{\chi}\|\sin\|\boldsymbol{\chi}\|}\right)(\boldsymbol{\chi}^{\times})^{2}$。

根据式（9.41）和式（9.42），指数坐标系及其在初始和末端状态的变化率可表示为 $\boldsymbol{\chi}_{\mathrm{i}}$、$\dot{\boldsymbol{\chi}}_{\mathrm{i}}$、$\boldsymbol{\chi}_{\mathrm{f}}$、$\dot{\boldsymbol{\chi}}_{\mathrm{f}}$。设计三次多项式对应的姿态轨迹，则姿态随时间的变化关系可表示为

$$\boldsymbol{\chi}(t)=\boldsymbol{a}_0+\boldsymbol{a}_1t+\boldsymbol{a}_2t^2+\boldsymbol{a}_3t^3 \tag{9.43}$$

根据边界条件 $\boldsymbol{\chi}(0)=\boldsymbol{\chi}_{\mathrm{i}},\dot{\boldsymbol{\chi}}(0)=\dot{\boldsymbol{\chi}}_{\mathrm{i}},\boldsymbol{\chi}(T_{\mathrm{f}})=\boldsymbol{\chi}_{\mathrm{f}},\dot{\boldsymbol{\chi}}(T_{\mathrm{f}})=\dot{\boldsymbol{\chi}}_{\mathrm{f}}$，可确定多项式系数向量 $\boldsymbol{a}_0$、$\boldsymbol{a}_1$、$\boldsymbol{a}_2$ 和 $\boldsymbol{a}_3$，从而得到标称的姿态轨迹。

通常着陆器弹跳后的初次着陆时间在几百秒至上千秒。若 T_{f} 较大，将导致系数较小，使设计的姿态轨迹不光滑。因此，我们将姿态轨迹进行分段设计。首先，将着陆器的姿态转移至中间状态 $\boldsymbol{\chi}_{\mathrm{m}}$，$\dot{\boldsymbol{\chi}}_{\mathrm{m}}=\boldsymbol{0}$，并保持稳定。在着陆轨迹的最后 100 s，构建从中间状态至终端状态的姿态轨迹（$\boldsymbol{\chi}_{\mathrm{m}}$，$\dot{\boldsymbol{\chi}}_{\mathrm{m}}$）→（$\boldsymbol{\chi}_{\mathrm{f}}$，$\dot{\boldsymbol{\chi}}_{\mathrm{f}}$）。改进的姿态变化将更光滑，且避免较大的姿态加速度变化。

基于设计的姿态轨迹 $\boldsymbol{\chi}(t)$，着陆器的姿态矩阵 $\boldsymbol{R}_{\mathrm{Id}}$ 随时间的变化情况将根据式（9.41）确定。对应的角速度由式（9.42）求解得到，即

$$\boldsymbol{\Omega}_{\mathrm{d}}=\mathrm{Att}^{-1}(\boldsymbol{\chi})\dot{\boldsymbol{\chi}} \tag{9.44}$$

进而可求得标称姿态轨迹 $(\boldsymbol{\chi}(t),\boldsymbol{\Omega}_{\mathrm{d}}(t))$，该姿态轨迹可通过 8.4.3 节提到的姿态控制方法实现跟踪与保持，从而使着陆器实现满足姿态要求的表面接触构型，实现受控着陆。

9.4.2.3 不规则形状小天体表面着陆轨迹仿真与分析

采用相同的接触速度和表面参数对以上三种接触控制策略进行分析对比。选择着陆器两次着陆碰撞间的最小时间间隔为 60 s，根据小天体的表面引力加速度，计算对应的最小法向速度约为 $V_{zc}=0.0026\ \mathrm{m/s}$。同时，碰撞后避免再次回弹

的最大的法向速度要小于 $V_{zmin}/e_e = 0.0033\ \mathrm{m/s}$。

首先，对法向速度控制进行仿真，根据着陆速度求得最优着陆姿态为 $\Omega^- = 0.2665\ \mathrm{rad/s}$ 和 $\alpha = 8.55°$。根据着陆点对应的表面坐标系确定着陆器的着陆姿态，用指数向量坐标形式表示为 $\boldsymbol{\chi}_f = [1.3811, 0, -0.3789]^T\ \mathrm{rad}$，着陆器的初始姿态 $\boldsymbol{\chi}_i = [0.1718, -0.038, -0.4352]^T\ \mathrm{rad}$，初始自旋角速度 $\boldsymbol{\Omega}_f = [0, 0.2665, 0]^T\ \mathrm{rad/s}$，着陆角速度 $\boldsymbol{\Omega}_f = [0, 0.2665, 0]^T\ \mathrm{rad/s}$。这里选择中间状态 $\boldsymbol{\chi}_m = \boldsymbol{\chi}_f$ 且 $\boldsymbol{\Omega}_f = [0, 0, 0]^T\ \mathrm{rad/s}$。着陆器的姿态首先稳定在中间状态，并在最后 100 s 转移至最优着陆姿态。

基于有限时间稳定姿态跟踪控制律，选择控制律的增益为 $p = 1.3$，反馈系数 $k_p = 1.5$，$\kappa = 1.104$，$k_1 = 0.001$，$k_2 = 0.008$，$k_3 = 0.004$，对着陆器的姿态轨迹进行跟踪，跟踪误差如图 9.23 所示。在图 9.23 的子图中分别给出了初始段和姿态跟踪段的误差情况，着陆器可快速收敛到中间状态（小于 30 s）并保持稳定。在最终阶段同样可在 60 s 内实现对标称姿态的跟踪，姿态误差小于 10^{-5} rad，角速度误差小于 10^{-7} rad/s。结果同样表明，姿态控制所需的控制力矩较小（最大力矩仅为 2 mN · m），轨迹跟踪期间所需的力矩更小，采用着陆器的内部执行机构可满足控制要求。

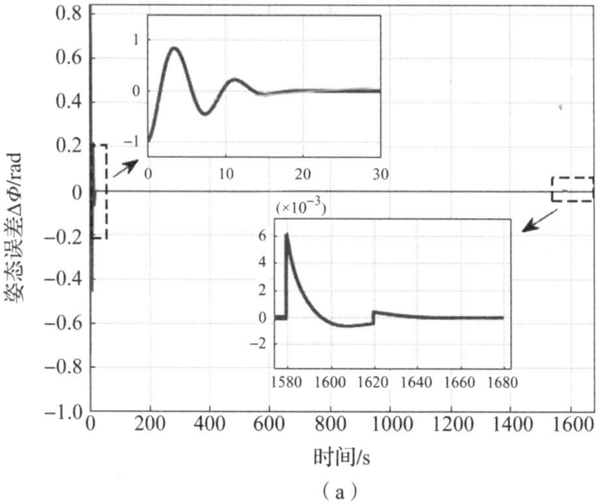

(a)

图 9.23　有限时间稳定姿态控制误差变化

(a) 姿态误差

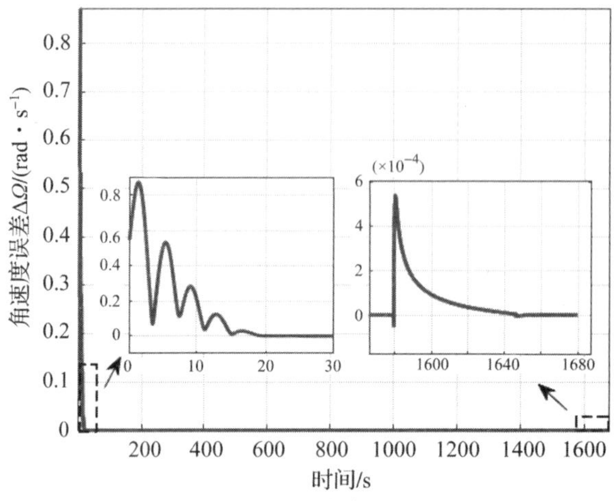

(b)

图 9.23 有限时间稳定姿态控制误差变化（续）

（b）角速度误差

图 9.24 进一步给出了着陆器的姿态变化。着陆器的姿态仅在初始时刻和最终时刻产生较大变化。在首次回弹后，着陆器也采用相同的控制律稳定在某一姿态，满足下一次棱接触或面接触的条件。

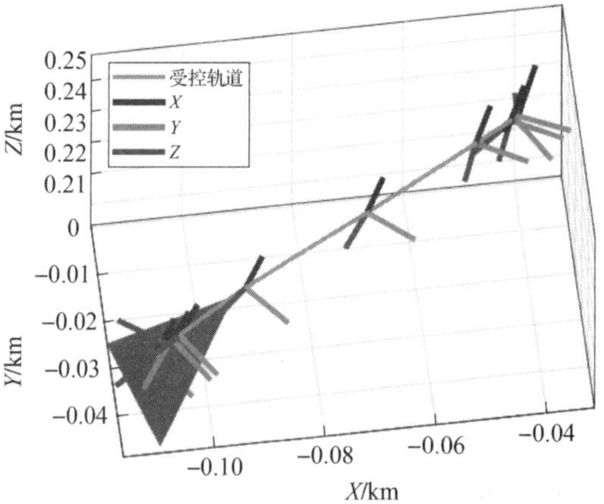

图 9.24 着陆器着陆过程中的姿态变化（附彩图）

采用法向速度控制后的着陆器的最终弹跳轨迹如图 9.25 所示。对应的弹跳误差为 12.0 m，其中 9.7 m 为在小天体表面的滑行轨迹。结果表明，法向速度控制下的着陆方式可有效缩短弹跳误差。

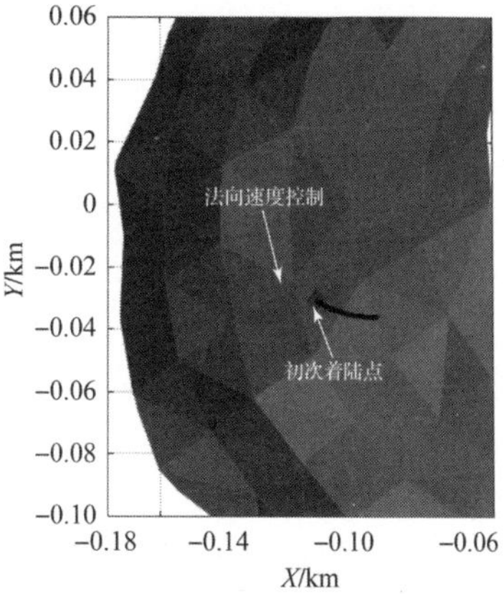

图 9.25　法向速度控制着陆轨迹（附彩图）

接下来，采用相同的着陆速度，讨论切向速度控制下的弹跳轨迹。为了防止过大的控制角速度使着陆器的回弹法向速度过大而出现逃逸，将碰撞后的最大的法向速度约束为 $V_{\mathrm{nmax}} = 0.05\ \mathrm{m/s}$，优化得到的最优着陆角速度和姿态为 $\Omega^{-} = -0.3621\ \mathrm{rad/s}$，$\alpha = 14.23°$。采用相似的控制过程，着陆器的弹跳轨迹如图 9.26 所示，对应的着陆距离为 23.4 m，比法向速度控制和面接触控制略大。着陆器将发生 6 次弹跳，直至停止在表面。从图中可看出，尽管约束了着陆器的切向速度，但由于着陆器的法向速度较大，因此着陆器的弹跳高度较大，跳跃轨迹时间较长，在不规则形状引力摄动作用下，着陆器仍将产生一定的切向速度，并造成较大位移。我们逐渐减小碰撞后法向速度的容许最大值，缩短着陆器每次回弹时间，切向着陆控制下的弹跳轨迹如图 9.27 所示。随着法向速度的减小，弹跳误差也逐渐减小至 14.9 m。事实上，若减小法向速度的约束值，切向速度控制将等同于法向速度控制。结果间接表明，控制着陆器的法向速度比减小着陆器的切向速度效果更好。

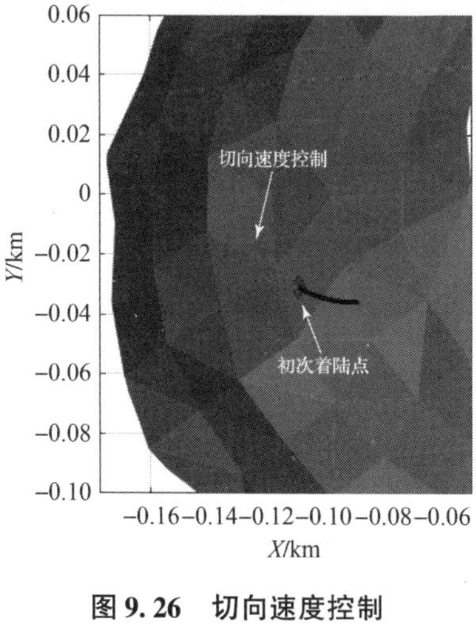

图 9.26　切向速度控制着陆轨迹（附彩图）

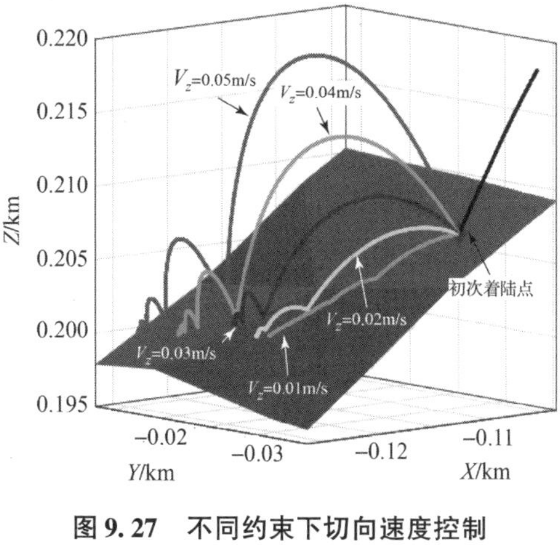

图 9.27　不同约束下切向速度控制着陆轨迹（附彩图）

最后，对多次碰撞控制的弹跳轨迹进行分析。根据着陆速度，可得最优弹跳姿态和角速度为 $\alpha = 13.4°$ 和 $\Omega^- = 0.3535$ rad/s，对应的最优弹跳轨迹如图 9.28 所示。着陆器的着陆距离为 16.4 m，介于法向速度控制和切向速度控制之间，略小于面着陆情况。着陆器将发生多次弹跳，但仅前 2 次弹跳产生较大的位置偏差。对比以上着陆控制的仿真结果如图 9.29 所示。从图中可看出，通过着陆姿态控制，着陆器可有效缩短弹跳误差[10]，其中采用法向速度控制下的棱接触具有最佳着陆效果。

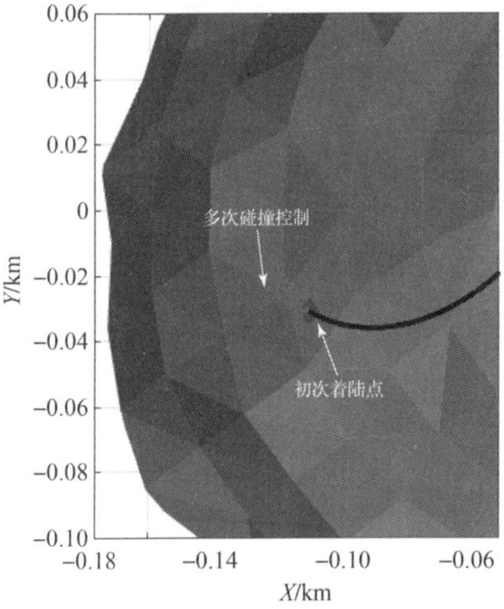

图 9.28　多次碰撞控制弹跳轨迹（附彩图）

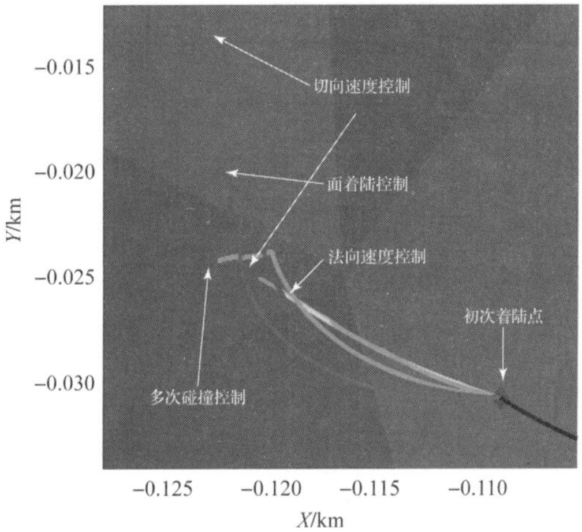

图 9.29　不同着陆控制策略下的弹跳轨迹比较（附彩图）

本节提出的着陆器弹跳误差抑制方法不仅适用于着陆器的弹跳着陆过程，同样适用于着陆器的部署过程。9.4.3 节将采用法向速度控制作为棱着陆的控制方式，进一步研究小天体表面特性对弹跳误差的影响。

9.4.3　小天体表面特性对弹跳误差的影响

针对 9.4.2 节提出的着陆器弹跳误差抑制方法，本节以着陆器部署为例，同时考虑释放着陆器的过程中可能存在初始状态误差，讨论小天体表面特性对弹跳误差的影响。将着陆器选择在 91955 Bennu 北极附近区域着陆，在小天体固连坐标系下初始误差分布如表 9.1 所示，着陆器的释放姿态在空间中随机给定，接下来分别分析法向速度控制、面着陆控制、无控着陆的着陆器弹跳轨迹。

表 9.1　着陆器初始误差分布

参数	取值
着陆器释放位置 $\boldsymbol{r}$/m	$[0,\ 0,\ 350]^{\mathrm{T}}$
3σ 位置误差 $\Delta\boldsymbol{r}_s$/m	$[20,\ 20,\ 20]^{\mathrm{T}}$
着陆器释放速度 $\boldsymbol{v}_s$/(mm · s^{-1})	$[0,\ 0,\ -6]^{\mathrm{T}}$
3σ 速度误差 $\Delta\boldsymbol{v}_s$/(mm · s^{-1})	$[2,\ 2,\ 2]^{\mathrm{T}}$
着陆器释放角速度 $\boldsymbol{\Omega}$/(rad · s^{-1})	$[0,\ 0,\ 0]^{\mathrm{T}}$
3σ 角速度误差 $\Delta\boldsymbol{\Omega}$/(rad · s^{-1})	$[0.001,\ 0.001,\ 0.001]^{\mathrm{T}}$

着陆器的标称着陆速度为 0. 107 m/s，其中切向速度 $V_t^- = 2.64$ mm/s。考虑初始误差，进行 90 组蒙特卡洛仿真，不考虑姿态控制的弹跳轨迹如图 9. 30 所示。由于着陆器的着陆姿态随机，且受到小天体不规则表面的影响，着陆器将在初次着陆后向各个方向回弹，且至多发生 12 次碰撞后才停留在小天体表面。着陆器的最终停留位置遍布小行星的北半球，部分轨迹甚至靠近赤道附近区域。从初次着陆点至最终停留点的平均距离达 170 m，最大距离超过 350 m。

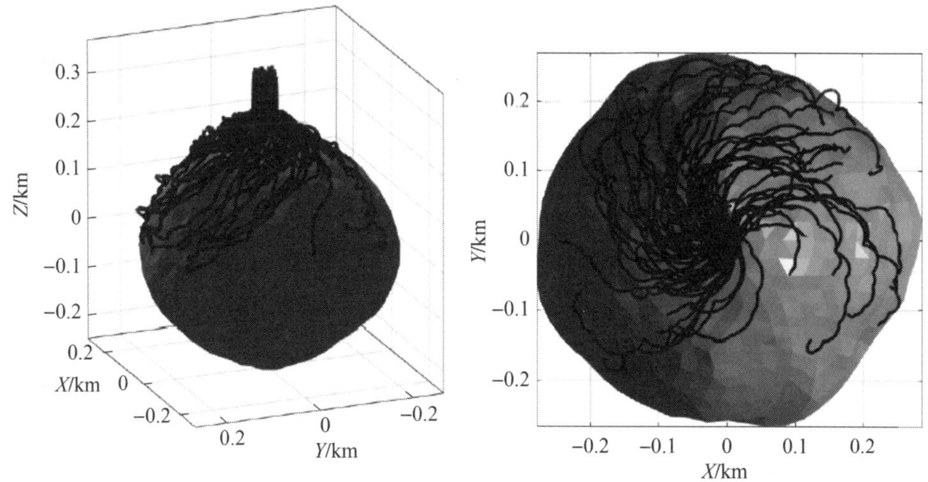

(a)　　(b)

图 9. 30　无控着陆器部署的弹跳轨迹

(a) 三维示意图；(b) XY 平面投影

采用面接触和棱接触的弹跳轨迹如图 9.31 和图 9.32 所示，通过控制着陆器的接触姿态，可明显缩短着陆器部署时的弹跳距离。法向速度控制下的平均弹跳距离为 25 m，最大距离少于 60 m；面接触的平均距离为 38 m。

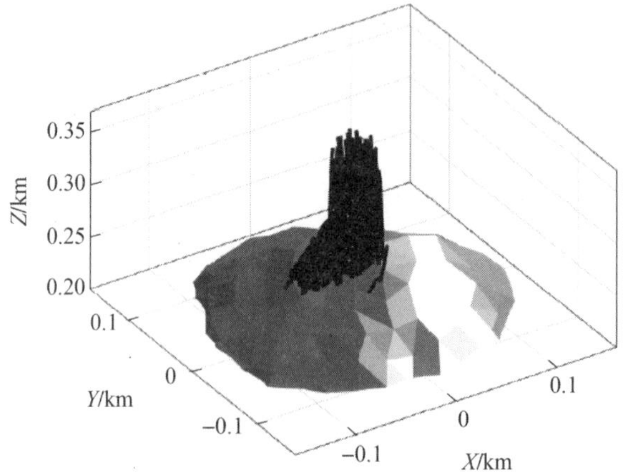

图 9.31　面接触着陆器弹跳轨迹

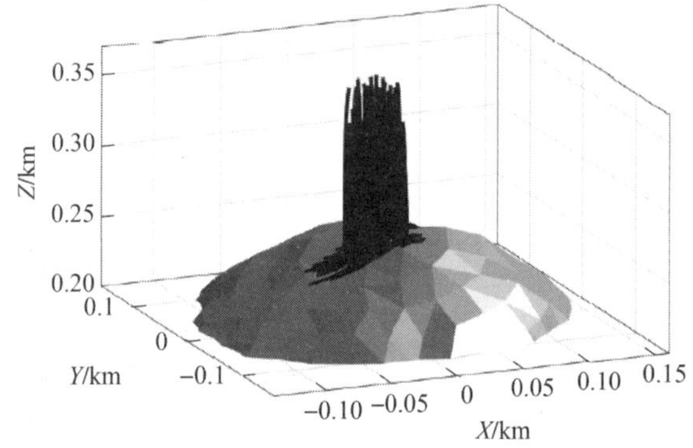

图 9.32　法向速度控制着陆器弹跳轨迹

三种接触方式的弹跳误差分布如图 9.33 所示。在当前着陆速度和表面参数下，采用棱接触仅需两次碰撞即可停留在表面，而面接触可能需要多达 8 次碰撞（但仅前 3 次会产生较大的回弹距离）。此外，采用面接触和棱接触方式将调整着陆器的着陆姿态，因此着陆后的弹跳轨迹均向某一固定方向偏移。这表明可对采用姿态控制的着陆弹跳误差进行预先评估，从而通过改变着陆器释放的初始状态进行修正。作为对比，自由释放的着陆器在不规则表面的落点分布没有规律性且不可预测，给着陆器释放控制带来困难。

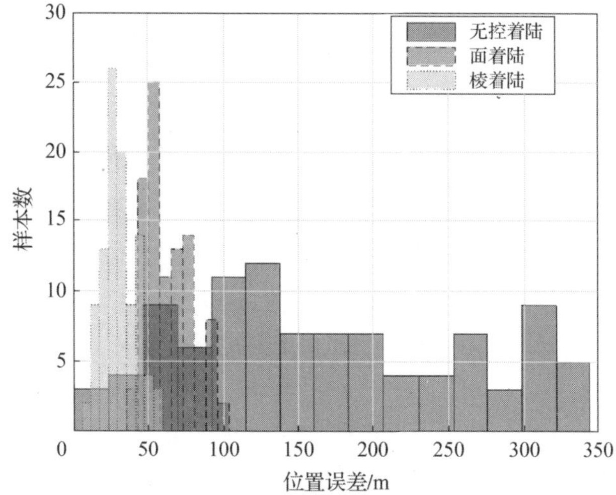

图 9.33　不同接触方式的弹跳误差分布（附彩图）

图 9.34 给出了着陆器首次接触和最终停留在小天体表面的时间分布。三种接触方式的首次着陆时间集中在 1500 ~ 2200 s。棱接触的最终停留时间在1900 ~ 3200 s 范围内，面接触的总时间在 4900 ~ 6500 s 范围内，无控着陆的总时间在更大的范围内分布。

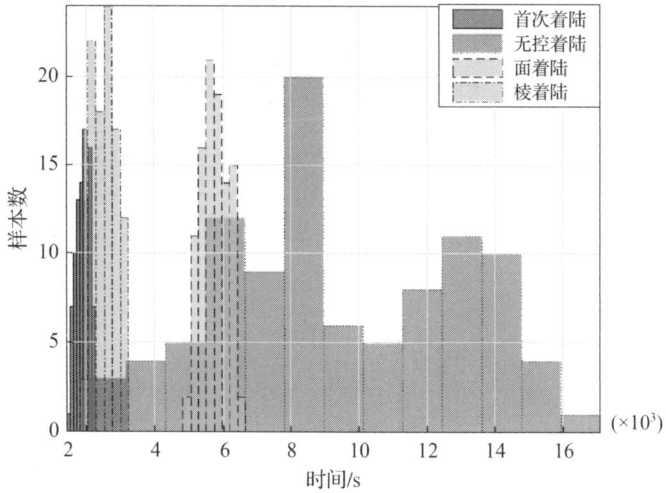

图 9.34　不同接触方式的着陆时间分布（附彩图）

进一步改变小天体表面的摩擦系数，分析摩擦系数对弹跳误差的影响，将摩擦系数 μ_d 分别选择为 0.4、1.0 和 1.5。从图 9.35 中可看出，尽管棱接触可减小着陆后的法向速度，但它有可能增大切向速度，且速度的变化情况与摩擦系数大小密切相关。对于较小的 μ_d，着陆器受到的切向冲量较小，因此碰撞后的切向速度较小。增大 μ_d 将增大碰撞后的切向速度，但根据上节对棱着陆的分析，小天体表面存在使着陆器切向速度取得最大值的临界摩擦系数 μ_{dc}。当 $\mu_d > \mu_{dc}$ 时，由于接触点的黏滞现象，切向速度将不会继续增大。因此在 $\mu_d = 1.0$ 和 $\mu_d = 1.5$ 情况下，碰撞后着陆器的切向速度相同。但更大的摩擦系数在滑动运动中具有更大的摩擦力，也有利于缩短着陆距离。因此，增大和缩小摩擦系数都将有可能缩短着陆距离。不同摩擦系数下的棱接触弹跳距离统计结果如表 9.2 所示。

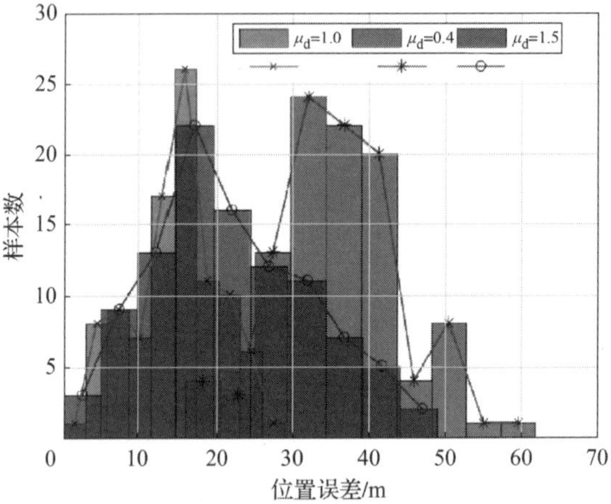

图 9.35　不同 μ_d 下着陆弹跳误差分布（附彩图）

表 9.2　不同 μ_d 下法向速度控制弹跳距离统计结果

μ_d	均值/m	标准差/m	最大误差/m
0.4	14.7	5.7	28.1
1.0	24.9	11.7	59.7
1.5	22.1	9.4	48.5

其次，将表面的恢复系数 e_e 调整为 0.4 和 0.8，弹跳误差分布情况如图 9.36 所示。增大 e_e 对应于更大的碰撞后法向速度，因此面接触和棱接触都将产生更大的着陆距离。棱着陆需要至少 3 次回弹才能停留在表面，但受控着陆的落点分布较集中。

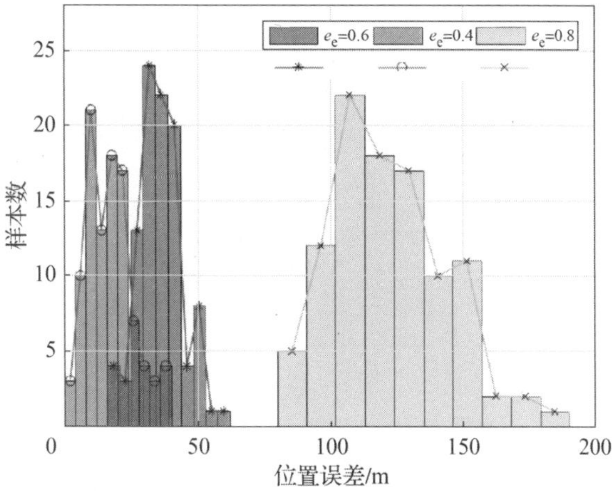

（a）

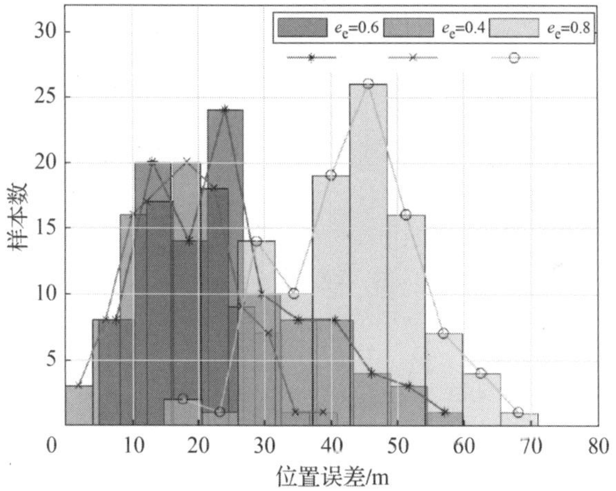

（b）

图 9.36 不同 e_e 下弹跳误差分布（附彩图）

（a）面着陆；（b）棱着陆

面接触和棱接触在较小的 e_e 下具有相似的着陆性能，但在较大 e_e 下，棱接触相比面接触的优势更加明显，具体结果如表 9.3 所示。

表 9.3 不同 e_e 下不同接触方式的弹跳距离统计结果

e_e	接触方式	均值/m	标准差/m	最大误差/m
0.4	棱着陆	17.6	8.0	40.8
	面着陆	17.2	8.7	39.0

续表

e_e	接触方式	均值/m	标准差/m	最大误差/m
0.6	棱着陆	24.9	11.7	59.7
	面着陆	24.9	11.7	59.7
0.8	棱着陆	43.1	10.1	70.4
	面着陆	122.5	21.3	187.7

以上仿真结果表明，表面参数和初始状态均会影响着陆器的着陆弹跳轨迹和着陆时间，较小的恢复系数对应的着陆误差小，减小或增大摩擦系数均可能降低着陆误差。基于姿态控制的着陆方式可有效地减小着陆器在小天体表面部署时的弹跳误差和落点范围，还能减少着陆器的回弹次数和最终着陆时间，在不同的小天体表面特征下均具有较好的着陆性能。同时，采用姿态控制的着陆弹跳轨迹是可预测的，因此可通过调整初始状态来减小回弹造成的误差影响。

参考文献

[1] STRONGE W J. Rigid body collisions with friction [J]. Proceedings of the Royal Society A, 1990, 431(1881): 169 - 181.

[2] LI X Y, SANYAL A K, WARIER R R, et al. Dynamics analysis of hopping rovers on irregularly - shaped small bodies [C]//AAS/AIAA Astrodynamics Specialist Conference, Snowbird, 2018.

[3] YOSHIMITSU T, KUBOTA T, NAKATANI I, et al. Microgravity experiment of hopping rover [C]// IEEE International Conference on Robotics and Automation, Detriot, 1999: 2692 - 2697.

[4] YOSHIMITSU T, NAKATANI I, KUBOTA T. New mobility system for small planetary body exploration [C]//IEEE International Conference on Robotics and Automation, Detriot, 1999: 1404 - 1409.

[5] JIA Y B, WANG F F. Analysis and computation of two body impact in three

dimensions [J]. Journal of computational and nonlinear dynamics, 2017, 12(4): 041012-1-16.

[6] BATLLE J A. The sliding velocity flow of rough collisions in multibody systems [J]. Journal of applied mechanics, 1996, 63(3): 804-809.

[7] STRONGE W J. Swerve during three - dimensional impact of rough rigid bodies [J]. Journal of applied mechanics, 1994, 61(3): 605-611.

[8] LI X Y, SANYAL A K, WARIER R R, et al. Landing of hopping rovers on irregularly - shaped small bodies using attitude control [J]. Advance in space research, 2020, 65(11): 2674-2691.

[9] XU D, WEI Y, HE K. Trajectory tracking control of a Quad - Rotor UAV [J]. Applied mechanics and materials, 2013, 419: 718-724.

[10] LI X Y, SCHEERES D J, QIAO D. Bouncing return trajectory design for precise lander deployment to asteroids [J]. Journal of guidance, control and dynamics, 2022, 45(1): 121-137.

索　引

1~3

1996 HW1 引力加速度分布（图）　39
1999 KW4 双小天体系统参数（表）　184
1999 KW4 系统中的主星形状及加速度分布（图）　14

A~Z（英文）

ANH3BP 模型下平衡点附近周期轨道（图）　132
A 组、B 组及 W 组双小天体系统特性分析　12
A 组双小天体系统　12
B 组双小天体系统　13
C 类小行星　7、8
DART 航天器　17
Lucy 探测器　17、18（图）
　　飞行轨迹（图）　18
L 组双小天体系统　12
　　特性分析　12
MMX 任务　18、19（图）
　　剖面（图）　19
NEAR 探测器　15
OSIRIS－REx 探测器　16、17（图）
　　飞行轨迹（图）　17
Psyche 任务　18、19（图）
　　飞行轨迹（图）　19
SMASS 分类法　8
S 类小行星　7、8
Tholen 分类法　7
W 组双小天体系统　13
X 类小行星　7、8

B

半人马小行星　5
逼近过程中的摄动分析与轨道修正　60
并行打靶法示意（图）　182
不规则小天体　24、172（图）、292
　　表面着陆轨迹仿真与分析　292
　　全局转移轨道参考图（图）　172
　　引力场与动力学建模　24
不规则形状小天体附近　146、248、252
　　动力学平衡点　146
　　姿轨耦合动力学　248
　　姿轨耦合效应分析　252
不同长径比 m 下 E_x 根轨迹（图）　152
不同长径比 m 下 E_y 根轨迹（图）　152
不同长径比 m 下长轴平衡点 E_x 的球心距 D（图）　150

不同长径比 m 下长轴平衡点 E_x 至原点的距离（图） 149
不同长径比 m 下短轴平衡点 E_y 至原点的距离（图） 149
不同长径比 m 下有效势能 W 等高线图及平衡点分布（图） 148
不同长径比下的不变流形演化（图） 168
不同角速度下 E_y 随长径比 m 的变化 150
不同角速度下球心距 D 随长径比 m 的变化（图） 150
不稳定平衡点附近运动形态 154

C

嫦娥二号月球探测器 16
长周期轨道 Hopf 分岔（图） 163

D

单次双曲飞越小天体质量测量（图） 72
单顶点着陆轨迹分布（图） 288
地球引力摄动加速度（图） 85
第三体引力摄动对探测器相对绕飞轨道的影响（图） 89
定点悬停轨道设计与控制 97、101
定义在0.45～2.45 μm 范围内的所有24种类型的平均光谱（图） 8
冻结轨道设计 114、118、130
动力学平衡点 146、154
　分布及演化 146
　附近运动形态特性分析 154
动力学平衡点附近周期轨道 159、165、168
　轨道间同宿与异宿连接 168
　轨道族及延拓 159
　流形结构及特性 165
短轴平衡点 E_y 附近周期轨道及稳定性（表） 159
多次碰撞控制弹跳轨迹（图） 296
多脉冲逼近制导策略示意（图） 59
多脉冲转移轨道优化方法 55
多面体模型 28

F

法向速度控制着陆轨迹（图） 295
非球形引力摄动主导的冻结轨道设计 118
非同步双小天体系统 178、199、220（图）
　弹道捕获轨道设计（图） 220
　轨道保持 199
　探测器的轨道动力学 178
非同步双小天体系统有界轨道设计 195
　保持方法 195
分布式质点模型 253
分段两脉冲修正策略 64

G～H

刚度系数对弹跳运动影响分析 272
共振轨道搜索 179
光压参数 β 与质量面积比和小行星引力系数的关系（图） 128
光压系数对轨道尺寸的影响（图） 135
归一化角速度 ω' 与临界长径比 m_{cr} 的关系（图） 153
轨道动力学 177、178
轨道跟踪控制流程（图） 257
轨道修正 60
环绕轨道选择 116
火星穿越小行星 4
火星卫星探测计划 18

J

基于闭环连续控制的近距离伴飞轨道保持策略 94
基于动力学分岔的周期轨道衍生方法 161
基于多面体的双小天体系统引力势能计算方法 45
基于二体模型的共振轨道搜索 179
基于高阶滑模的小天体着陆轨道控制 233
基于勒让德加法定理的冻结轨道设计 118

基于力矩驱动的小天体表面弹跳动力学建模 265
基于力矩驱动的小天体表面弹跳运动 264、268
基于连续推力的着陆轨道脉冲调制方法 242
基于脉冲控制的近距离伴飞轨道保持控制 91
基于慢飞越的小天体引力场测量 72
基于全二体问题的双小天体系统建模 41
基于同宿、异宿连接的小天体全局探测轨道设计 172
基于伪弧长连续法的周期轨道族延拓方法 159
基于姿轨耦合效应 247、256
　小天体弹道着陆及误差抑制策略 247
　着陆轨道控制方法 256
基于姿态控制的小天体表面弹跳误差抑制 287
基于自旋平均摄动加速度的准周期冻结轨道设计方法 143
级数逼近法 24
伽利略探测器 15
接触策略（图） 289
接触点滑动状态初值选取 270
接触点静止状态初始选取 268
近地小行星 4、15、20
近距离伴飞轨道保持策略 94
近距离伴飞轨道保持控制 91
近距离逼近 68、70
　慢飞越轨道设计 70
　转移轨道设计 68

K

考虑小天体非球形摄动的太阳光压驱动冻结轨道设计 136
考虑圆柱体的哑铃形状体模型（图） 36
柯伊伯带小行星 5
空间共振轨道 185
空间轨道捕获机会 216
扩展 Hill 三体动力学 129
　平衡点（图） 129
　运动特性分析 129
扩展哑铃形状体模型示意（图） 34

L

黎明小行星探测器 15
利用姿轨耦合效应的轨道 256、257（图）
　跟踪控制流程（图） 257
　控制策略设计步骤 256
两脉冲转移轨道设计方法 52
罗塞塔探测器 15

M

脉冲调幅调频方法 242
慢飞越轨道 70、71（图）
　设计 70
面对称周期轨道参数与稳定性（表） 194
面接触着陆器弹跳轨迹（图） 298

N ~ P

拟周期光压冻结轨道族（图） 135
逆向运动稳定性 213
偶极子模型 30
　引力场建模方法 30
平衡点 E_x 和 E_y 间的异宿连接（图） 171
平衡点 E_y 附近 163 ~ 165
　短周期轨道的特征根变化（图） 164
　分岔形成的三类周期轨道（图） 165
　空间轨道的根轨迹（图） 163
平衡点 E_y 周期轨道庞加莱截面（图） 171
平衡点稳定性及演化 151
平面共振轨道设计 182
平面和轴对称周期轨道参数与稳定性（表） 193
普适变量解兰伯特问题 53

Q～R

球谐函数表征的引力场模型 25
区域悬停轨道（图） 109～111
全局周期轨道 186～189
分类与稳定性分析 189
设计方法 187
绕飞轨道 90～93

S

三维模型逼近法 25
摄动分析与轨道修正 60
摄动力量级分析与环绕轨道选择 116
深度撞击号探测器 15
始末端约束固定的多脉冲转移轨道优化方法 55
受摄逼近轨道 61
双小天体系统 9、10、11、41、45、176、177、202～206、210、214～218、232
动力学特性 177
分类 9
建模 41
空间轨道稳定区域 210
平面轨道稳定区域 206
探测器运动行为 176
逃逸轨道设计 214、218
物理特性 9
引力势能计算方法 45
运动动力学 41
运动稳定性分析 205
双小天体系统捕获 205、214
轨道设计 214
逃逸轨道设计 205
双小行星重定向测试 17
“隼鸟2号”探测器 16
“隼鸟”探测器 15

T

太阳光压驱动冻结轨道设计 130、136
太阳光压摄动 85、89
对探测器相对绕飞轨道影响（图） 89
弹跳动力学 264
弹跳误差抑制策略 289
探测器 248、253
刚体模型及分布式质点模型（图） 253
姿轨耦合动力学 248
逃逸轨道设计 205
特洛伊小行星 5
天问2号 20
条件稳定平衡点附近运动形态 156
同步双小天体系统 177～179、187（表）
共振轨道 179
探测器轨道动力学 177
周期轨道设计 179
同步双小天体系统全局周期轨道 186、187
设计方法 187
椭球谐函数模型 27

W～X

网格搜索方法改进 186
微分修正法 130
伪弧长连续法 159
相对运动方程的周期解与伴飞轨道设计 79
相交哑铃形状体模型（图） 36
小天体 101955 Bennu 的多面体模型（图） 28
小天体 4179 Toutatis 的多面体模型（图） 28
小天体 6489 Golevka 附近定点悬停轨迹（图） 105
小天体表面接触动力学 276
响应特性分析 276
建模 276
小天体表面弹跳 287、288
误差分析 288
误差抑制 287
小天体表面弹跳运动 264、268

Y

Z

（王彦祥、张若舒 编制）

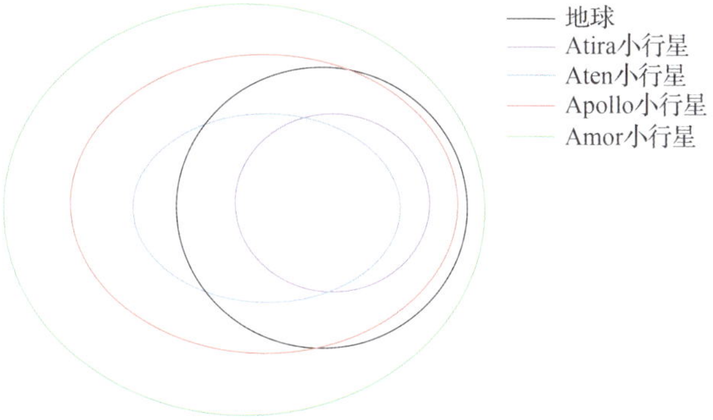

图 1.1　近地小行星轨道分布图

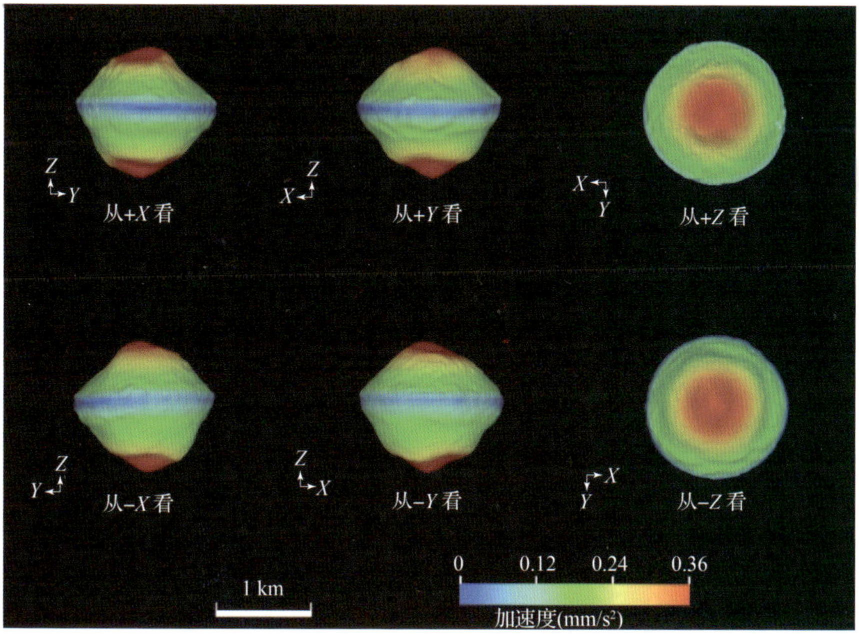

图 1.6　1999 KW4 系统中的主星形状及加速度分布

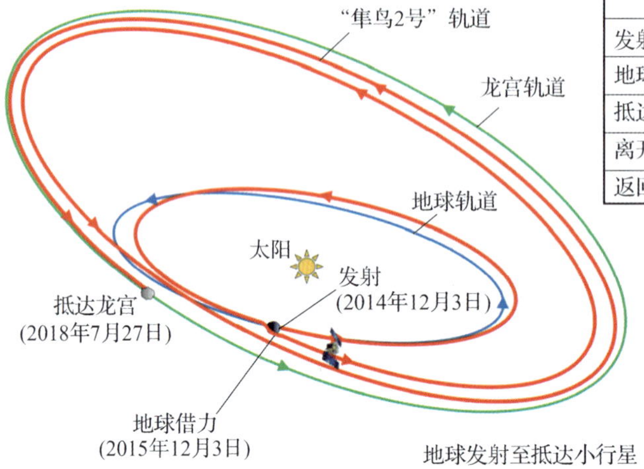

事件	时间
发射	2014年12月3日
地球借力	2015年12月3日
抵达小行星	2018年7月27日
离开小行星	2019年11—12月
返回地球	2020年11—12月

图 1.7 “隼鸟 2 号”探测器飞行轨迹

（来源：JAXA）

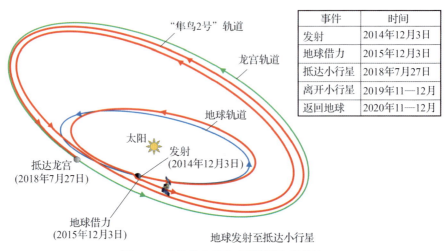

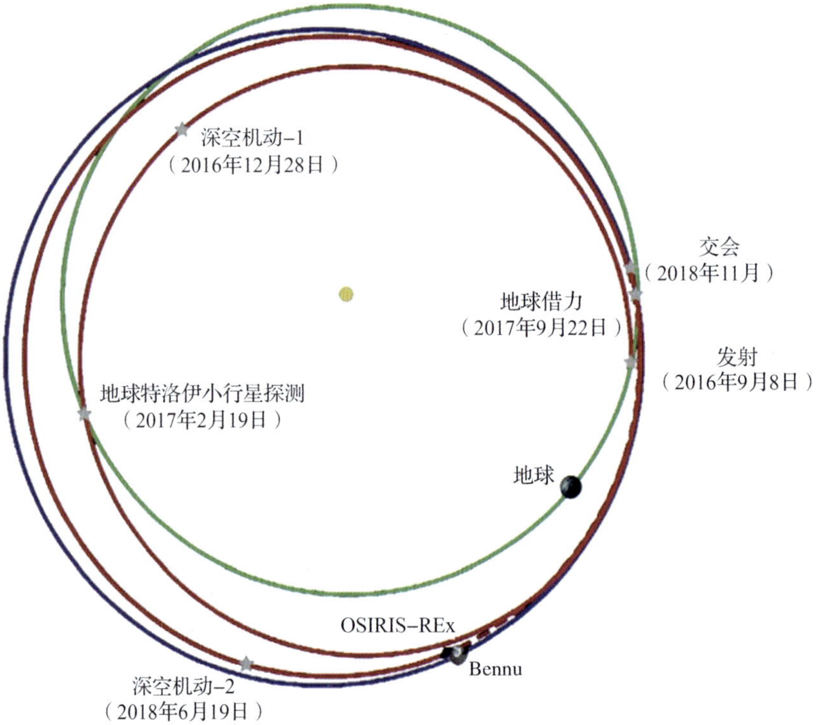

图 1.8 OSIRIS – REx 探测器飞行轨迹

（来源：NASA/亚利桑那大学）

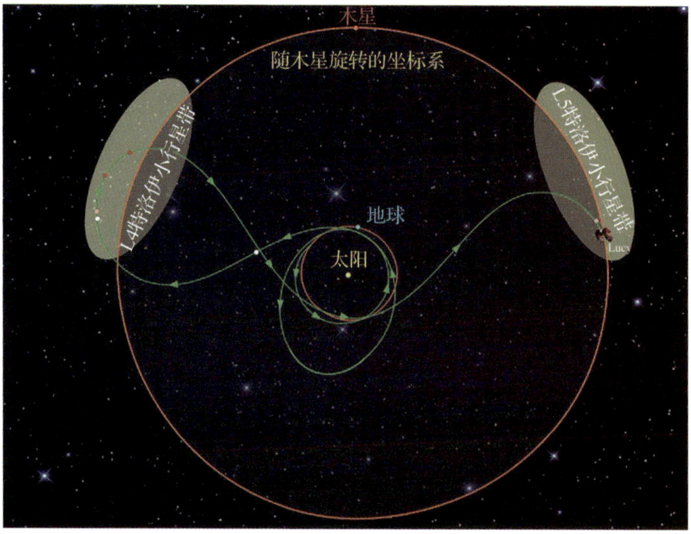

图 1.9　Lucy 探测器飞行轨迹

（来源：Southwest Research Institute）

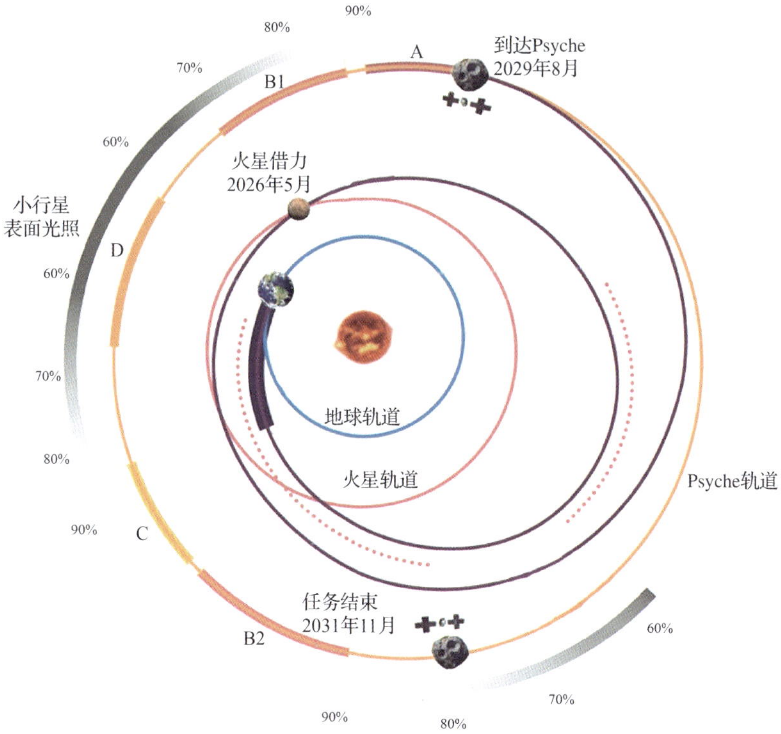

图 1.10　Psyche 任务飞行轨迹

（来源：NASA）

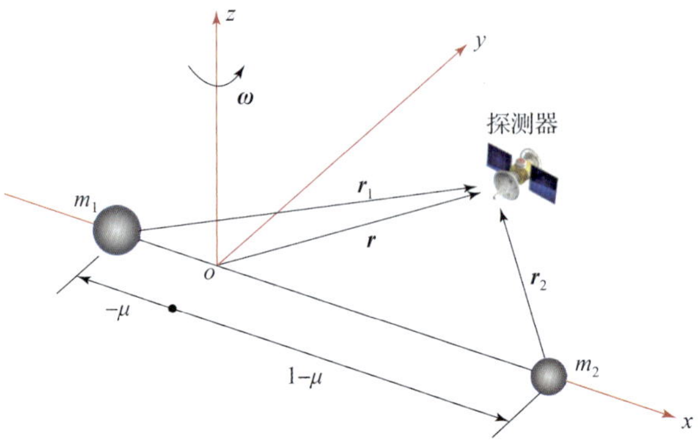

图 2.6　偶极子模型示意图

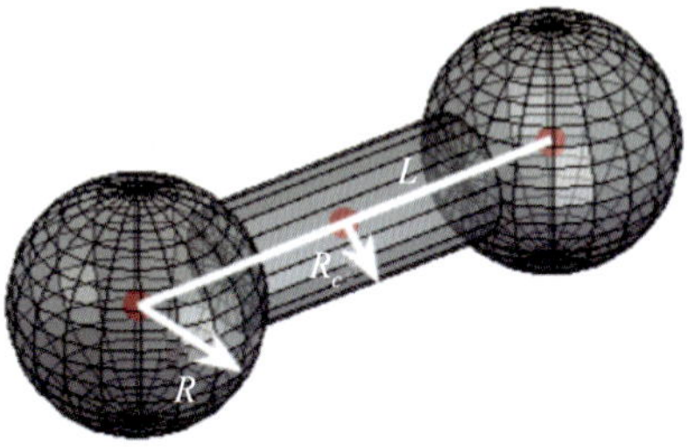

图 2.7　哑铃形状体模型示意图

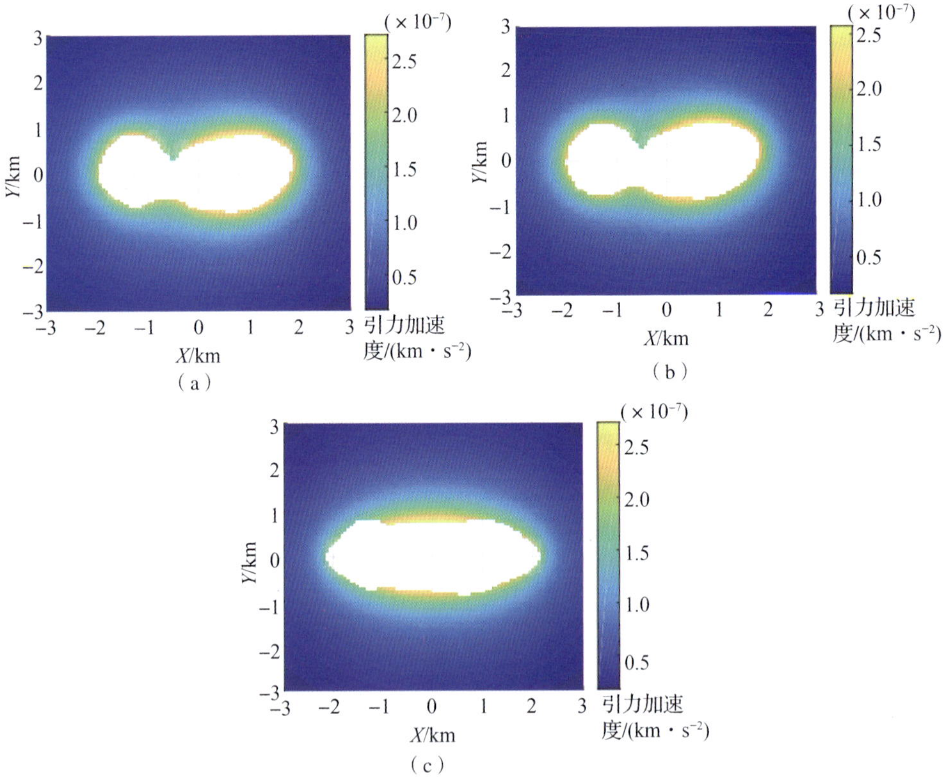

图 2.14　1996 HW1 引力加速度分布

(a) 多面体模型；(b) 哑铃形状体模型；(c) 椭球体模型

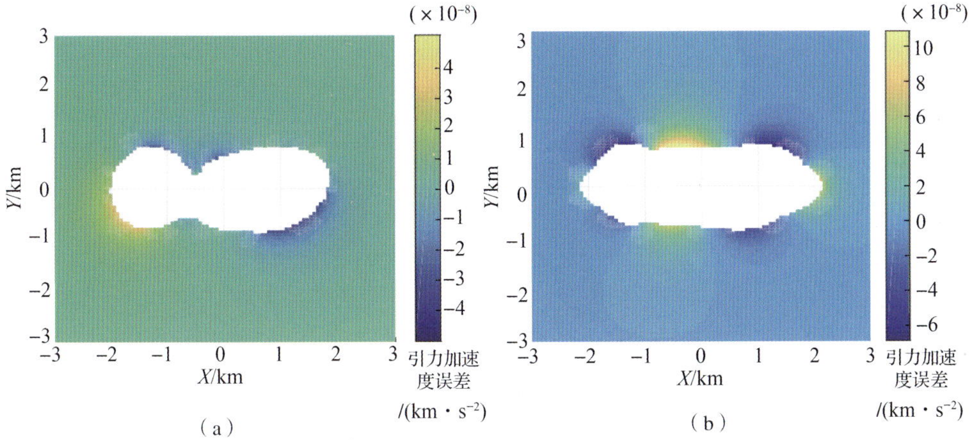

图 2.15　不同模型与多面体模型引力加速度误差分布

(a) 哑铃形状体模型；(b) 椭球体模型

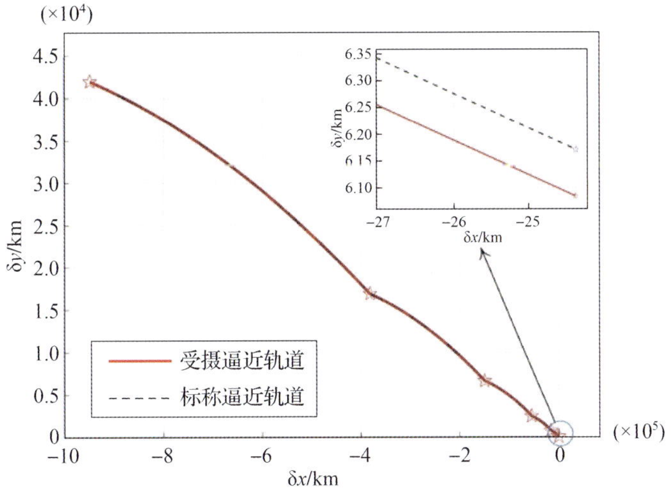

图 3.2　受摄逼近轨道与标称逼近轨道对比（*xy* 平面内）

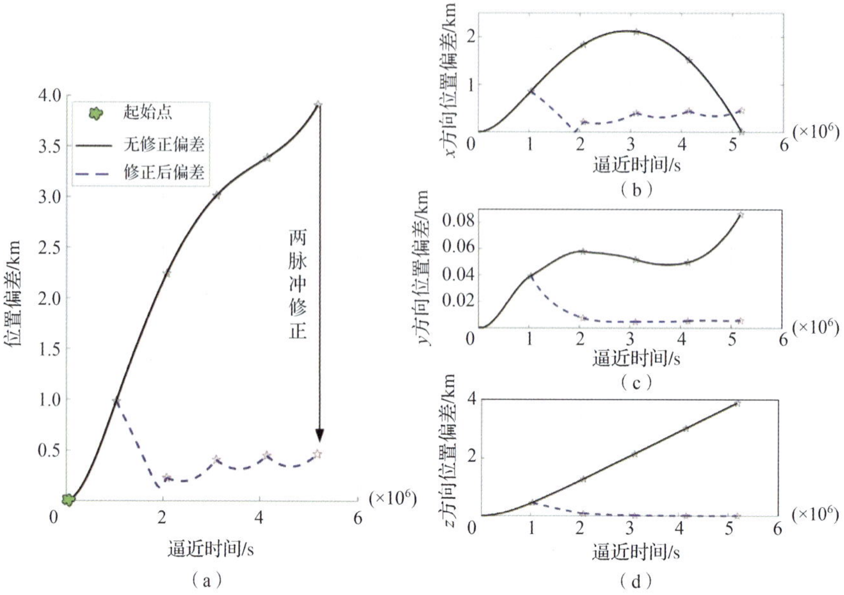

图 3.6　两脉冲修正位置偏差

(a) 位置偏差随逼近时间的变化；(b) x 方向位置偏差随逼近时间的变化；

(c) y 方向位置偏差随逼近时间的变化；(d) z 方向位置偏差随逼近时间的变化

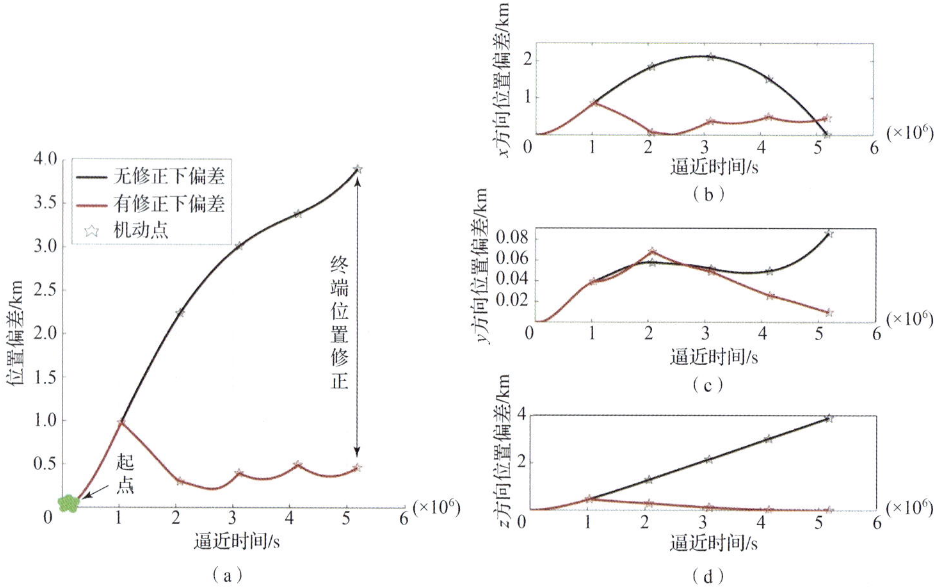

图 3.8　整体重构修正位置偏差

(a) 位置偏差随逼近时间的变化；(b) x 方向位置偏差随逼近时间的变化；

(c) y 方向位置偏差随逼近时间的变化；(d) z 方向位置偏差随逼近时间的变化

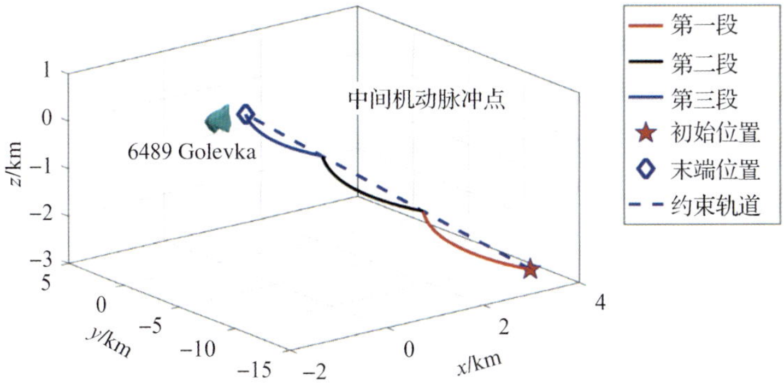

图 3.9　小天体引力场范围内的最优逼近轨迹

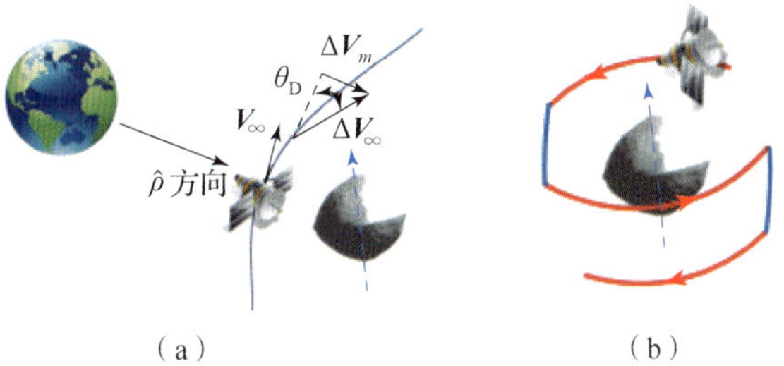

图 3.10　不同类型的慢飞越轨道

（a）用于质量系数测量；（b）用于球谐系数测量

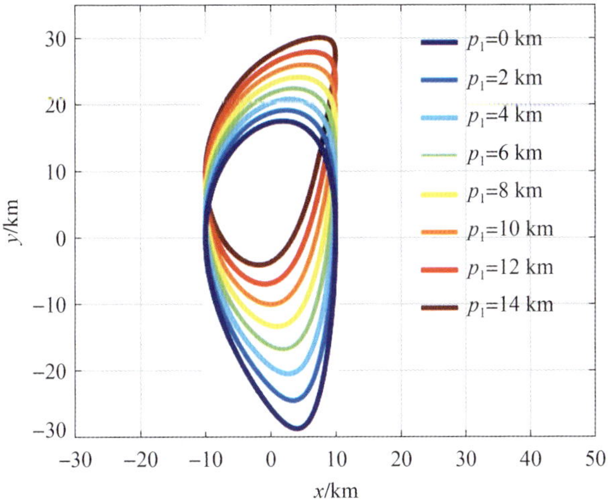

图 4.1　不同中心偏移量所对应的绕飞轨道

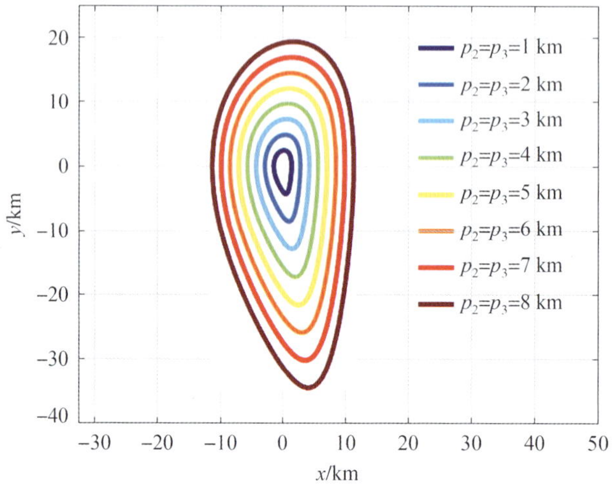

图 4.2　不同尺寸的相对绕飞轨道

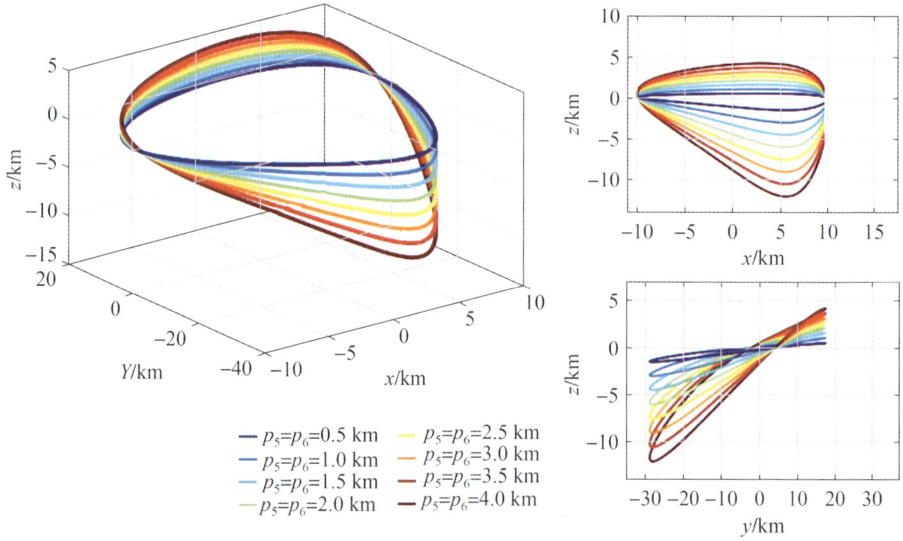

图 4.4　z 方向不同振幅对应的绕飞轨道

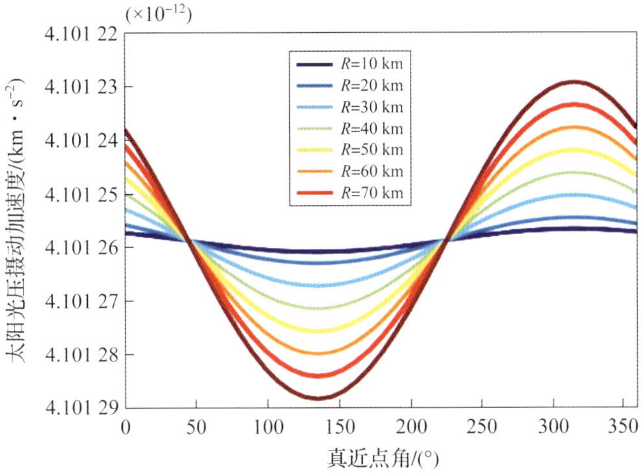

图 4.5　太阳光压摄动加速度

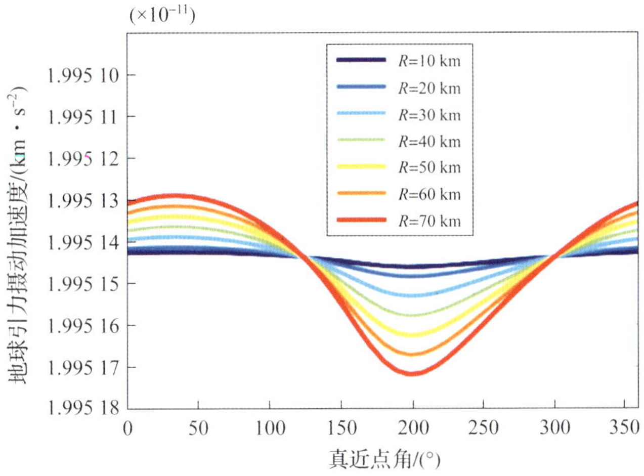

图 4.6　地球引力摄动加速度

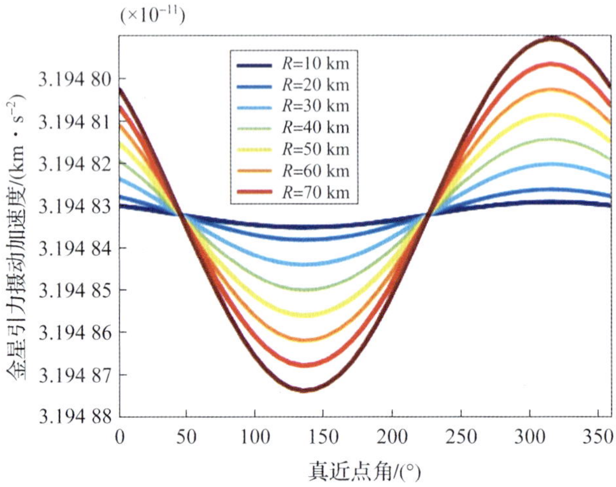

图 4.7　金星引力摄动加速度

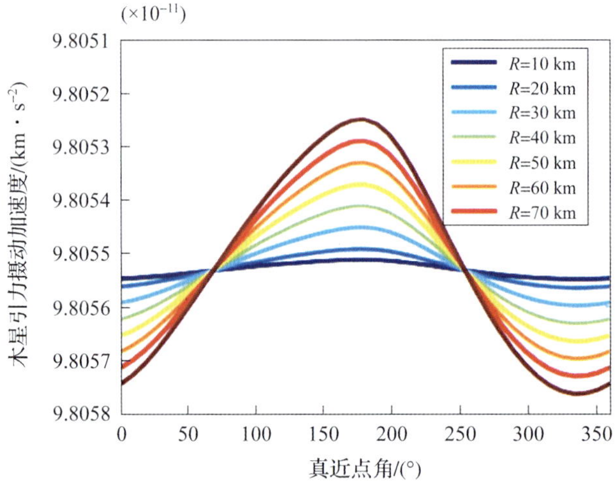

图 4.8　木星引力摄动加速度

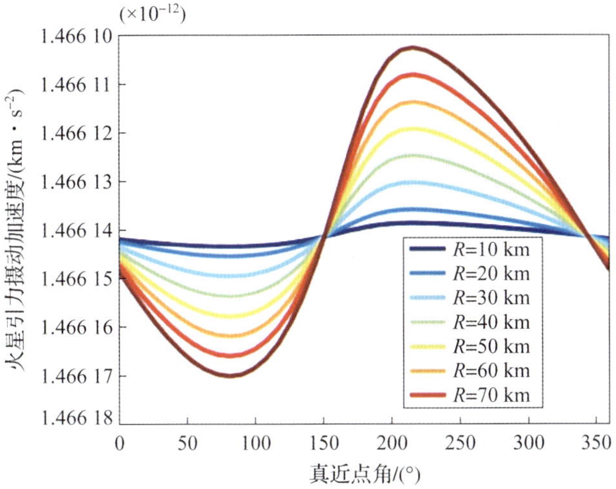

图 4.9　火星引力摄动加速度

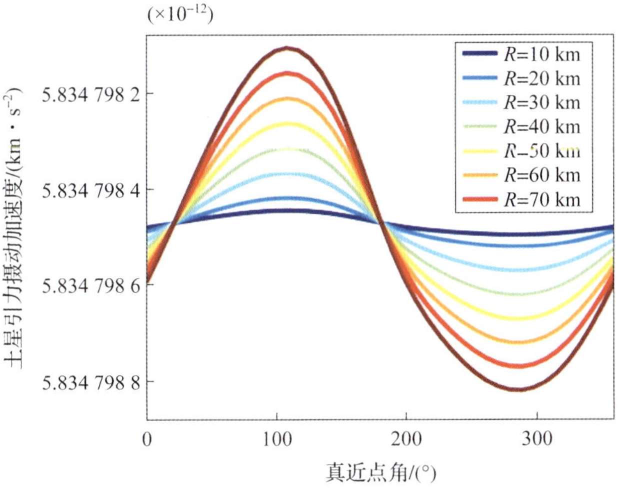

图 4.10　土星引力摄动加速度

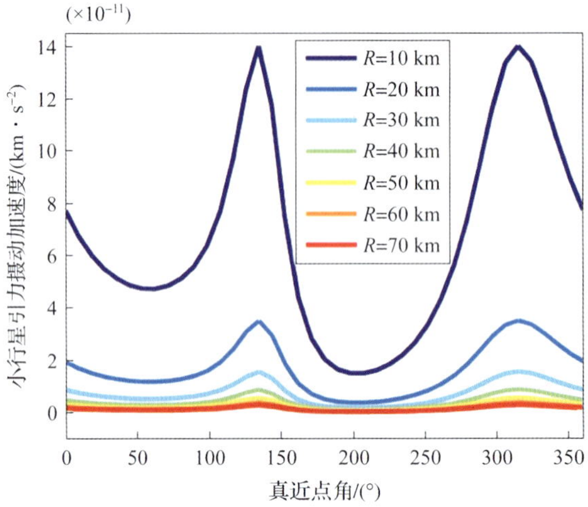

图 4.11　小天体引力摄动加速度

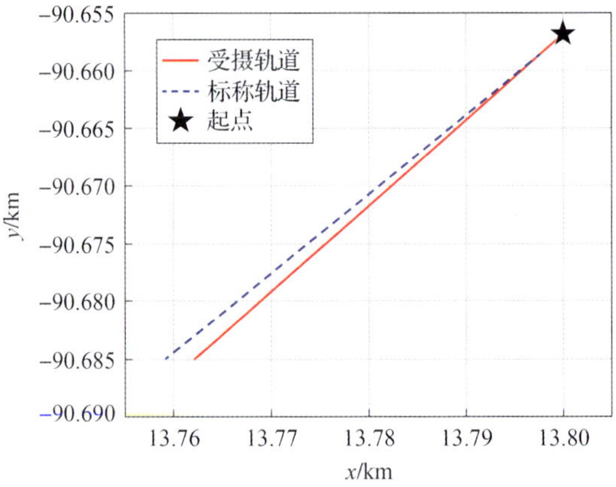

图 4.12　太阳光压摄动对探测器相对绕飞轨道的影响（24 h）

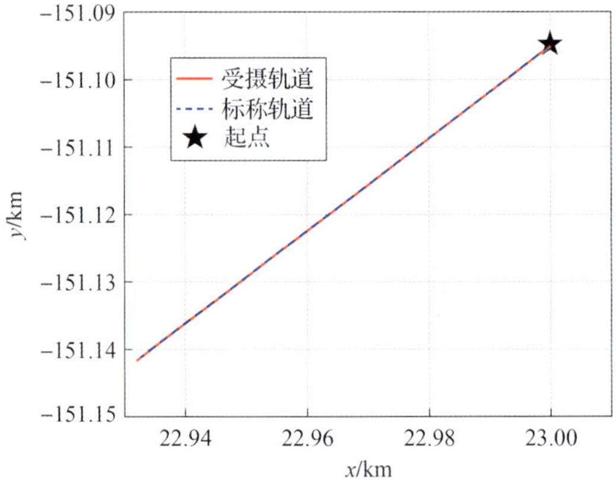

图 4.13　第三体引力摄动对探测器相对绕飞轨道的影响（24 h）

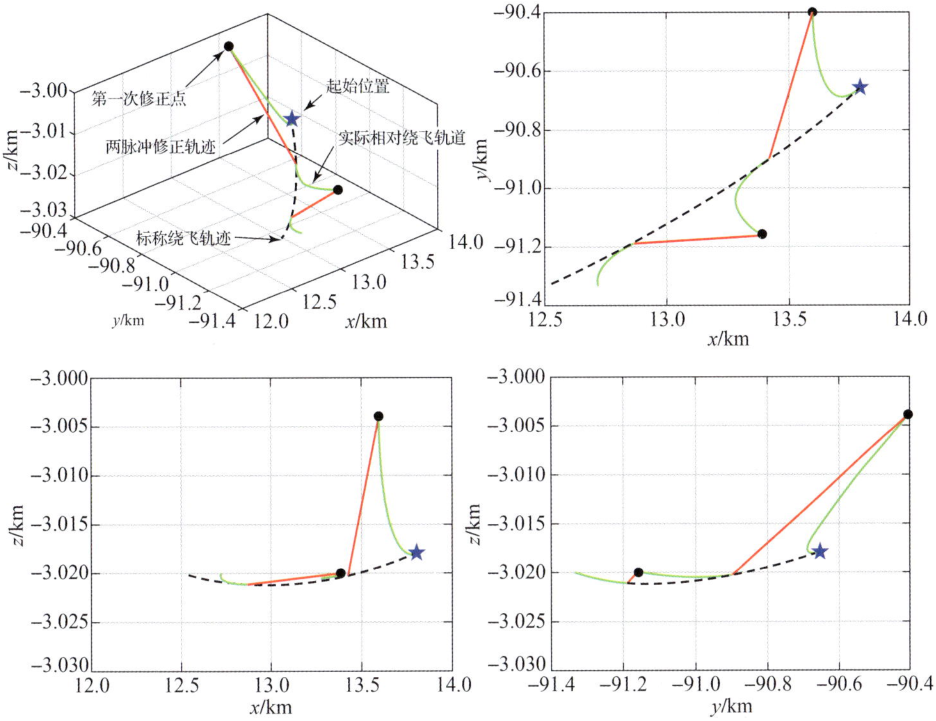

图 4.17　绕飞轨道脉冲修正图（30 天）

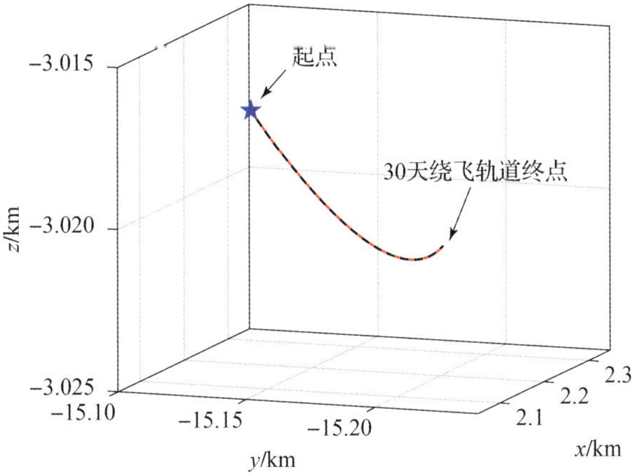

图 4.18　连续闭环控制轨迹图（30 天）

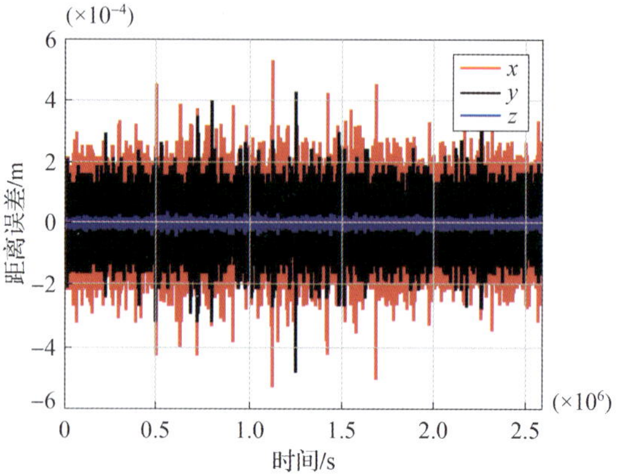

图 4.19　闭环控制位置误差

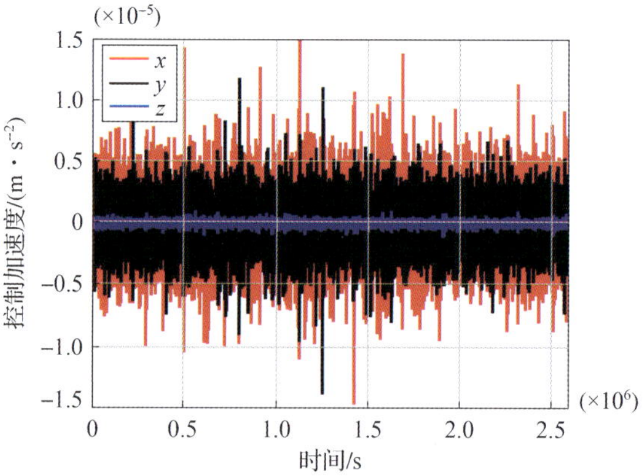

图 4.20　控制加速度的变化

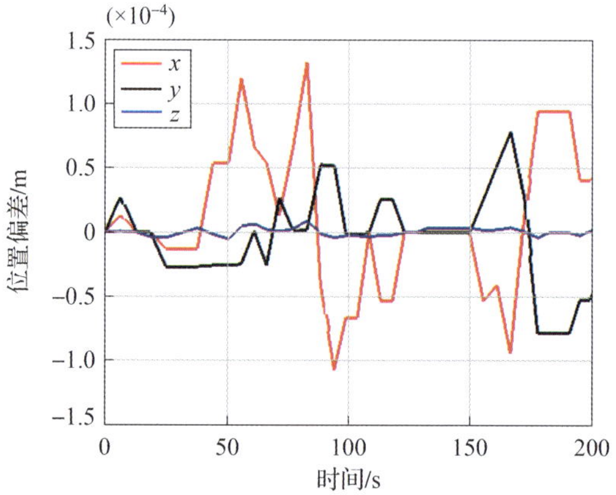

图 4.21　前 200 s 内的位置偏差

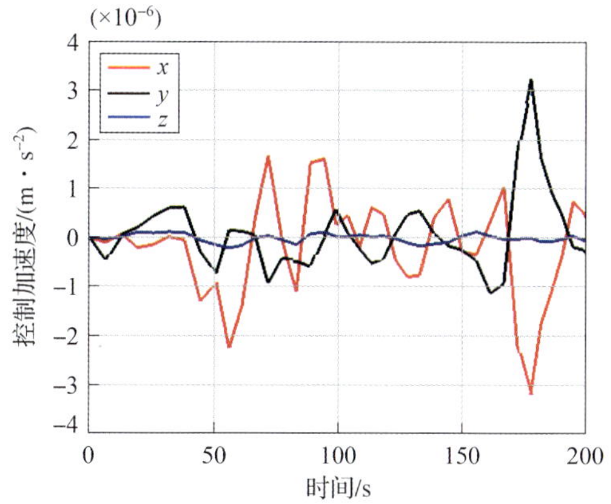

图 4.22　前 200 s 内的控制加速度

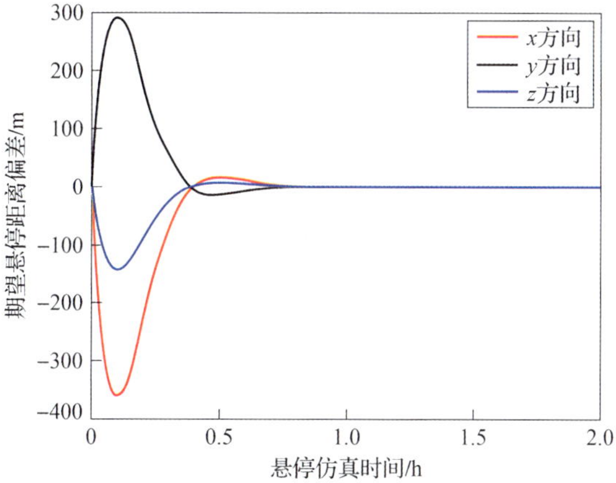

图 4.23　期望悬停距离偏差

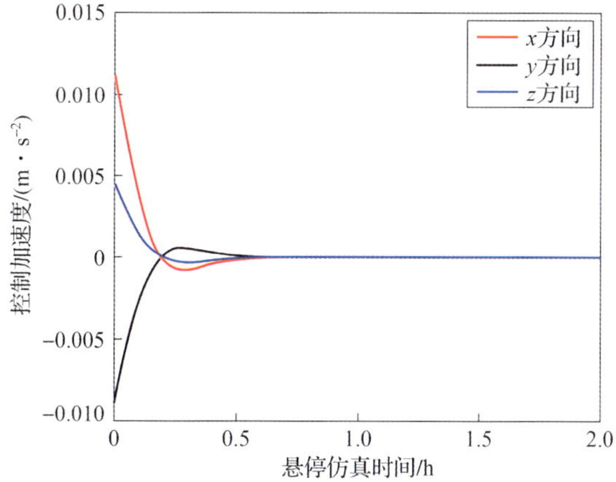

图 4.24　控制加速度变化曲线

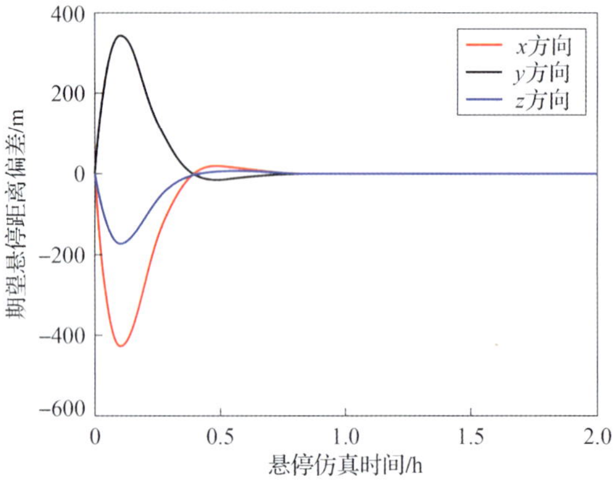

图 4.25　期望悬停距离偏差

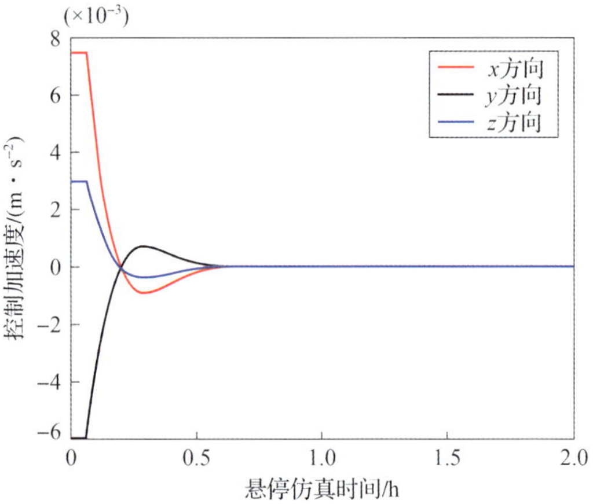

图 4.26　控制加速度变化曲线

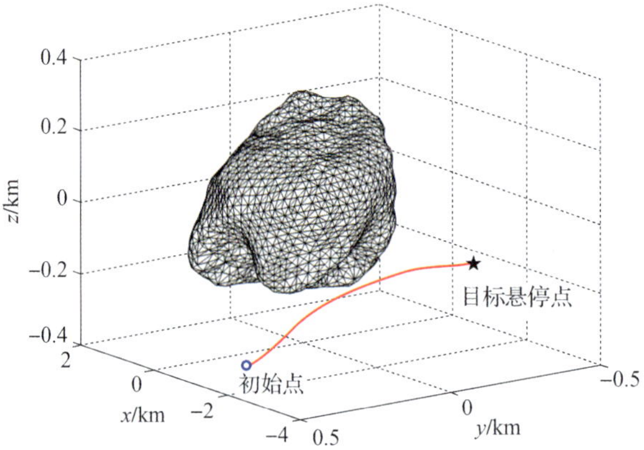

图 4.27　小天体 6489 Golevka 附近定点悬停轨迹

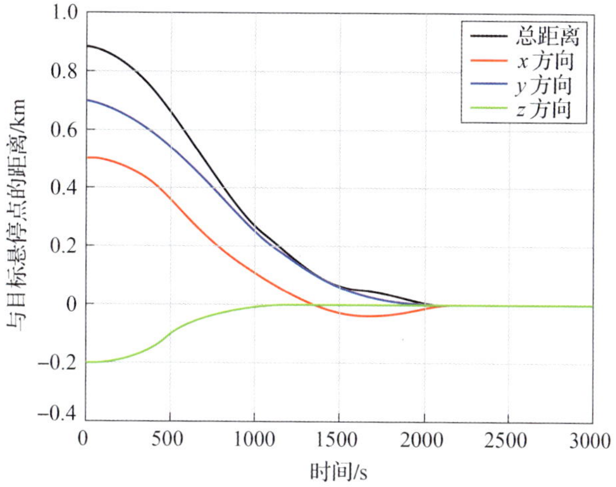

图 4.28　初始点与目标悬停点之间的距离随时间的变化情况

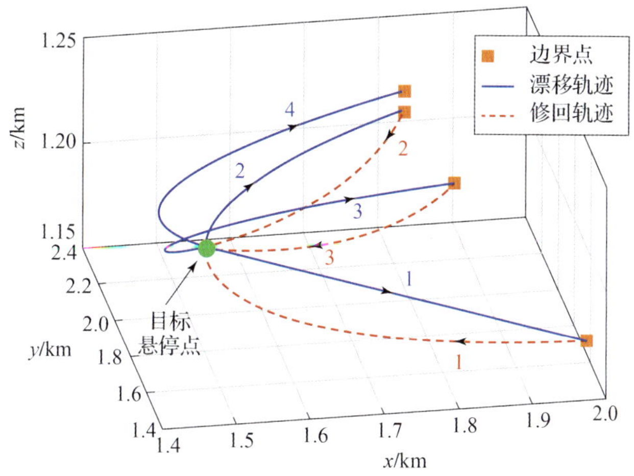

图 4.34　区域悬停轨道图

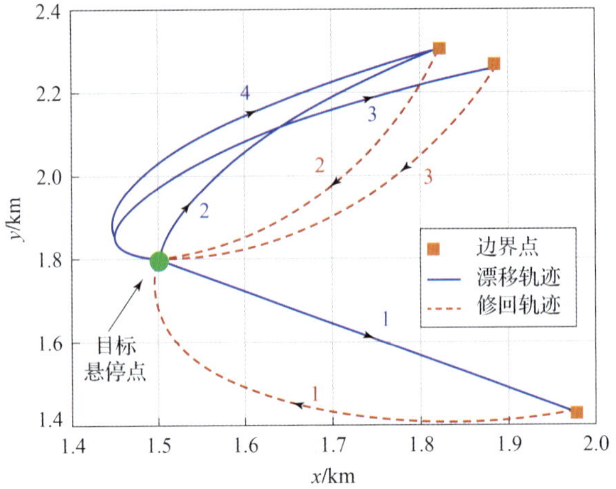

图 4.35　区域悬停轨道在 *xy* 平面的投影

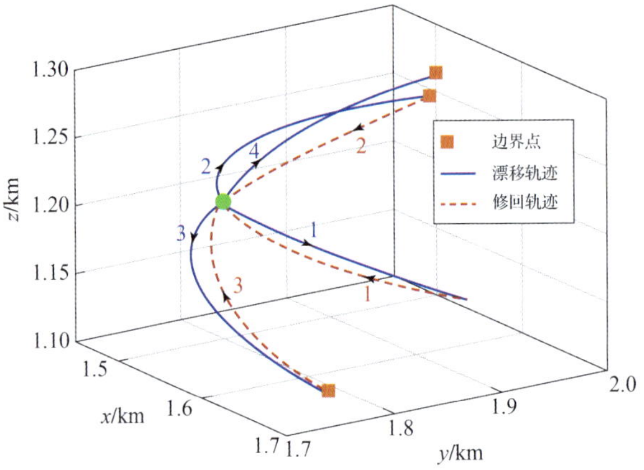

图 4.37　区域悬停轨道图

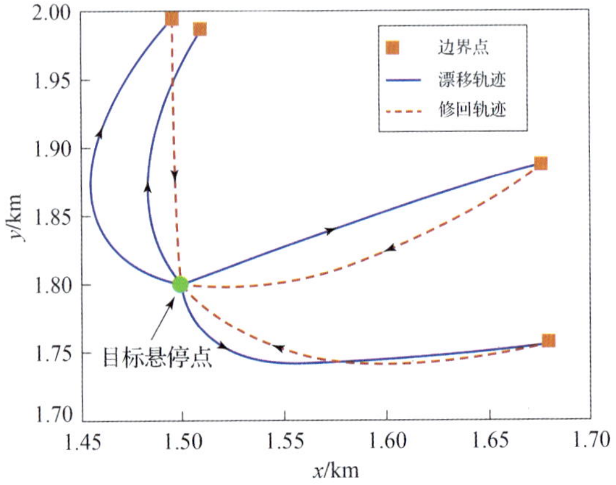

图 4.38　区域悬停轨道在 *xy* 平面的投影

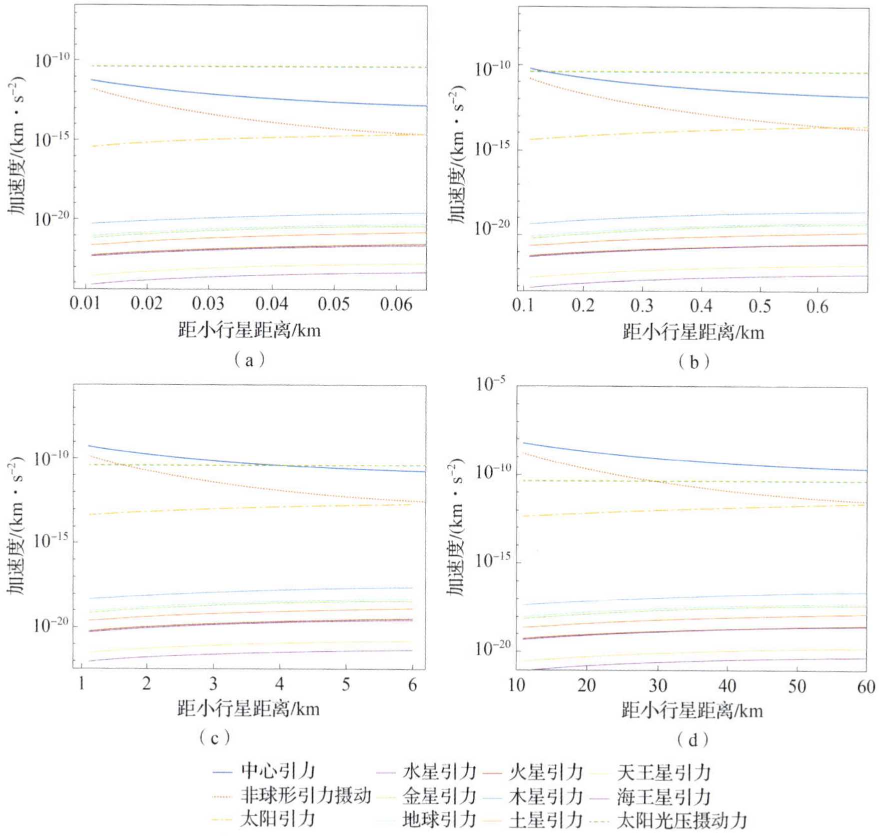

图 5.1　不同半径近地小天体附近摄动力与中心引力的量级变化

(a) 10 m; (b) 100 m; (c) 1 km; (d) 10 km

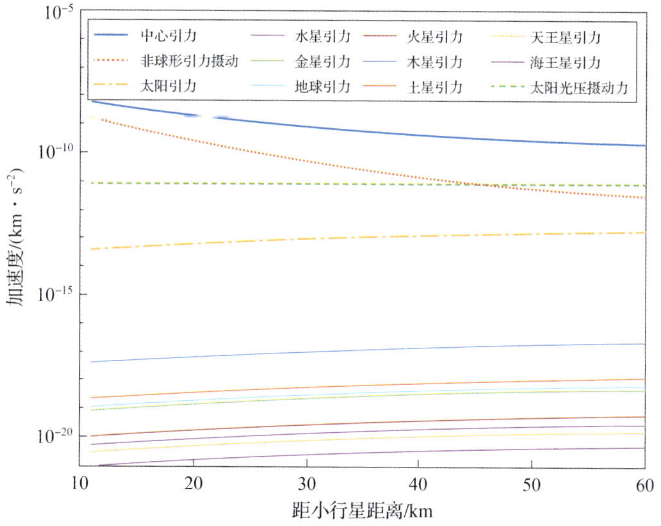

图 5.2　主带小天体附近摄动力的量级变化 (r = 10 km)

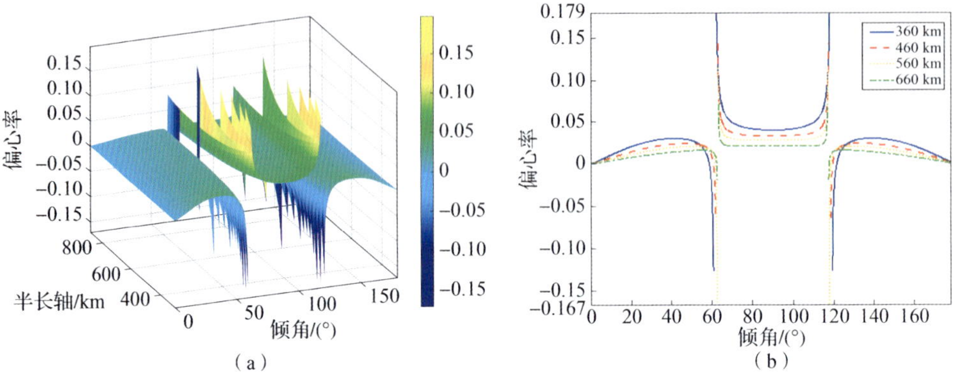

图 5.5　灶神星冻结轨道偏心率与半长轴的关系

(a) 偏心率分布；(b) 不同半长轴和倾角下的偏心率

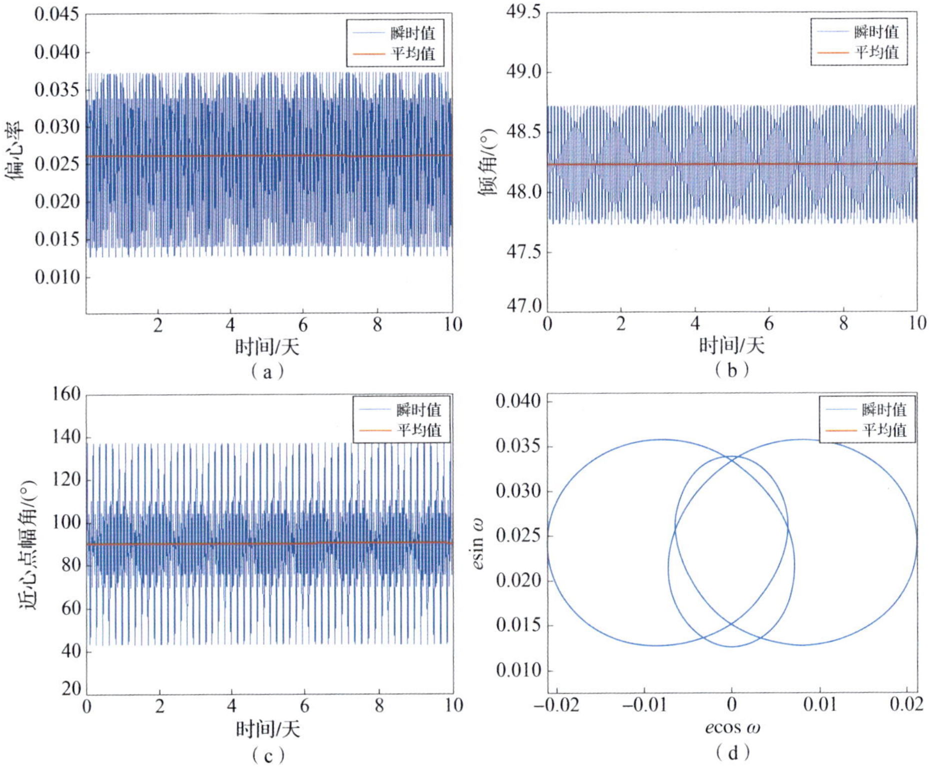

图 5.6　灶神星冻结轨道各轨道元素的平均值和瞬时值

(a) 偏心率；(b) 倾角；(c) 近心点幅角；(d) ($e\sin\omega, e\cos\omega$)演化

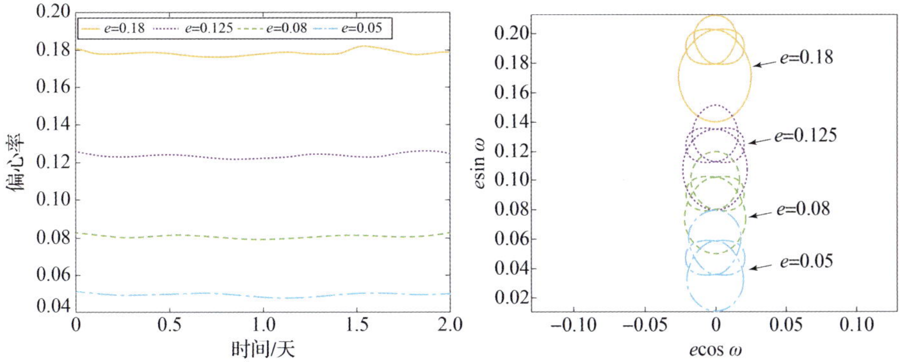

（a）　　（b）

图 5.7　$i=62.5°$的轨道特性

（a）偏心率；（b）（$e\sin\omega, e\cos\omega$）演化

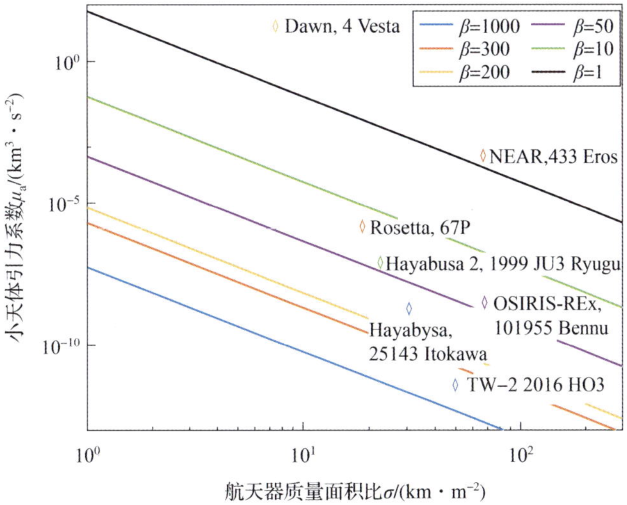

图 5.8　光压参数 β 与质量面积比和小行星引力系数的关系

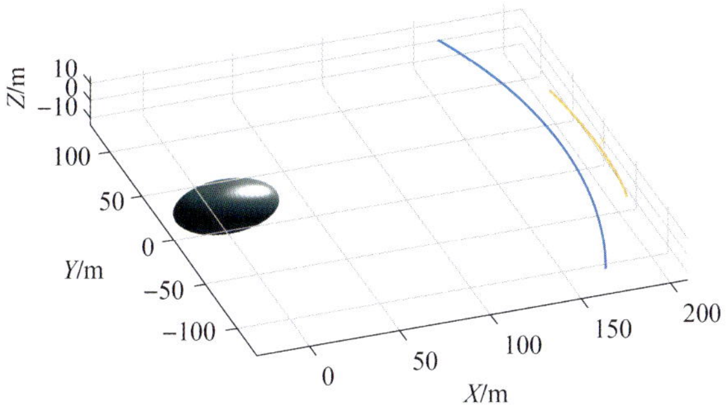

图 5.11　ANH3BP 模型下平衡点附近周期轨道

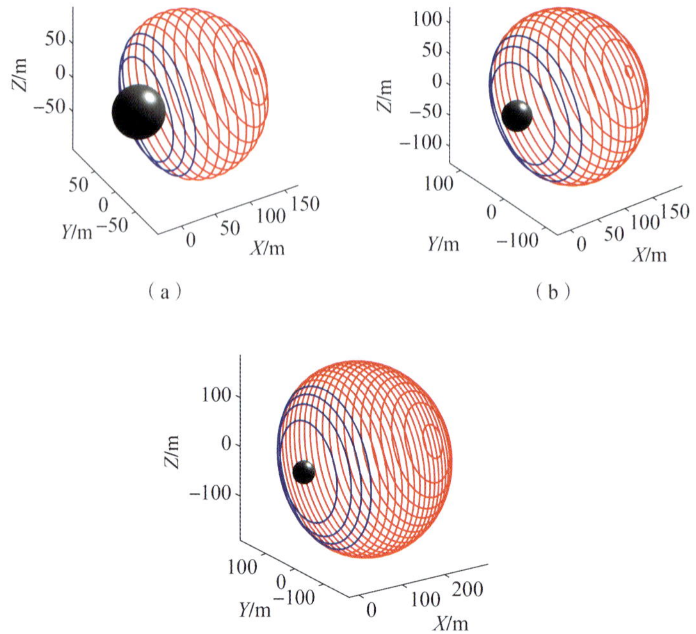

（a） （b） （c）

图 5.12　不同光压系数下的冻结轨道族

（a）$\beta=960$；（b）$\beta=680$；（c）$\beta=300$

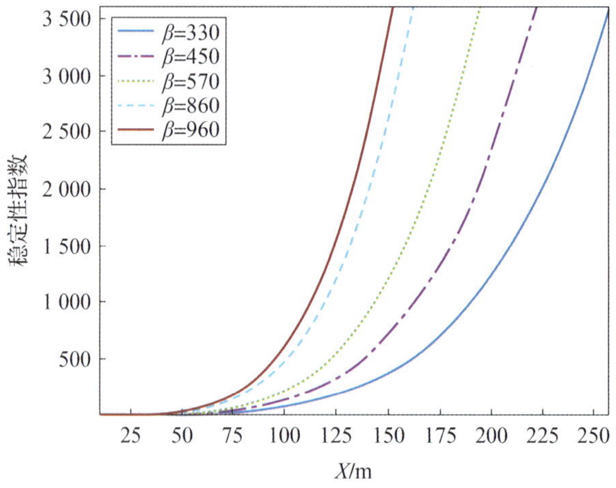

图 5.13　不同冻结轨道族的稳定性变化

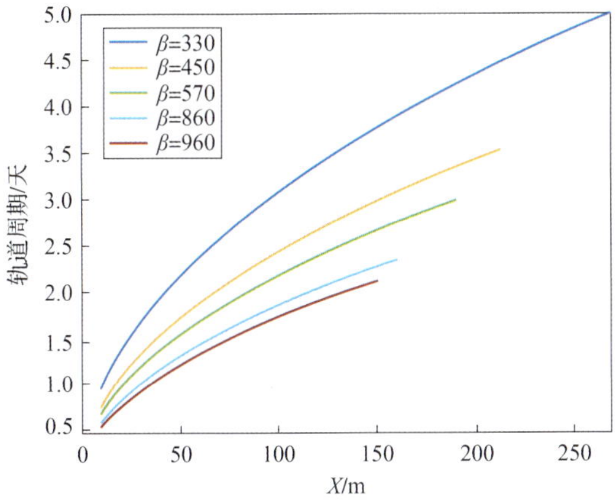

图 5.14　不同冻结轨道族的轨道周期变化

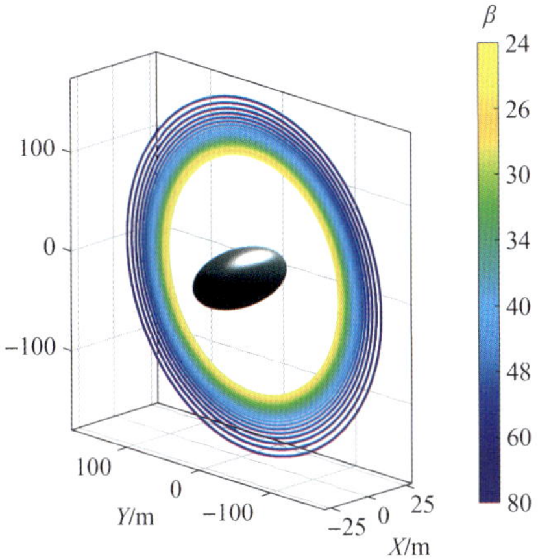

图 5.15　光压系数对轨道尺寸的影响

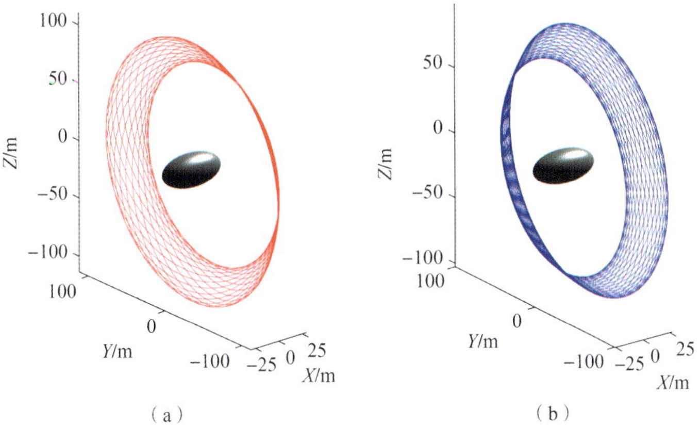

图 5.16　拟周期冻结轨道族

（a）向日拟周期冻结轨道；（b）背日拟周期冻结轨道

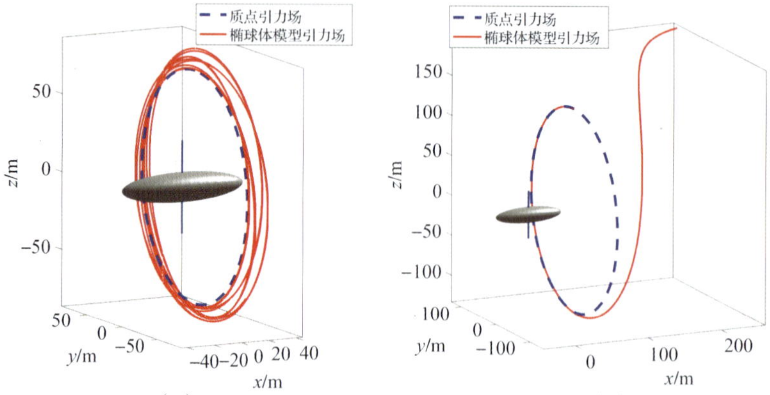

（a） （b）

图 5.17 考虑非球型摄动下冻结轨道

（a）稳定轨道；（b）不稳定轨道

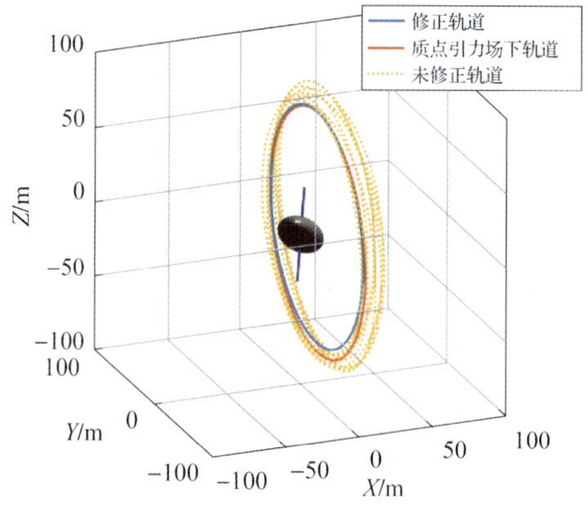

（a）

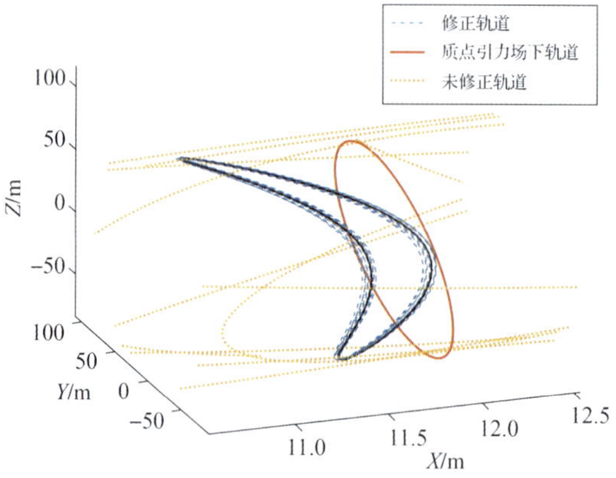

（b）

图 5.18 修正后的准周期冻结轨道及其演化

（a）全局图；（b）局部图

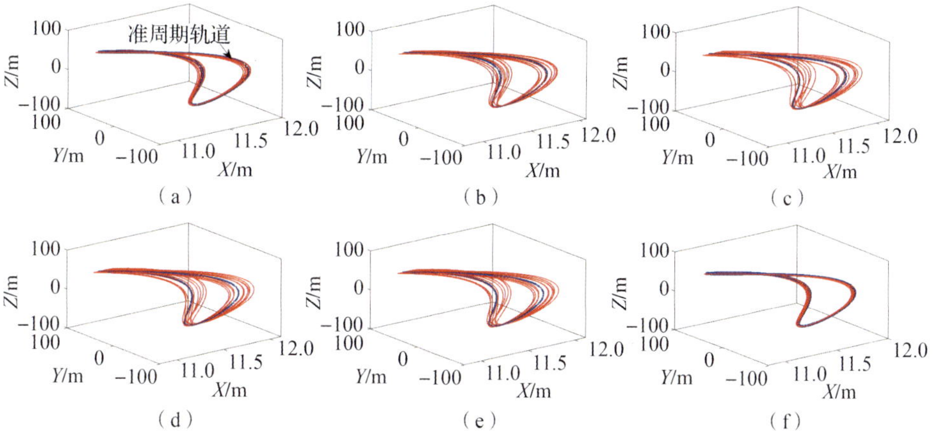

图 5.19　不同初始旋转角下的准周期冻结轨道演化

(a) $\theta_0=0$；(b) $\theta_0=\frac{\pi}{6}$；(c) $\theta_0=\frac{\pi}{3}$；(d) $\theta_0=\frac{\pi}{2}$；(e) $\theta_0=\frac{2\pi}{3}$；(f) $\theta_0=\frac{5\pi}{6}$

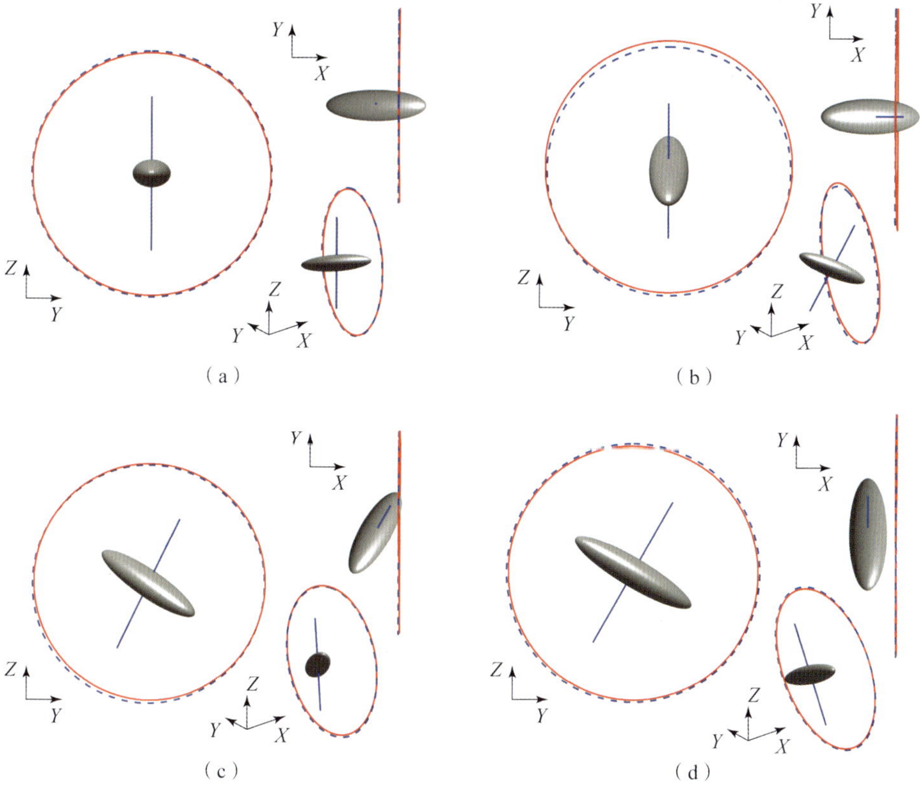

图 5.20　自转轴指向对准周期冻结轨道的影响

(a) $\gamma=\pi/2$，$\alpha=0$；(b) $\gamma=\pi/3$，$\alpha=0$；(c) $\gamma=\pi/3$，$\alpha=\pi/3$；(d) $\gamma=\pi/3$，$\alpha=\pi/2$

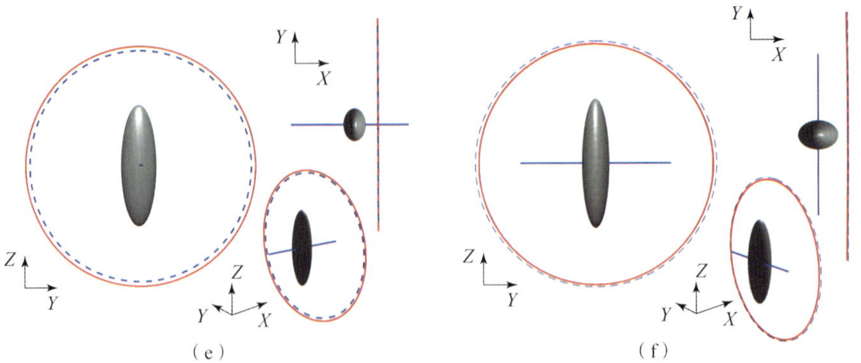

（e）　　　　　　　　（f）

图 5.20　自转轴指向对准周期冻结轨道的影响（续）

（e）$\gamma=0$，$\alpha=0$；（f）$\gamma=0$，$\alpha=\pi/2$

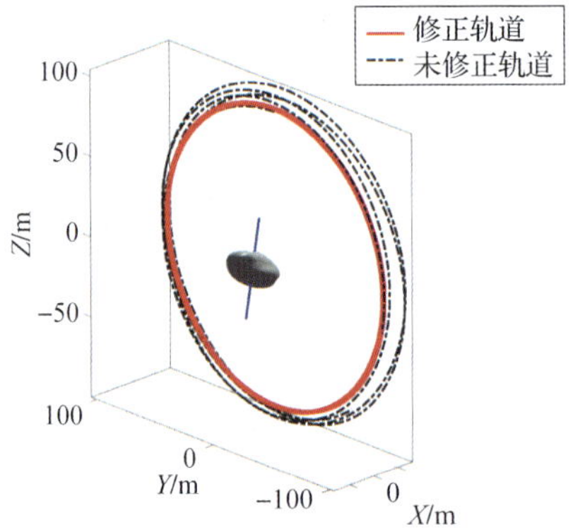

图 5.21　小天体在多面体引力场模型下修正后的冻结轨道

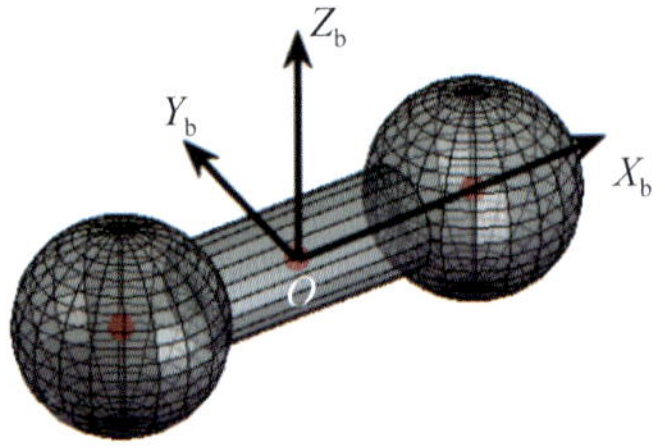

图 6.1　小天体固连坐标系示意图

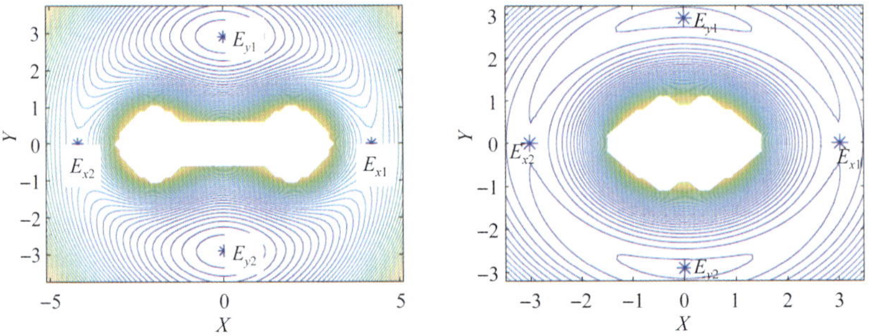

（a）　　　　　　　　（b）

图 6.2　不同长径比 *m* 下的有效势能 *W* 等高线图及平衡点分布

（a）$m=2$；（b）$m=0.3$

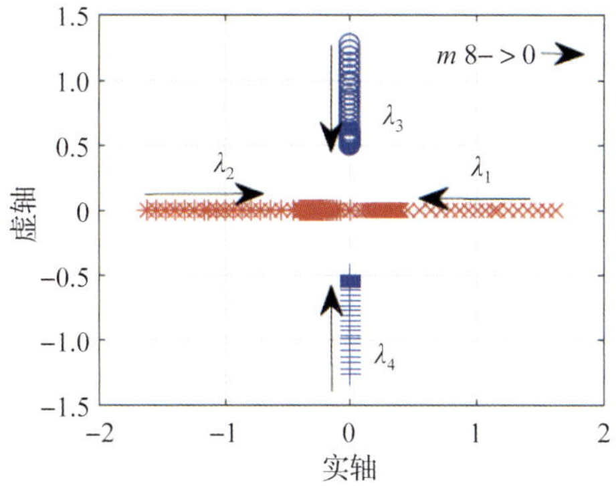

图 6.8　不同长径比 m 下 E_x 根轨迹

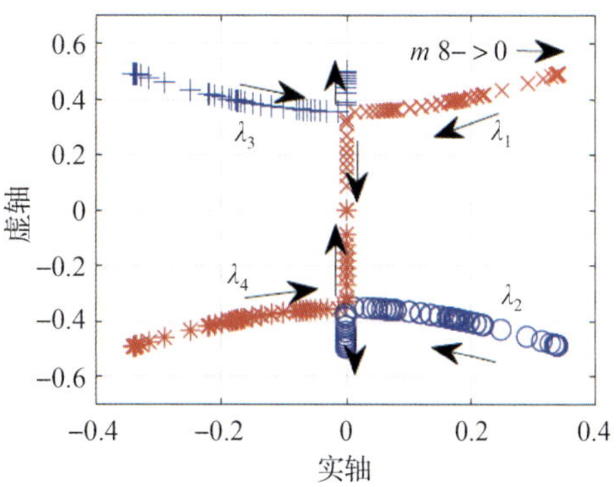

图 6.9　不同长径比 m 下 E_y 根轨迹

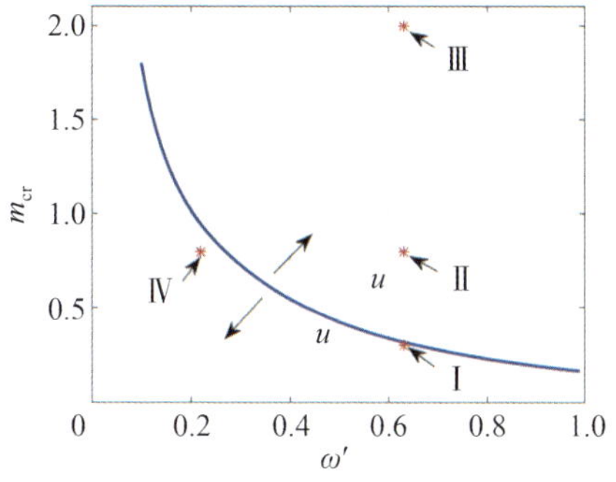

图 6.10　归一化角速度 ω' 与临界长径比 m_{cr} 的关系

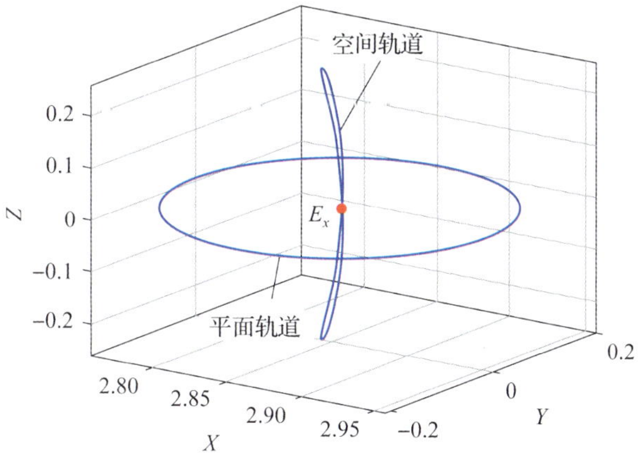

图 6.11　模型Ⅱ平衡点 E_x 附近周期轨道

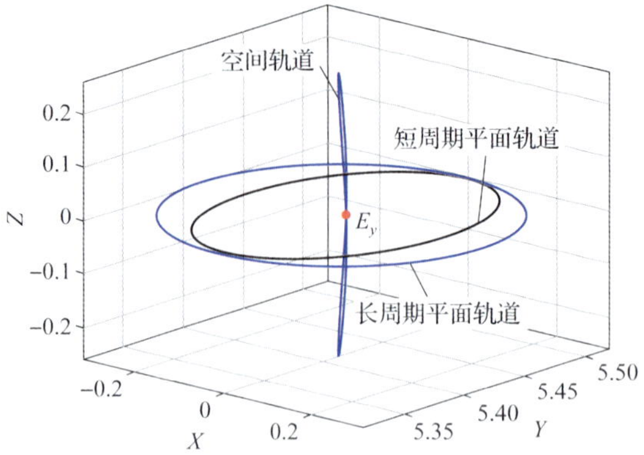

图 6.12　模型Ⅳ平衡点 E_y 附近周期轨道

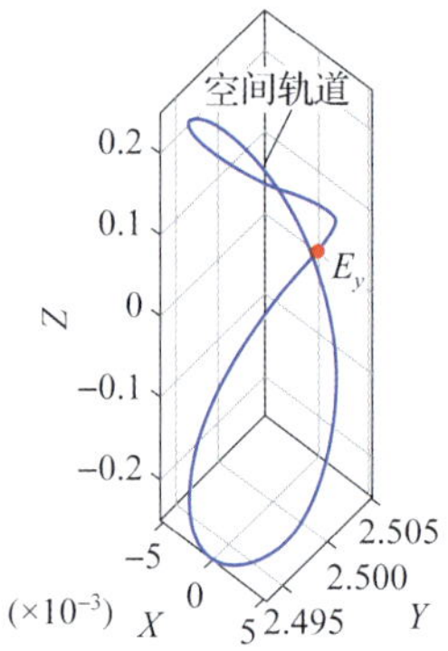

图 6.13　模型Ⅱ平衡点 E_y 附近周期轨道

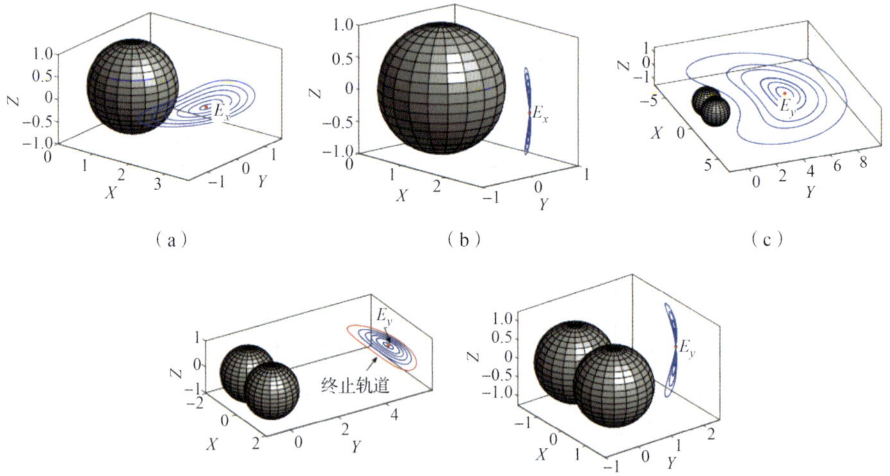

图 6.14　模型Ⅳ平衡点附近周期轨道

(a) E_x 平面轨道；(b) E_x 垂直轨道；(c) E_y 短周期轨道；(d) E_y 长周期轨道；(e) E_y 垂直轨道

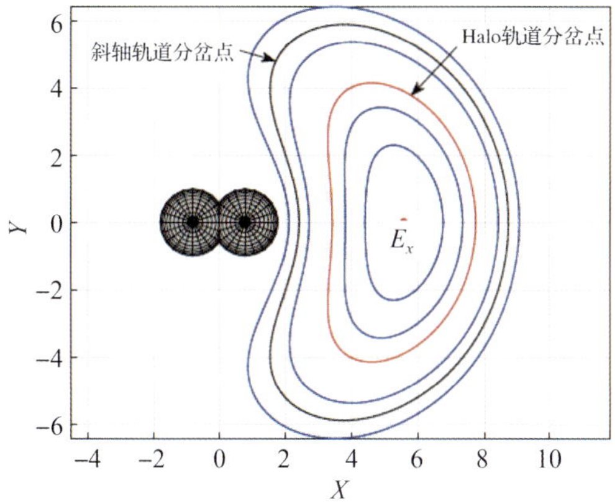

图 6.17　原轨道族分岔轨道

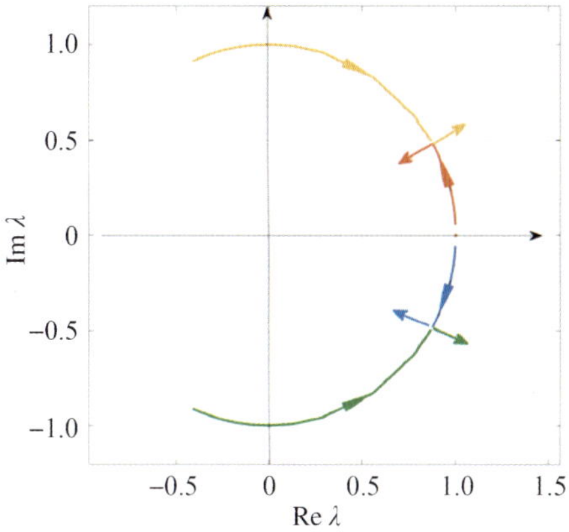

图 6.19　长周期轨道 Hopf 分岔（模型Ⅳ）

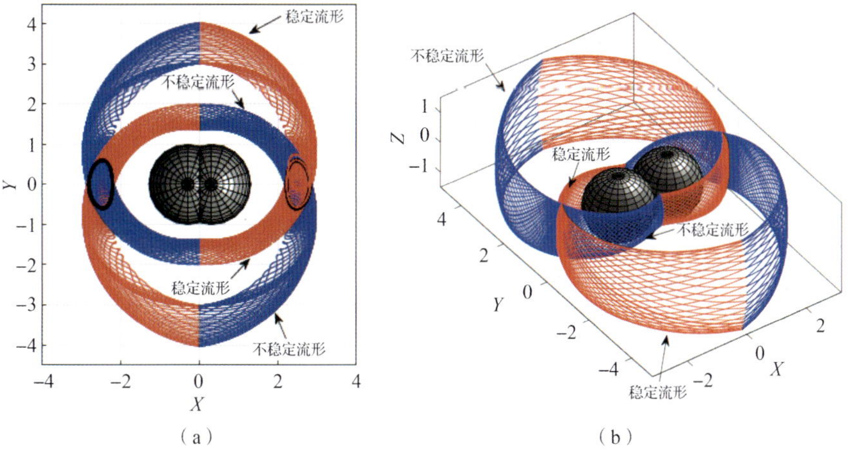

图 6.22　哑铃形状体附近周期轨道不变流形

（a）模型Ⅰ平面轨道；（b）模型Ⅱ空间轨道

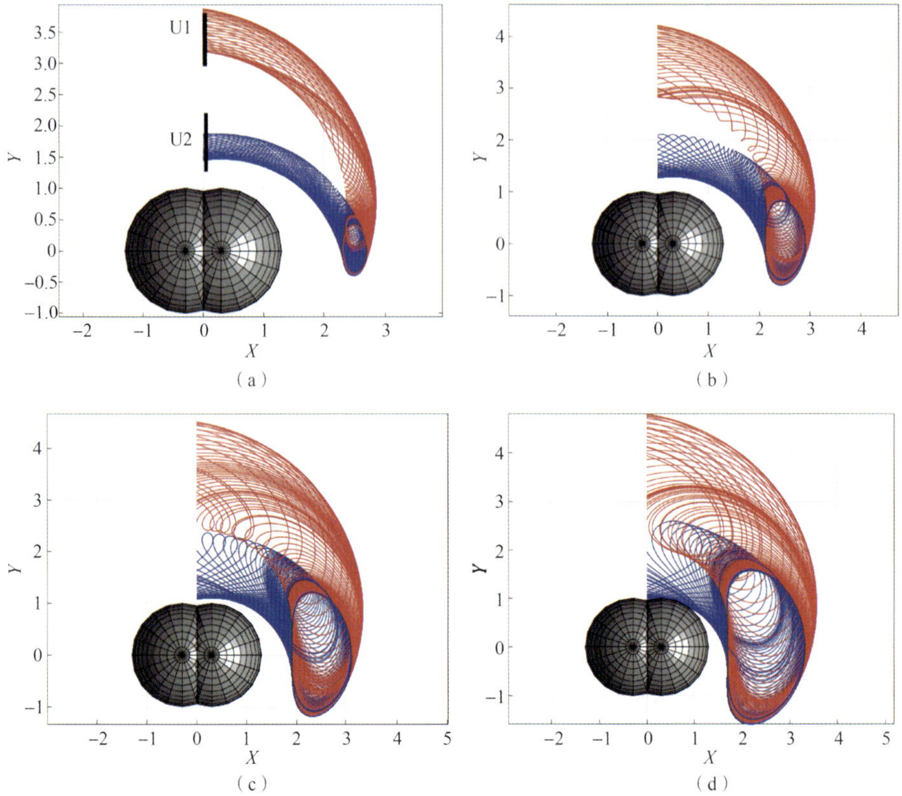

图 6.23　不同轨道振幅下的不变流形演化（模型 I）

(a) $\xi=0.2$；(b) $\xi=0.4$；(c) $\xi=0.6$；(d) $\xi=0.8$

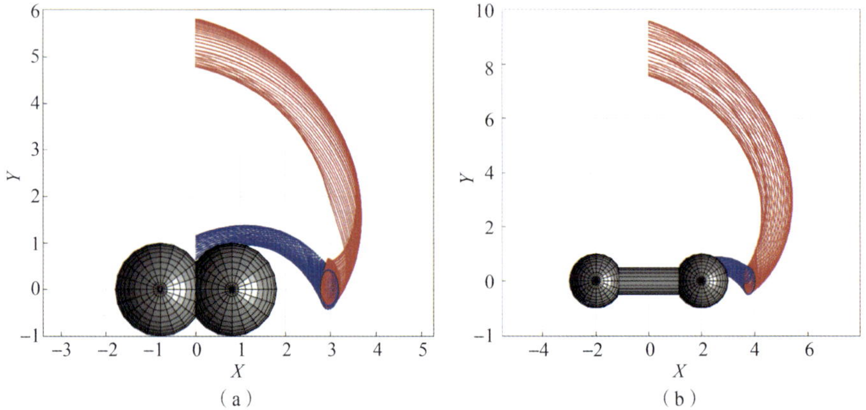

图 6.24　不同长径比下的不变流形演化

(a) 模型Ⅱ ($\xi=0.2$，$m=0.8$)；(b) 模型Ⅲ ($\xi=0.2$，$m=2$)

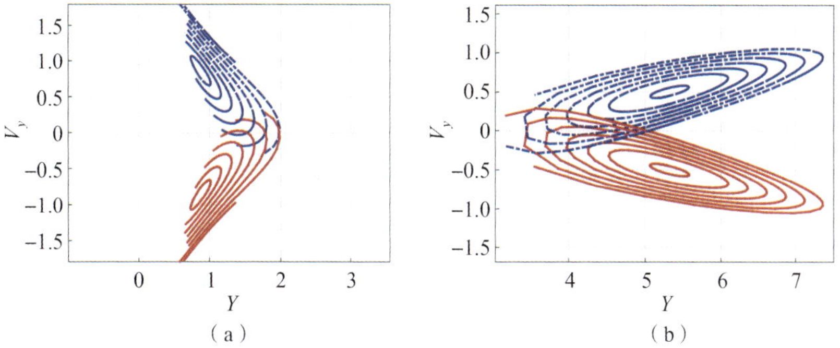

图 6.26　模型Ⅱ对应的庞加莱截面

（a）U_1；（b）U_2

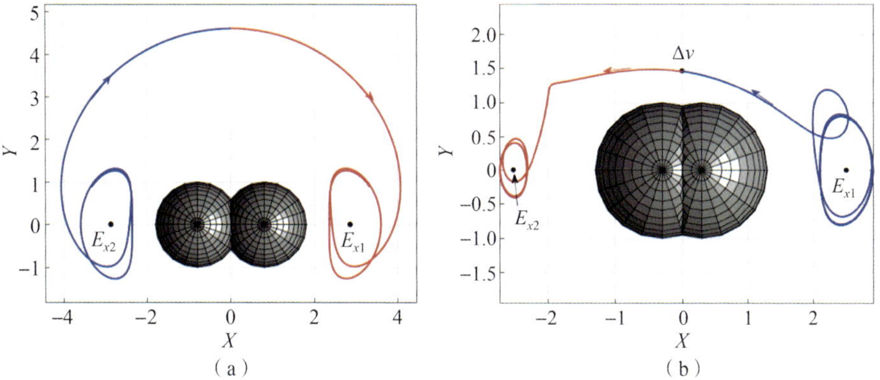

图 6.27　E_x 异宿连接轨道

（a）模型Ⅰ等振幅周期轨道转移；（b）模型Ⅱ不等振幅周期轨道转移

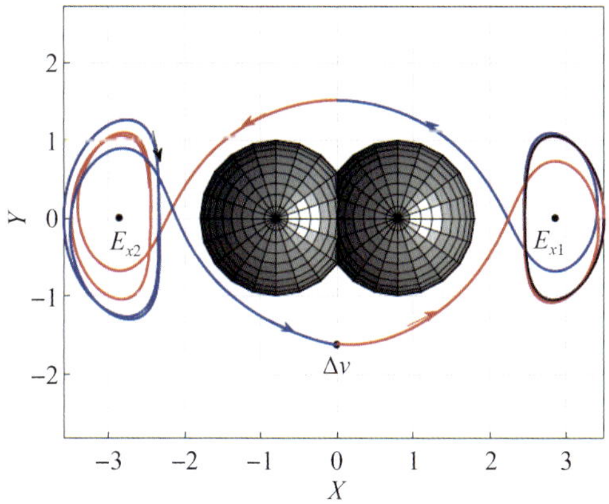

图 6.28　模型Ⅱ E_x 不同振幅周期轨道同宿连接

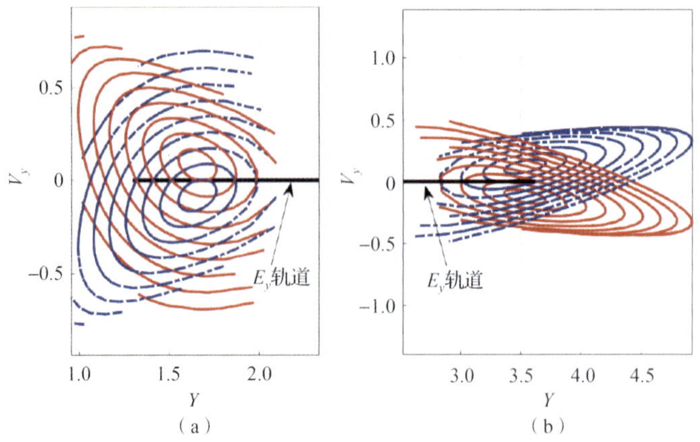

图 6.29　平衡点 E_y 周期轨道庞加莱截面

(a) U_1；(b) U_2

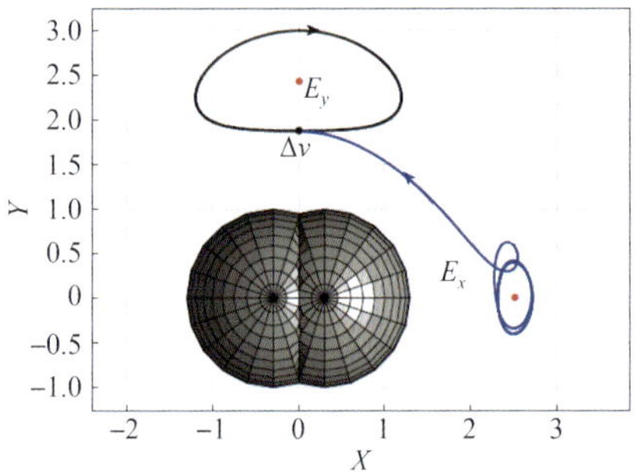

图 6.30　平衡点 E_x 和 E_y 间的异宿连接

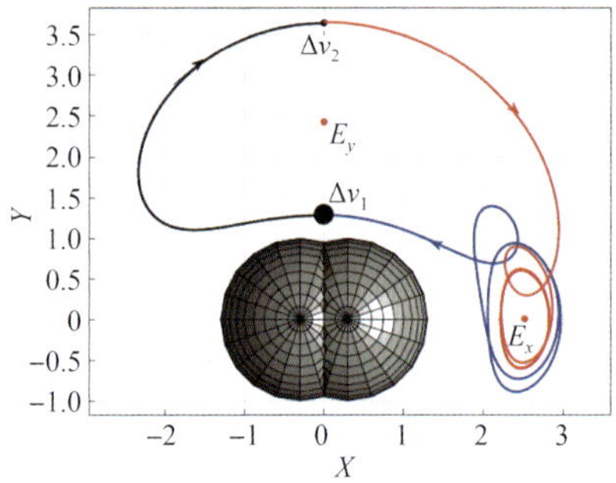

图 6.31　利用平衡点 E_y 周期轨道的不同振幅周期轨道间转移

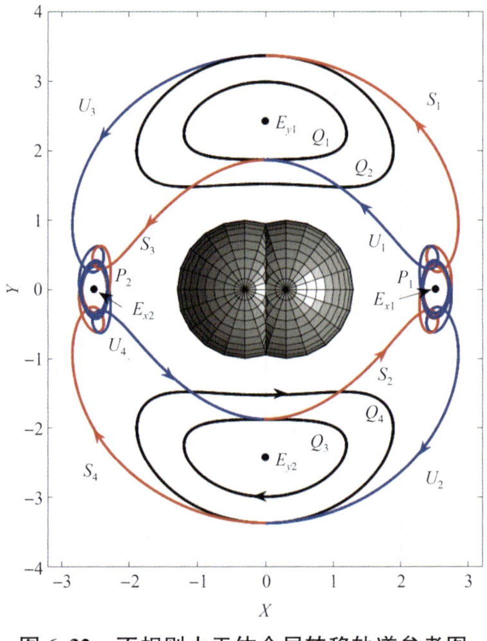

图 6.32　不规则小天体全局转移轨道参考图

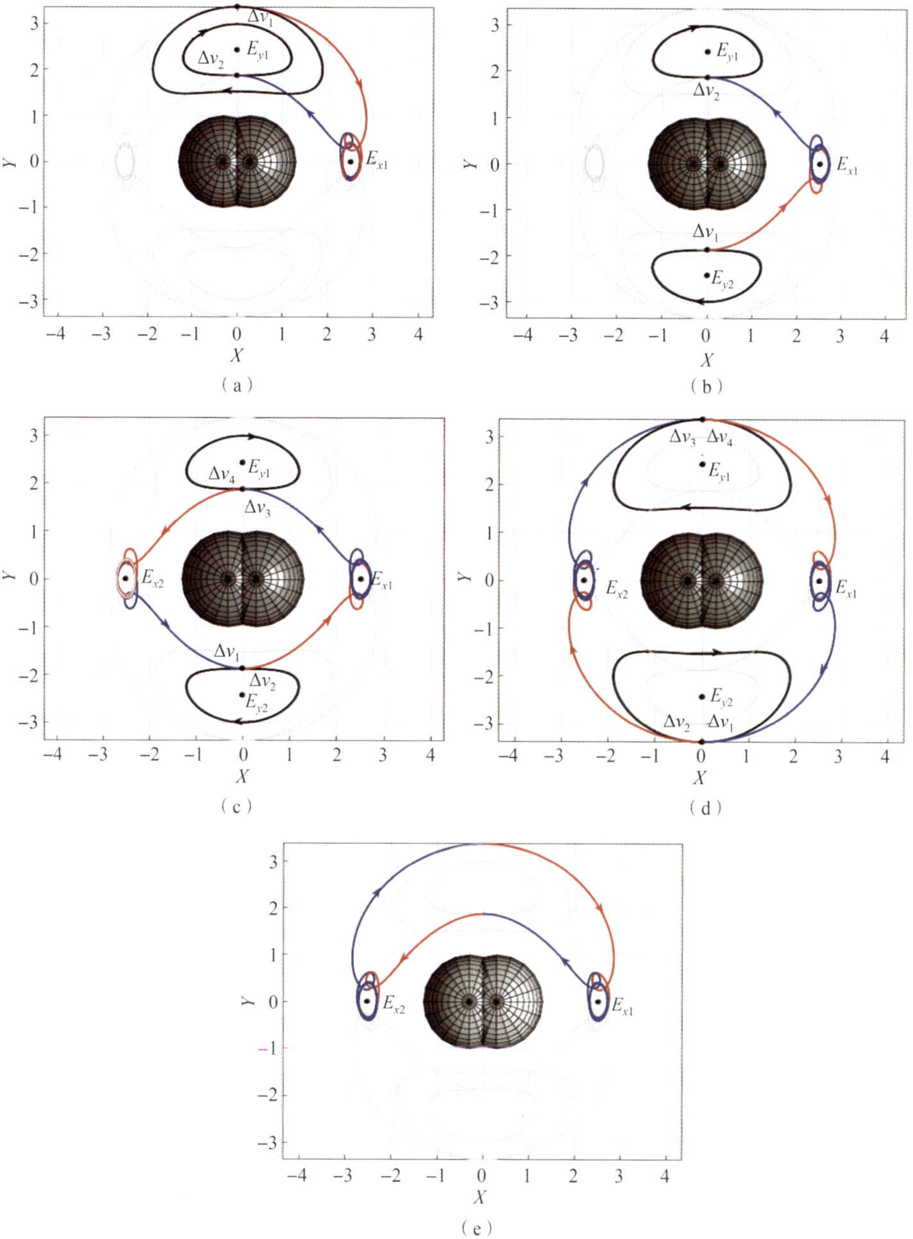

图 6.33　基于参考轨道的几类转移轨道

（a）平衡点 E_y 不同振幅周期轨道间转移；（b）平衡点 E_y 间异宿连接；

（c）内异宿连接全局轨道转移；（d）外异宿连接全局轨道转移；

（e）平衡点同宿连接

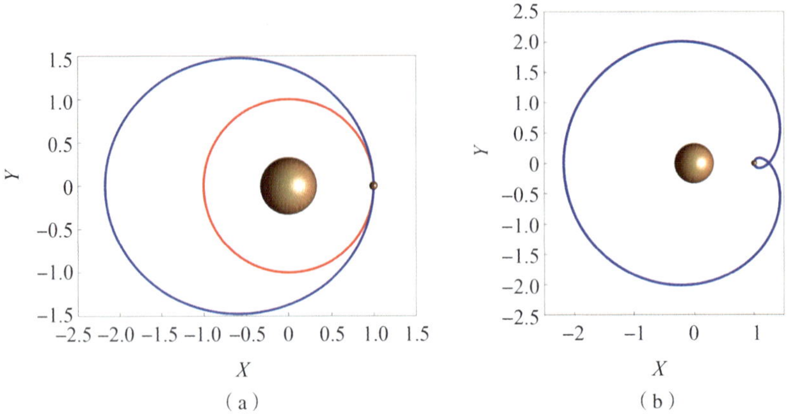

图 7.1　惯性坐标系和旋转坐标系下 1∶2 共振轨道

(a) 惯性坐标系；(b) 旋转坐标系

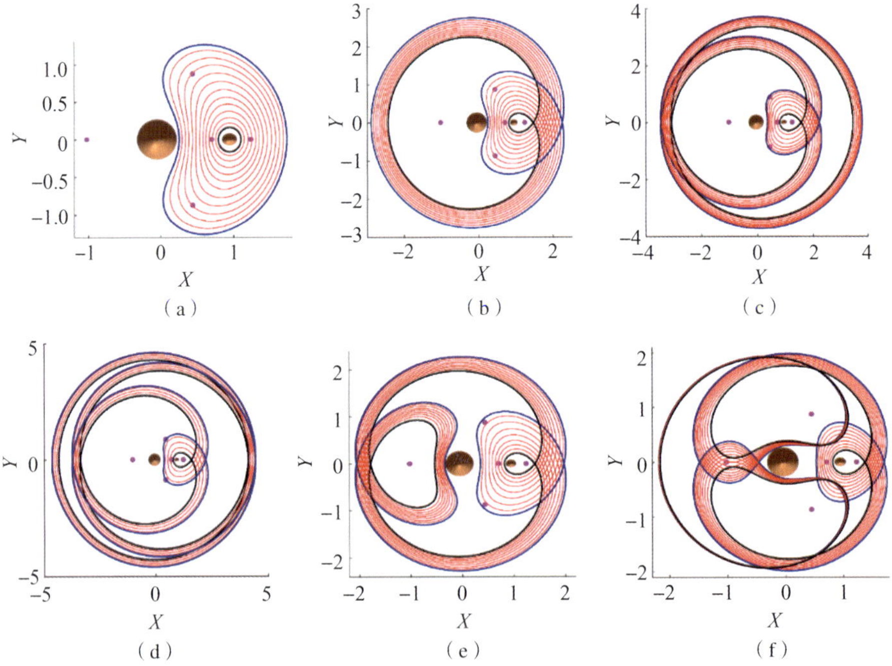

图 7.3　旋转坐标系下 1999 KW4 双小天体系统不同共振比 *p*∶*q* 的共振轨道族

(a) 1∶1；(b) 1∶2；(c) 1∶3；(d) 1∶4；(e) 2∶3；(f) 3∶4

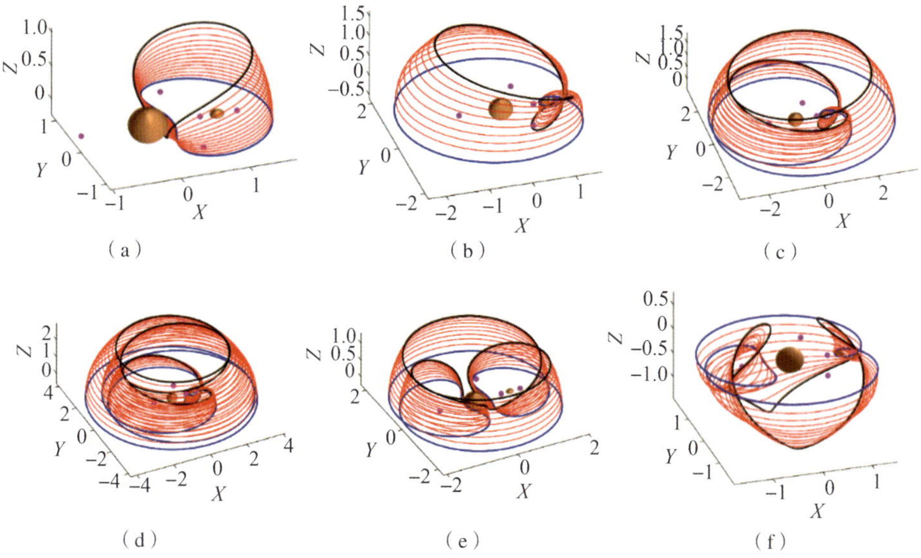

图 7.4　旋转坐标系下 1999 KW4 双小天体系统不同共振比 $p:q$ 的空间共振轨道

（a）1∶1；（b）1∶2；（c）1∶3；（d）1∶4；（e）2∶3(1)；（f）2∶3(2)

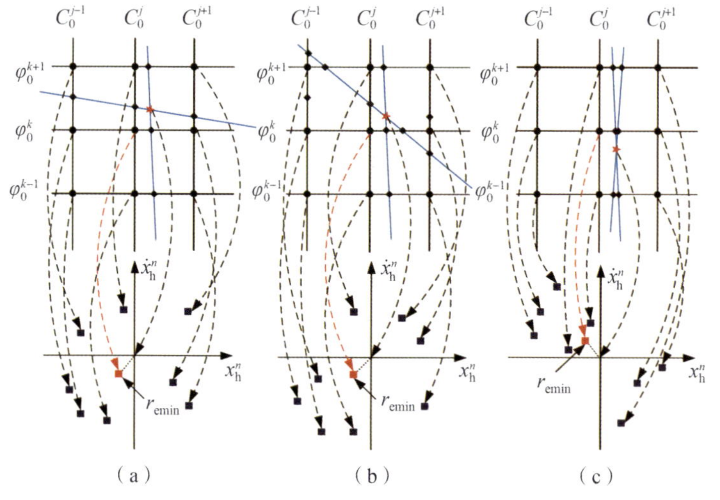

图 7.5　初始参数空间至截面空间的映射

（a）类型Ⅰ；（b）类型Ⅱ；（c）类型Ⅲ

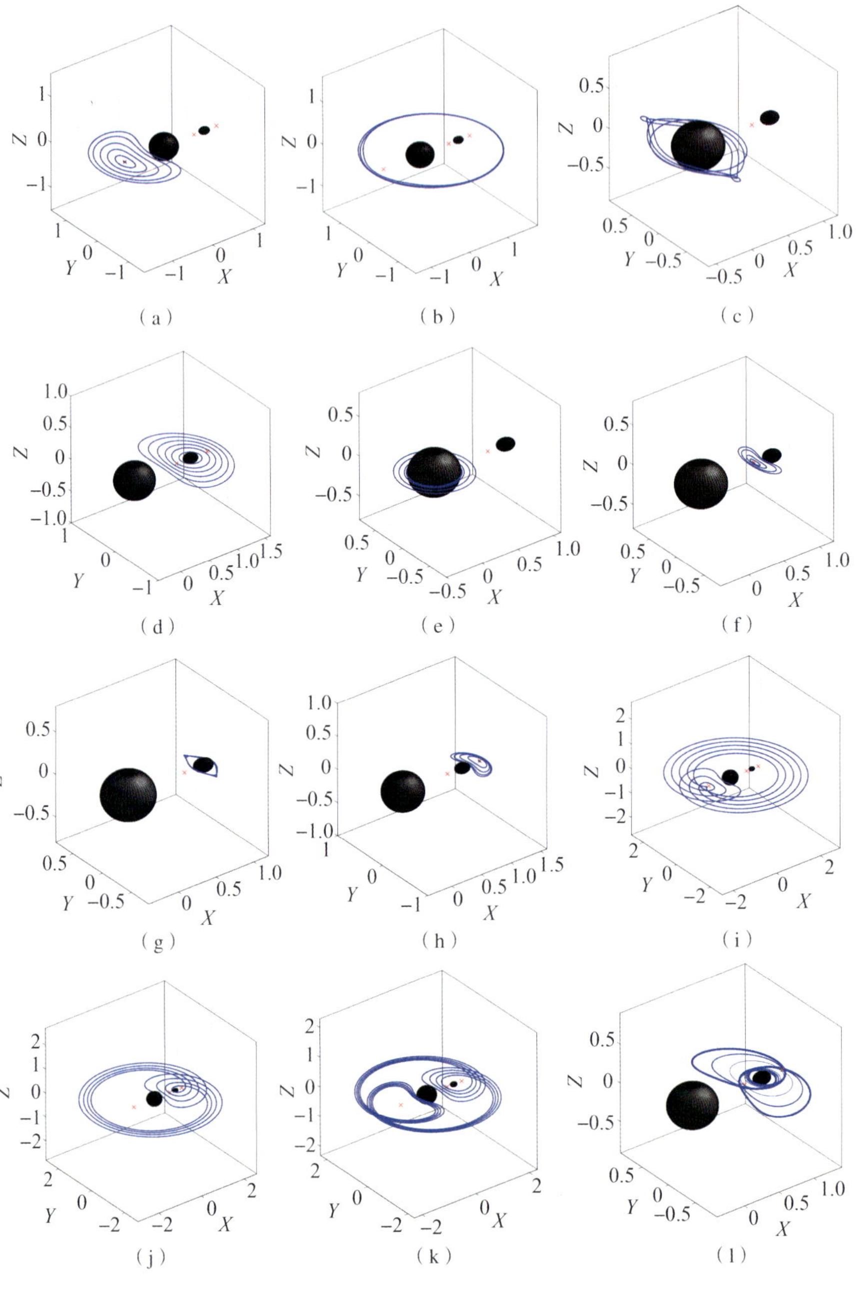

图 7.6　双小天体系统 1999 KW4 同步椭球模型中平面周期轨道族

（a）P_1；（b）P_2；（c）P_3；（d）P_4；（e）P_5；（f）P_6；

（g）P_7；（h）P_8；（i）P_9；（j）P_{10}；（k）P_{11}；（l）P_{12}

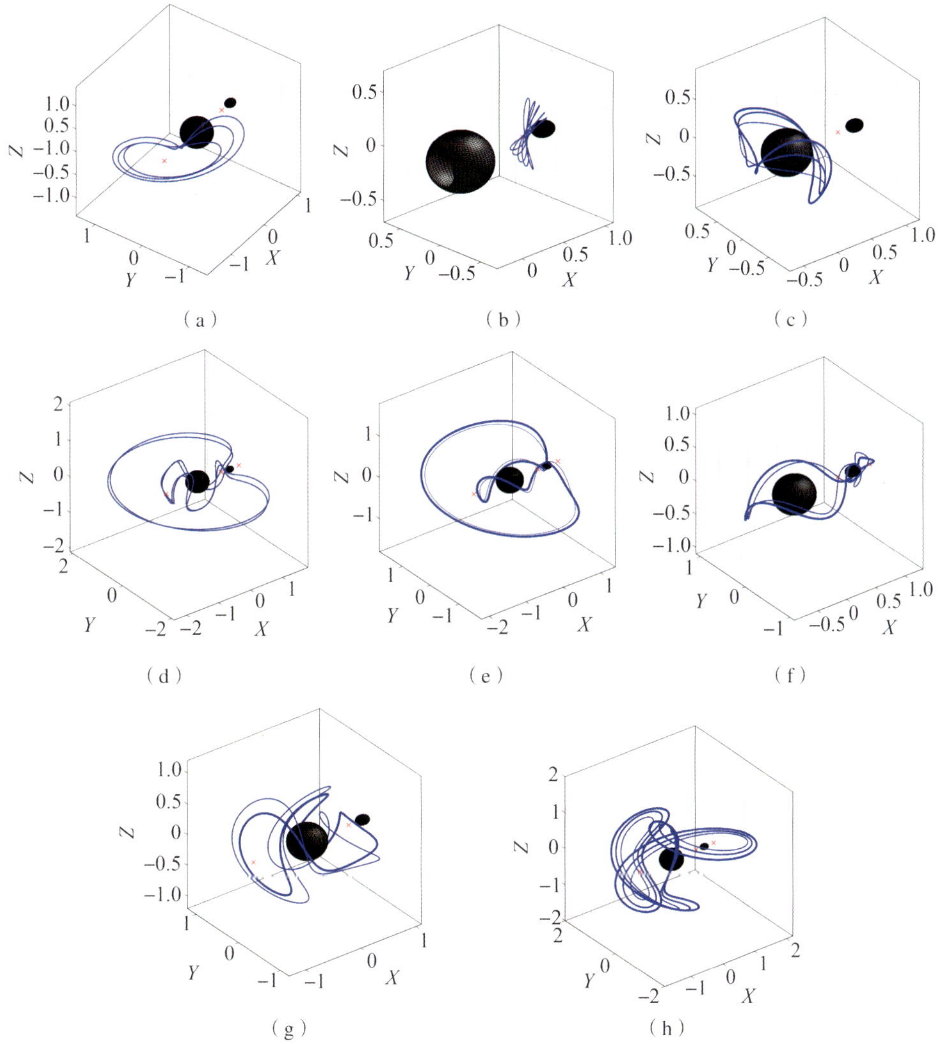

图 7.7 双小天体系统 1999 KW4 同步椭球模型中轴对称周期轨道族

(a) A_1；(b) A_2；(c) A_3；(d) A_4；(e) A_5；(f) A_6；(g) A_7；(h) A_8

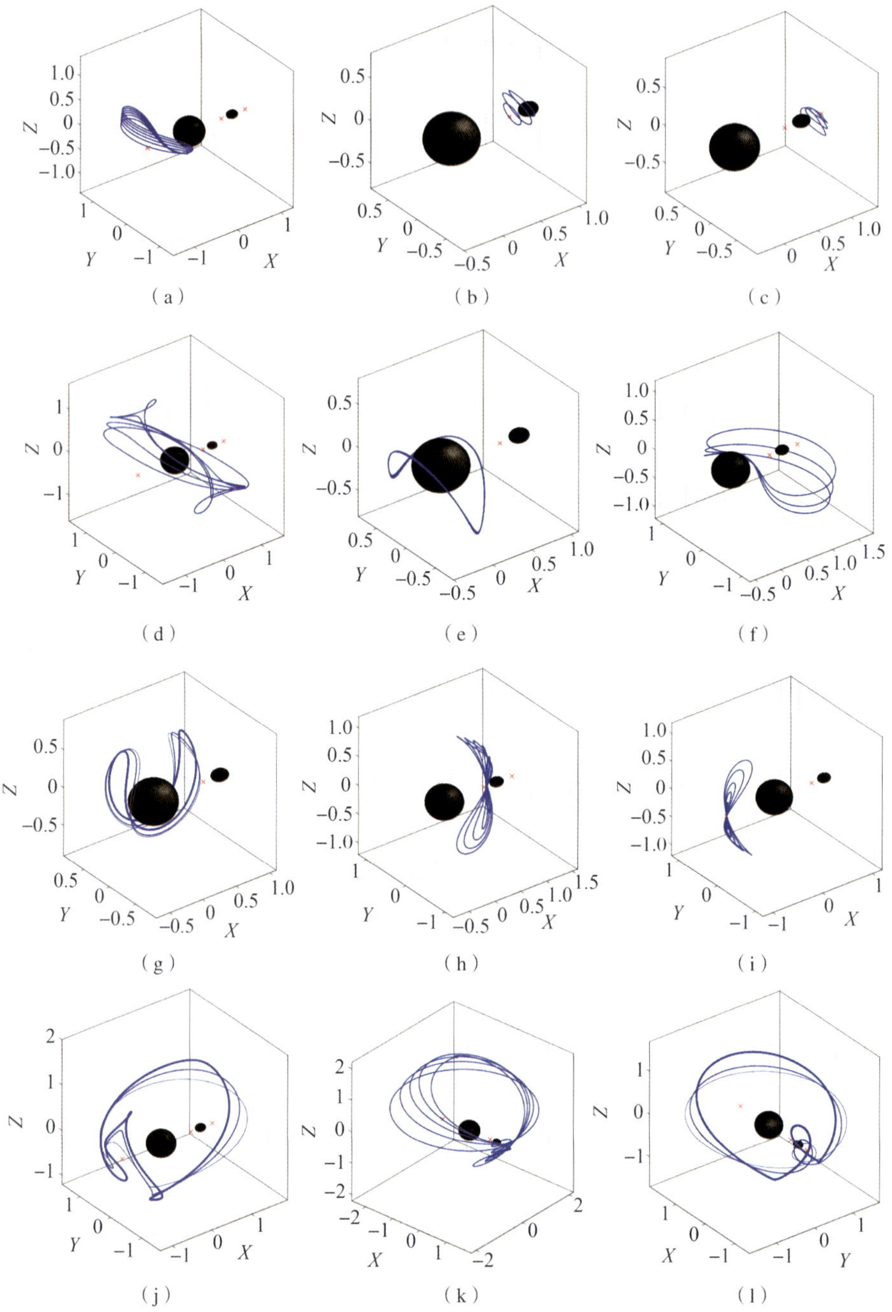

图 7.8　双小天体系统 1999 KW4 同步椭球模型中面对称周期轨道族

(a) S_1；(b) S_2；(c) S_3；(d) S_4；(e) S_5；(f) S_6；

(g) S_7；(h) S_8；(i) S_9；(j) S_{10}；(k) S_{11}；(l) S_{12}

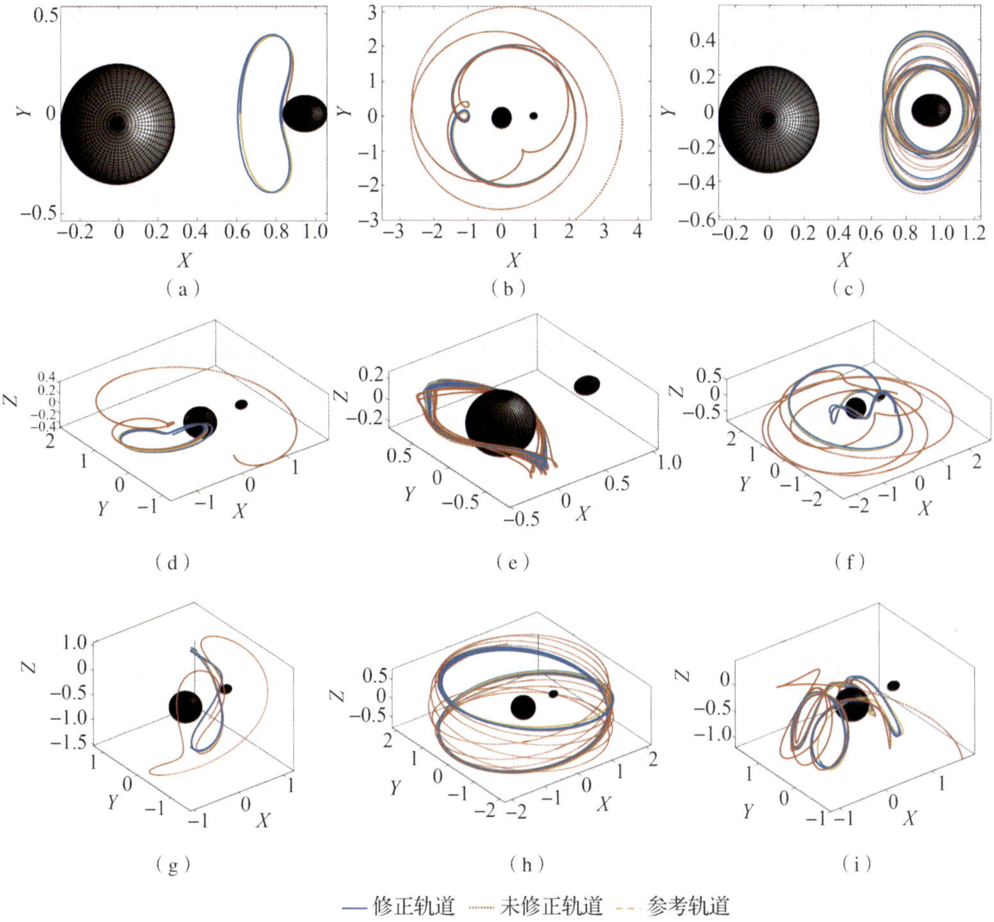

图 7.9　双小天体系统 1999KW 4 非同步模型下的有界稳定轨道

（a）P_6；（b）P_9；（c）P_{12}；（d）A_1；（e）A_3；（f）A_5；（g）S_8；（h）S_{14}；（i）S_{18}

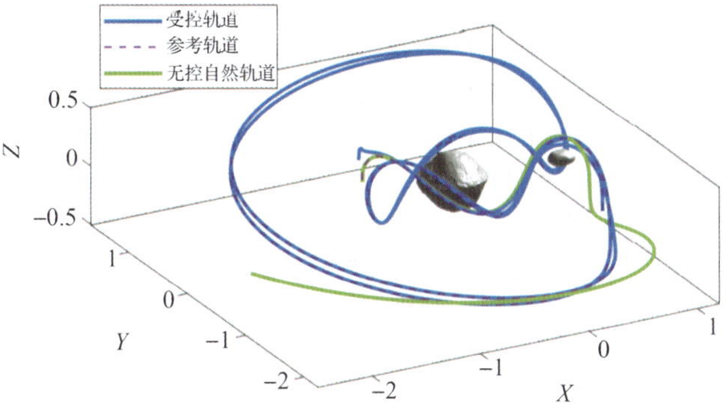

图 7.10　轨道族 A_5 的轨道控制

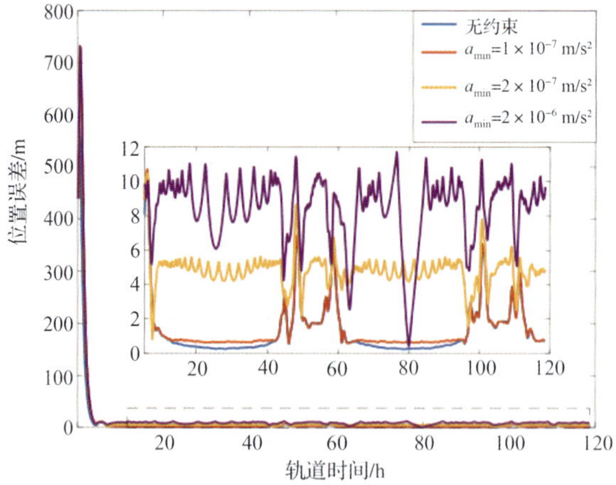

图 7.11　不同推力约束下的位置误差

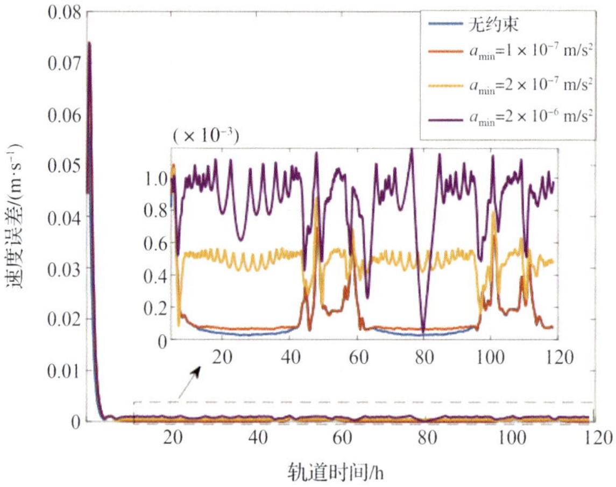

图 7.12　不同推力约束下的速度误差

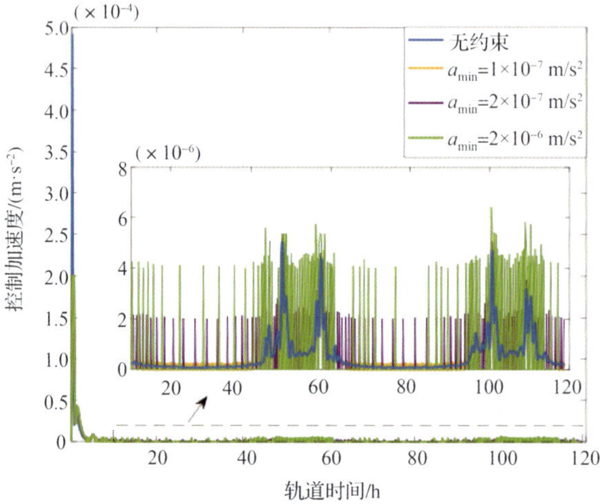

图 7.13　不同推力约束下的控制加速度变化

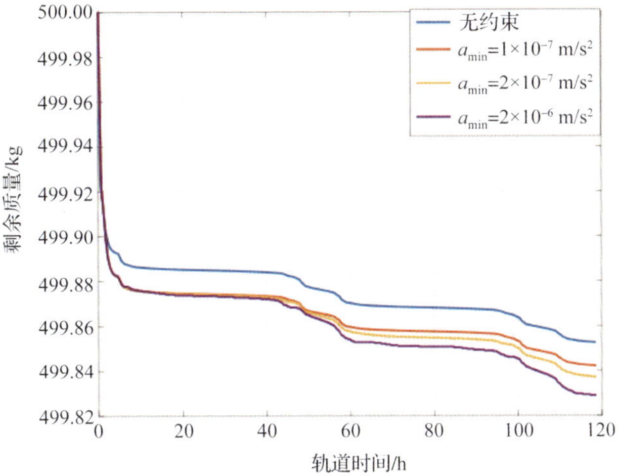

图 7.14　不同推力约束下的燃料消耗情况

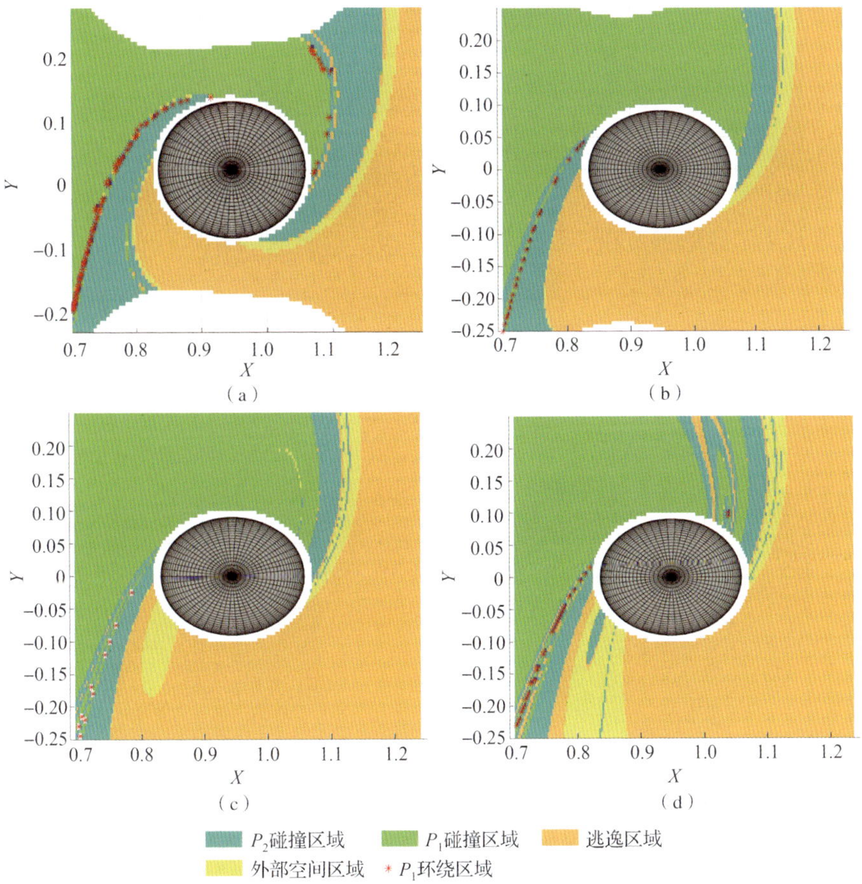

图 7.15　双小天体系统 P_2 附近顺行运动的终端条件分布

(a) $C=3.256$；(b) $C=3.156$；(c) $C=3.106$；(d) $C=3.056$

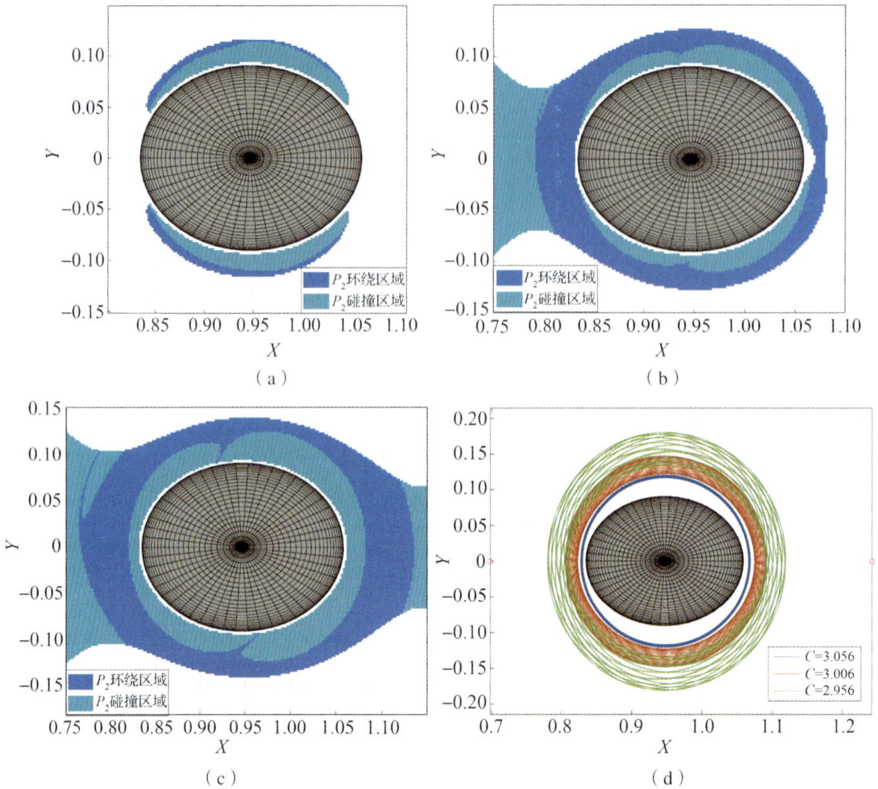

图 7.16　双小天体系统 P_2 附近逆行运动的终端条件分布

（a）$C=3.156$；（b）$C=3.056$；（c）$C=2.956$；（d）逆行稳定轨道

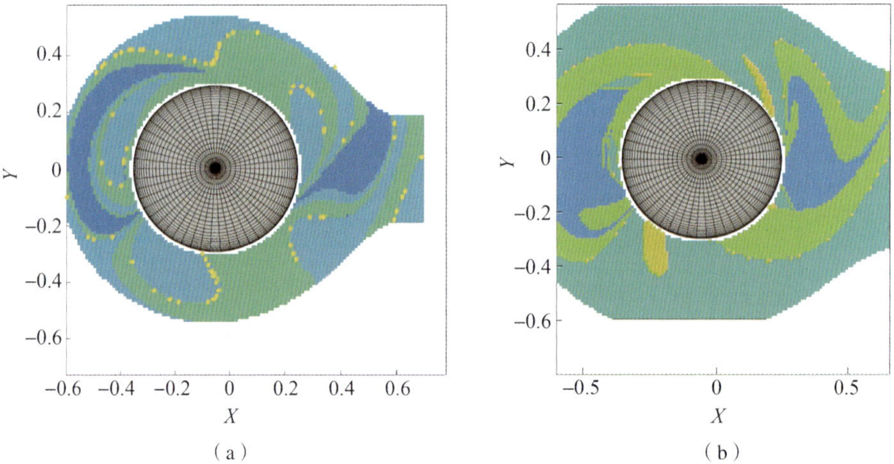

图 7.17　双小天体系统 P_1 附近顺行运动的终端条件分布与相关飞行轨道

（a）$C=3.256$；（b）$C=3.156$

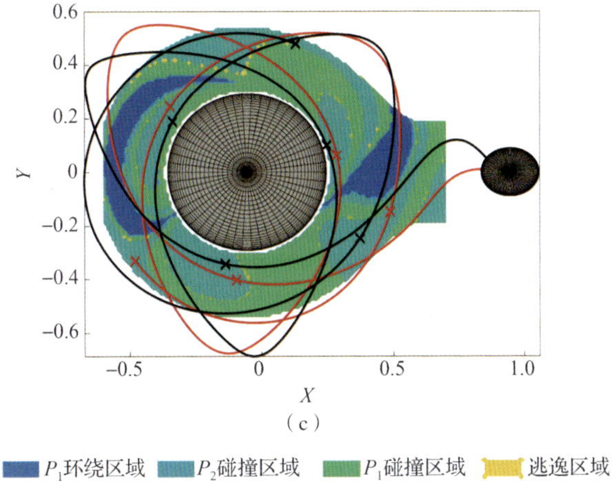

（c）

图 7.17　双小天体系统 P_1 附近顺行运动的终端条件分布与相关飞行轨道（续）

（c）不同近心点对应 P_2 碰撞轨道

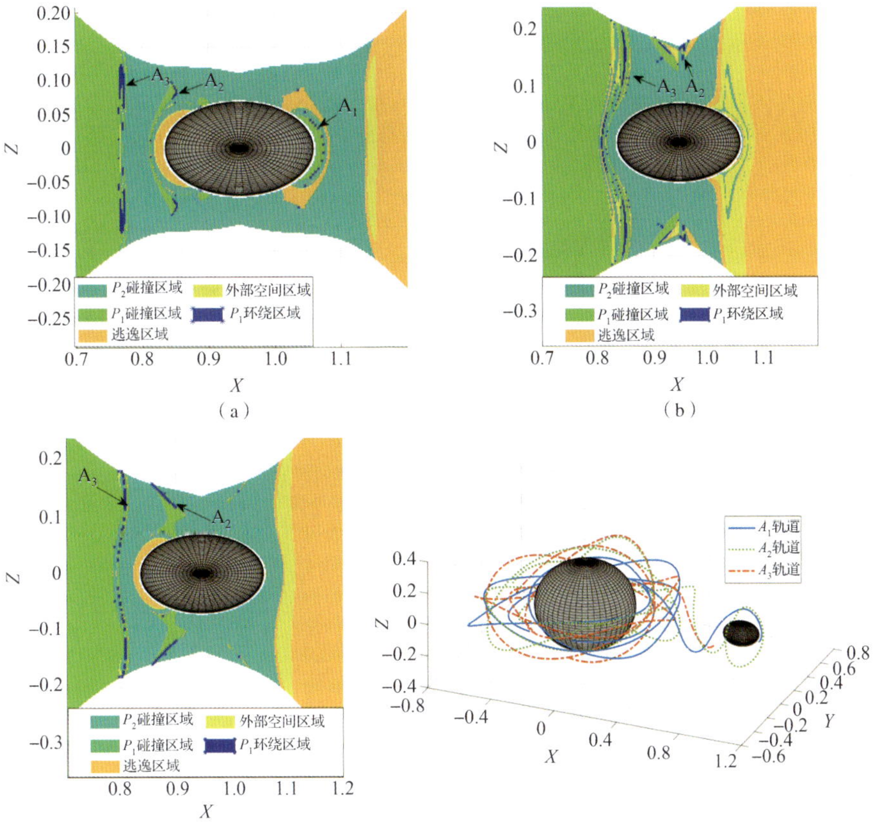

（a）　（b）　（c）　（d）

图 7.18　双小天体系统 P_2 附近空间顺行轨道的终端条件分布及相关轨道

（a）$C=3.256$；（b）$C=3.156$；（c）$C=3.056$；（d）P_1 的环绕轨道

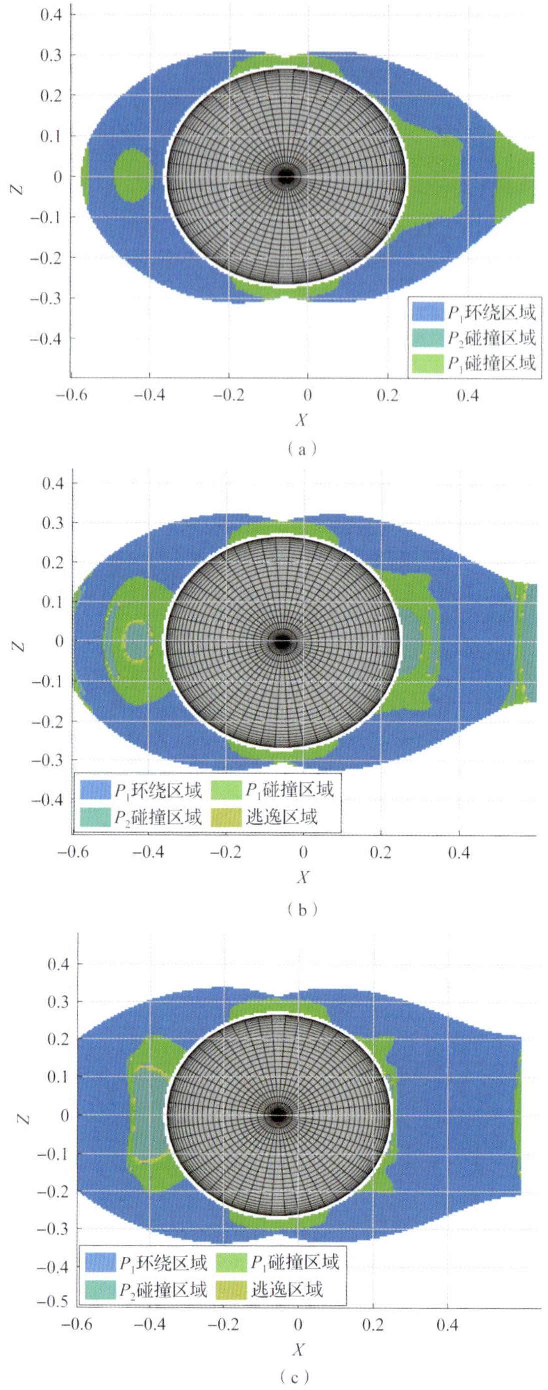

图 7.20　双小天体系统 P_1 附近空间顺行运动的终端条件分布及相关轨道

(a) $C=3.356$；(b) $C=3.256$；(c) $C=3.156$

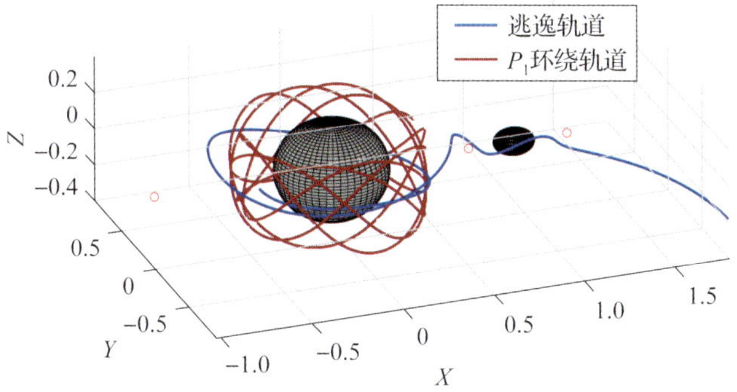

（d）

图 7.20 双小天体系统 P_1 附近空间顺行运动的终端条件分布及相关轨道（续）

（d）P_1 环绕轨道与逃逸轨道

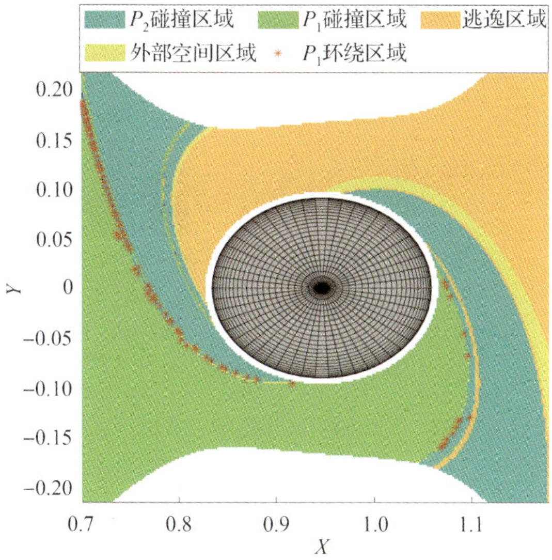

图 7.21 双小天体系统 P_2 附近平面逆行运动的终端条件分布（C = 3.256）

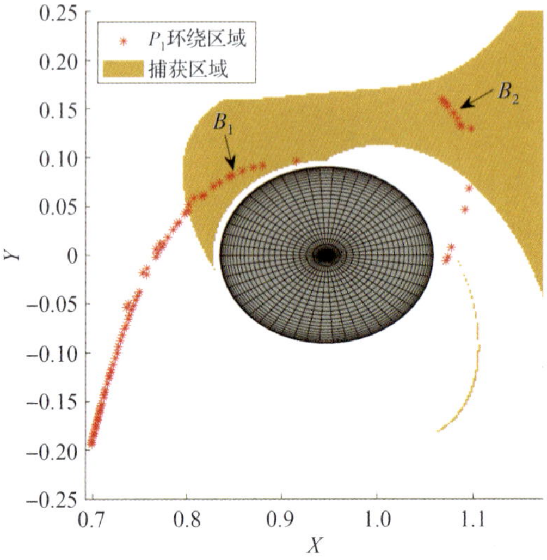

（a）

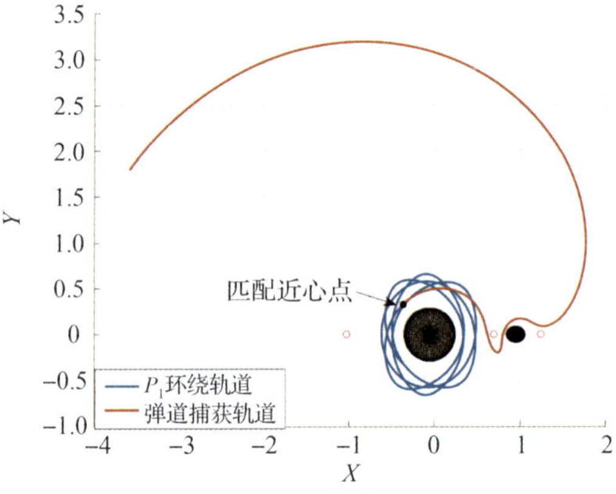

（b）

图 7.22　双小天体系统内弹道捕获轨道（$C=3.256$）

（a）P_2 附近前向与后向终端状态匹配图；（b）弹道捕获轨道

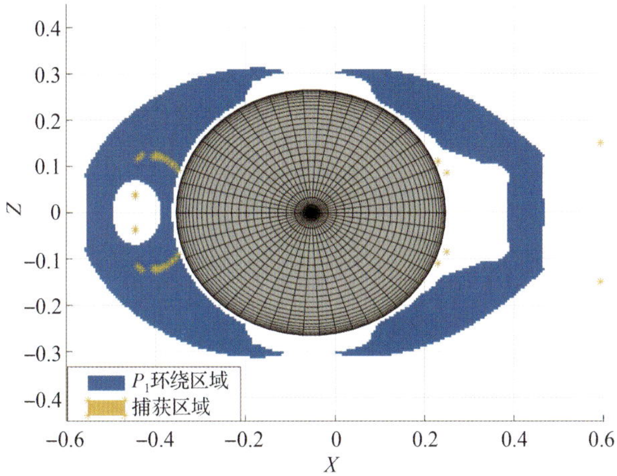

（a）

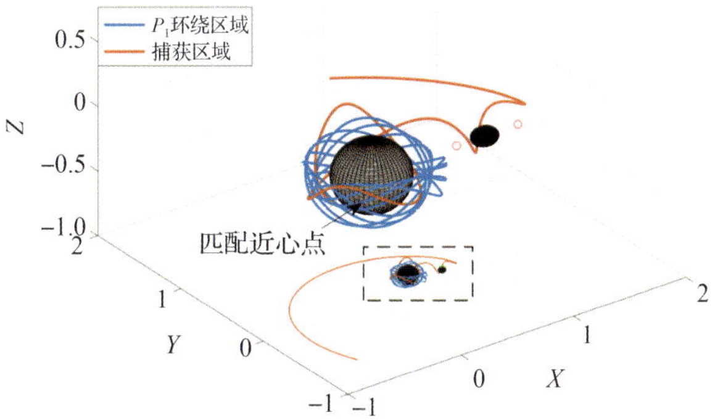

（b）

图 7.23　双小天体系统空间捕获轨道

（a）匹配 P_1 空间运动终端条件图；（b）捕获轨道设计

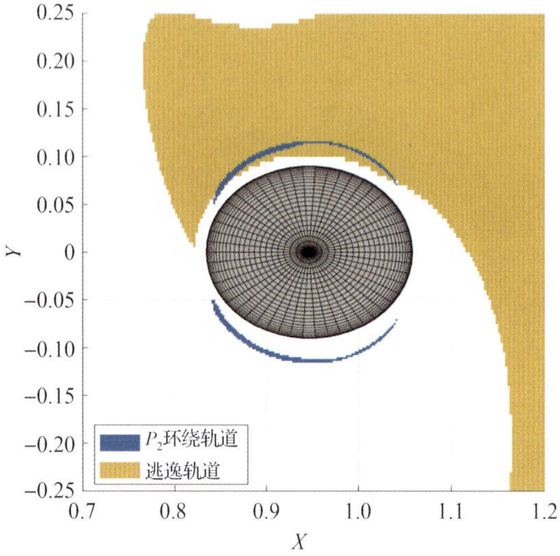

（a）

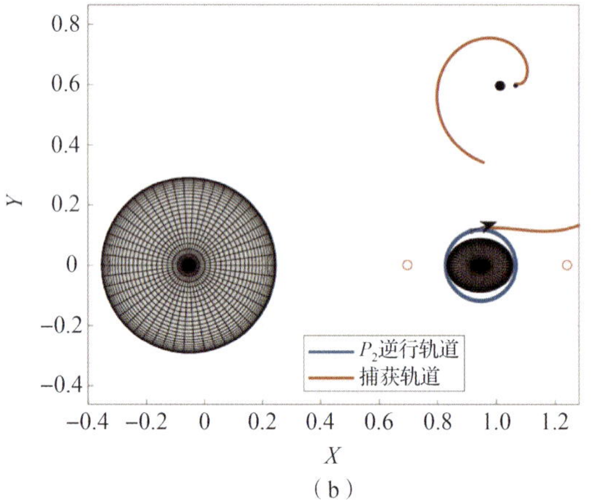

（b）

图 7.24　P_2 逆行轨道的捕获轨道

（a）匹配终端状态图；（b）捕获轨道设计

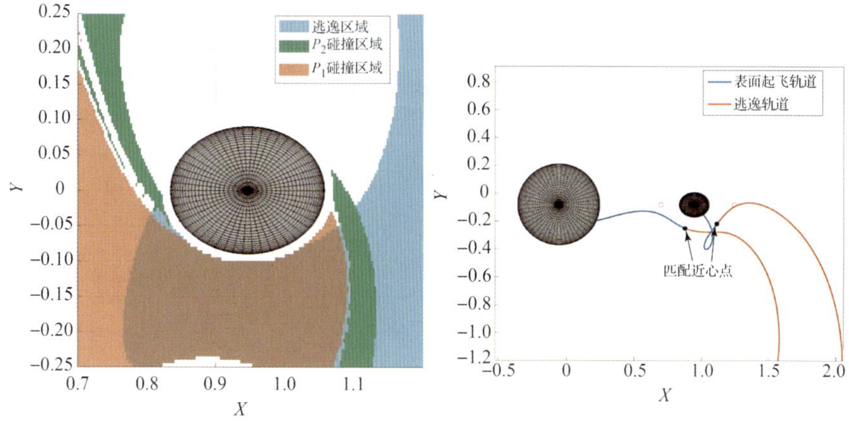

（a）　　　　　　　　　　　　　　　　（b）

图 7.25　双小天体系统逃逸轨道设计

（a）匹配终端状态图；（b）逃逸轨道设计

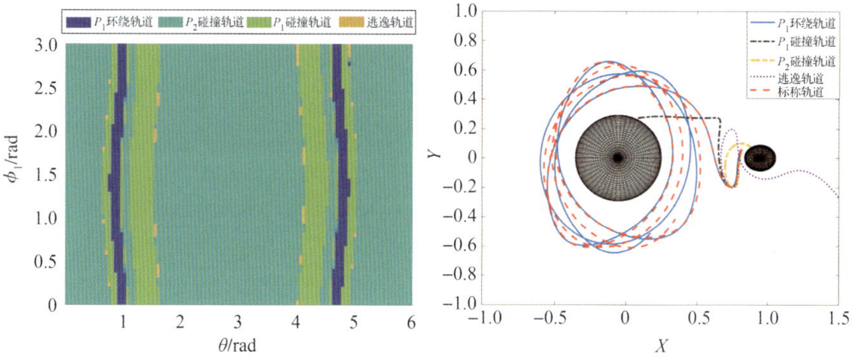

（a）　　　　　　　　　　　　　　　　（b）

图 7.26　非同步形状摄动对轨道稳定性的影响

（a）非同步形状摄动终端状态图；（b）受非同步形状摄动影响的不同类型轨道

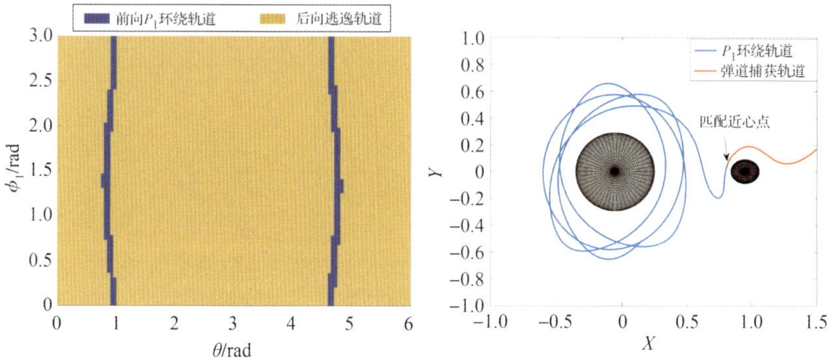

（a）　　　　　　　　　　　　　　　　（b）

图 7.27　非同步双小天体系统弹道捕获轨道设计

（a）非同步形状摄动终端状态匹配图；（b）弹道捕获轨道

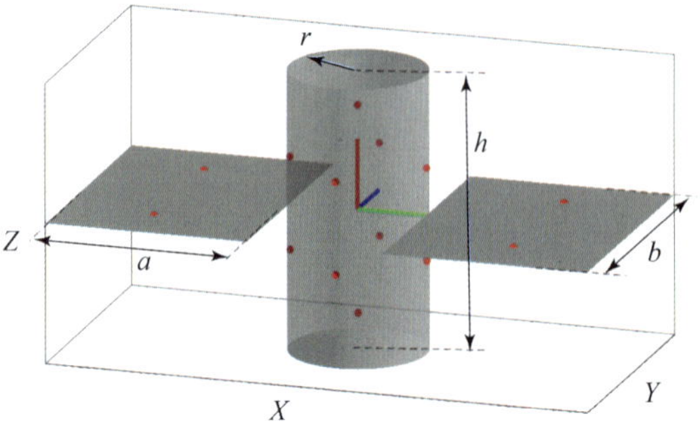

图 8.10　探测器刚体模型及分布式质点模型

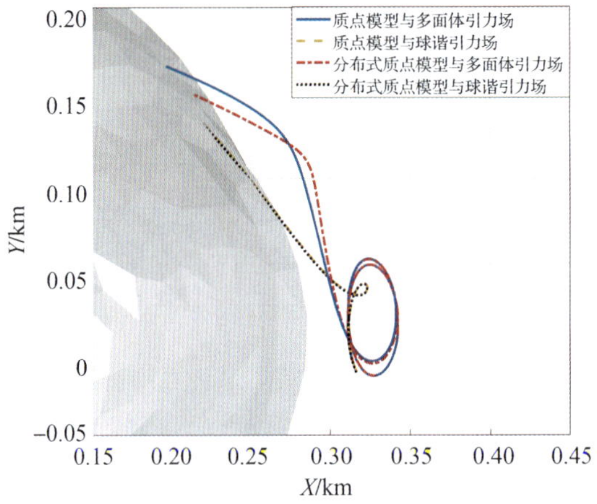

(a)

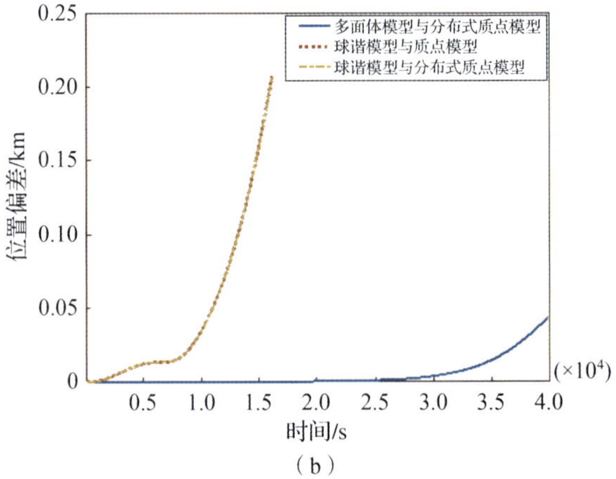

(b)

图 8.11　不同模型下的小天体着陆轨道对比

(a) 小天体固连坐标系下着陆轨迹；(b) 小天体多面体模型下相对质点模型轨道的偏差随时间的变化

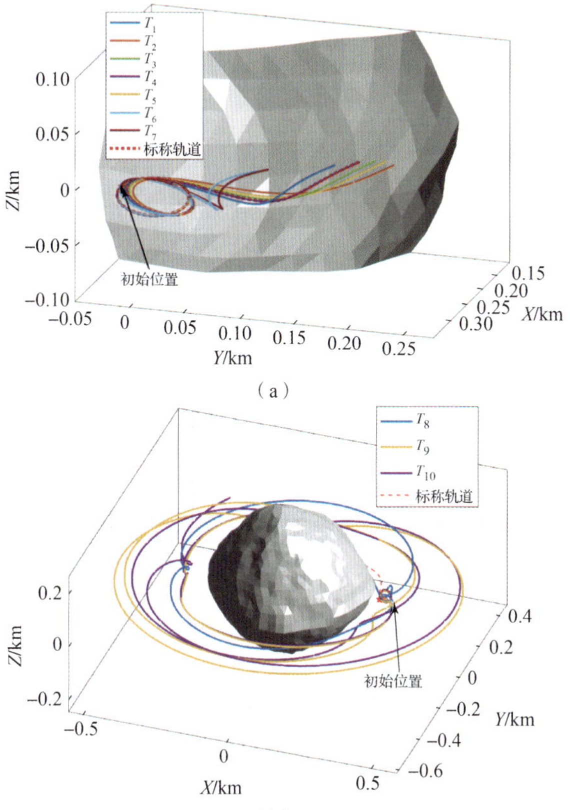

（a）

（b）

图 8.12　不同初始姿态下分布式质点模型对应着陆轨迹

（a）三维轨道；（b）XY 平面投影

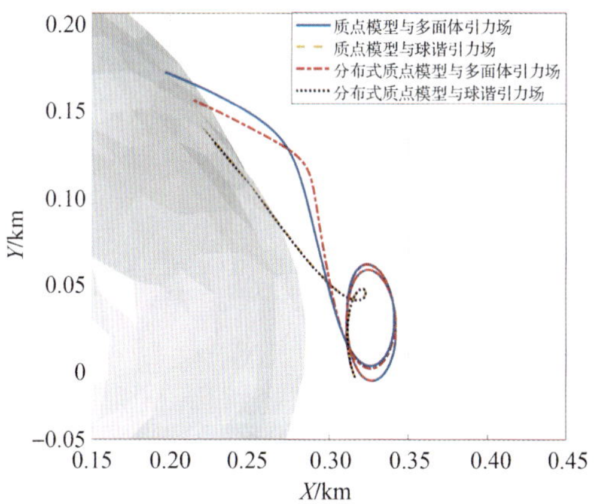

图 8.14　姿态控制轨道着陆精度对比

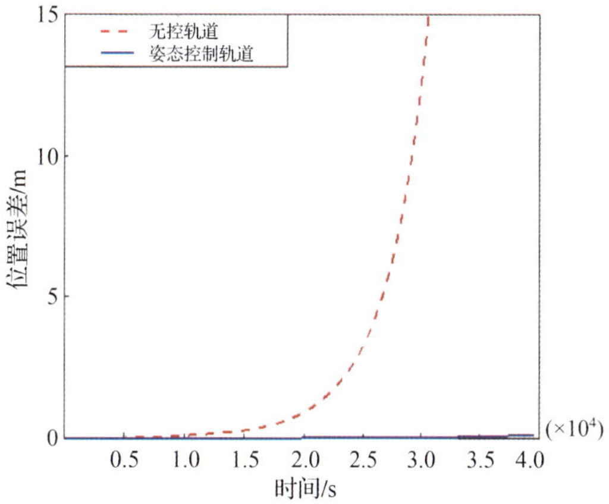

图 8.15　姿态控制轨道与无控轨道的着陆误差

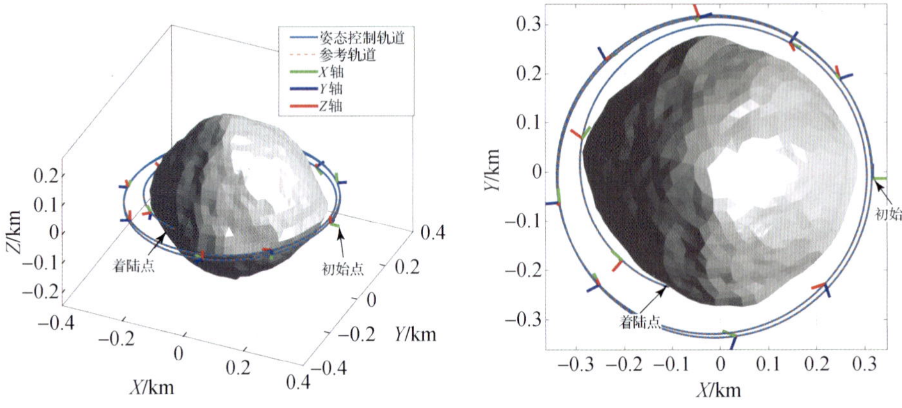

（a）　　　　　　　　　　　　　　　　　　　　（b）

图 8.16　受控着陆轨道及着陆器姿态变化

（a）三维图；（b）*XY* 平面投影图

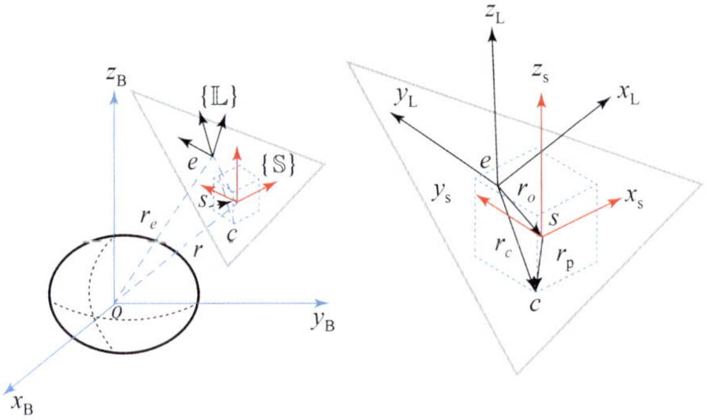

图 9.1　弹跳运动各坐标系与向量定义图

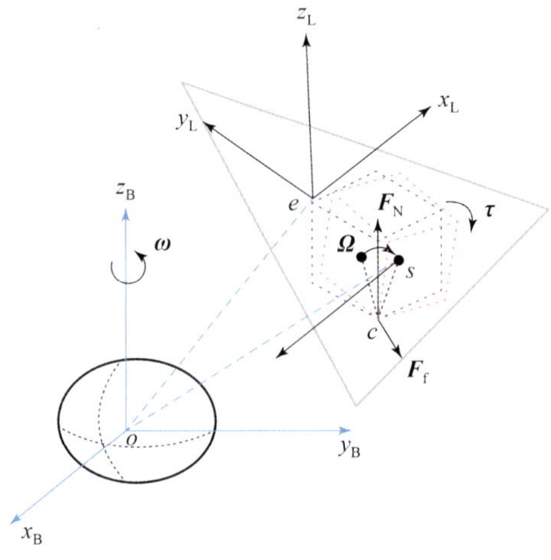

图 9.2　弹跳运动着陆器受力示意图

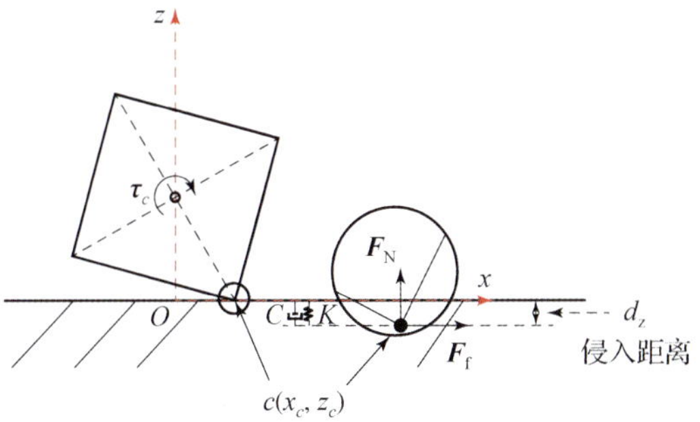

图 9.3　着陆器与小天体表面的接触示意图

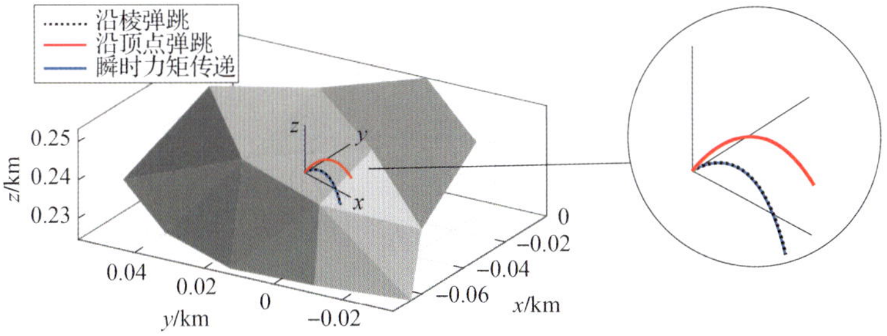

图 9.4　在小天体固连坐标系下的单次弹跳轨迹

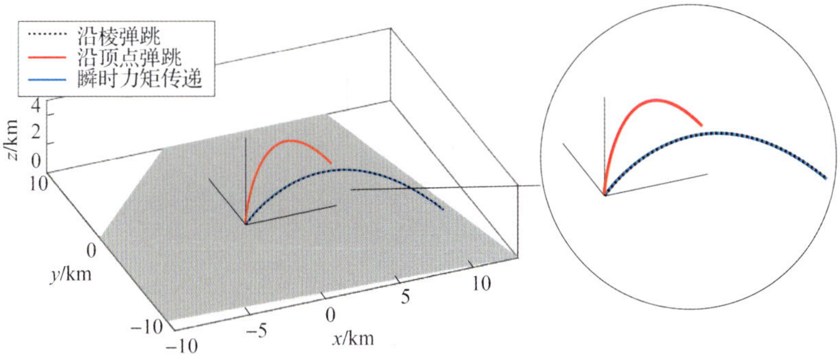

图 9.5　在小天体表面坐标系下的单次弹跳轨迹

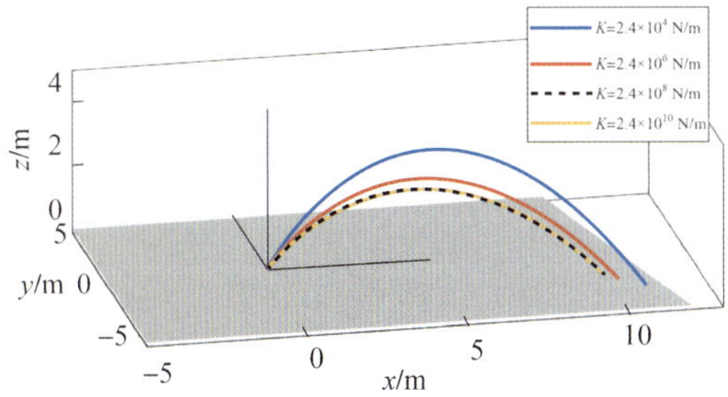

图 9.6　不同刚度系数 *K* 下着陆器在小天体表面坐标系下的弹跳轨迹

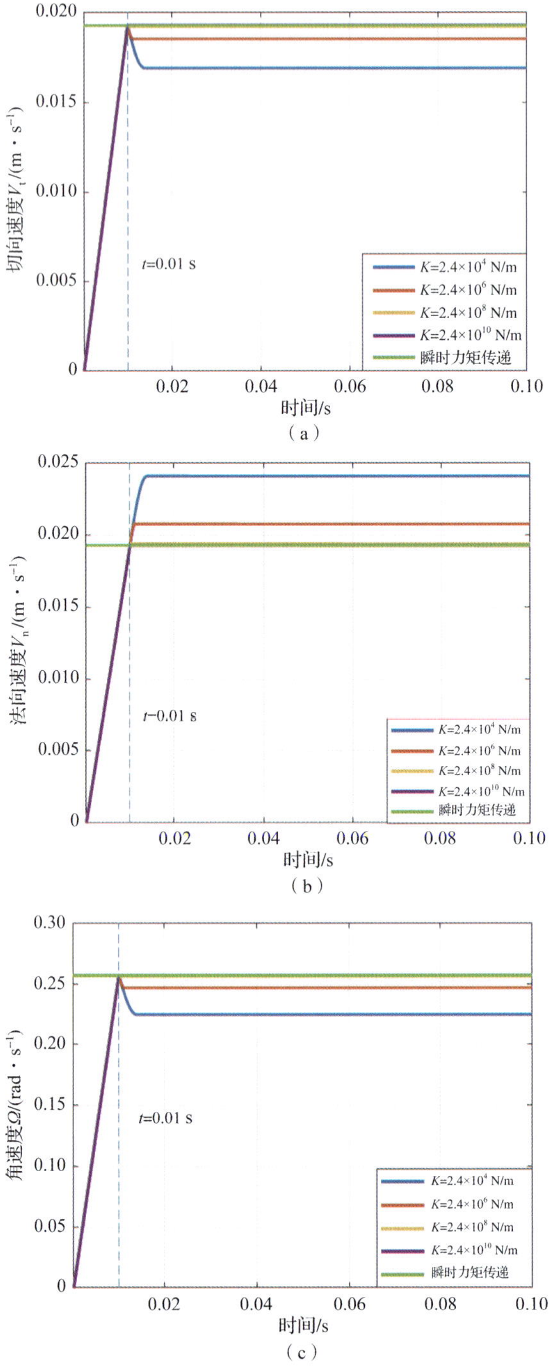

图 9.7　不同刚度系数 *K* 下着陆器的速度变化

（a）切向速度；（b）法向速度；（c）角速度

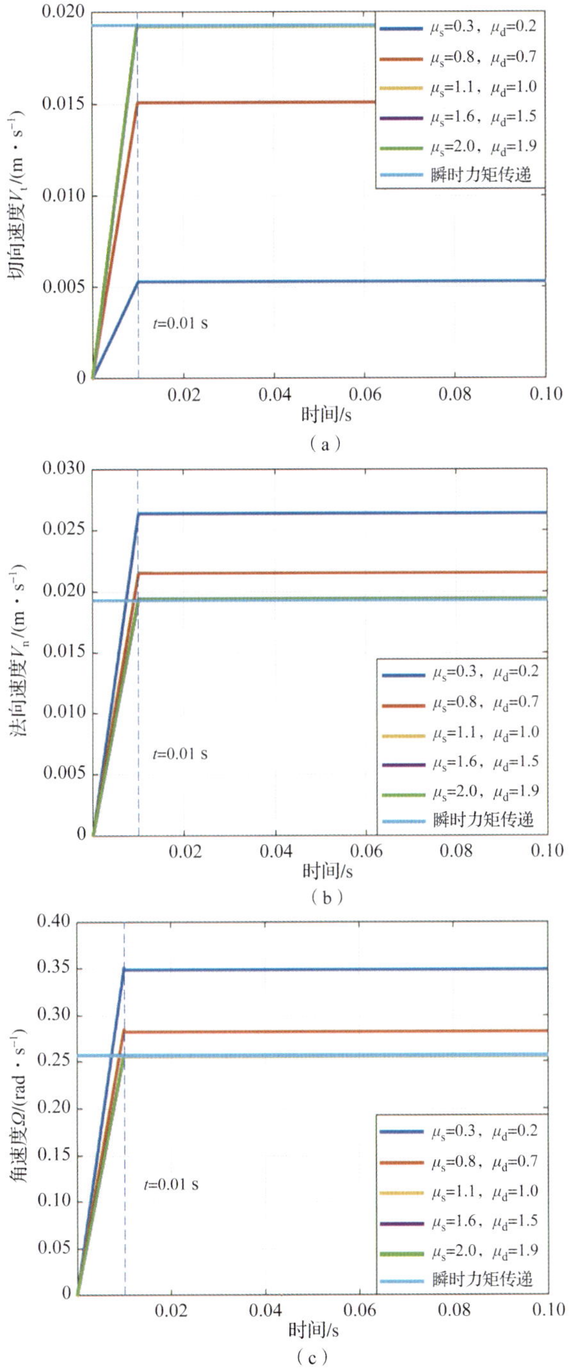

图 9.8　不同摩擦系数下着陆器的速度变化

（a）切向速度；（b）法向速度；（c）角速度

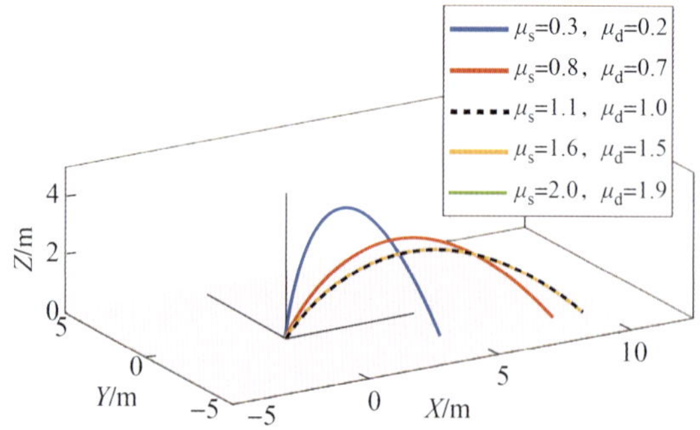

图 9.9　小天体表面坐标系下不同摩擦系数的着陆器弹跳轨迹

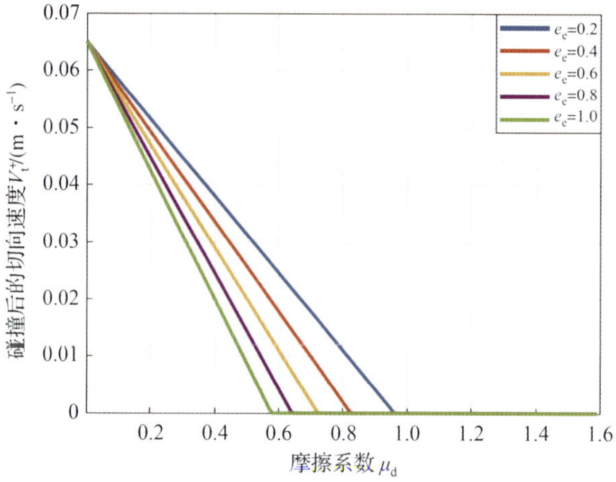

(a)

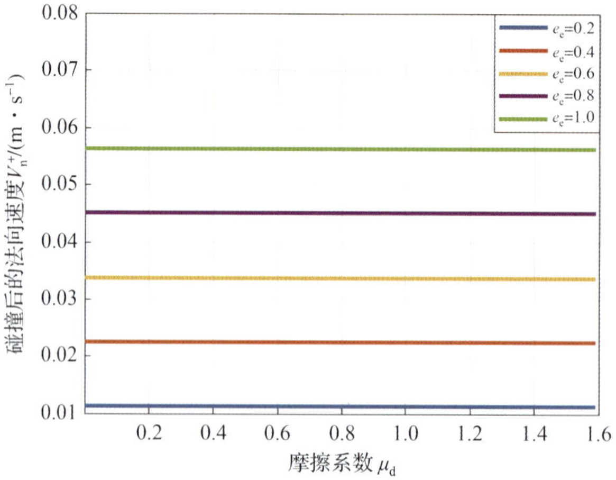

(b)

图 9.11　不同表面参数下的着陆器碰撞后的速度

(a) 切向速度；(b) 法向速度

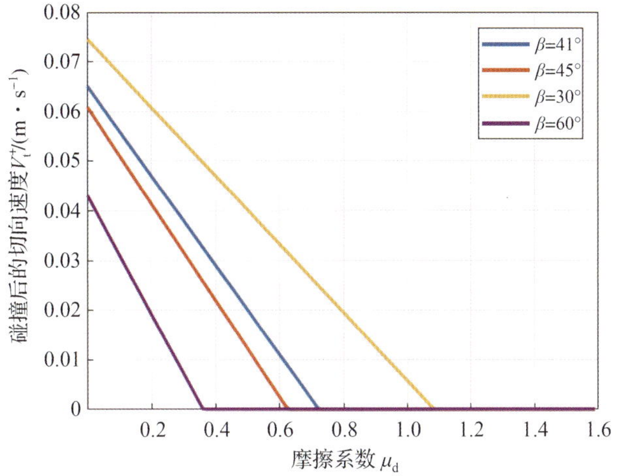

图 9.12　不同着陆速度方向角下的碰撞后切向速度

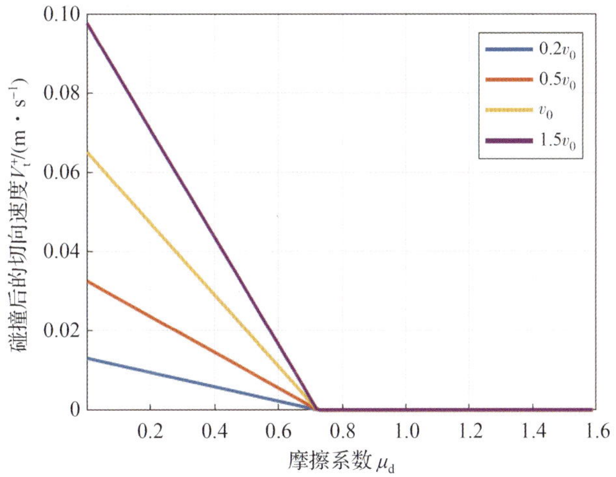

图 9.13　不同着陆速度大小下的碰撞后切向速度

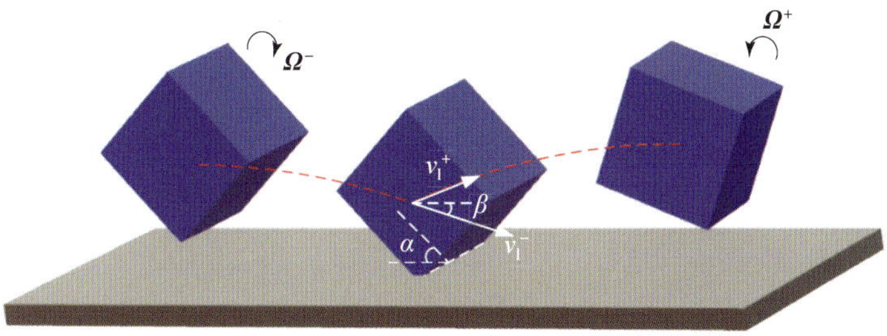

图 9.14　棱接触示意图

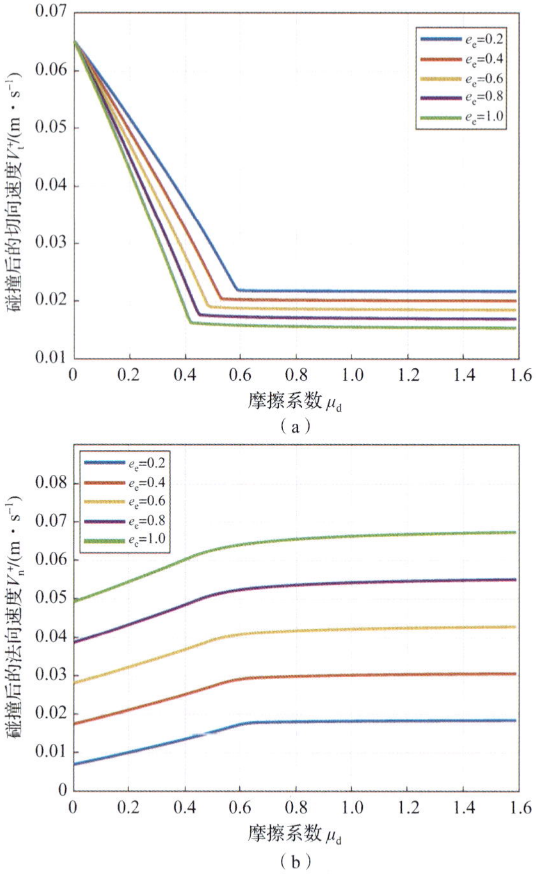

图 9.15　不同表面参数下的棱接触后速度变化

（a）切向速度；（b）法向速度

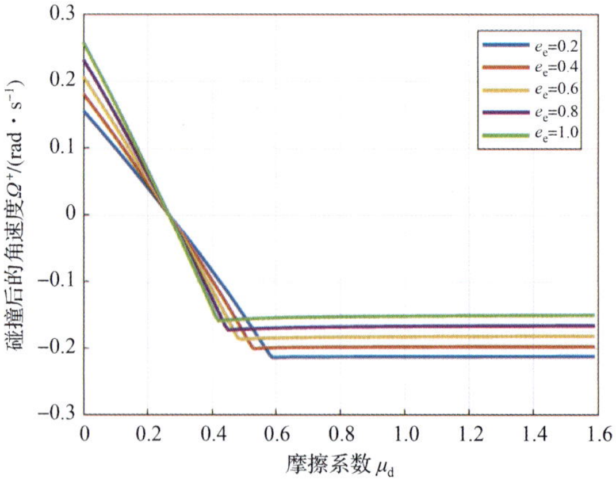

图 9.16　不同表面参数下的棱接触后角速度变化

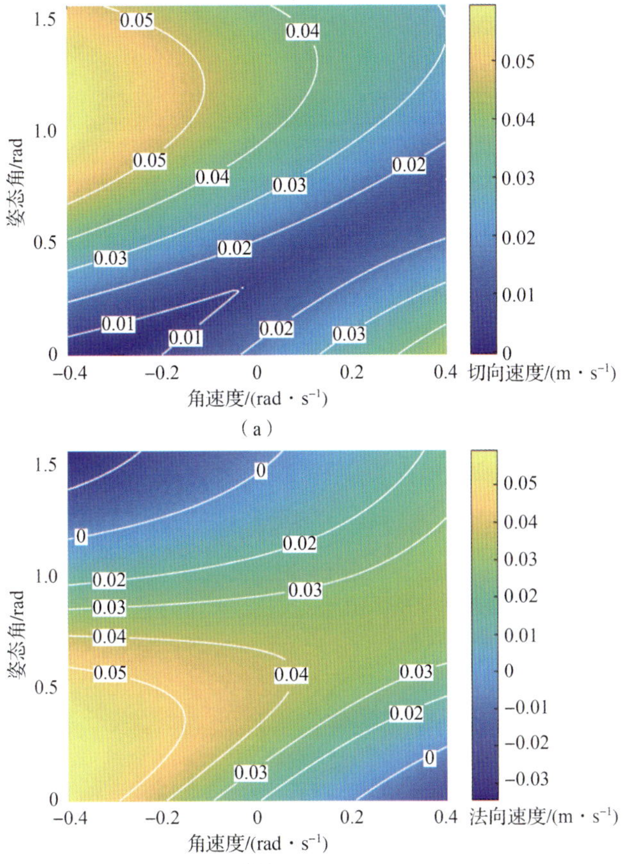

图 9.17　不同着陆姿态下碰撞后速度的等高线图（$\mu_d = 0.6$，$e_e = 0.6$）

（a）切向速度；（b）法向速度

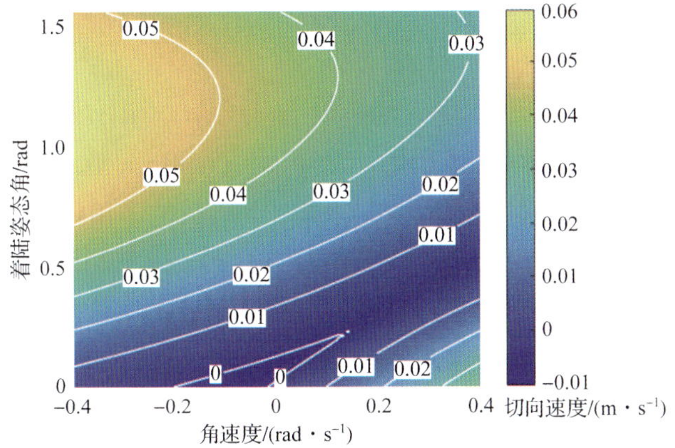

（a）

图 9.18　不同着陆姿态下的碰撞后速度等高线图（$\mu_d = 0.8$，$e_e = 0.6$）

（a）切向速度

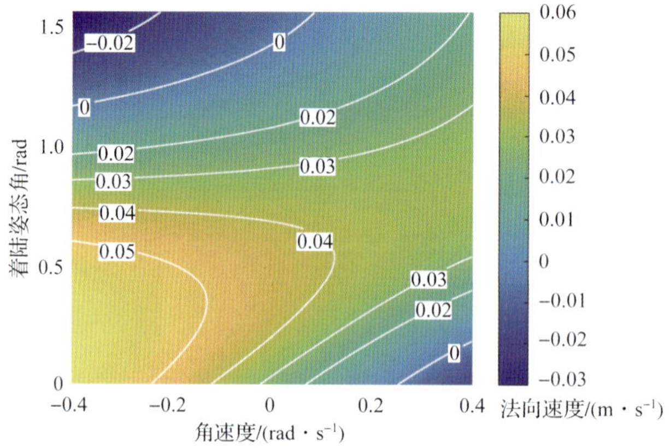

（b）

图 9.18　不同着陆姿态下的碰撞后速度等高线图（$\boldsymbol{\mu}_{\mathrm{d}}=0.8$，$e_{\mathrm{e}}=0.6$）（续）

（b）法向速度

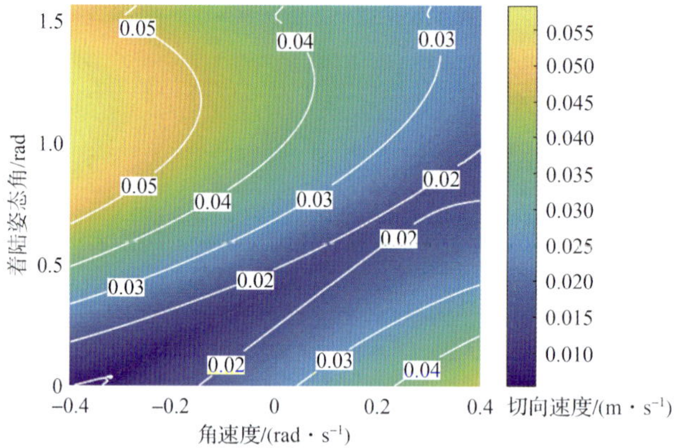

（a）

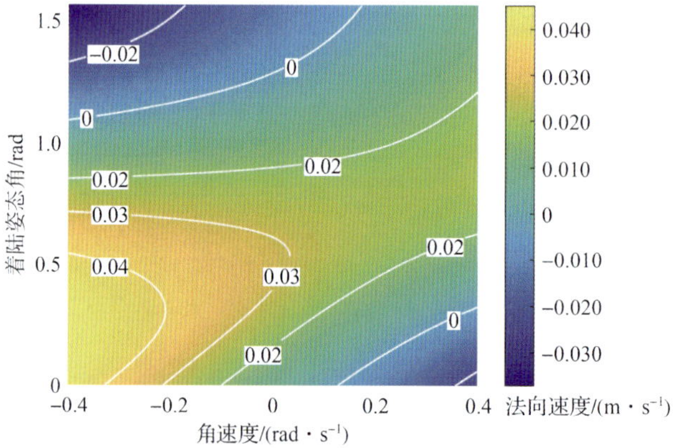

（b）

图 9.19　不同着陆姿态下的碰撞后速度等高线图（$\boldsymbol{\mu}_{\mathrm{d}}=0.6$，$e_{\mathrm{e}}=0.4$）

（a）切向速度；（b）法向速度

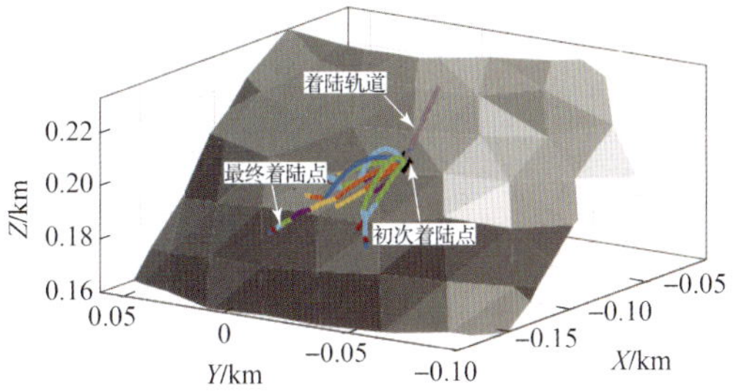

图 9.20　不同着陆姿态下单顶点着陆轨迹分布

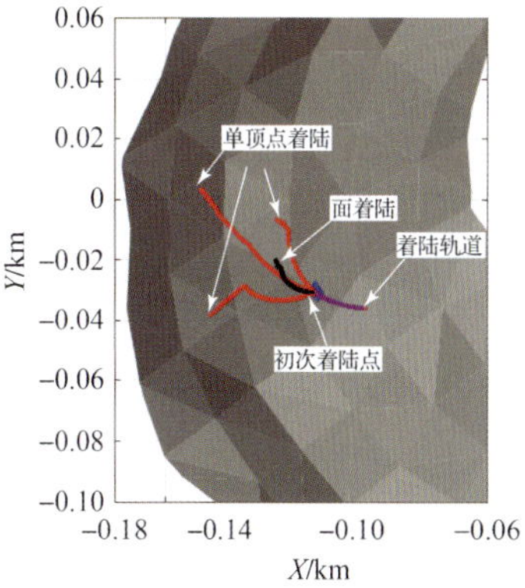

图 9.21　面着陆控制着陆轨迹

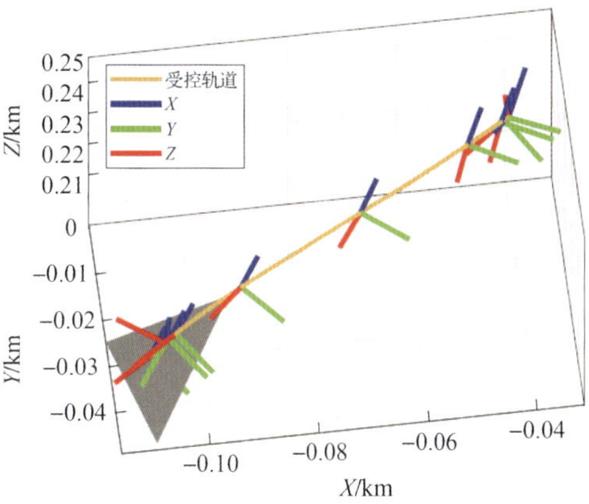

图 9.24　着陆器着陆过程中的姿态变化

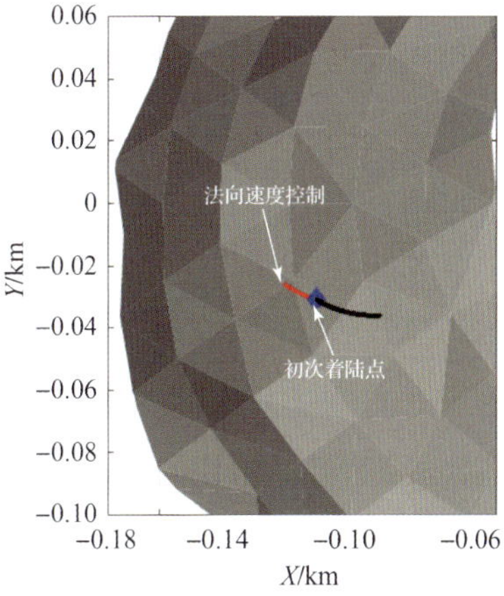

图 9.25　法向速度控制着陆轨迹

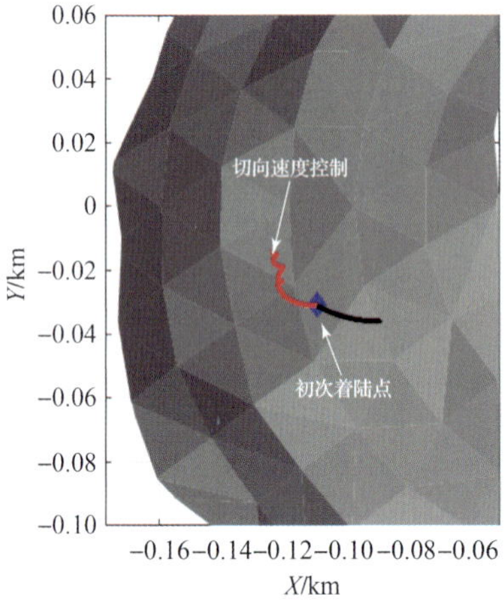

图 9.26 切向速度控制着陆轨迹

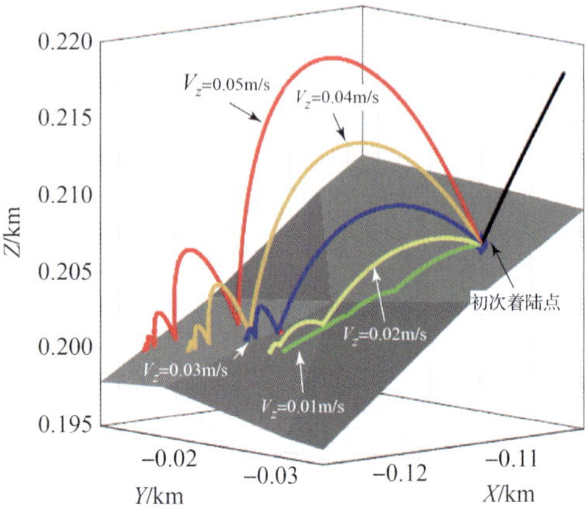

图 9.27 不同约束下切向速度控制着陆轨迹

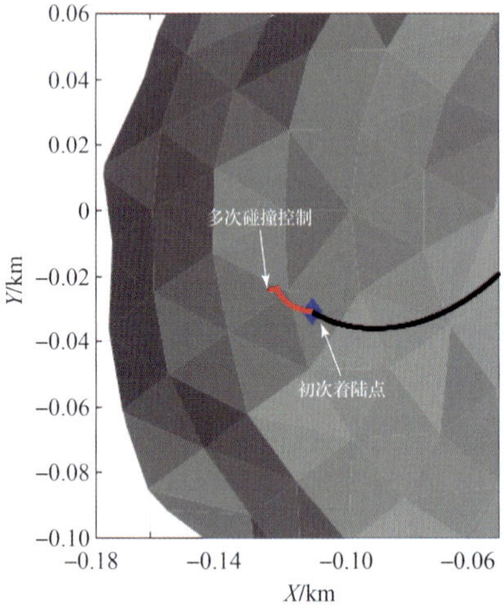

图 9.28 多次碰撞控制弹跳轨迹

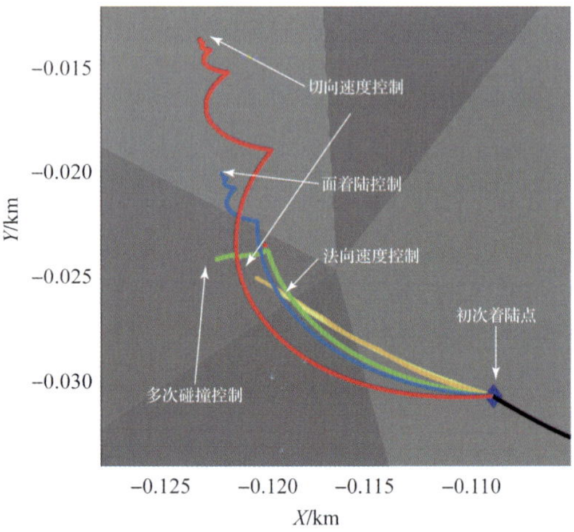

图 9.29 不同着陆控制策略下的弹跳轨迹比较

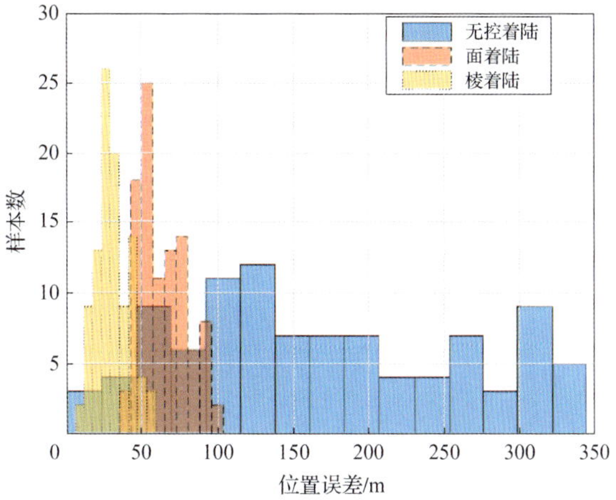

图 9.33　不同接触方式的弹跳误差分布

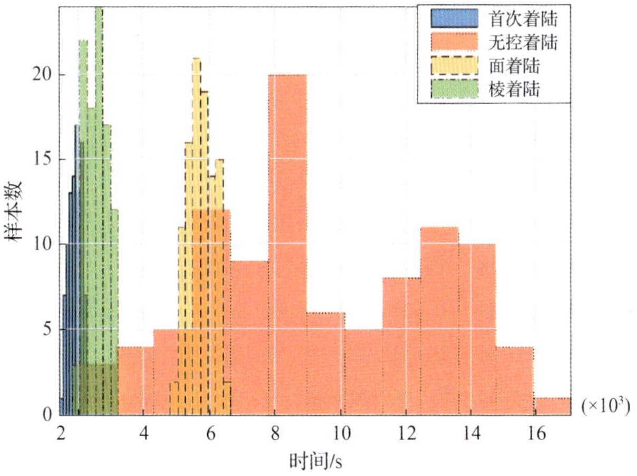

图 9.34　不同接触方式的着陆时间分布

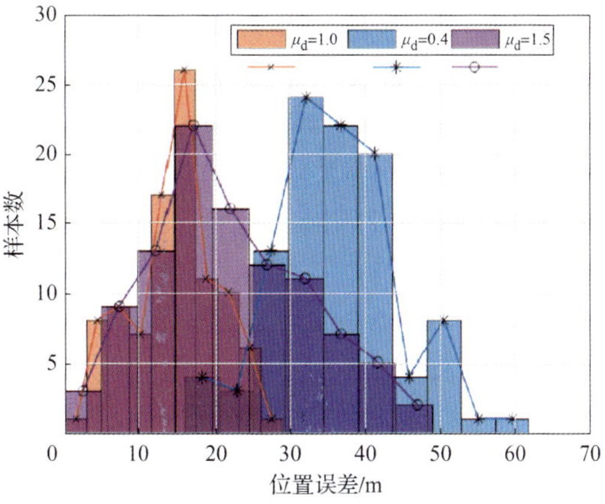

图 9.35　不同 μ_d 下着陆弹跳误差分布

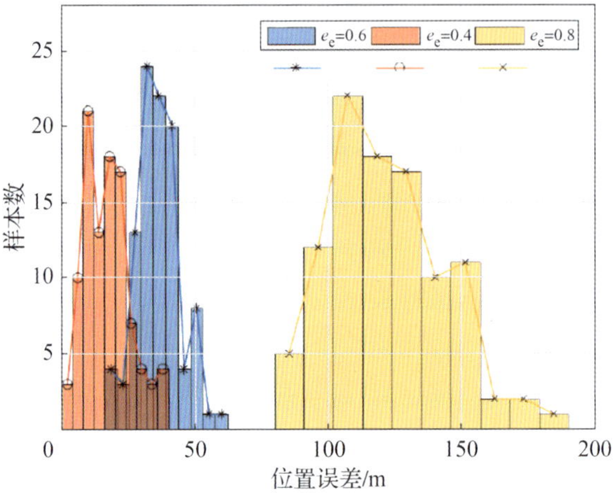

（a）

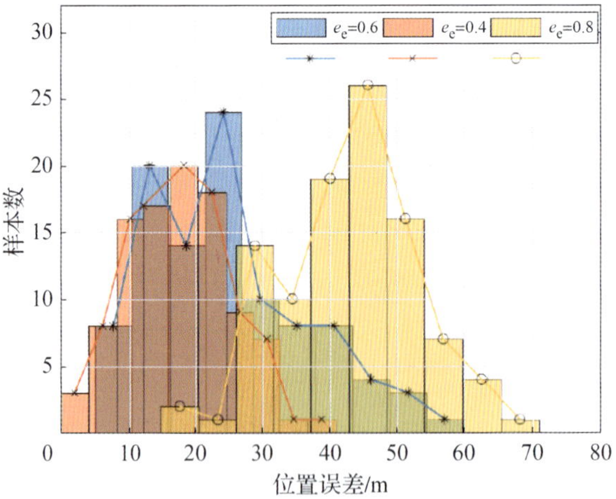

（b）

图 9.36　不同 e_e 下着陆距离分布

（a）面着陆；（b）棱着陆